可持续发展的环境生态学

理论与牧草栽培技术

主　编　朱新强　马　祥　王晓力

副主编　刘文辉　李　玉　贾志锋
　　　　袁　勇　王有良　阿不满

吉林科学技术出版社

图书在版编目(CIP)数据

可持续发展的环境生态学理论与牧草栽培技术 / 朱
新强，马祥，王晓力主编. －长春：吉林科学技术出版
社，2019.12
　　ISBN 978-7-5578-5080-7

　　Ⅰ. ①可… 　Ⅱ. ①朱… ②马… ③王… 　Ⅲ. ①环境生
态学－研究②牧草－栽培技术 　Ⅳ. ①X171②S54

中国版本图书馆 CIP 数据核字(2020)第 004395 号

KECHIXU FAZHAN DE HUANJING SHENGTAIXUE LILUN YU MUCAO ZAIPEI JISHU

可持续发展的环境生态学理论与牧草栽培技术

主　　编　朱新强　马　祥　王晓力
出 版 人　李　梁
责任编辑　李思言
封面设计　崔　蕾
制　　版　北京亚吉飞数码科技有限公司
开　　本　710mm×1000mm　1/16
字　　数　450 千字
印　　张　18.5
印　　数　1—5 000 册
版　　次　2021 年 1 月第 1 版
印　　次　2021 年 1 月第 1 次印刷

出　　版　吉林科学技术出版社
发　　行　吉林科学技术出版社
地　　址　长春市人民大街 4646 号
邮　　编　130021
发行部传真/电话　0431－85635176　85651759　85635177
　　　　　　　　　　　　　85651628　85652585
储运部电话　0431－86059116
编辑部电话　0431－85635186
网　　址　www. jlsycbs. net
印　　刷　三河市铭浩彩色印装有限公司

书　　号　ISBN 978-7-5578-5080-7
定　　价　98.00 元

可持续发展的环境生态学
理论与牧草栽培技术
编委会

前　言

　　环境保护是伴随人类社会经济发展的永恒主题,过去的一个世纪中,科学技术的进步使得人类在征服和改造自然的过程中取得了辉煌的胜利。但必须看到,随着人口的增长、工业的发展,世界上出现了一系列的环境问题,如全球性气候变暖、臭氧层破坏、土地荒漠化、水土流失、生物多样性锐减、环境污染等,这些问题严重威胁着人类当前的生活质量和未来发展前途。残酷的现实告诉人们,人类经济水平的提高和物质享受的增加,在很大程度上是以牺牲环境与资源为代价的。保护环境迫在眉睫!

　　环境科学的发展使得人们对环境问题的认识越来越深刻。保护环境不仅需要环境科学、工程与技术,环境政策、法规与管理等领域的理论研究与科学实践,更重要的是需要全人类的一致行动。要转变传统的社会发展模式和经济增长方式,将经济发展与环境保护协调统一起来,就必须走资源节约型和环境友好型的、人与自然和谐共存的可持续发展道路。于是,积极探索一条人类与自然和谐共荣的可持续发展道路,是人类社会未来发展的必然选择。

　　近年来,随着社会的进步和科学的发展,各学科之间相互渗透、相互交叉,生态学与环境科学的融合表现得尤为突出。作为环境科学和生态学相互交叉、融合而形成的一门新兴学科,环境生态学定位于生态学的一个分支,主要是从生态学的角度来认识、研究和解决人类所面临的环境问题,满足人类可持续发展的需求。

　　生态和环境是两个不同的概念,前者更注重事物的联系,强调事物间的关系;后者虽注重事物间的关系,但更关注要素自身的功能和变化。环境生态学就是运用生态学理论,阐明人和环境间的相互作用及解决环境问题的生态途径,它主要研究在人为干扰下,生态系统内在的变化机理、规律和对人类的负面效应,并寻求修复、重建和保护生态环境的对策。总之,环境生态学是以生态系统为研究对象,通过对环境变化与生物之间的相互关系的系统研究,及对环境和生态相关问题的深入探讨,构建保护和改善生态环境的理论基础,以确保生态系统的可持续发展。

本书以可持续发展战略的有关思想为指导,探讨了环境生态学的理论、方法等,力求探索一条人与自然和谐共荣的发展之路。全书共十章,内容包括绪论、生物与环境、种群生态学、群落生态学、生态系统生态学、退化生态系统的恢复、环境污染与生态环境影响评价、生态规划及生态文明实践、全球生态环境保护与可持续发展、维护生态的坚强卫士——牧草的栽培技术等。

全书内容安排科学合理、语言通俗、由浅入深,能够突出生态科学与环境保护之间的密切关系。依据生态学原理,深刻揭示了人与自然和谐共荣的必要性。我国是一个草地大国,草业肩负着重要的使命。丰富的草原资源为我国草业提供了巨大的发展空间和发展潜力。小草是个大事业,是维护生态的坚强卫士,在生态建设中具有不可替代的战略地位。加强重点区域草原保护与建设,对于加快地区经济可持续发展、调整畜牧业结构、维护国家生态安全等都具有十分重要的作用。本书最后一章着重对牧草栽培进行讨论,理论与实践相结合,既具有较高的学术价值,又具有较强的实用性。

本书在撰写过程中,参考了大量有价值的文献与资料,吸取了许多人的宝贵经验,在此向这些文献的作者表示敬意。由于环境生态学是一门迅速发展的学科,新知识、新方法、新技术不断涌现,加之作者自身水平有限,书中难免有错误和疏漏之处,敬请广大读者和专家给予批评指正。

作　者

2019 年 11 月

目 录

第一章　绪　论

第一节　环境生态学的定义及其形成与发展

一、环境生态学的概念

环境生态学(environmental ecology)是研究人为干扰的环境条件下,生物与环境之间的相互关系的科学。环境生态学研究人为干扰下,生态系统结构内在的变化机制和规律、生态系统功能的响应,寻求因人类活动的影响而受损的生态系统的恢复、重建、保护的生态学对策。即运用生态学理论,阐明人与环境间的相互作用及解决环境问题的生态途径的科学。从生态学的发展和环境问题的形成来看,它着重从整体和系统的角度出发,研究在人类活动的影响下,生物与环境之间的相互关系。

在人类干扰自然的过程中,既有生态破坏的问题,又有环境污染问题。环境生态学的任务就是利用生态学原理来解决这两类问题。环境生态学应用广泛,最突出的包括生态破坏恢复的生态对策、生态环境质量评价、环境生态设计及环境生态工程等。目前,环境生态学对保护和合理利用自然资源、环境污染治理、生态破坏的恢复起着越来越大的作用。通过环境生态学的研究,保护、恢复和重建生态环境、保障生态平衡具有重要意义。

二、环境生态学的形成与发展

环境生态学产生于 20 世纪 60 年代初。美国海洋生物学家蕾切尔·卡逊(Rachel Carson,1962)潜心研究美国使用杀虫剂所产生的种种危害之后,发表了《寂静的春天》这一科普名著。该书的发表,是对人类与环境关系的传统行为和观念的理性反思。

《寂静的春天》一书虽是科普著作,基本素材也仅是杀虫剂大量使用造成的污染危害,但卡逊的科学素养却使这本书成功地论述了生机勃勃的春天"寂静"的主要原因;以大量的事实指出了生态环境问题产生的根源;揭示了人类生产活动与春天"寂静"间的内在联系;阐述了人类同大气、海洋、河流、土壤及生物之间的密切关系;批评了"控制自然"这种妄自尊大的思想。她指出了问题的症结:"不是敌人的活动使这个受害世界的生命无法复生,而是人们自己使自己受害。"她告诫人们:"地球上生命的历史一直是生物与其周围环境相互作用的历史,只有人类出现后,生命才具有了改造其周围大自然的异常能力。在人对环境的所有袭击中,最令人震惊的是空气、土地、河流以及大海受到各种致命化学物质的污染。这种污染是难以清除的,因为它们不仅进入了生命赖以生存的世界,而且进入了生物组织内。"她向世人呼吁:我们长期以来行驶的道路,容易被人误认为是一条可以高速前进的平坦、舒适的超级公路,但实际上,这条路的终点却潜伏着灾难,而另外的道路则为我们提供了保护地球的最后唯一的机会。虽然 R. 卡逊没有确切告诉我们"另外的道路"究竟是什么样的,但作为环境保护的先行者,R. 卡逊的思想在世界范围内较早地引发了人类对自身的传统行为和观念进行比较系统和深入的反思。《寂静的春天》可称之为环境生态学的启蒙之著和学科诞生的标志。

20 世纪 70 年代,《增长的极限》的发表,是环境生态学发展的初期阶段的主要象征。1968年,来自世界各国的几十位科学家、教育家、经济学家等学者聚会罗马,成立了一个非正式的国际协会——罗马俱乐部。以麻省理工学院梅多斯(Meadows,Dennis L)为首的研究小组,受俱乐部的委托,针对长期流行于西方的高增长理论进行深刻反思,并于 1972 年提交了俱乐部成立后的第一份研究报告《增长的极限》。报告深刻阐明了环境的重要性以及资源与人口之间的基本联系;提出 21 世纪全球经济将会因为粮食短缺和环境破坏出现不可控制的衰退。因此,要避免因地球资源极限而导致世界崩溃的最好办法是限制增长,即零增长。这种观点后来被称为"悲观论"派的典型。很显然,这份研究报告的结论和观点有明显的缺陷,但是,这份报告在表达对人类前途的"严肃的忧虑"中,以全世界范围为空间尺度,以大量的数据和事实提醒世人,产业革命以来的经济增长模式所倡导的"人类征服自然",其后果是使人与自然处于尖锐的矛盾之中,并不断地受到自然的报复,这条传统工业化的道路,已经导致全球性的人口激增、资源短缺、环境污染和生态破坏,使人类社会面临严重困境,实际上引导人类走上了一条不能持续发展的道路。对人类发展历程的理性思考,唤起了人类自身的觉醒,这些积极意义是毋庸置疑的。人类社会的发展要与资源的提供能力相适应,要考虑环境问题等限制性因素的作用和人口增长压力等思想,为环境生态学的理论体系奠定了基础。

1972 年,联合国人类环境会议在斯德哥尔摩召开,来自世界 113 个国家和地区的代表参加了这次会议。这是人类第一次将环境问题纳入世界各国政府和国际政治的事务议程。大会通过的《人类环境宣言》向全球呼吁:人类在决定世界各地的行动时,必须更加审慎地考虑它们对环境造成巨大的无法挽回的损失。联合国人类环境大会的意义在于,唤起了各国政府共同对环境问题特别是对环境污染的反思、觉醒和关注,正式吹响了人类共同向环境问题挑战的进军号。《只有一个地球——对一个小小行星的关怀和维护》,是受联合国人类环境会议秘书长委托,为这次大会提供的一份非正式报告。书中论述了环境污染问题,并作为一个整体来讨论。更为重要的是,该书的作者利用相当大的篇幅,系统地论述了"地球是一个整体"的学术思想,回顾了人类社会的发展历程与环境问题的关系,分析了现代繁荣的代价。该书的学术思想和观点丰富了环境生态学的理论,促进了环境生态学理论体系的完善和发展。

20 世纪 80 年代,作为一个分支学科的环境生态学有了突破性的进展。1987 年,B. 福尔德曼出版了一本《环境生态学》的教科书,其主要内容包括空气污染、有毒元素、酸化、森林衰减、油污染、淡水富营养化和杀虫剂等。书名的副标题为"污染和其他压力对生态系统结构和功能的影响"。该书的出版对环境生态学的发展起到了积极的推动作用。

同时,世界环境与发展委员会(WCED)于 1987 年向联合国提交了题为《我们共同的未来》

的研究报告。报告分为"共同的问题""共同的挑战""共同的努力"三大部分,系统地研究了人类面临的重大经济、社会和环境问题,以"可持续发展"为基本纲领,从保护和发展这两个紧密相关的问题作为一个整体讨论,将人们从单纯考虑环境保护引导到把环境保护与人类发展切实结合起来,实现了人类有关环境与发展思想的重要飞跃。报告还明确指出了人类社会的可持续发展,只能以生态环境和资源的持久、稳定的支承能力为基础,而环境问题也只有在社会和经济的可持续发展中得到解决。尤其是理论上具有创新意义的"可持续发展"理论的提出,促进了"循环经济"、工业生态园的兴起以及工业生态学、生态工程学和工程生态学等新兴学科的发展,使环境生态学的理论基础更加坚实,环境生态学已由学科理论体系的完善和成熟,发展到理论指导下的实际应用的新阶段。

第二节　环境生态学的研究内容与方法

运用生态学理论、保护和合理利用自然资源、治理环境污染、恢复和重建被破坏的生态系统、满足人类生存发展需要是环境生态学的主要研究任务。近几十年来,随着科学技术的发展,环境生态学的研究领域不断扩展,内容更加充实,更与当今世界最前沿的科技接轨,取得了大量突破性的成果。在研究方法上与系统分析、工程技术相结合,将现代新技术新方法应用于环境生态的研究中来。

一、环境生态学的研究内容

随着科学技术的发展和大规模的人类生产活动,人干预生物和环境的过程不论从规模还是速度上都远远超过自然过程。因此,作为一门综合性的边缘学科,环境生态学着重研究人类活动影响下生物与环境的相互关系,以避免人类生产和生活对环境造成不利影响,并保护和改善人类生存环境。这是阐述环境生态学研究的主要内容和未来的主要研究方向。

(1)人为干扰下生态系统内在变化机制和规律。自然生态系统受到人为的外界干扰后,将会产生一系列的反应和变化。研究人为干扰对生态系统的生态作用、系统对干扰的生态效应及其机制和规律是十分重要的。研究主要包括各种污染物在各类生态系统中的行为、变化规律和危害方式,各种污染物在各类生态系统中的行为变化规律和危害方式,人为干扰的方式和强度与生态效应的关系等问题。

(2)生态系统受损程度及危害程度的判断。生态系统受损程度的判断是研究生态学的重要任务之一。而生态学判断所需的大量信息来自生态监测。生态监测是环境生态学研究的基础和必要手段,生态监测就是利用生态系统生物群落各组分对干扰效应的应答来分析环境变化的效应程度和范围,包括人为干扰下生物所产生的生理反应、种群动态和群落演替过程等生态要素的动态变化。

(3)生态系统保护的理论与方法。各类生态学系统在生物圈中执行着不同的功能,被破坏后所产生的生态后果也有不同,如水土流失、土地沙漠化、盐碱化等。环境生态学就是利用生态学的基本原理,人为地改变和切断生态系统退化的主导因子或过程,调整、配置和优化系统内部及其与外界的物质、能量、信息的流动过程,使生态系统的结构、功能和生态潜力尽快地、成功地恢复到一定的或原有的乃至更高的水平。

(4)环境污染防治的生态学对策的研究。环境污染防治主要是解决从污染发生、发展直至消除的全过程中存在的有关问题和采取防治的种种措施,其最终目的是保护和改善人类生存发展的生态环境。根据生态学的理论,结合环境问题的特点,采取适当的生态学对策并辅之以其他方法手段或工程技术来改善和恢复恶化的环境,是环境生态学的研究内容之一。

(5)受损生态系统的恢复与重建技术。退化生态系统的恢复与重建是将环境生态学理论应用于生态环境建设的一个重要方面。恢复与重建要求在遵循自然规律的基础上,通过人类的作用,根据技术上适当、经济上可行、社会能够接受的原则,使受损或退化的生态系统重新获得有益于人类生存与发展的功能。

(6)生态规划与区域生态环境建设。生态规划主要是以生态学原理为理论依据,对某地区的社会、经济、技术和生态环境进行全面综合规划,调控区域社会、经济与自然生态系统及其各组分的生态关系,以便充分、有效、科学地利用各种资源条件,促进生态系统的良性循环,使社会、经济持续稳定地发展。生态规划是区域生态环境建设的重要基础和实施依据。区域生态环境建设是根据生态规划,解决人类当前面临的生态环境问题,建设更适合人类生存和发展的生态环境的合理模式。

(7)生态风险评价。生态风险评价主要是利用定量方法来评估各种环境污染物对生态系统可能产生的风险及评估该风险可接受的程度,为生态环境的保护与管理提供科学依据。

(8)生物多样性与生态安全。生物多样性是生物及其与环境形成的生态复合体以及与此相关的各种生态过程的总和,它包括数以千百万计的动物、植物、微生物和它们所拥有的基因以及它们与生存环境形成的复杂的生态系统。生物多样性是维持基本生态过程和生命系统的物质基础。生态安全是指生物个体或生态系统不受侵害和破坏的状态。生态安全取决于人与生物之间、不同的生物之间的平衡状况。生物多样性是生态安全的重要组成,生物多样性的丧失,特别是基因和物种的丧失,对生态安全的破坏将是致命和无法挽回的,其潜在的经济损失是无法计算的。

二、环境生态学的研究方法

环境生态学是现代生态学的重要内容,又是环境科学的组成部分,理解人为干扰与生态系统内在的变化机制、规律之间的相互关系,是环境生态学的研究关键所在。因此,环境生态学研究应以解决实际环境问题的生态学研究方法为主,又具有自身学科特色的研究手段。

(一)野外调查研究

野外调查研究是环境生态学研究的主要方法,是指在自然界原生境对生物与环境的关系进行调查分析,包括野外考察、定位观测等方法。

野外考察是考察特定种群或群落与自然地理环境的空间分异的关系。首先要划定生境边界,然后在确定的种群或群落生存活动空间范围内,进行种群行为或群落结构与生境各种条件相互作用的观察记录。野外考察种群或群落的特征和计测生境的环境条件,要采取适合各类生物的规范化抽样调查方法,如动物种群调查中的样方法、标记重捕法、去除取样法等,植物种群和群落调查中的样方法、无样地取样法、相邻格子取样法等。样地或样本的大小、数量和空间配置,都要符合统计学原理,保证得到的数据能反映总体特征。

定位观测是考察某个体、种群、群落或生态系统的结构和功能与其环境关系在时间上的变化。定位观测先要设立一块可供长期观测的固定样地,样地必须能反映所研究的种群或群落及其生境的整体特征。定位观测时间决定于研究对象和目的。若是观测微生物种群,只需要几天的时间即可,若观测群落演替,则需要几年、十几年、几十年甚至上百年的时间。

(二)科学实验研究

科学实验研究分为在野外进行的原地实验和在实验室内进行的受控实验。

原地实验是在自然条件下,采取某些措施获得有关某个因素的变化对种群、群落、生态系统及其他因素的影响。如在野外森林、草地群落中,人为去除或引进某个种群,观测该种群对群落和生境的影响;在自然保护区,人为地对森林进行疏伐,以观测某些阳生濒危植物种群的生长情况。

受控实验是在模拟自然生态系统的受控实验系统中,研究单项或多项因子相互作用,以及对种群或群落的影响的方法技术。如"微宇宙"(microcosm)模拟系统是在人工气候室或人工水族箱中,建立自然的生态系统模拟系统,即在光照、温室、风力、土质、营养元素等环境因子的数量与质量都完全可控制的条件下,通过改变其中某一因素或多个因素,来研究实验生物的个体、种群以及小型生物群落系统的结构、功能、生活史动态过程,及其变化的动因和机理。

(三)系统分析和数学模型

系统分析是一种进行科学研究的策略,通过系统分析可以建立一系列反映事物发展规律的系统模型,对系统进行模拟和预测,找出生态系统内各组分之间的关系、各组分内不同的影响力。系统分析中应用最多的方法有多元统计学、多元分析力法、动态方程、多维几何、模糊数学理论、综合评判方法、神经网络理论等一系列相关的数学、物理研究方法。目前,应用比较广泛的系统分析模型有微分方程模型(动力模型)、矩阵模型、突变率模型及对策论模型等。

数学模型是一个系统的基本要素及其关系的数学表达,模型能使一个十分复杂的系统简化,使研究者容易了解并预测其未来的发展趋势。生物种群或群落系统行为的时空变化的数学概括,统称生态数学模型。生态数学模型仅仅是实现生态过程的抽象,每个模型都有一定的限度和有效范围,如描述种群增长的指数方程和逻辑斯蒂(logistic)方程等就是用来分析表达种群动态的理论模型。

(四)历史资料分析

有一些环境问题涉及历史变迁,需要从历史资料分析中得到启示。例如,区域生态环境变迁及其影响因素、自然灾害的发展及其变化趋势、人均资源利用量的变化与发展、可持续发展思想的形成等,都需要查阅大量的历史资料。历史资料包括文献资料、考古结果、孢粉分析资料、底层分析资料、年轮分析资料等。该方法对于阐述较大时间尺度的环境变化是十分重要的。

对于沙漠生态环境的研究来说，大量的科研历史资料是一种宝贵的可利用资源。对这些长年积累的资料进行研究和分析，能使其更好地为沙漠化监测和预测、治沙技术措施、沙漠自然资源的持续利用和生存环境的优化提供科学依据。

（五）新技术的应用

环境生态学的进展在很大程度上有赖于多种新技术、新方法的应用，包括计算机、卫星遥感、地理信息系统、同位素、分子生物学技术、自动测试技术、受控实验生态系统装置以及其他分析测试技术等。计算机技术在生态系统资料、数据处理中有极其重要的作用，生态系统的复杂规律必须在现代计算机技术手段下才能得以充分地揭示；对环境治理、资源合理利用、全球环境变化等这些复杂问题也只有利用计算机模拟才能解决，如预测系统行为及提出最佳方案等问题。遥感、航测和地理信息系统则频繁地用于资源探测、环境污染监测等。

第三节　环境生态学的理论基础

一、生态学

（一）生态学的概念

生态学（ecology）是研究有机体与其周围环境相互关系的科学。环境包括非生物和生物环境，前者如温度、可利用水、风，而后者包括同种或异种其他有机体。这个定义强调的是有机体与非生物环境的相互作用，以及有机体之间的相互作用。有机体之间的相互作用又可以分为同种生物之间和异种生物之间的相互作用，即种内相互作用和种间相互作用。前者如种内竞争，后者如种间竞争、捕食、寄生或互利共生。

ecology 一词源于希腊文，由词根"oiko"和"logos"演化而来，"oiko"表示住所，"logos"表示学问。因此，从字义上讲，生态学是研究生物"住所"的科学。

Haeckel 所赋予生态学的定义很广泛，由此引起了许多学者的争论。国际上许多著名生态学家也对生态学下过定义。如美国生态学家 E. P. Odum（1958）提出的定义是：生态学是研究生态系统的结构和功能的科学。我国著名生态学家马世骏（1980）认为：生态学是研究生命系统和环境系统相互关系的科学。他同时提出了社会—经济—自然复合生态系统的概念。

（二）生态学的研究对象

由于生态学研究对象的复杂性，它已发展成一个庞大的学科体系。根据其研究对象的组织水平、类群、生境以及研究性质等可将其如下划分。

1. 根据研究对象的组织水平划分

生物的组织层次从分子到生物圈,与此相应,生态学也分化出分子生态学(molecular ecology)、进化生态学(evolutionary ecology)、个体生态学(autecology)或生理生态学(physiological ecology)、种群生态学(population ecology)、群落生态学(community ecology)、生态系统生态学(ecosystem ecology)、景观生态学(landscape ecology)与全球生态学(global ecology)。

2. 根据研究对象的分类学类群划分

生态学起源于生物学,生物的一些特定类群(如植物、动物、微生物)以及上述各大类群中的一些小类群(如陆生植物、水生植物、哺乳动物、啮齿动物、鸟类、昆虫、藻类、真菌、细菌等),甚至每一个物种都可从生态学角度进行研究。因此,可分出植物生态学、动物生态学、微生物生态学、陆生植物生态学、哺乳动物生态学、昆虫生态学、地衣生态学,以及各个主要物种的生态学。

3. 根据研究对象的生境类别划分

根据研究对象的生境类别划分,有陆地生态学(terrestrial ecology)、海洋生态学(marine ecology)、淡水生态学(freshwater ecology)、岛屿生态学(island ecology 或 island biogeography)等。

4. 根据研究性质划分

根据研究性质划分,有理论生态学与应用生态学。理论生态学涉及生态学进程、生态关系的数学推理及生态学建模;应用生态学则是将生态学原理应用于有关部门。例如,应用于各类农业资源的管理,产生了农业生态学、森林生态学、草地生态学、家畜生态学、自然资源生态学等;应用于城市建设则形成了城市生态学;应用于环境保护与受损资源的恢复则形成了保育生物学、恢复生态学、生态工程学;应用于人类社会,则产生了人类生态学、生态伦理学等。

二、环境科学

(一)环境科学的研究内容

环境科学是研究和指导人类在认识、利用和改造自然中,正确协调人与环境相互关系,寻求人类社会可持续发展途径与方法的科学,是由众多分支学科组成的学科体系的总称。从广义上说,它是研究人类周围空气、大气、土地、水、能源、矿物资源、生物和辐射等各种环境因素及其与人类的关系,以及人类活动对这些环境要素影响的科学。从狭义上讲,它是研究由人类活动所引起的环境质量的变化以及保护和改进环境质量的科学。"可持续发展"理论的提出和不断完善,对环境科学产生了深刻影响,无论是对环境问题的认识,还是研究内容和学科任务等方面都有了许多新的发展。这些新发展集中体现在学科提倡的资源观、价值观和道德观上。它的资源观是,整个环境都是资源,即环境中可以直接进入人类社会生产活动的要素是资源,不能直接进入人类社会生产活动的要素也是资源，而且这些要素的结构方式及其表现于外部的状态，还是资源。因为它们都能在不同程度上满足和服务于人类社会生存发展的需要。它提倡的价值观包含两层含义，一是环境具有价值，人类通过劳动可以提高其价值，也可以降低其价值，因为客体的价值是该客体对主体需要的满足关系；二是发展活动所创造的经济价值必须与其所造成的社会价值和环境价值相统一。它的道德观是，提倡人与自然的和谐相处、协调发展、协同进化，也就是说人类应尊重自然的生存发展权，人对自然的索取也应该与对自然的给予保持一种动态的平衡。否定对自然的征服和主宰，改变以"做大自然的主人"而自豪的错误的道德原则。具体地说，环境科学的研究内容主要包括以下几方面：

(1)人类与其生存环境的基本关系。

(2)污染物在自然环境中的迁移、转化、循环和积累的过程及规律。

(3)环境污染的危害。

(4)环境质量的调查、评价和预测。

(5)环境污染的控制与防治。

(6)自然资源的保护与合理使用。

(7)环境质量的监测、分析技术和预报。

(8)环境规划。

(9)环境管理。

环境科学的这些研究内容可概括为：研究人类社会经济行为引起的环境污染和生态破坏；研究环境系统在人类干扰(侧重于环境污染)影响下的变化规律；确定当前环境恶化的程度及其与人类社会经济活动的关系；寻求人类社会经济发展与环境协调持续发展的途径和方法，以争取人类社会与自然界的和谐共处。所有这些决定了环境科学的两个明显特征，即整体性和综合性。同时，也决定了环境科学是一门融自然科学、社会科学和技术科学于一体的交叉学科，而且在很多领域，与环境生态学的研究内容有交叉。

(二)环境科学的分支学科

经过几十年的发展，环境科学已形成了一个由环境学、基础环境学和应用环境学三部分组成的较为完整的学科体系(图 1-1)。

(1)环境学。这是环境科学的核心和理论基础，它侧重于环境科学基本理论和方法论的研究。

(2)基础环境学。它由环境科学中许多以基础理论研究为重点的分支学科组成，包括环境数学、环境物理学、环境化学、环境毒理学、环境地理学和环境地质学等。

(3)应用环境学。它是由环境科学中以实践应用为主的许多分支学科组成，包括环境控制学、环境工程学、环境经济学、环境医学、环境管理学和环境法学等。

某些分支学科的主要研究范畴概括如下：

(1)环境地理学。以人—地系统为对象，研究它的发生和发展、组成和结构、调节和控制及改造和利用等，具体内容包括地理环境和地质环境的组成、结构、性质和演化，环境质量调查、评价和预测，以及环境质量变化对人类的影响。

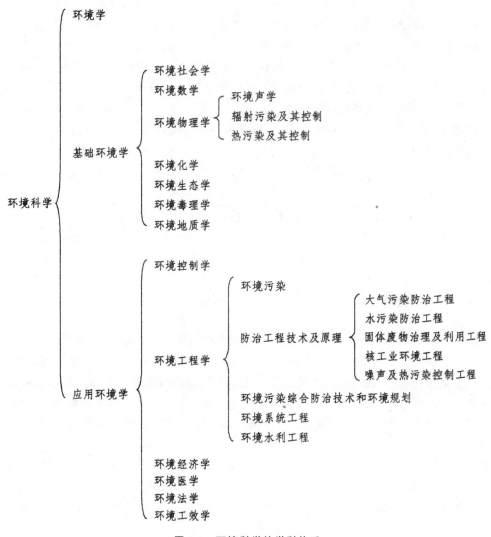

图 1-1　环境科学的学科体系

（2）环境化学。鉴定、测量和研究化学污染物在大气圈、水圈、生物圈、岩石圈和土壤中的含量、存在形态、迁移、转化和归宿，探讨污染物的降解和再利用。

（3）环境生物学。研究生物与受人为干扰（主要是污染）的环境之间相互作用的机制及其规律。在宏观方向，研究污染物在生态系统中的迁移、转化、富集和归宿，以及对生态系统结构和功能的影响；在微观方向，研究污染物对生物的毒理作用和遗传变异影响的机制和规律。

（4）环境医学。研究环境污染与人群健康的关系，尤其是环境污染对人群的有害影响及预防措施。探索污染物在人体内的动态和作用机制，查明环境致病因素和致病条件，阐明污染物对健康损害的早期反应和潜在的远期效应，提供制定环境卫生标准和预防措施的科学依据。

（5）环境物理学。研究物理环境和人类之间的相互作用。主要是一些物理因素如噪声、射线、光、热和电磁场等对人群健康的影响，以及治理或消除的技术。

（6）环境工程学。运用工程技术的原理和方法,防治环境污染,合理利用自然资源,保护和改善环境质量,包括大气、水污染防治工程技术,噪声控制和遗弃物的处理与利用等,以及环境污染的综合防治,从区域环境的整体上寻求解决环境问题的最佳方案。

（7）环境经济学。研究经济发展与环境保护之间的相互关系,探索合理调节人类经济活动和环境之间物质交换的基本规律,使经济活动能取得最佳的经济效益和环境效益,包括环境价值评价及其应用,管理环境的经济手段等。

（8）环境法学。研究关于保护自然资源和防治环境污染的立法体系、法律制度和法律措施,以调整因保护环境而产生的社会关系问题。

第四节　环境生态学与相关学科

一、环境生态学

环境生态学是生态学的一个分支,生态学是以生物为中心,研究生物与环境的关系。传统生态学偏重于研究生物与自然因素之间的关系。随着科学技术的进步和大规模的生产活动,人类干预生物与环境的过程,不论从规模还是速度上都远远超过自然过程。现代生态学重视研究人类活动影响下的生物与环境的关系,以求避免环境对人类生产和生活造成不利的影响,并使其向着有利于人类的方向发展变化。环境生态学则注重从整体和系统的角度,研究在人为干扰下,生态系统结构和功能的变化规律,以及因此对人类的影响,并寻求因人类活动影响而受损的生态系统恢复、重建和保护的生态学对策。它的重点任务在于运用生态学的原理,阐明人类活动对环境的影响,以及解决环境问题的生态学途径,保护、恢复和重建各类生态系统,以满足人类生存与发展需要。生态学的基本原理同样可以应用于环境学,并作为环境学的基本理论来研究人类生存、发展与环境的相互关系。

二、环境科学

环境生态学是环境科学的分支学科之一。在环境科学研究中,人们提出使用生态学理论,这促使了环境生态学的产生,环境科学和生态学为环境生态学奠定了理论基础。

环境科学在研究人类环境质量、保护自然环境和改善受损环境的过程中,都是以生态学为基础的,并以生态系统平衡为原则和目标。环境生态学将丰富和发展环境科学。环境科学研究的是人与环境,生态学研究的是生物与环境。而环境生态学把二者研究范畴包含在内,研究人、生物与整个自然界之间的关系。环境生态学采纳了生态学、环境科学的理论和技术。因此,环境学家把环境生态学当作环境科学的一个分支学科,它隶属于基础环境学。

环境生态学不但关注环境背景下生态系统自身发生、演化和发展的动态变化以及受扰后生态系统的治理与修复,而且致力于自然—社会—经济复合生态系统的规划、管理与调控研究。在环境科学体系中,环境生态学同环境监测与评价、环境工程、环境治理与修复以及环境规划与管理的关系尤为密切。

三、生态经济学

生态经济学是生态学和经济学相互交叉、渗透、有机结合形成的新兴边缘学科,也是一门跨自然科学和社会科学的交叉学科。生态经济学是研究生态经济系统运行机制和系统各要素间相互作用规律的科学。它产生于 20 世纪 60 年代末期,之后得以迅速发展并显示出旺盛的生命力,得到了世界各国政府、社会团体、学术界和企业界的高度重视。近 20 多年来,由于生态学家与经济学家的积极合作,生态经济学发展迅速。其中特别值得注意的是,生态经济学根据生物物理学的理论,依据物理学中的能量学定律,采用“能值”(energy)作为基准,把不同种类、不可比较的能量转换成同一标准的能值进行分析,在研究方法上,实现了生态系统各种服务功能价值评价中无法统一比较标准的突破。这对环境生态学的研究,无疑是非常重要的。

经典生态学只限于研究生物与其生存环境的相互关系,几乎不涉及经济社会问题。20 世纪 20 年代中期,美国科学家麦肯齐首先把植物生态学与动物生态学的概念运用到对人类群落和社会的研究中,主张经济分析不能不考虑生态学过程。但真正把经济社会问题结合生态学基本原理进行阐述的,还是美国海洋生物学家蕾切尔·卡逊(Rachel Carson)的《寂静的春天》这本著作,书中对美国大量使用杀虫剂所造成的生态环境问题作了符合生态学规律的描述,揭示了现代社会的生产活动对自然环境和人类自身影响的生态学过程。此后,生态学与社会经济问题密切结合,又有大批论述生态经济学的著作问世,促进了诸如污染经济学、环境经济学、资源经济学等新兴分支学科的产生。20 世纪 60 年代后期,美国经济学家肯尼斯·鲍尔廷在他所著的《一门科学——生态经济学》中正式提出了“生态经济学”的概念。作者对利用市场机制控制人口和调节消费品的分配、资源的合理利用、环境污染,以及用国民生产总值衡量人类福利的缺陷等作了有创见性的论述。继鲍尔廷的著作问世之后,论述生态经济问题的许多专著相继出现,其内容已远远超出了经典经济学和生态学的范围。

从生态经济学的发展过程中,可以看出它与环境生态学之间存在的渊源关系。环境生态学的主要研究内容是人为干扰下受损生态系统的内在变化规律、变化机制和产生的生态效应,所以它首先需要界定生态系统受到损害的程度,评价其功能和结构的变化。从本质上看这属于生态资源的评价问题,是生态系统各种服务功能的维护与管理问题,这也是生态经济学研究的主要范畴。因此,除生态学和环境科学外,生态经济学与环境生态学的关系也是很密切的。

四、环境生物学

环境生物学(environment biology)是研究生物与受人类干预的环境之间的相互作用的机制和规律。环境生物学以研究生态系统为核心,向两个方向发展:从宏观上研究环境中污染物在生态系统中的迁移、转化、富集和归宿,以及对生态系统结构和功能的影响;从微观上研究污染物对生物的毒理作用及对遗传变异影响的机制和规律。其研究的主要内容是环境污染引起的生态效应,生物或生态系统对污染的净化功能,利用生物对环境进行监测、评价的原理和方法以及自然保护等。其目的在于为人类合理地利用自然和自然资源、保护和改善人类的生存环境提供理论基础,促进环境和生物朝有利于人类的方向发展。

五、恢复生态学

20世纪90年代中期开始,一门以研究受损生态恢复为主要内容的新学科——恢复生态学迅速兴起并得到快速发展。恢复生态学是研究生态系统退化原因、退化生态系统恢复与重建技术及方法、生态学过程与机制的科学。很显然,恢复生态学的研究内容与环境生态学有交叉,但又不是完全相同的学科重复。首先,在学科的性质上,恢复生态学更侧重于恢复与重建技术的研究,应属于技术科学的范畴,而环境生态学则更侧重于基本理论的探讨,属于基础学科;其次,是学科的研究内容,在受损生态系统恢复这一重叠领域,环境生态学注重研究受损后生态系统变化过程的机制和产生的生态效应,关注的是"逆向演替"的动态规律;恢复生态学则注重研究生态恢复的可能与方法,更关注恢复与重建后,生态系统"正向演替"的动态变化,以及如何加快这种演替的各种措施;在研究方法上,恢复生态学对生态工程学的理论及其技术的发展十分关注,而环境生态学更注意生态监测与评价,以及有关生态模拟研究方法和技术的发展。总之,就两个独立的学科关系而言,环境生态学与恢复生态学是最紧密的。

六、污染生态学

污染生态学是研究生物与受污染的环境之间相互作用的机理和规律的学科。主要研究环境污染的生态效应(环境污染对生态系统中各种生物的影响,污染物在生物体内的积累、浓缩、放大、协同和拮抗等作用);环境污染的生物净化(绿色植物对大气污染物的吸收、吸附、滞尘以及杀菌作用,土壤植物系统的净化功能,植物根系和土壤微生物的降解、转化作用,以及生物对水体污染的净化作用);环境质量的生物监测和生物评价等。

生态工程学是运用物种共生与物质循环再生原理,发挥资源的生产潜力,防止污染,采用分层多级系统的可持续发展能力的整合工程技术并在系统范围内同步获取高的经济、生态和社会效益的学科。

七、景观生态学

景观生态学是研究一定地域范围内不同生态系统或景观发展所形成的功能整体的结构、过程与动态的生态学分支学科,其研究对象是由不同生态系统与景观要素组成的异质性景观,研究景观要素间的物质流、物种交流、能量流、景观要素的空间格局与生态过程的关系以及景观格局与生态过程的动态变化。因此景观生态学的研究内容可以概括为景观结构、景观生态过程、景观动态、景观生态学与资源管理等四个方面。

景观生态学研究内容的四个方面是相互联系在一起的。景观结构与景观生态过程是相互依赖、相互作用的,通常景观结构决定景观生态过程,而景观结构的形成又受景观生态过程的影响。景观结构与景观生态过程以及两者之间的相互关系均是随时间而变化的。

对景观结构过程及其动态的认识,有助于人们规划与设计生态合理的人类活动、设计可持续的土地管理和自然资源利用方式,区域可持续发展与自然资源管理的要求也推动了景观生态学的发展。

八、城市生态学

城市生态学(urban ecology)是研究城市人类活动与城市环境之间关系的一门学科,将城市视为一个以人为中心的人工生态系统,在理论上着重研究其发生和发展的动因、组合和分布的规律、结构和功能的关系、调节和控制的机制;在应用上旨在运用生态学原理规划、建设和管理城市,提高资源利用率,改善城市系统关系,增加城市活力。其研究内容主要是城市生态系统的组成形态与功能、城市人口、生态环境、城市灾害及防范、城市景观生态、城市与区域可持续发展和城市生态学原理的社会应用等。

九、保育生态学

保育生态学(conservation ecology)包含生态系统的"保护"与"复育"两个内涵,即针对濒危生物的育种、繁殖、栖息地的监测保护与对受破坏生态系统的恢复、改良和重建。以生态学的原理,监测人类与生态系统间的相互影响,并协调人类与生物圈的相互关系,以达到保护地球上单一生物物种以及不同生物群落所依存的栖息地的目的,并维系自然资源的可持续利用。由于生态保育关系到人类对生物行为、食物链乃至整个栖地环境的了解,也关系到人类在环境经营上的模式与对自然资源的利用和保护,因此生态保育需要多学科的协作。

十、人类生态学

人类生态学(human ecology)是应用生态学基本原理研究人类及其活动与自然和社会环境之间相互关系的科学。以"自然—社会—经济"复合的人类生态系统作为研究对象,以城市生态系统和农业生态系统的可持续发展作为人类社会与经济的可持续发展的目标,着重研究人口、资源与环境三者之间的平衡关系,涉及人口动态、食物和能源供应、人类与环境的相互作用,以及经济活动产生的生态环境问题,并试图提出解决上述问题的途径与措施。

第二章 生物与环境

第一节 环境与生态因子

一、环境的概念及其类型

在生态学中,环境(environment)是指某一特定生物体或生物群体以外的空间,以及直接、间接影响该生物体或生物群体生存的一切事物的总和。环境科学中所指的环境是以人类为主体的,是指围绕着人群周围的一切。环境的概念既具体又抽象,对人类和地球上所有动植物而言,地球表面就是它们生存和发展的环境。对于某个具体人群来讲,环境是指其居住地或工作场所中影响该人群生存及活动的全部无机元素(光、热、水、大气、地形等)和有机元素(动植物等)的总和。人与人之间也是互为环境的。所以说,环境只具有相对意义,总是针对某一特定主体或中心而言的,离开这个主体和中心也就无所谓环境了。

由此可见,生态学中所指的环境和环境科学中所指的环境,无论从其范围还是从包括的因素来看,都是有区别的,这主要是由于它们的主体或中心的不同。

环境是一个非常复杂的体系,至今尚未形成统一的分类系统。一般可按环境的性质、环境的范围大小等进行分类。

(1)按环境的性质分类。按环境的性质可将环境分为自然环境、半自然环境(即受人类干扰或破坏后的自然环境)、人工环境。所谓自然环境指的是不受人类活动影响或仅受人类活动局部轻微影响的天然环境。目前,纯粹的自然环境几乎不存在。人工环境指的是由人工经营和控制的环境,比如温室、水库、牧场等。

(2)按环境的范围大小分类。按环境的范围大小可将环境分为小环境和大环境(macroenvironment)。

大环境是指区域环境(如具不同气候和植被特点的地理区域)、地球环境(包括大气圈、岩石圈、水圈、土壤圈和生物圈的全球环境)和宇宙环境(大气层以外的宇宙空间,对地球环境有着深刻的影响)。

小环境是指对生物有着直接影响的邻接环境,即是指温度、湿度、气流等因素的变化可引起局部环境变化。如树干的小环境对八齿小蠹(*Ips typographus*)的生长情况影响如图 2-1 所示。据研究,只有在第 4 区的八齿小蠹能够正常的进行生殖活动,1 区光照过于强烈,无法产卵;2 区光照较 1 区弱,产下的卵因流失水分较多而干瘪;3 区温度较高,容易导致已生长发育的幼虫死亡;5 区阴暗潮湿,幼虫死亡率非常高。

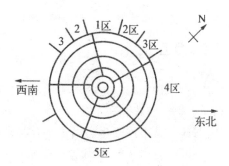

图 2-1　八齿小蠹生存的树干的小环境

(引自 Schimitschek)

又如严寒冬季,雪被上温度很低,已达到－40℃,但雪被下的温度并不很低且相当稳定,土壤也未冻结。这种雪被下的小气候保护了雪被下的植物与动物安全越冬。因此,生态学研究更重视小环境。因此,相对于大环境,小环境对生物具有更实际的意义。

二、生态因子的概念及其类型

生态因子(ecological factor)是指环境要素中对生物起作用的因子。按照此定义,生态因子有很多,包括光照、温度、水分、氧气、二氧化碳等。

生存条件与生态因子有所区别,对生物起作用的环境要素都可称之为生态因子,对生物生存必不可少的环境要素称之为生存条件。

环境因子指的是生物体外全部的环境要素,故与生态因子的概念既有所区别,又有所联系。

生态因子的数目较多,不同的分类方式,生态因子的种类不同。

(1)按生态因子的性质分类。按其性质分为气候因子(如温度、水分、光照、风、气压和雷电等)、土壤因子(如土壤结构、土壤成分的理化性质及土壤生物等)、地形因子(如陆地、海洋、海拔高度、山脉的走向与坡度等)、生物因子(包括动物、植物和微生物之间的各种相互作用)和人为因子(由于人类的活动对自然的破坏及对环境的污染作用)5 类。

(2)按生态因子的生命特征分类。按有无生命的特征分为生物因子和非生物因子两大类。非生物因子是指一些理化因子,例如,温度、水分、地形等;生物因子是指环境中生存的种内生物和种间生物。

(3)按生态因子对生物种群数量变动的作用分类。有一些生物因子,如生物天敌、生物食物等的数量越大,对生物种群的影响越大,种群密度变化越大,故称为密度制约因子(density dependent factor)。还有一类生物因子,对生物种群的密度的影响是固定的,强度不随数量的变化而变化,称为非密度制约因子(density independent factor)。

(4)按生态因子的稳定性及其作用特点分类。按生态因子的稳定性及其作用特点可将生态因子分为稳定因子和变动因子两大类。

稳定因子是指决定了生物分布的地心引力、地磁、太阳常数等恒定因素；变动因子是影响生物分布和生物数量的变动因素，例如，潮汐涨落、风、降雨等。

三、生物与生态因子的相互关系

生物和生态因子之间的相互关系，存在着一定的规律性，这些规律就是研究生态因子的基本观点，掌握了这些规律，将有助于生产实践和科学研究。

(1)生态因子的综合性。生态环境是由许多生态因子组合起来的综合体，对生物起着综合的生态作用。也就是说，每一生态因子对生物的作用都不是孤立的、单独的，每一个生态因子都是在与其他因子的相互影响、相互制约中起作用的。例如，一个区域的湿润程度，不只决定于降水量，还与地下水、河网分布及径流与蒸发量等因素相互作用的综合效应有关。

(2)主导因子作用。组成环境的所有生态因子，都是生物直接或间接所必需的，但在一般或一定条件下，其中必有 1～2 个是起主导作用的，这种起主导作用的就是主导因子。例如，温度是一年生植物和二年生植物春化阶段中起决定性作用的因子，但是温度因子也只有在适度的湿度和通风条件良好的条件下才能发挥作用。

(3)不可替代性。生物因子的不可替代性是指生物在生长发育过程中，所需的生存条件——光、热、水分、营养等因子对生物的作用虽不是等价的，但都是不可缺少的。某一因子的缺失都会对生物的正常生活造成影响，甚至是衰弱和死亡。这个因子的缺失无法用另一个因子来替代。

(4)生态因子作用的阶段性。生态环境的规律性变化，如季节性物候、日夜温差、地区的光周期等会导致生物的生长发育具有阶段性，在不同阶段对同一生态因子需要的量也就不同。例如，水域条件对蟾蜍幼体必不可少，但变态成为成蟾后则降低对水环境的依赖性，可生活在潮湿的陆地。

(5)生态因子的直接作用和间接作用。在对生物的生长发育状况及其分布原因的分析研究中，生态因子既能直接作用也能间接作用在生物的发育过程中。生态因子的间接作用并不一定不如直接作用那样重要。例如，对于干旱地区生活的动物，如黄羊、沙土鼠而言，雨量多少可以影响到植物生长的好坏，因而对于依赖植物为食的动物也是极为重要的。

第二节　地球上的生物与环境的相互作用

环境是一个复杂的、有时空变化的动态系统和开放系统，系统内外存在着物质和能量的转化。系统外部的各种物质和能量，通过外部作用进入系统内部，这个过程称为输入；系统内部也对外部发生一定作用，通过系统内部作用，一些物质和能量排放到系统外部，这个过程称为输出。在一定的时空尺度内，若系统的输入等于输出，就出现平衡，称为环境平衡或生态平衡。

系统的内部,可以是有序的,也可以是无序的。系统的无序性,称为混乱度,也叫熵。熵越大,混乱度越大,越无秩序,如城市的人工物资系统和城市居民,都趋向于增加整个城市环境系统的熵值。反之,则称为负熵,即系统的有序性。负熵越大,即伴随物质能量进入系统后,有序性增大,如城市生物能增加系统负熵,系统的有序性增大。环境平衡就是保持系统的有序性。保持开放系统有序性的能力,称为稳定性。

系统的组成和结构越复杂,它的稳定性越大,越容易保持平衡;反之,系统越简单,稳定性越小,越不容易保持平衡。因为任何一个系统,除组成成分的特征外,各成分之间还具有相互作用的机制。这种相互作用越复杂,彼此的调节能力就越强;反之则越弱。这种调节的相互作用,称为反馈作用。最常见的反馈作用是负反馈作用(negative feedback),负反馈控制可以使系统保持稳定,正反馈使偏离加剧。例如,在生物的生长过程中,个体越来越大,或一个种群个体数量不断上升,这都属于正反馈,正反馈是有机体生长和生存所必需的。但正反馈不能维持稳定,要使系统维持稳定,只有通过负反馈控制,因为地球和生物圈的空间和资源都是有限的。

由于人类环境存在连续不断的、巨大和高速的物质、能量和信息的流动,表现出其对人类活动的干扰与压力,因此它具有不容忽视的特性。

环境对生物的作用是多方面的,可以影响生物的生长、发育、繁殖和行为;影响生物的生育力和死亡率,导致生物种群的数量变化;某些生态因子能够限制生物的分布区域,例如,热带动植物不能在北半球的北方生活,主要是受低温的限制。环境条件恶劣变化时,会导致生物的生长发育受阻甚至死亡。

生物也不是消极地对待环境的作用,它们可以从自身的形态、生理、行为等多方面进行调整,在不同的环境中产生不同的适应性变异,以适应环境的变化。适应(adaptation)具有许多不同的含义,但主要是指生物对其环境压力的调整过程。生物对环境的适应分为基因型适应和表现型适应。基因型适应发生在进化过程中,其调整是可遗传的,如生活在欧洲的一种淡水鱼——欧鳊,随着气温由南到北逐渐变冷,它的繁殖方式也由南方的一年之中连续产卵变成一年产一次卵,以适应环境的温度变化,并形成遗传固有性特征。表现型适应则发生在生物个体上,是非遗传的。

表现型适应包括可逆的和不可逆的表型适应两种类型。许多动物能够通过学习以适应环境的改变,它们不但能够通过学习什么食物最有营养、什么场所是最佳隐蔽地等,来调整对环境改变的反应,而且能够学习如何根据环境的改变来调整自己的行为。学习基本上是属于不可逆的表型适应,尽管动物会忘记或抑制已经学到的行为,但是,学习所产生的内在改变是永久的,这种内在改变只能被随后的学习所修改。

可逆的表型适应涉及一些有助于生物适应当地环境的生理过程。这些生理过程既有气候驯化的缓慢过程,也有维持稳态的快速生理调节。所谓气候驯化是指在自然条件下,生物对多个生态因子长期适应以后,其耐受范围发生可逆的改变。大多数动物都能够通过快速的生理应答(如哺乳类的流汗),或通过行为应答(如寻找合适的阴凉处)来适应环境温度的改变。

适应可以使生物对生态因子的耐受范围发生改变。自然环境的多种生态因子是相互联系、相互影响的。因此,对一组特定环境条件的适应也必定会表现出彼此之间的相互关联性,这一套协同的适应特性就称为适应组合(adaptive suites)。沙漠中生活的骆驼就是对沙漠环境进行适应组合的最好例子,骆驼能够高度浓缩尿液、干燥粪便以减少水分丧失,在清晨取食含有露水的植物嫩叶或多汁植物以获取水分,能够忍受使体重减少 25%～30% 的脱水,耐受外界较大的昼夜温差以减少失水等。

第三节 主要生态因子的作用及生物的适应

一、水的生态作用及生物的适应

水是生物最重要的物质,水的存在状态与数量影响生物的生存与分布。在自然界,水分是以 3 种形态存在:固态、液态和气态,它们对生物的生态作用是不同的。

(一)水因子的生态作用

1. 水是生物生存的重要条件

水是生物生存的主要条件之一,表现为以下几个方面:

(1)水是生物体的组成成分。植物体含水量在 60%～80%,动物体含水量总体比植物高,鸟类和兽类达 70%～75%,鱼类达 80%～85%,软体动物达 80%～92%,水母含水量高达 95%。

(2)水是生物新陈代谢的直接参与者。水是植物光合作用的原料,水也是各种水解反应的底物。

(3)水是生物新陈代谢的优良媒介。水是生物新陈代谢反应的基本溶剂,生物体生命的一切代谢活动几乎都必须在水溶液中才能进行。此外,水有较大的比热,当温度剧烈变动时,它可以发挥缓和调节体温的作用;而水的表面张力还能维持细胞和组织的紧张度,使生物保持一定的状态,维持正常的生活。

2. 水对动植物生长发育的影响

水对动植物生长发育的影响,主要表现为以下几个方面:

(1)水量三基点。对植物而言。水量有最高、最适和最低三个基点。较长时间内低于最低点,植物就会萎蔫、生长停止,长期高于最高点,植物会缺氧、窒息,只有当水量处于最适范围内,才能维持植物的水分平衡,确保植物有最优的生长条件。

(2)水对种子萌发的作用。水能软化种皮,增强透性,使呼吸加强,同时使种子内凝胶状态的原生质转变为溶胶状态,使生理活性增强,促使种子萌发。水分还会影响植物的其他生理活动。

(3)水对植物生长的影响。实验证明,缺水会导致植物萎蔫,而在植物萎蔫前蒸腾量就会减少,当蒸腾量减少到正常水平的 65% 时,植物的同化产物会减少到正常水平的 55%,呼吸却增加到正常水平的 62%,从而导致生长基本停止。

(4)水对植物繁殖的作用。水的流动是许多水生植物传粉与授粉的重要途径。

(5)水对动物发育的影响。水分不足可以引起动物的滞育或休眠。例如,降雨季节草原上形成的暂时性水潭中生活的高密度水生昆虫,在雨季过后,会迅速进入滞育期;在地衣和苔藓上栖息的线虫、蜗牛等,在旱季中可以多次进入麻痹状态。

3. 水对动植物数量和分布的影响

水在环境中的表现如地表水、湿度和降水都直接影响植被的生长和分布,并直接或间接地对动物产生影响。水分与动植物的种类和数量存在着密切的关系。调查研究表明,在降水量最大的赤道热带雨林中植物达 52 种/hm^2,而在降水量较少的大兴安岭红松林群落中,植物仅有 10 种/hm^2,在荒漠地区,单位面积物种数更少。

(二)植物对水因子的适应

根据植物对水分的需求量和依赖程度,可以把植物划分为水生植物和陆生植物两大类。不同类型的植物面临着不同的对水因子的适应问题,水生植物面临着如何解决缺氧和缺二氧化碳的问题,而陆生植物则需面对如何解决失水问题。

1. 水生植物对水因子的适应

水生植物是指生活在水中的植物。水体的主要特点是:光线弱、缺氧、密度大、黏性高、温度变化平缓和无机盐类丰富。与这些特点相适应,水生植物具如下显著的特点:

(1)以发达的通气组织保证各器官组织对氧的摄取。如荷花,从叶片气孔进入的空气,通过叶柄、茎进入地下茎和根部的气室,形成了一个完整的通气组织,以保证植物体各部分对氧气的需要。

(2)以不发达或退化的机械组织预防折断。水生植物机械组织一般均不发达或退化,从而增强植物的弹性和抗扭曲能力,以应对比空气强得多的水流冲击。

(3)以巨大的比表面积增加对养分的吸收。水生植物在水下的叶片多分裂成带状、线状,而且很薄,这既有提高弹性和抗扭曲能力的作用,更有利于增加水生植物吸收阳光、无机盐和二氧化碳。

(4)根据水生植物在水环境中分布的深浅不同。水生植物分为漂浮植物、浮叶植物、沉水植物和挺水植物。漂浮植物的叶漂浮在水面,根悬垂在水里,无固定的生长地点,随水流漂泊,如浮萍、凤眼莲、满江红等;浮叶植物的叶浮在水面,根系扎在土壤里,如荷花、睡莲等;沉水植物的花序伸出水面,其他部分全部沉没在水中,如枯草、黑藻等;挺水植物的茎叶上半部分露出在空气中,下半部沉没在水中,如芦苇、香蒲等。

2. 陆生植物对水因子的适应

陆生植物是指生长在陆地上的植物。根据陆生植物生活环境中水的多少,把陆生植物分为湿生植物、中生植物和旱生植物,详述如下:

(1)湿生植物。指生长在潮湿环境中的植物,其抗旱能力弱,不能忍受较长时间的水分不足。根据其环境特点,又分为阴性湿生植物和阳性湿生植物两个亚类。

(2)中生植物。指生长在水分条件适中的环境中的植物。该类植物根系和输导组织均比湿生植物发达，并有一套较完整的保持水分平衡的结构和功能。

(3)旱生植物。指生长在干旱环境中的植物，其能在长期干旱环境里维护水分平衡和正常的生长发育。这类植物在形态、生理上有多种多样的适应干旱环境的特征。首先，旱生植物具有发达的根系，是其增加水分吸收的主要途径，生长在沙漠地区的骆驼刺地上部分只有几厘米，而地下部分则可深达 15m，扩展的范围达 623m²；其次，一些旱生植物具有发达的贮水组织，以应对长期的缺水环境，例如，美洲沙漠中的仙人掌，高达 15～20m，可贮水 2t 左右，南美的瓶子树、西非的猴面包树可贮水 4t 以上；再次，旱生植物多具有退化或特化的叶片，是其减少水分丢失的形态基础，仙人掌科的许多植物，叶片特化成刺状，松柏类植物叶片呈针状或鳞片状，气孔深陷在植物叶内，夹竹桃叶表面有很厚的角质层或白色的绒毛，能调节叶面温度。除以上形态适应外，旱生植物还有一些生理上适应干旱的机制，如原生质保持较高的渗透压，能使根系从干旱的土壤中吸收水分，同时不至于发生反渗透现象而使植物失去水分；许多单子叶植物，具有扇状的运动细胞，在缺水的情况下，叶子可以收缩，叶面卷曲，以便尽可能减少水分的散失；肉质旱生型植物特有的苹果酸循环，使植物能利用夜间吸收的二氧化碳维持光合作用，避免了在干热的白天打开气孔吸收二氧化碳时的水分丢失。

另外，一些常年生活在沼泽、较浅水体中的乔木，并非水生植物，而是陆生植物，其根系往往水平延伸到无水覆盖的土壤里以获得氧气，如贵州荔波小七孔景区的水上森林和鸳鸯湖中的鸳鸯树。

(三)动物对水因子的适应

按照动物栖息地水的多少，可将动物分为水生动物和陆生动物两大类。水生动物主要通过调节体内的渗透压来维持体内水分平衡，而陆生动物则是通过形态结构适应、行为适应和生理适应等方面来适应不同环境的水分条件。

1. 水生动物对水因子的适应

水生动物的分布、种群形成和数量变动都必须与水体中含盐量和动态特点相适应。不同类群的水生动物，有着不同的适应调节机制，但其核心是维持机体的渗透压。

淡水硬骨鱼类体液的浓度对其生活的淡水水域环境是高渗透压的，它们所面临的生理问题一个是水不断渗入体内，一个是盐分不断排出体外，它们要保持体内水、盐代谢平衡，就要不断地排出多余的水和补偿丢失的盐分。所以，淡水鱼类具有发达的肾小球，能形成大量的低渗压原尿，并经肾小管吸盐细胞重新吸收低渗压原尿中的大部分盐分后，排出大量渗透压极低的终尿；此外，有些淡水鱼鱼鳃上有特化的吸盐细胞，可以从水中吸收盐分。

与海洋渗压环境相比，生活在海洋中的动物大致分为两类：一种类型是动物的血液或体液的渗透浓度与海水的总渗透浓度相等或接近；另一种类型是动物血液或体液的渗透浓度明显低于海水的渗透浓度。海水软骨鱼类属于前者，它们之所以能维持与海洋渗压环境相当的渗压，主要是由于其血液中含有大量的尿素(大约 2‰～2.5‰)和氧化三甲胺；值得一提的是，尿素本来应该是被排出的含氮废物，但软骨鱼反而将其作为有用的物质利用起来了，软骨鱼中的板鳃鱼类原尿中 70%～90% 的尿素被重新吸收。海洋硬骨鱼类属于后者，它们所面临的生理问题与淡水鱼类相反,一个是水不断经鳃和体表流失,另一个是海水中的盐分不断进入体内,所以,海水硬骨鱼类通过吞饮海水和少排尿(如鲅鱼,其肾小球几乎完全退化)来保持体内水分,并通过鳃上的排盐细胞将多余的盐分排出体外。

洄游鱼类,如溯河性的鲑鱼和降河性的鳗鲡,在不同时期分别在淡水和海水中生活,为适应环境的变化,它们能改变尿量,在淡水中排尿量大,在海水中排尿量小,同时,它们的鳃在淡水中吸盐,在海水中排盐。

2. 陆生动物对水因子的适应

对于陆生动物来说,对水因子的适应主要是防止机体过分失水而被"干死"。陆生动物失水的主要途径是皮肤蒸发、呼吸失水和排泄失水,丢失水分后主要是从饮水、食物、体表吸收或代谢水几个方面得到弥补。陆生动物在这些方面有着多种多样的适应性特征。

不论是低等的无脊椎动物还是高等的脊椎动物,它们各自以不同的形态结构来适应环境湿度,保持机体的水分平衡。昆虫具有几丁质的体壁,可防止水分的过量蒸发;两栖类动物体表分泌黏液以保持湿润;爬行动物皮肤干燥、具有很厚的角质层;鸟类具有羽毛和尾脂腺;哺乳动物有皮脂腺和毛,都能防止体内水分过分蒸发,以保持体内水分平衡。

陆生动物可以通过各种行为适应干旱的环境。一些沙漠动物如昆虫、爬行类、啮齿类等白天躲在洞内,夜里出来活动,以减少白天高温造成的身体水分蒸发;哺乳动物如地鼠和松鼠等在夏季高温、干燥的情况下进入夏眠状态;非洲肺鱼在池水干涸时,在污泥中打洞夏眠,肺鱼在这种休眠状态下可以生存三年;泥鳅和乌鳢也能以休眠状态度过干旱季节;在干旱地区生活的许多鸟类和兽类,在干旱季节来临之前就迁移到别处去,以避开不良的环境条件,例如,在非洲大草原旱季到来时,那里的大型有蹄类动物就进行大规模的迁徙,到水草较丰富的地方去。

许多陆生动物具有生理上适应干旱的机制。如"沙漠之舟"骆驼可以17d不喝水,身体脱水达体重的27%时,仍然可以照常行走,原因在于,它不仅具有贮水的胃,驼峰中还储藏有丰富的脂肪,在消耗过程中产生大量水分,并且其血液中还具有不易脱水的特殊脂肪和蛋白质;爬行类、鸟类和陆生蜗牛,用排泄尿酸的形式向外排泄含氮废物,以达到节水的目的。此外,许多动物的繁殖周期与降水季节密切相关,例如,澳洲鹦鹉遇到干旱年份就停止繁殖,羚羊则将幼兽的出生时间安排在降水和植被茂盛的时期。

二、温度的生态作用及生物的适应

生物体内物质和能量代谢的生理生化过程是生长发育的基础,而生理生化过程都受温度的影响。因此,温度是一种随时在起作用的重要生态因子,任何生物都是生活在具有一定温度的外界环境中并受温度变化的影响。

(一)地球上温度的分布与周期性变化

研究表明,太阳辐射是导致近地面温度分布不均匀的原因之一。太阳辐射的分布规律尽管受到各种因素的干扰,从全球范围来看,热量分布总趋势仍然与纬度大致平行,由低纬度向高纬度呈带状排列,形成地球上的热量带。在低纬度地区接收到的热量要比高纬度地区多,结果使赤道地区和极地地区形成显著的温度差别。赤道地区和极地地区的温度差异为大气环流提供了能量。但是,温度的带状分布模式又受到地球表面特征的影响。冬季陆地上的等温线明显地向赤道方向弯曲,夏季则向极地方向弯曲。全年中大洋上的温度变化较缓和;陆地上的情况却与此相反,温度随季节而有显著的变化,在夏季温度很高,而在冬季温度却很低。陆地和海洋之间在温度上之所以存在着季节性的差异,是由于陆地和水体接收太阳辐射的方式不同。

由于地球自转和公转导致到达地面的太阳辐射总量出现周期性变化,因此气温有明显的日变化和年变化。太阳东升西落,气温也相应变化,通常一天之内有一个最高值和一个最低值。一天之内,气温的最高值与最低值之差称为气温日较差。日较差的大小与地理纬度、季节、地表性质、天气状况有关。一般来说,高纬度气温日较差比低纬度小,热带气温日较差平均为 $12℃$,温带为 $8\sim9℃$,极地只有 $3\sim4℃$。在中纬度太阳辐射强度的日变化夏季比冬季大,所以气温的日变化夏季也高于冬季,北半球的气温以 $7\sim8$ 月最高,$1\sim2$ 月最低。海洋性气候条件下年变幅较小,大陆性气候条件下年变幅较大。

另外,太阳辐射强度的季节变化也使得气温发生相应的季节性变化。这一点比较容易理解,限于本书篇幅,这里不再赘述。

气温分布有地区变化。在地表均一状况下的气温受太阳辐射的影响一般呈纬向分布。气温在赤道带最高,随纬度增高而降低,到两极最低。但由于海陆、地势、地貌、大气环流等影响,气温的实际分布极为复杂。气温还随海拔的改变而变化,在对流层中气温一般随高度上升而递减,每升高 100m,气温平均下降 $0.5\sim0.6℃$。但在一定的天气和地形条件下,可能出现气温随高度而递增的逆温现象,这样的气层称为逆温层。

热量条件与生物的生长发育及其分布关系密切,热量带又是形成地球气候带的基础。由于地表特征、大气环流、洋流等因素对太阳辐射起着重新分配的作用,因此热量带并不与纬度带完全一致。实际上热量带的划分多以年平均温度、最热月温度和积温等为指标。温度是生物有机体生命活动的重要因子,其变化对生物的生长发育影响很大。生物适应了各地气温的年变化、日变化,形成各自的感温特性和发育规律。温度的非周期性变化往往造成农业气象灾害。春、秋两季,温度升降不稳,冷空气入侵,常形成霜冻及低温害。夏季不适时的高温常使中国北方小麦遭受干热风侵袭,使长江流域的水稻高温逼熟。

(二)温度因子对生物的影响与生物适应

温度因子对生物的影响可以是直接的,也可能是间接的。生物体内的所有生物化学过程必须在一定的温度范围才能正常进行,温度的变化直接影响到生物的生长发育;同时,温度的变化又通过影响气流、降雨而间接影响动植物的生存条件。

1. 温度对生物生长的影响及生物的适应

生物的生长是一系列生理生化过程的结果,而这些生理生化过程都只能在一定的温度范围内进行,即有其最低温度、最适温度和最高温度,所有生理生化过程的最低温度、最适温度和最高温度决定了生物生长的最低温度、最适温度和最高温度,即生物生长的三基点温度。当温度在最低和最适温度之间时,生物的生长速度会随着温度的升高而加快,当温度在最适温度和最高温度之间时,生物的生长速度会随着温度的升高而减缓。如果温度低于最低温度或高于最高温度,生物就会停止生长,甚至死亡。多年生木本植物茎的横断面的年轮宽窄,鱼类的鳞片大小,动物的耳石多少,都可以显示生物生长速度与温度高低的关系。

不同生物的三基点温度是不一样的。一般来讲,生长在低纬度的生物高温阈值较高,生长在高纬度的生物低温阈值较低。例如,雪球藻和雪衣藻只能在低于 4℃ 的温度范围内生长;罗非鱼的最适生长温度为 28～32℃,温度低于 15℃ 就停止生长,10℃ 以下就会死亡;史氏鲟最适生长水温为 18～22℃,高于 28℃ 就停止生长,甚至死亡。

变温有利于生物生长。生物生长是物质合成积累转化过程与呼吸消耗过程的综合结果,利于合成积累转化而不利于呼吸消耗的温度变化比恒温更能促进生物生长。对植物而言,白天的温度越接近光合作用最适温度,晚间的温度越远离呼吸作用的最适温度,植物的生长越好,产量越高,品质也更好。1943 年,G. Bonnier 就通过试验证实,波斯菊在白天 26.4℃、夜间 19℃ 的变温条件下的产量比在昼夜均为 26.4℃ 或 19℃ 的恒温条件下的产量增加 1 倍;银胶草在 26.5℃ 或 7℃ 的恒温下均不形成橡胶,而在昼温 26.5℃、夜温 7℃ 时则产生大量橡胶;小麦在变温剧烈的青藏高原的产量比在变温温和的中原地区高 5%～30%;高纬度地带出产的水果、坚果通常比低纬度地带出产的更甜、更香。

2. 温度对生物发育的影响及生物的适应

研究表明,一定的温度是生物发育的前提。只有当温度达到或高于某一温度界限值时,生物的特定发育过程才能进行,这一温度界限称为特定发育的发育起点温度或生物学零度。发育起点温度和发育的温度上限之间的温度区间,称为有效温度区。除春化现象外,一般而言,在有效温度区内,温度升高可以加快生物的发育速度。

足够的温度积累是生物完成发育的必要条件。只有积累足够的温度,生物才能完成特定的发育过程。雷米尔从变温动物的生长发育过程中总结出了温度与生物发育关系的普遍规律——有效积温法则,即生物在生长发育过程中,必须从环境中摄取一定的热量才能完成某一阶段的发育。有效积温法则可以表示为 $K=N(\bar{T}-T_0)$,式中,K 为特定生物的特定发育所需要的有效积温,是一个常数,单位是 d·℃;N 为一特定生物的特定发育所经历的天数,单位是 d;$\bar{T}$ 为特定生物生长发育时期的平均气温,单位是℃;T 是一特定生物特定发育的起点温度或生物学零度,单位是℃。

如图 2-2 所示,地中海果蝇发育历程与温度的关系是一条发育历程与温度乘积为定值的双曲线,发育速度随着环境温度的升高呈线性加快。从图中可知,地中海果蝇在温度为 26℃ 时,发育需要 20d,在温度为 20℃ 时,发育需要 35d,由此可以计算出 K 值为 280d·℃,T_0 值为 12℃。

目前,有效积温法已经广泛应用到农业生产中,一方面可根据当地的平均气温和农作物所需的总有效积温合理安排农作物的种植时间,以确保土地资源的充分利用和农作物的稳产、高产;另一方面可以根据当地的平均温度和病虫害的有效总积温对病虫害进行预测预报。

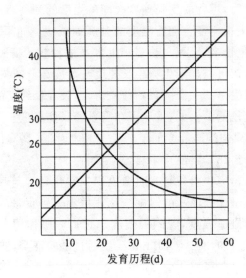

图 2-2　地中海果蝇发育历程、发育速度与温度的关系

3. 温度生物地理分布的影响及生物的适应

温度对生物生长发育的影响,最终决定了生物的分布,即每个温度带内只生长繁衍适应于温度特点的生物。地区的年平均温度,最冷月、最热月平均温度值是影响生物分布的重要指标。对植物和变温动物来说,影响其垂直分布和水平分布的主要因素之一就是温度。热带地区不能栽培苹果、梨、桃等,因为不能满足其开花所需要的低温条件;温带、寒带地区不能种植橡胶、椰子、可可等,因为它们受低温的限制;由于受高温的限制,华北平原没有白桦、云杉,长江流域和福建海拔 1000m 以下没有黄山松;在夏季温度超过 26℃ 的地区没有菜粉蝶;而在气温高于 15℃ 的天数少于 70d 的区域,玉米螟难以为害。

温度对恒温动物分布的直接限制作用较小,主要是通过影响其他生态因素(如食物)而间接影响恒温动物分布的。如通过影响昆虫的分布而间接影响食虫蝙蝠和鸟类的分布等。很多鸟类秋冬季节不能在高纬度地区生活,不是因为温度太低,而是因为食物不足。

一般地说,温暖地区生物种类多,寒冷地区生物种类较少。以两栖类动物为例,广西有57 种,福建有 41 种,浙江有 40 种,江苏有 21 种,山东、河北各有 9 种,内蒙古只有 8 种;爬行动物也有类似的情况,广东、广西分别有 121 种和 110 种,海南有 104 种,福建 101 种,浙江有 78 种,江苏有 47 种,山东、河北都不到 20 种,内蒙古只有 6 种。高等植物的情况也不例外。

(三)极端温度对生物的影响与生物的适应

当环境温度超过生物耐受的限度时,生物体内的酶活性就会受到很大抑制,并表现出伤害特征。多数高等植物的营养体处于低于零度或高于 45℃ 时,将受到伤害直至死亡。植物极端温度(高温和低温)的伤害一方面取决于温度下降的程度、速度及极端温度持续的时间,另一方面决定于该种类(品种)的抗温能力。对同一种植物而言,不同生长发育阶段、不同器官组织的抗温能力也不同。

1. 低温对生物的影响与生物的适应

在低温状态下,植物叶绿素合成受阻,结构破坏,光合作用下降;形成层受损,物质运输受阻;根系吸水能力下降,水分平衡失调,地上部分干枯死亡;物质代谢的分解大于合成,蛋白质、糖类物质分解,并形成有毒中间产物;呼吸作用异常等(图2-3)。通常热带植物对寒冷很敏感,也就是说在结冰以上的低温下会受损伤或致死。

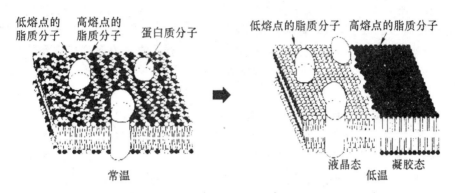

图 2-3 由低温引起的相分离

低温对植物的危害可以分为冷害和冻害。冷害是指零度以上的低温对植物造成的危害,中、低纬度地区易发生冷害。植物遭遇冷害后,叶片变色,出现病斑及坏死,植株出现萎蔫,或自上而下枯萎。造成冷害的低温可影响到几乎所有的生理过程。目前普遍的认为是,低温主要引起细胞膜系统损坏。冷害是喜温植物北移的主要障碍,是喜温作物稳产、高产的主要限制因子。

冻害指零下低温对植物造成的伤害。零下低温对植物造成的冻害是由于植物体内形成冰晶,造成细胞膜破裂并使蛋白质变性,或出现生理干旱引起植物受害。植物体内结冰有两种情况;一是细胞外结冰;二是细胞内结冰(图2-4)。

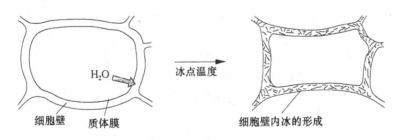

图 2-4 冰晶体对细胞的机械损伤

当温度逐渐下降至零下低温时,在细胞间隙里首先结冰,引起细胞间隙水势下降,而从水势高的细胞内吸水,细胞间隙冰晶不断增大,细胞不断失水,出现生理干旱。我国西北地区果树冬季出现"抽条"现象就是冻害脱水的例子。温度回升时,细胞间隙的冰晶融化,一些抗寒植物的细胞能及时吸回失去的水分恢复其生理代谢功能,细胞外结冰并不会伤害细胞。而冻害敏感的植物在细胞间隙的冰晶融化时,细胞不能及时吸回失去的水分,就会因长期处于生理干旱而死亡。

当外界温度突然降低或冬天温度发生波动而使植物体出现冻融交替时,会造成细胞内结冰。细胞内快速结冰时,一般先在原生质层形成冰,然后扩展到液泡。细胞内结冰破坏了原生质的精细结构,直接造成细胞致死性的损伤。

长期生活在极端温度环境中的生物常会表现出很多明显的适应。如北极和高山植物的芽和叶片常受到油脂类物质的保护,芽具鳞片,植物体表面生有蜡粉和密毛,植株矮小并常呈匍匐状、垫状或莲座状等。这些形态有利于保持较高的温度,减轻严寒的影响。同时在生理上主要通过原生质特性的改变,如细胞水分减少、淀粉水解等,以降低冰点;对光谱中的吸收带更宽、低温季节来临时休眠,也是有效的生态适应方式。有的树木木质部组织和休眠芽中的水分,当温度下降到零下 40℃ 多才结冰。植物体内水分在零下温度才结冰的现象称为过冷现象。植物具有过冷现象是植物抗御寒冻的特性之一。绝大多数的植物是靠外界的热量提高体温,但也有的植物可通过生理发热来提高体温,如天南星科的臭松,这是因为臭松储藏有大量淀粉的根系,在开花期把淀粉运输到地上部分,这些强烈的代谢活动伴有热量产生,提高植物温度,避免花受冻害。许多农业措施也能在一定程度上提高作物的抗寒性。例如,在生产上已用矮壮素(CCC)处理小麦、水稻和油菜等,提高了它们的抗寒性能。

生活在高纬度地区的恒温动物,其身体往往比生活在低纬度地区的同类个体大,因为个体大的动物,其单位体重散热量相对较少,这就是贝格曼规律。另外,恒温动物身体突出部分如四肢、尾巴和外耳等在低温环境中有变小变短的趋势,这也是减少散热的一种形态适应,这一适应常被称为阿伦规律。恒温动物的另一形态适应是寒冷地区和寒冷季节能增加毛和羽毛的数量和质量或增加皮下脂肪的厚度,从而提高身体的隔热性能。

2. 高温对生物的影响与生物的适应

温度超过生物适宜温区的上限后就会对生物产生有害影响,温度越高对生物的伤害作用越大。高温导致植物受害主要是由于高温损伤细胞膜系统和蛋白质的热稳定性。高温下蛋白质的氢键断裂,结构被破坏,其生物学功能丧失,致使生理代谢停止,有害物质积累。此外,高温会使细胞膜上产生一些孔隙,破坏膜的选择透性,引起离子渗透。蛋白质和膜系统的破坏必然导致生理代谢的紊乱。同时,在高温下植物的光合作用和呼吸作用均受到抑制,由于光合作用对高温特别敏感,最适温度比呼吸作用的低。温度升高时,光合速率比呼吸速率下降得更早、更快,在一定的高温时,呼吸作用超过光合作用,长期处于这种状态,植株将饥饿而死。高温还促进蒸腾作用,破坏水分平衡,使植物萎蔫枯死。高温对动物的有害影响主要是破坏酶的活性,使蛋白质凝固变性,造成缺氧、排泄功能失调和神经系统麻痹等。

植物对高温的生态适应方式主要体现在形态和生理两个方面。有些植物生有密绒毛和鳞片,能过滤一部分阳光;有些植物呈白色、银白色,叶片革质发光,能反射一大部分阳光,使植物体免受热伤害;还有些植物的树干和根茎生有很厚的木栓层,具有绝热和保护作用。生理方面主要有降低细胞含水量,增加糖或盐的浓度,以利于减缓代谢速率和增加原生质的抗凝能力;蒸腾作用旺盛,避免体内过热而受害;一些植物具有反射红外线的能力,且夏季反射的红外线比冬季多。对于沙漠啮齿动物来说,昼伏夜出和穴居是躲避高温的有效行为适应,因为夜晚湿度大、温度低,可大大减少蒸发散热失水,特别是在地下巢穴中,这就是所谓夜出加穴居的适应对策。

从沙漠植物可发现植物对高温的典型适应对策。沙漠植物避免体温过热主要有三种途径:降低热传导;增加空气对流降温;减少辐射热能。

与沙漠植物不同,其他生境中的植物只是有时短暂地遇到高温胁迫。在这种情况下,植物一般会通过加速蒸腾,以散热来降低体温。高温强光下具有旺盛蒸腾作用的叶片,其温度比气温要低。但当植物缺水时,就容易受高温的伤害了。

高温生境中,植物在面对高温胁迫的同时,还要面对水分胁迫。因此,沙漠植物所具有的避免体温过热的形态结构和生理适应,同时也具有减少水分丢失、维持水分平衡的功能。

三、光的生态作用及生物的适应

(一)太阳光到达地球的分配和变化

光是生命极为重要的生态因子之一。地球上的光主要来自太阳辐射,来自其他星体的光仅占极小部分。地球上所有生命都是直接或间接依靠进入生物圈的太阳辐射能来维持的。太阳辐射对地球表面和水体不仅带来光照,而且还直接产生热效应。到达地面的直接太阳辐射和散射太阳辐射之和称为总辐射。全球地表的年辐射总量基本上呈带状分布,只有在低纬度地区分布的规律性受到影响。在赤道地区,由于多云,年辐射总量并不是最高的。

光能影响有机体的理化变化,从而产生各种各样的生态学效应。光是由电磁波组成的,包括红外光、紫外线、可见光。其中可见光的波长为 380~760nm;波长小于 380nm 的是紫外线;波长大于 760nm 的是红外光。在全部太阳辐射中,红外光约占 50%~60%,紫外线约占 1%,其余的是可见光。由于波长越长,增热效应越大,因此红外光可以产生大量的热。紫外线对生物和人有杀伤和致癌的作用,但它在穿过大气层时大部分将被臭氧层中的臭氧吸收。由于人类的干扰破坏导致臭氧层减薄,从而引起地球上短波紫外线辐射增加,并产生了一系列的不良生态效应。不仅如此,光最大的生态学意义还在于可见光是植物光合作用的能量源泉,而地球上所有的生物都是直接或间接地依靠这种活动获得能量而维持生命活动的。

光质(光谱成分)的空间变化规律是随纬度增加短波光减少,随海拔升高短波光增加;长波光则与之相反。太阳辐射是一个连续光谱,植物的生长发育是在全光谱下进行的。生物圈接受的太阳辐射波长为 290~30000nm,其中,各光谱成分对植物的影响和作用不同。可见光中的绿光在光合作用中很少被吸收利用,而是被叶片透射或反射,所以,绿光被称为生理无效光。可见光以外的部分对植物也具有重要的生态作用,尤其是紫外线和红外光。

(二)太阳光照强度的作用及生物的适应

太阳光照强度又称太阳辐射强度,常用 $J/(m^2 \cdot min)$ 表示,也可用照度单位勒克斯(lx)表示。前者包括达到地面的全太阳辐射,后者以可见光部分为主。

1. 太阳光照强度对植物生长的影响及植物的适应

绿色植物的生存依赖于两个生理过程,即光合作用与呼吸作用。其中光合作用合成有机化合物,而呼吸作用则消耗有机化合物,只有光合作用的速率超过呼吸作用,植物才能获得净生产量。太阳辐射是绿色植物光合作用的能量来源,接受一定量的光照是植物获得净生产量的必要条件,因为植物必须生产足够的有机化合物以弥补呼吸消耗。当影响植物光合作用和呼吸作用的其他生态因子都保持恒定时,光合作用和呼吸作用这两个过程之间的平衡就主要决定于光照强度了。当光线很弱时,呼吸作用放出的 CO_2 比光合作用固定的要多。随着光线增强,光合作用固定 CO_2 恰好与呼吸作用释放 CO_2 的速率相等时,此时的光照强度称为光补偿点。在光补偿点以上,植物体内开始积累有机物质,表现出净生长,随着光照强度的增加,光合作用速率也随之加快,但当光照强度达到一定水平后,光合产物也就不再增加或增加得很少,此时的光照强度就是光饱和点。

不同的植物种类、同种的不同个体、同一个体的不同部分和不同条件下,光补偿点与光饱和点差别很大。适应于强光照环境下生活的植物称为阳性植物,这类植物的光补偿点较高,光合速率和呼吸速率都比较高,常见种类有蒲公英、蓟、杨、柳、桦、槐、松、栎等。大部分观花、观果花卉都属于阳性植物,如月季、一串红、牡丹、苏铁、变叶木、仙人掌、多肉植物等,喜强光,不耐阴。适应于弱光环境下生活的植物称为阴性植物,这类植物的光补偿点较低,光合速率和呼吸速率都比较低。阴性植物多生长在潮湿背阴的地方或林内,常见种类有云杉、冷杉等。喜阴花卉如兰花、杜鹃、绿萝、常春藤、龟背竹、秋海棠、蕨类等,在阴凉的环境条件下生长较好。也有的植物在阳光充足的条件下生长良好,但夏季光照强度高时应稍加遮阴,如八仙花等。

同种植物在全光下和庇荫下生长,其形态结构有明显差异。光对植物形态的影响可通过植物在黑暗条件下生长状况加以说明。植物在暗处生长时所产生的特殊形态称为黄化,表现为节间特别长,叶子不发达,很小,侧枝不发育,植物体水分含量很高,细胞壁很薄等。豆芽可以说是这种形态的典型代表。黄化是由于受光不足,不能形成叶绿素的现象,黄化植物受光后就能恢复正常形态。

2. 太阳光照强度对植物形态的影响及植物的适应

对于树木来讲,光照较强时,树干较粗,上下直径差异较大,分枝多,树冠庞大。叶的细胞和气孔通常小很多,叶片硬,叶绿素较少。在人工林中,适当密植有利于促进树木的高生长和良好干形的形成。而密度过稀则会导致侧方光较强,侧枝发达。如果光照强度分布不均,则会使树木的枝叶向强光方向生长茂盛,向弱光方向生长不良,形成明显的偏冠现象,尤其城市园林的树种表现很明显。树木和建筑物的距离太近,也会导致树木向街道中心进行不对称生长。

光照强度对植物器官的分配产生重要影响。高光强下,植物根系生长得到促进;但光强减弱时,茎生长得到促进,茎/根比值增大。庇荫会显著地妨碍根系发育,光强越低这种影响越大。叶是树木进行光合作用的主要器官,叶形态明显地受光强度的影响,处在不同光照条件下的叶子,其形态结构往往产生适光变态。阳生叶一般小而厚,叶脉较密,叶绿素较少,而阴生叶则相反,叶片大而薄,叶脉较疏,叶绿素较多。阳生叶的蒸腾作用和呼吸作用较强,光的补偿点和饱和点较高。当阴生叶突然暴露在全光下,它们往往不能存活而死亡脱落。

3. 太阳光照强度对动物的影响及动物的适应

光照强度也是影响动物行为的重要生态因子,很多动物的活动都与光照强度有着密切的关系。有些动物适应于在白天的强光下活动,有些动物则适应于在夜晚或晨昏的弱光下活动,还有一些动物既能适应弱光也能适应强光,它们白天黑夜都能活动。土壤和洞穴中的动物几乎总是生活在完全黑暗的环境中并极力躲避光照,因为光对于它们就意味着致命的干燥和高温。

(三)光质对生物的影响与生物的适应

1. 光质对植物的影响及植物的适应

光质对植物形态建成的作用是低能耗效应,与光强关系不大。一般情况下,只有红光(650～680nm)、远红光(710～740nm)、蓝光(400～500nm)和紫外线与植物的形态建成有关。通常把只需低能的光控制植物形态建成的作用称为光形态建成,也称为光控发育。光的调节作用几乎存在于从分子到个体水平和从种子萌发到种子形成的生长发育过程。其作用机制与多种光敏受体有关,如光敏色素、隐花色素、紫外线-B 受体等。光质对动物生殖、体色变化、迁徙、毛羽更换、生长发育也有影响。

2. 光质与植物的生态适应

在紫外线辐射强的地区,植物通过类黄酮等次生代谢物质的合成产生相应的保护反应;在形态解剖结构上,植物用于防御的资源会增加,如增加表皮厚度、表皮腔中的单宁含量、外表皮酚醛树脂含量。

自然界的阴生环境多存在于森林内部,光谱中的蓝色成分较多,阴生植物的叶片为了提高细胞捕捉光量子的效率,不仅增加细胞中叶绿素的数量,而且叶绿素中吸收蓝光能力强的叶绿素 b 数量更多。

红光能抑制茎的伸长,促进分蘖、破除需光种子的休眠;远红光促进茎伸长、抑制分枝,使种子保持休眠状态。森林中一些种子细小的先锋植物,当种子落到森林枯落物层或土壤中后,林内丰富的远红光迫使它们保持休眠,一旦森林遭到破坏或秋天落叶出现林窗,它们就迅速萌发。种子需光萌发的特性,减少了在缺少适宜的光照条件下因"种子萌发—幼苗死亡"而导致的种子浪费。

蓝光和紫外线对植物的生长有显著抑制作用。高山植物比较矮小,与紫外线丰富有关。紫外线 UV-B(280～315nm)对植物细胞有一定的伤害作用。太阳辐射中的 UV-B 能被臭氧层有效地吸收,从而减弱到达地面的辐射强度。不同波长的光能够促进光合作用产物以不同的方式转化储藏,因而不同波长下生长的植株产量也有很大的影响。如图 2-5 所示,给出了不同光质对黄瓜初瓜期产量的影响。

3. 光质与动物和微生物的影响及适应

研究表明,昆虫的趋光性与光的波长关系密切。许多昆虫都具有不同程度的趋光性,并对光的波长具有选择性。一些夜间活动的昆虫对紫外线最敏感,如棉铃虫和烟青虫分别对光波 $330\mu m$ 和 $365\mu m$ 趋性强。测报上使用的黑光灯波长为 $360～400\mu m$,比白炽灯诱集的昆虫的数量多、范围广。黑光灯结合白炽灯或高压萤火灯(高压汞灯)诱集昆虫的效果更好。

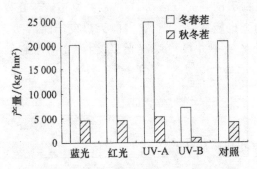

图 2-5　不同光质对黄瓜初瓜期产量的影响

(四)光的周期性变化对生物的作用与生物的适应

1. 光周期与生物的光周期现象

地球的公转与自转带来了地球上日照长短的周期性变化。在各种气象因子中,昼夜长度变化是最可靠的信号,不同纬度地区昼夜长度的季节性变化是很准确的(图 2-6)。长期生活在这种昼夜变化环境中的动植物,借助于自然选择和进化形成了各类生物所特有的对日照长度变化的反应方式,这就是生物的光周期现象。

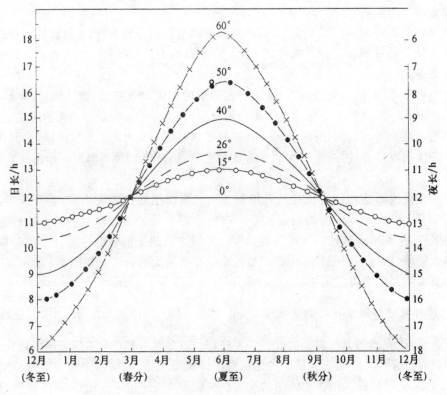

图 2-6　北半球不同纬度地区昼夜长度的季节变化

许多植物的开花与昼夜的相对长度即光周期有关,即这些植物必须经过一定时间的适宜光周期后才能开花,否则就一直处于营养生长状态。光周期调节着植物的发育过程,尤其是对成花诱导起着重要的作用。

植物光周期现象对日照长度的特殊要求常常限制物种自然迁移和扩展,也是有些物种在异地引种时的主要障碍。因此,在同纬度地区之间引种容易成功;但是在不同纬度地区之间引种时,如果没有考虑品种的光周期特性,则可能会因提早或延迟开花而造成减产,甚至颗粒无收。对此,在引种时首先要了解被引品种的光周期特性,了解其是属于长日植物、短日植物还是日中性植物;同时要了解作物原产地与引种地生长季节的日照条件的差异;还要根据被引进作物的经济利用价值来确定所引品种。

许多昆虫的地理分布、形态特征、年生活史、滞育特性、行为以及蚜虫的季节性多型现象等,都与光周期的变化有着密切的关系。光周期的变化是诱导昆虫的主要环境因素。对昆虫体内色素的变化也产生影响,如菜粉蝶蛹在长日照下呈绿色,在短日照下则呈褐色。光周期对一些迁飞性昆虫行为有影响,如夏季长日照和高温引起稻纵卷叶螟向北迁飞,秋季短日照和低温引起其向南迁飞。光周期对蚜虫季节性多型起着重要作用,如豌豆蚜虫在短日照(每日 8h 日照)、温度 20℃时,产生有性蚜繁殖后代;而在长日照(每日 16h 日照)、温度 25~26℃或 29~30℃时,产生无性蚜繁殖后代。棉蚜在短日照结合低温、食物不适宜的条件下,不仅导致产生有翅型,而且产生有性蚜,交配产卵越冬。

与生物光周期相关的另外一个现象是生物钟。生物钟是生物由于长期受地球自转和公转引起的昼夜和季节变化的影响,海洋生物受月球运动引起的潮汐和月周期性的影响,而发展起能适应这些环境周期变化的时间节律。不难看出,光周期是导致生物钟产生的一个因素。

2. 植物对光周期的适应

根据植物开花对日照长度的要求,可把植物分为长日照植物、短日照植物、中日照植物和日中性植物四大类。长日照植物指日照时间长于一定数值(14h)才能开花的植物,在此数值之上,日照时间越长,开花越早,如牛蒡、凤仙花和农作物中的冬小麦、大麦、油菜、甜菜、甘蓝和菠菜等,如果人为延长光照时间,可促使这类植物提前开花;短日照植物指日照时间短于一定数值(10h,或黑暗时间长于 14h 以上)才能开花的植物,如水稻、棉花、大豆、烟草、向日葵等,如果人为延长黑暗时间,可促使这类植物提前开花;中日照植物指在昼夜长短接近相等时开花的植物,如甘蔗只在每天 12.5h 日照条件下才开花;日中性植物指在不限定日照长度时开花的植物,这类植物开花不受日照长度的影响,如番茄、黄瓜、辣椒、四季豆、蒲公英等。

长日照植物大多起源和分布于温带和寒带,因为那里的夏季有较长的昼间光照时间,短日照植物大多起源和分布于热带、亚热带,因为那里少有较长的昼间光照时间。如果把长日照植物栽培在热带,由于光照时间不足,就不会开花结果;同样,把短日照植物栽培在温带和寒带也会因光照时间过长而不开花。这对植物的引种、育种工作有极为重要的意义。

3. 动物对光周期的适应

日照长度的周期性变化是许多动物进行迁移、繁殖、换毛换羽等生命活动最可靠的信号系统。在脊椎动物中,鸟类的光周期现象最为明显。鸟类在不同年份迁离某地和到达某地的时间变化很小,如此严格的迁飞节律是任何其他因素(如温度的变化、食物的缺乏等)都不能解释的,只能归结于对日照长短的适应;同样,鸟类每年开始生殖的时间也是由日照长度的变化决定的,鸟类生殖腺的发育与日照长度的周期变化是完全吻合的,在鸟类繁殖期间,人为地增加光照时间可以提高鸟类的产卵量。鱼类的洄游活动也与日照长度的变化相适应,特别是生活在光照充足的表层水的鱼类,如三刺鱼春季从海洋迁移到淡水,秋季又从淡水洄游到海洋,就是由于适应光周期变化的内分泌系统改变所致。实验证明,鸟兽的换毛与换羽也是适应日照长度变化的结果,分布在温带和寒带地区的大部分动物是春秋两季换毛,许多鸟类每年换羽一次,它使得动物能够更好地适应环境温度的变化。哺乳动物的生殖活动表现出其对日照长度的变化的高度适应,很多野生哺乳动物(特别是高纬度地区的种类)都是随着春天日照长度的逐渐增长而开始生殖的,还有一些哺乳动物总是随着秋天短日照的到来而进入生殖期。昆虫的冬眠和滞育也主要源于对光同期的适应,但温度、湿度和食物对其也有一定的影响。

四、空气的生态作用及生物的适应

大气与生物息息相关,例如,大气中的氧为人类、生物呼吸所不可缺少;二氧化碳是植物生长所必需的化合物;大气中的某些成分能吸收和放射长波辐射,使大气温度适宜于生物生存。大气又可阻挡太阳紫外线大量进入地表,对地球上的生命起着保护作用。大气是自然环境的重要组成部分和最活跃的因素。例如,大气中氧的化学性质非常活跃,在生命有机过程与无机过程中起着重要的作用。

(一)空气的组成及其平衡

大气圈中的空气是混合物,它主要是由氮气(78.08%)、氧气(20.95%)、氩气(0.29%)、二氧化碳(0.032%)及其他稀有气体如氢、氖、氦等组成的。除了上述物质外,大气中还有水汽、灰尘和花粉等。大气的运动变化是由大气中热能的交换所引起的,热能主要来源于太阳,热能交换使得空气的温度有升有降。空气的运动和气压系统的变化活动,使地球上海陆之间、南北之间、地面和高空之间的能量和物质不断交换,生成复杂的气象变化和气候变化。

在大气组成成分中,与生物关系最为密切的是氧气和二氧化碳。大气中的氧主要源于植物的光合作用,少部分源于大气层的光解作用,即紫外线分解大气外层的水汽而放出氧。高层大气中的氧分子在紫外线作用下,与高度活性的原子氧结合生成非活性的臭氧(O_3),从而保护了地面生物免遭短光波的伤害。二氧化碳是植物光合作用的主要原料,植物在太阳光的作用下,把二氧化碳和水合成为碳水化合物,构成各种复杂的有机物。其次,大气中的二氧化碳浓度对于维持地表的相对稳定具有极为重要的意义。大气中二氧化碳每增加10%,地表平均温度就要升高0.3℃,这是因为二氧化碳能吸收从地面辐射的热线的缘故,即所谓的"温室效应"。

大气中的氧气与二氧化碳的平衡关系到生物的生存。动植物的呼吸作用需要消耗氧气,产生二氧化碳,但植物的光合作用却大量吸收二氧化碳,释放氧气,如此构成了生物圈的氧循环和碳循环。据估计,全世界所有生物通过呼吸作用消耗的氧和燃烧各种燃料所消耗的氧,平均为10000t/s。以这样的消耗氧的速度计算,大气中的氧大约只需两千年就会用完。然而,这种情况并没有发生。这是因为绿色植物广泛地分布在地球上,不断地通过光合作用吸收二氧化碳和释放氧,从而使大气中的氧和二氧化碳的含量保持着相对的稳定。绿色植物通过光合作用将太阳能转化成化学能,并储存在光合作用制造的有机物中。地球上几乎所有的生物都是直接或间接利用这些能量作为生命活动的能源的。煤炭、石油、天然气等燃料中所含有的能量归根到底都是古代的绿色植物通过光合作用储存起来的。如图 2-7 所示,是大气层中碳和氧的循环示意图。

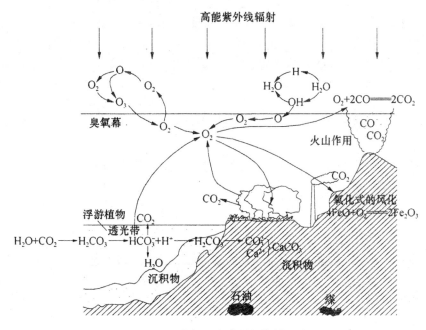

图 2-7 大气层中碳和氧的循环

(二)风对生物的影响与生物的适应

空气的流动形成风。风对植物的生态作用首先表现在帮助授粉和传播种子。银杏、松、云杉等的花粉都靠风传播,其花被不明显,花粉光滑、轻、数量多。兰科和杜鹃花科的种子细小,质量不超过 0.002mg。杨柳科、菊科、萝摩科、铁线莲属、柳叶菜属植物有的种子带毛。榆属、槭属、白蜡属、枫杨、松属某些植物的种子或果实带翅。铁木属的种子带气囊,都借助于风来传播。草原上,风滚草卷缩成一个个球形,随风在草原上滚动,同时传播种子。

风的有害生态作用有风折、风倒和风拔。如台风能使榕树连根拔起;在金沙江干热河谷、云南河口等地,焚风会导致植物落叶甚至死亡;海潮风常把海中的盐分带到植物体上,导致不耐盐的植物死亡。

强风还能使植物形成畸形树冠,如畸形树等。由于大风经常性地吹袭,直立乔木的迎风面的芽和枝条干枯、被侵蚀、折断,只保留背风面的树冠,如一面大旗。为了适应多风、大风的高山生态环境,很多植物生长低矮、贴地,株形变成与风摩擦力最小的流线型,成为垫状植物。

风对植物水分平衡有重要作用,在很大程度上调节叶面的蒸腾,它能使叶肉细胞间的水分泄出,加强蒸腾作用,从而影响植物体的水分平衡,致使植物旱化矮化。植物适应强风的形态结构和适应干旱的形态结构相似。在强风影响下,植物的蒸腾加快,导致水分缺失,因此常形成树皮厚、叶小而坚硬等减少水分蒸腾的旱生结构。此外,强风区植物一般具强大的根系,特别是在背风方向处能形成强大的根系,就如支架似的起支撑作用,增加植物的抗风力。

风对许多动物也有重要影响。如许多淡水无脊椎动物的分布非常广,有的甚至遍布全世界,这主要是因为风是其重要的传播工具。许多昆虫的迁移取决于风和天气特征,草地螟成虫的大量起飞照例发生于气旋的缓区中,其飞行方向与风的方向一致,风速的大小则决定其迁移距离的远近。很多哺乳动物依靠风带来的化学信息作为区别方向的手段,并决定自己的移动方向。风对于飞行的动物昆虫、鸟类和蝙蝠等的生物学特性和地理分布影响较大。在经常刮着强风的地区,飞行的类群才能保留在那里,如借助风力飞行的军舰鸟、信天翁和风雨鸟等。在风力很强的海洋沿岸和岛屿,草原、荒漠、苔原地带以及南极大陆,有翅昆虫很少,无翅昆虫较多。

(三)空气与生物生长发育的影响与生物适应

大气成分中对植物生长影响最大的是氧、二氧化碳和水汽。氧为一切需氧生物生长所必需,大气含氧量相当稳定,所以植物的地上部分通常无缺氧之虑,但土壤在过分板结或含水过多时,常因空气中氧不能向根系扩散,而使根部生长不良,甚至坏死;大气中的二氧化碳含量很低,常成为光合作用的限制因子,田间空气的流通以及人为提高空气中二氧化碳浓度,常能促进植物生长;大气中水汽含量变动很大,水汽含量(相对湿度)会通过影响蒸腾作用而改变植株的水分状况,从而影响植物生长。空气中还常含有植物分泌的挥发性物质,其中有些能影响其他植物的生长。如铃兰花朵的芳香能使丁香萎蔫,洋艾的分泌物能抑制圆叶当归、石竹、大丽菊、亚麻等生长。

1. 二氧化碳与光合作用

大气中的二氧化碳浓度对植物影响很大,它不仅是植物有机物质生产的碳源,而且对于维持地表的相对稳定有极为重要的意义。二氧化碳是光合作用的原料之一,主要靠叶片从空气中吸收。但是,空气中的二氧化碳浓度很低,只有 330mg/kg,即每升空气约含 0.65mg,每合成 1g 光合产物(葡萄糖),叶片约需从 2250L 空气中才能吸收到足量的二氧化碳,从而在光照充足而通风不良时,二氧化碳往往成为光合作用的限制因素。植物光合速率在一定范围内随二氧化碳浓度的增大而加快,但二氧化碳达一定浓度时,光合速率不再增加。温室中二氧化碳不易散失,可以增施二氧化碳以提高产量。据试验,将温室空气中的二氧化碳浓度提高 3~5倍,番茄、萝卜与黄瓜等可增产 25%~49%;大田条件下可以使用大量的有机肥料,增加土壤微生物的呼吸。但是,当植物周围的二氧化碳浓度过高时,光合作用强度也会受到抑制。例如,当二氧化碳浓度增至 0.12%,小麦的光合作用就会受到抑制,甚至叶片还会出现中毒症状。各种植物利用效率二氧化碳是有差异的。C_3 植物二氧化碳利用效率比 C_4 植物低,因此,二氧化碳浓度仍是 C_3 作物高产的限制因素。

2. 氧气与呼吸

氧气是生物呼吸的必需物质,呼吸作用能生成 ATP 和 NADPH,为生命活动提供了能量来源。植物在缺氧时会出现无氧呼吸,产生乙醇,从而导致植物出现中毒现象。由于水中溶解氧少,氧成为水生动物存活的限制因子,其代谢率随环境氧分压而改变。在陆地上,低氧分压也是限制内温动物分布与生存的重要因子。氧气对微生物也有特殊意义,土壤中分两种微生物,一是好气性微生物,另一是嫌气性微生物,在林内,接近土壤表面的氧气很少,对好气性微生物活动不利。如果微生物不活跃,分解缓慢,则不利于养分循环。

五、土壤的生态作用及生物的适应

(一)土壤的形成、组成及性质

土壤是由母岩、生物、气候、地形和陆地年龄的独特结合而形成的,其形成的基本规律是物质的地质大循环过程与生物小循环过程的统一。在土壤形成过程中,这两个循环过程是同时并存,互相联系,相互作用,推动土壤不停地运动和发展。由于气候、生物植被在地球表面表现出一定的规律性,使土壤资源在地面的空间分布表现出相应的规律性。在不同的生物气候带内分布着不同的地带性土壤,同时,土壤的空间分布还受到区域性地形、水文、地质等条件的影响。

如图 2-8 所示,土壤是由矿物质、有机质(固相)、土壤水分(液相)和土壤空气(气相)组成的三相系统,这决定了土壤具有孔隙结构特性。土壤中各相物质所占据的体积是经常变化的,空气体积和水分体积是相互消长的关系。

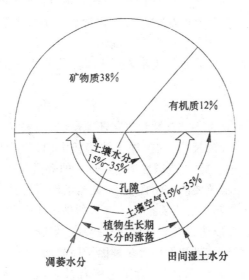

图 2-8　土壤组成成分(容积百分比)

1. 土壤物理性质

质地表示土壤颗粒的相对大小,反映土壤的细度或粗度,是土壤的一种十分稳定的自然属性。植物生长中许多重要的物理和化学反应的程度和速度都受到质地的制约。固体土粒是组成土壤的物质基础。土粒按其平均直径的大小分为石砾(＞2mm)、粗砂粒(0.2～2mm)、细砂粒(0.02～0.2mm)、粉砂(0.002～0.02mm)和黏粒(＜0.002mm)等不同的粒级(国际制)。土壤的机械组成表示各粒级的相对含量,根据机械组成划分的土壤类型称为土壤质地。土壤质地一般分为砂质土、壤质土和黏质土三大类,它们的基本性质不同,因而对生物的影响有很大差别。

土壤结构是指基本颗粒(砂、粉砂、黏粒)团聚而成的复合土粒。土壤的结构体按形状分为片状结构、柱状结构、块状结构、球状(团粒)结构。土壤的结构的形成与质地类型和胶结物质特性有密切关系。土壤结构体的种类、数量对土壤孔隙状况有明显影响。

土壤水分主要来自大气降水和地下水,是植物吸水的最主要的来源,也是自然界水循环的一个重要环节。水进入土壤后,重力、分子引力和毛管作用力等均对其发生作用。通常根据土壤水分所受的作用力把土壤水划分为:吸附水(包括吸湿水、膜状水)、毛管水和重力水。各种水分类型彼此密切交错联结,在不同的土壤中其存在状态也有差异。水分是土壤向植物供给养分的载体,其移动可以大大增加植物的养分供应。

土壤空气存在于土体内未被水分占据的孔隙中,因此土壤空气的含量随土壤含水量而变化。一般越接近地表的土壤空气与大气组成越接近,土壤深度越大,土壤空气组成与大气的差异也越大。由于受到土壤生物生命活动的影响,土壤空气中的氧气低于大气,二氧化碳、水汽含量高于大气,另外还含有甲烷、硫化氢等还原性气体。土壤空气中的二氧化碳含量是大气中的几十到几百倍,而氧气含量则较低。

土壤热量最基本的来源是太阳辐射能。土壤温度是太阳辐射平衡、土壤热量平衡和土壤热性质共同作用的结果。不同地区、时间和土壤不同组成、性质及利用状况,都会影响土壤热量的收支平衡。因此土壤温度具有明显的时空变化特点。土壤表层的温度昼夜变化很大,甚至超过气温的变化。但越往土壤深层则温度变幅越小,在地面向下1m深处,昼夜温差几乎没有差异。土壤温度的年际变化幅度也呈现出表层大于深层的特征。

2. 土壤化学性质

土壤的基本化学性质包括土壤酸碱性和氧化还原反应、土壤有机质、土壤矿质元素。

土壤酸碱性是指土壤溶液的反应,它反映土壤溶液中[H^+]和[OH^-]比例,同时也取决于土壤胶体上致酸离子(H^+或Al^{3+})或碱性离子(Na^+)的数量及土壤中酸性盐和碱性盐类的存在数量。土壤酸碱性是土壤重要的化学性质,是成土条件、理化性质、肥力特征的综合反应,也是划分土壤类型、评价土壤肥力的重要指标。自然条件下土壤的酸碱性主要受土壤盐基状况所支配,而土壤的盐基状况取决于淋溶过程和复盐基过程的相对强度。因此,土壤的酸碱性实际上是由母质、生物、气候以及人为作用等多种因子控制的。

在土壤固相组成中,除了矿物质之外,就是土壤有机质,它是土壤肥力的重要物质基础。土壤有机质是指土壤中的各种含碳有机化合物,包括动植物残体、微生物体及其分解和合成的各类有机物质。土壤腐殖质是除未分解和半分解动植物残体及微生物体以外的有机物质的总称,由腐殖质和非腐殖质组成。

土壤有机质含量因土壤类型不同而差异很大,高的可达20％以上,低的不足0.5％。

土壤中的矿物质主要是由岩石中的矿物变化而来。因此,土壤矿物的化学组成一方面继承了地壳化学组成的遗传特点,另一方面成土过程也影响了元素的分散、富集和生物积聚。O、Si、Al、Fe、Ca、K、Na 和 Mg 等元素在土壤中普遍存在,数量占 98% 左右,其他元素则总共不到 2%。

3. 土壤生物性质

土壤生物是土壤具有生命力的主要成分。土壤生物包括土居性的后生动物、原生动物及微生物。土壤是微生物的大本营,也是所有未利用的初级产品和动物生活废料的堆集场,而土壤微生物则担负着分解者的主要角色。

(二)土壤因子对生物的生态作用

土壤是一个重要的生态因子。土壤是岩石表面能够生长动物、植物的疏松表层,是生态系统中生物部分和无机环境部分相互作用的产物,是陆生生物生活的基质,它提供生物生活所必需的矿物质元素和水分,它又是生态系统中物质与能量交换的重要场所;同时它本身又由于植物根系和土壤之间具有极大的接触面,在植物与土壤之间发生着频繁的物质交换,彼此强烈影响。因此,人们常发现,为了获得更多的收成时,改变气候因素比较困难,但通过改变土壤因素往往可以实现。

土壤中的各种组分以及它们之间的关系,影响着土壤的性质和肥力,从而影响生物的生长。一方面,土壤中的有机质类物质能够为植物生长提供足够的营养物质,矿物质可以为植物生长提供必需的生命元素,如果这些元素缺失的话,会出现缺素症状,植物将发生生理性病变。另一方面,土壤肥力是指土壤及时地满足生物对水、肥、气、热要求的能力。土壤能为植物生长提供水、热、肥和气,从而满足植物的生长需求。生物的生长发育需要土壤经常不断地供给一定的水分、养料、温度和空气。肥沃的土壤能同时满足生物对水、肥、气、热的要求,是生物正常生长发育的基础。

每种土壤都有其特定的生物区系,例如,细菌、真菌、放线菌等土壤微生物以及藻类、原生动物、轮虫、线虫、环虫、软体动物和节肢动物等动植物。这些生物有机体的集合,对土壤中有机物质的分解和转化,促进元素的循环,影响、改变土壤的化学性质和物理结构,构成了各类土壤特有的土壤生物作用。根际微生物群是依赖植物而获得它的主要能源和营养源,在营养不足的情况下,它可能要与植物竞争营养,从而降低了对作物的有效供应。根际微生物群也可影响作物养分的有效性,把植物养分转化为不溶态,但有的情况下,却能够增加作物的养分供应,带有根际微生物的植物比无菌的根摄取更多的磷酸盐。另外,有些微生物还产生一些可溶性的有机物质,促进植物生长。

(三)植物对土壤因子的适应

植物对于长期生活的土壤会产生一定的适应特性,形成了各种以土壤为主导因素的植物生态类型。例如,根据植物对土壤酸度的反应,可把植物划分为酸性土、中性土、碱性土植物生态类型;根据植物对土壤含盐量的反应,可划分出盐土和碱土植物;根据植物对土壤中矿质盐类(如钙盐)的反应,可把植物划分为钙质土植物和嫌钙植物;根据植物与风沙基质的关系,可将沙生植物划分为抗风蚀沙埋、耐沙割、抗日灼、耐干旱、耐贫瘠等一系列生态类型。

1. 酸性土植物

在我国南方存在大面积的酸性土壤,这些土壤中的矿物质营养淋溶强烈,常常发生铁离子、铝离子的毒害作用,土壤结构不良。一些植物在长期选择过程中形成了对酸性土壤环境的适应性,如茶树、杜鹃、马尾松、铁芒萁等。有些植物只在酸性土中生长,成为酸性土的指示植物。据研究,茶树在 pH 为 5.2～5.6 生长最好。

2. 盐碱土植物

盐碱土是盐土和碱土以及各种盐化、碱化土的统称。在中国内陆干旱和半干旱地区,由于气候干旱,地面蒸发强烈,在地势低平、排水不畅或地表径流滞缓、汇集的地区,或地下水位过高的地区,广泛分布着盐碱化土壤。在滨海地区,由于受海水浸渍,盐分上升到地表形成次生盐碱化。

盐土所含的盐类,主要为 NaCl 和 Na_2SO_4,这两种盐类都是中性盐,所以一般盐土是中性的,土壤结构未受破坏。但是盐土中如果含有过多的可溶性盐类,往往引起植物的生理干旱,伤害植物组织,引起细胞中毒,影响植物正常营养吸收,妨碍气孔保卫细胞的淀粉形成过程等,对植物的生长发育造成不利影响。碱土一般是指交换性钠占交换性阳离子总量 20% 以上的土壤(土壤的碱化过程是指土壤胶体中吸附有相当数量的交换性钠)。碱土含有较多的 Na_2CO_3(也有含 $NaHCO_3$ 或 K_2CO_3 较多的),是强碱性的,其 pH 一般在 8.5 以上。因此,常常引起植物根系发生毒害,并破坏土壤结构,引起质地变劣,使通透性和耕作性能变得极差。

总体上讲,一般植物不能在盐碱土上生长,但是盐碱土植物由于其具有一系列适应盐、碱生境的形态和生理特性,能够在含盐量很高的盐土或碱土里生长。盐碱土植物包括盐土植物和碱土植物两类。因为我国盐土面积比碱土面积大很多,因此,下面重点讨论盐土植物在形态上和生理上的适应特点。

在形态上,盐土植物常表现为植物体干而硬;叶子不发达,蒸腾表面强烈收缩,气孔下陷;表皮具有厚的外壁,常具有灰白色绒毛。在内部结构上,细胞间隙强烈缩小,栅栏组织发达。有一些盐土植物枝叶具有肉质性,叶肉中有特殊的储水细胞,使同化细胞不致受高浓度盐分的伤害,储水细胞的大小还能随叶子年龄和植物体内盐分绝对含量的增加而增大。

3. 沙生植物

沙生植物是指生长在沙丘上的植物。由于沙丘的流动性、干旱性、养分缺乏、温度变幅大等特点,只允许沙生植物生长。沙生植物具有许多旱生植物的特征,根系特别发达,水平根和根状茎有的可达几米、十几米甚至几十米,这就是沙生植物具有的固沙作用;沙生植物根细胞的渗透压比较高,一般都在 $4×10^6$ Pa 以上,有的高达 $8×10^6$ Pa,以增强吸水能力;许多沙生植物的根有一层很厚的皮层,当根露出地面时,能减少蒸腾失水;沙生植物的叶子小,有的甚至没有叶子,利用枝条进行光合作用、蒸腾作用,有的在表皮下有一层没有叶绿素的细胞,以积累脂类为主,也能提高植物的抗热性。此外,为适应被流动沙丘流沙的淹没,沙生植物能在被沙淹没的基干上长出不定根,在暴露的根系上也能长出不定芽。

（四）动物对土壤因子的适应

土壤动物主要包括原生动物、蚯蚓、螨类、线虫、昆虫等无脊椎动物，以及一些哺乳动物。由于土壤中存在大量的微生物、有机残余物等，因此，土壤中的大多数原生动物属异养型生物，或者是腐生者，更多的是捕食者。捕食性原生动物的食物是细菌和其他微生物，有些原生动物甚至吃原生动物。蚯蚓是腐生性动物，主要吃植物残体和动物粪便。线虫的躯体为线形，食性有杂食性、肉食性和寄生性等。螨类、昆虫等的主要食物是腐烂的植物残体。可以说，土壤动物种类是动物适应土壤这一特定生境的结果。

土壤动物对其生境有着强烈的依赖性，它们对诸如植被、土壤、气候等生态因子的变化相当敏感。例如，科学工作者于1994—1996年对内蒙古草原地带不同生境类型的土壤动物进行了研究，结果表明：土壤动物密度及生物量以荒漠草原较低，典型草原较高，草甸草原以低密度、高生物量显示了其土壤动物群落结构的特殊性。典型草原大型土壤动物密度高、种类多，但由于优势类群突出使多样性指数相对较低；荒漠草原大型土壤动物则密度低、种类数亦少，优势类群不突出而多样性指数相对较高；草甸草原则显示了相对较高的多样性指数。这也是动物对土壤因子的适应结果。

第四节　生态因子作用的一般规律

一、利比希最小因子法则

1840年，德国化学家利比希(Liebig)已认识到生态因子对生物生存的限制作用，每种植物都需要一定种类和数量的营养物质。他发现作物的产量并非经常受到大量需要的营养物质如 CO_2 和 H_2O 的限制（它们在自然界中通常是丰富的），而是受到生境中的一些微量元素如硼、镁等的限制。他认为植物的产量往往不是受其需要量最大的营养物的限制，而是取决于土壤中既稀少又必需的元素。这种必需元素不足或缺少都导致植物不能正常生长。后人称此为利比希最低量法则(Law of the minimum)，也称最小因子法则。

Liebig研究并提出最低量法则时，着重针对的是有关营养物质对植物生长和繁殖的影响，此后学者们经过多年继续研究，发现这一法则对温度和光照等其他多种生态因子也是适用的。

二、耐受性法则

英国植物生理学家布莱克曼(Blackman)早先已注意某一生态因子缺乏或不足，可以成为影响生物生长发育的不利因素，但若该因子过量，如过高的温度、过多的水分或过强的光照等，同样可以成为限制因子(limiting factor)。1913年，美国生态学家 V. E. Shelford 在布莱克曼的基础上提出了耐受性法则，即生物在生长过程中对限制因子的适应有一个限度。如图 2-9

所示,生物的生长生殖对生态因子有一个高死亡限和低死亡限,超过这两个限度范围,生物就会发生死亡。

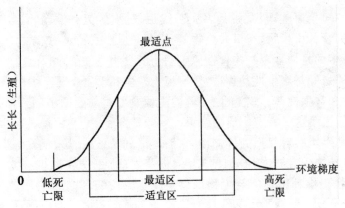

图 2-9　生物对生态因子的耐受曲线

(引自 Putman 等,1984)

依据这一法则,每一种生物对每一生态因素都有一个耐受范围,即有一个最低耐受值(即耐受下限)和一个最高耐受值(即耐受上限),其间的范围就称为生态幅(ecological amplitude)或生态价(ecological value)。

生态幅的宽狭是由生物的遗传特性决定的,也是生物长期适应其原产地生态条件的结果(图 2-10)。对于同一生态因子,不同种类生物的耐受范围是不相同的。例如,蓝蟹(*Callinecters sapidus*)能够生活在含盐量 34‰的海水至接近淡水中,属于广盐性动物;而大洋鱼鲷类则必须生活在含盐量 35‰～36‰的海水中,明显属于喜盐狭盐性动物。

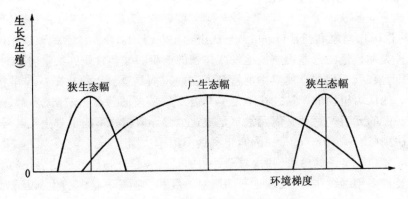

图 2-10　生物种生态幅广或狭示意图

(引自 Odum,1983)

三、耐受限度的调整

由上述分析可知,生物对每一种生态因子的耐受限度是有一定范围的,但需要知道的是在进化过程中,耐受限度是可以变化的,生物耐受限度的调整可以有以下几种方式。

（一）驯化

假若生物生存在比起正常的耐受范围有一定偏移的环境中，那么该生物的耐受曲线的位置就会发生偏移，形成自己新的耐心曲线（图 2-11）。

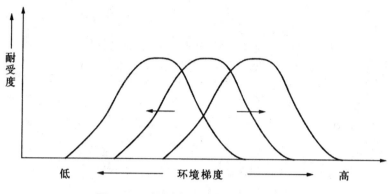

图 2-11 耐受度极限随驯化温度的变化

（仿 Smith,1980）

通过自然驯化[①]或人为驯化就可以实现上述改变。例如，把同种金鱼分置于较低（24℃）和较高（37.5℃）两种温度下，进行长期驯化，最终它们对温度的耐受限度以及致死低温（或高温）都会产生明显差异（图 2-12）。这个驯化过程是通过生物的生理调节实现的，涉及酶系统的改变，即通过酶系统的调整，改变了生物的代谢速率与耐受限度。

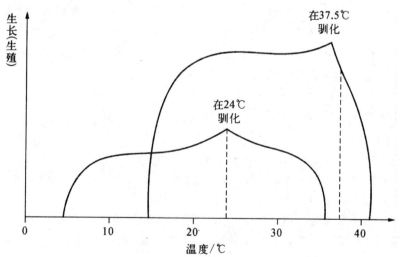

图 2-12 金鱼经两种温度驯化后的耐温限度

（仿 Putman 等,1984）

---

① 驯化（acclimatization）一词通常指在自然环境条件下所发生的生理补偿变化，这种变化一般需要较长的时间。某种生物由其原产地（种源区）进入（引入）另一地区（引种区），多数情况下，新地区的各种环境因子与原产地存在差异，外来生物需经较长时间的适应，这就称为驯化。

在环境温度 10℃ 条件下检测到,5℃ 驯化的蛙比 25℃ 驯化的蛙的代谢速率(以耗氧量为指标)提高了一倍,如图 2-13 所示,所以 5℃ 蛙更能耐受低温环境。

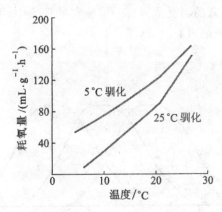

图 2-13　驯化在 5℃ 和 25℃ 的蛙在不同温度下的氧消耗
(引自 Randll 等,1997)

植物也有类似情况。南方果木北移、北方作物南移、野生植物的培育,都要经过驯化过程。学者们的研究还证明了不同生态型(ecotype)植物有不同的驯化能力。

(二)休眠

休眠①(dormancy)是自然界生物用来抵御外界不良环境常用的一种生理机制。休眠期间,生物的生理变化较大,动物休眠时可伴随心跳速率减慢、血流速度减慢、新陈代谢降极缓,能量消耗极小;植物的种子在休眠状态下长期保存生活能力,直到适合生存的环境条件出现即可萌发。这种休眠方式可帮助动植物适应低温、干旱等恶劣环境,在休眠期内,它们对环境条件的耐受幅度会比正常活动期的耐受范围宽得多。

四、限制因子

目前,生态学家将最小因子定律和耐受性定律结合起来,提出了限制因子(limiting factor)的概念,即当生态因子(一个或相关的几个)接近或超过某种生物的耐受性极限而阻止其生存、生长、繁殖、扩散或分布时,这些因子就称为限制因子。

限制因子的概念非常有价值,它成为生态学家研究复杂生态系统的敲门砖,指明了生物的生存与繁衍取决于环境中各种生态因子的综合,也就是说,在自然界中,生物不仅受制于最小量需要物质的供给,而且也受制于其他的临界生态因子。生物的环境关系非常复杂,在特定的环境条件下或对特定的生物体来说,并非所有的因子都同样重要。如果一种生物对某个生态因子的耐受范围很广,而这种因子又非常稳定、数量适中,那么这个因子不可能是限制因子。

---

① 休眠一般是指生物在发育过程中生长和活动暂时停止的现象。植物中如种子、孢子和芽的休眠;在动物,如一些兽类的冬眠(hibernation)和夏眠(estivation)。

相反,如果某种生物对某个因子的耐受限度很窄,而这种因子在自然界中又容易变化,那么这个因子就很可能是限制因子。比如在陆地环境中,氧气丰富而稳定,对陆生生物来说就不会成为限制因子;而氧气在水体中含量较少,且经常发生波动,因此对水生生物来说就是一个重要的限制因子。

五、生物内稳态

内稳态(homeostasis)即生物控制自身的体内环境使其保持相对稳定,是进化发展过程中形成的一种更进步的机制,它或多或少能够减少生物对外界条件的依赖性。具有内稳态机制的生物借助于内环境的稳定而相对独立于外界条件,大大提高了生物对生态因子的耐受范围。

生物的内稳态是以其生理和行为为基础的。例如,哺乳类动物都具有多种温度调节机制以维持体温的恒定,当环境温度在 20~40℃ 的范围内变化时,它们能维持体温在 37℃ 左右,表现出一定程度的恒温性(homeothermy),因此哺乳类动物能在很大的温度范围内生活。

恒温动物主要是靠控制体内产热的生理过程调节体温,而变温动物则主要靠减少热量散失或利用环境热源使身体增温,这类动物主要是靠行为来调节自己的体温,如沙漠蜥蜴依靠晒太阳等几种行为方式来间接改变体温,耐受范围较恒温动物要窄很多。除调节自身体温的机制以外,许多生物还可以借助于渗透压调节机制来调节体内的盐浓度,或调节体内的其他各种状态。

虽然维持体内环境的稳定性是生物扩大环境耐受限度的一种重要机制,但是内稳态机制只能使生物扩大耐受范围,使自身成为一个广适应性物种(eurytopic species),但却不能完全摆脱环境所施加的限制,因为扩大耐受范围不可能是无限的。Putman(1984)根据生物体内状态对外界环境变化的反应,把生物分为内稳态生物(homeostatic organisms)与非内稳态生物(non-homeostatic organi sms)。它们之间的基本区别是控制其耐性限度的机制不同,非内稳态生物的耐性限度仅取决于体内酶系统在什么生态因子范围内起作用;而对内稳态生物而言,其耐性范围除取决于体内酶系统的性质外,还有赖于内稳态机制发挥作用的大小(图 2-14)。

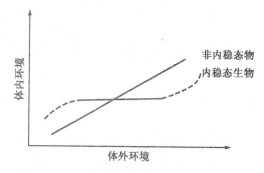

图 2-14 环境条件变化对内稳态生物和非内稳态生物体内环境的影响

(引自 Putman 等,1984)

    生物对于生态因子的耐受范围并不是固定不变的,通过自然驯化或人工驯化可在一定程度上改变生物的耐受范围,使其适宜生存的范围扩大,形成新的最适度,去适应环境的变化。这种耐受性的变化是通过酶系统的调整来实现的,因为酶只能在特定的环境范围内起作用,并决定生物的代谢速率与耐性限度,所以驯化过程是生物体内酶系统改变的过程。例如,把同一种金鱼长期饲养在两种不同温度下,它们对温度的耐性限度与生态幅就会发生明显的变化。

第三章 种群生态学

第一节 种群的概念和基本特征

一、种群的概念

种群(population)是生态学的重要概念之一。种群是在一定空间中同种个体的组合。这是一般的定义,表示种群是由同种个体组成的,占有一定的领域,是同种个体通过种内关系组成的一个统一体或系统。

"population"这个术语从拉丁语派生,含人或人民的意思,一般译为"人口"。以前,有人在昆虫学中将其译为"虫口",其他还有"牲口""鱼口"之称,后来我国生态学工作者统一译为"种群",但也有译为"居群"的。

种群的概念可以从抽象和具体两种角度去理解。在探讨种群一般规律的时候,常指其抽象意义。当从具体意义上使用种群概念时,其空间界限和时间起讫点可以根据研究者的需要和方便来确定。比如大至全世界的人口种群,小至一个乡村的人口种群,甚至温室内盆栽的一批月季花,都可看作是一个种群。

种群不等于个体的简单累加,而是有着若干特性。如个体的生物学特性表现在出生、生长、发育、衰老和死亡,而种群则具有出生率、死亡率、年龄结构、性比和空间分布等特征。在个体水平上的研究不涉及个体与个体之间的关系,而这些问题需要在种群水平上加以解决。

种群生态学研究种群的数量、分布、种群与其栖息环境中的非生物因素及其他生物种群(例如,捕食者与猎物、寄生物与宿主等)的相互作用。

二、种群的基本特征

种群特征指同种生物结成群体之后才出现的特征,因此大部分是数量特征,正因如此,在种群研究中常需要借助统计学。自然种群有空间、数量和遗传三个基本特征。

(一)空间特征

种群都要占据一定的分布区。组成种群的每个有机体都需要有一定的空间,进行繁殖和生长。因此,在此空间中要有生物有机体所需的食物及各种营养物质,并能与环境之间进行物质交换。不同种类的有机体所需空间性质和大小是不相同的。大型生物需要较大的空间,如东北虎活动范围需 $300\sim600km^2$。体型较小、肉眼不易看到的浮游生物,在水介质中获得食物和营养,需要的空间较小。种群数量的增多和种群个体生长的理论说明,在一个局限的空间中,种群中个体在空间中愈来愈接近,而每个个体所占据的空间也越来越小,种群数量的增加就会受到空间的限制,进而产生个体间的争夺,因而出现领域性行为和扩散迁移等。所谓领域性行为是指种群中的个体对占有的一块空间具有进行保护和防御的行为。衡量一个种群是否繁荣和发展,一般要视其空间和数量的情况而定。

(二)数量特征

1. 种群的大小、密度与生物量

一个种群的个体数目的多少,叫做种群的大小(size)。而单位时间或空间内的个体数称为种群密度(density)。单体生物(unitary organisms)如哺乳动物的种群大小很清楚,它就是个体的数目。而构件生物如高等植物和动物中的珊瑚就比较复杂,如一个稻丛有许多分蘖,这些分蘖数(或称为构件数)要比个体数更丰富。

群与集合通常描述的是绝对数量,在限定时空范围后,相对数量的研究更为方便,种群密度即是种群数量的相对化指标。

所谓种群密度,具体是指在一定时间内,单位面积或单位空间内的物种个体数目(个/hm^2 或个/m^3)。例如,在 $10hm^2$ 草原上有 10 只羊,可记为 1 只/hm^2;又如,监测显示河流中的小球藻为 5×10^6 个/L 等。此外,还可以用生物量来表示种群密度,它是指单位面积或空间内物种的鲜物质或干物质的重量。例如,产量监测确认超级稻产量为 $15.375t/hm^2$。

种群密度可分为绝对密度和相对密度,前者又称直接密度,后者又称间接密度。绝对密度指单位面积或空间上物种的全部个体数目,只有一个数值,需用全面调查或抽样调查统计推断的方式获得。相对密度指用某种方法监测到的个体数量,用多少种方法即获得多少个数值,只具有比较意义,即相对密度可以用来比较哪一个种群大,哪一个种群小,或哪一个地方的生物多,哪一个地方的生物少。相对密度显示的生物数量虽不准确,但在难以对生物的数量进行准确测定时,也是常用的密度指标。例如,在两个地块各安置 100 个铗,一个地块日捕获 10 只黄鼠,即捕获率为 10%,另一个地块日捕获 20 只黄鼠,即捕获率为 20%,虽然不能确切地知道两个地块黄鼠的真实数量和绝对密度,但可判定哪个地块的黄鼠种群更大。

种群密度会随着季节、气候条件、食物储量和其他因素而发生变化。自然环境中,种群密度的上限一般由生物的大小和该生物所处的营养级决定。生物越小,种群密度越大,例如,森林中,林姬鼠的密度就比鹿的密度大;生物所处的营养级越低,种群的密度也越大,例如,森林中,植物的生物量比草食动物大,而草食动物的生物量又比肉食动物大。

从应用的角度出发,密度是最重要的种群参数之一。密度部分地决定着种群内部压力的大小、种群生产力的大小和可利用性。野生动物专家需要了解猎物的种群密度,以便对野生动物栖息地进行管理和调节狩猎活动,林学家要在树木密度调查的基础上进行林地质量评价和管理。

2. 种群的出生率和死亡率

所谓出生率,具体是指一定时期内出生的生物个体数与期内生物个体的平均数或期中生物的个体数之比。研究和工作中,出生率常分为生理出生率和生态出生率。生理出生率是指种群处于理想条件下的出生率,也叫最大出生率;生态出生率是指在特定环境条件下的出生率,也叫实际出生率。一般地,人们把出现最有利条件时的实际出生率视为最大的出生率。不同生物的出生率通常差异很大,主要取决于下列因素。

(1)性成熟的速度。如人和猿的性成熟需要 15～20 年,东北虎需要 4 年,黄鼠只需要 10 个月,而低等甲壳动物出生几天后就可生殖,蚜虫在一个夏季就经历 20～30 个世代。

(2)每次产崽数量。如灵长类、鲸类和蝙蝠通常每胎只产一崽,东北虎每胎产 2～4 个崽,鹌鹑类一窝可孵出 10～20 只幼雏,刺鱼一次产几百粒卵,而某些海洋鱼类一次产卵量可达数万至数十万粒。

(3)繁殖间隔期。如鲸类和大象每 2～3 年才能繁殖一次,蝙蝠一年繁殖一次,某些鱼类(如大马哈鱼)一生只产一次卵,田鼠一年可产 4～5 窝幼崽。此外,生殖年龄的长短和性比例等因素对出生率也有影响。

所谓死亡率,具体是指一定时期内死亡的生物个体数与期内生物个体的平均数或期中生物的个体数之比。同出生率一样,也可用生理死亡率和生态死亡率表示。生理死亡率是指种群在最适宜的环境条件下,种群中的个体都是因衰老而死亡,即每一个个体都能活到该物种的生理寿命时的死亡率,又称为最小死亡率;生态死亡率是指特定环境条件下的死亡率。对野生动物来说,生理死亡率同生理出生率一样是不可能实现的,它只具有理论和比较的意义。一般地,不同生物的死亡率也有很大的差异。除了生理寿命的差异外,自然条件下,不同生物的死亡率差异主要由捕食、饥饿、竞争、疾病和不良气候等引起。

必须说明,这里所讲的出生率或死亡率,指的是种群,而不是孤立的个体,作为出生率指标的,是平均的繁殖能力,而不是繁殖力最大或最小的个体的能力。种群中的个别个体会出现超常的繁殖力,但决不能以它作为种群整体的最大出生率指标。

另外,从生态学角度看,死亡在某种意义上说,对一个物种具有存活的价值,因为一些个体死亡了,在种群中留下空隙,让一些具有不同遗传性的个体取代其位置,这样,物种就有更多机会来适应变化中的环境。所以,具有高死亡率、短命和高生殖力的物种(如鼠类),比具有低死亡率、长寿和低生殖力的物种(如象)对环境多变的挑战具有更大的适应性。

种群的数量变动首先取决于出生率和死亡率的对比关系。在单位时间内,出生率与死亡率之差称为增长率。当出生率超过死亡率,即增长率为正时,则种群数量增加;当死亡率超过出生率,即增长率为负时,则种群数量减少;而当出生率和死亡率相平衡,增长率接近于零时,则种群数量将保持相对稳定状态。

3. 种群的迁入与迁出

迁入指个体进入新时空中的种群,迁出指个体离开原来时空的种群。迁入与迁出是大多数动植物生活周期中的基本现象。种群的迁入与迁出具有以下重要意义。

(1)调节或维持种群密度。一般地,大部分种群都会经常地输出个体,借此保证种群不过度膨胀以减小种群的生存压力,反过来,纯粹靠个体输入维持的种群是难以长久的。

(2)扩展种群分布。事实上,那些输出的个体通常并未到业已存在的其他种群中去,而是另行发展新的种群。

(3)防止近亲繁殖。输入使得同一物种的不同种群间进行基因交流,防止近亲繁殖,从而维持和提高物种的生命力。

4. 种群的年龄结构

种群的年龄结构是指各个年龄级的个体数在种群中的分布情况,因此年龄结构也称为年龄分布或年龄组成,它是种群的一个重要特征,影响着出生率和死亡率。

分析年龄结构可以用年龄金字塔或年龄锥体图。它是按龄级由小到大的顺序将各龄级个体数或比例作图,横坐标表示各个龄级的个体数或所占百分比,纵坐标表示从幼年到老年各个龄级。种群个体按照其生育年龄可分为繁殖前期、繁殖期和繁殖后期三个生态时期。某一龄级的个体数目占种群个体总数的比例,称为年龄比例。理论上,种群年龄结构通常分为以下三种类型,如图 3-1 所示。

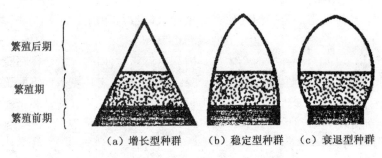

图 3-1　种群年龄结构锥体的三种基本类型

(1)增长型种群。年龄结构是典型金字塔形状,基部宽阔而顶部狭窄,表示该种群有大量的幼年个体,而老年个体很少。这反映出该种群比较年轻且出生率高于死亡率,因而种群数量处于增长或继续发展状态。

(2)稳定型种群。年龄金字塔大致呈钟形,种群中各个年龄级个体数分布比较均匀。这说明种群中幼年个体和中老年个体数目大致相当,其出生率和死亡率大致平衡,种群数量处于相对稳定状态。

(3)衰退型种群。年龄金字塔呈壶形,基部狭窄,顶部较宽,表示种群幼体所占比例很小,而老年个体的比例较大。这说明种群出生率小于死亡率,是数量趋于下降的种群。

5. 种群的性比例

种群的性比(sex ratio)或性别结构(sexual structure)也是种群统计学的主要研究内容之一,它是指种群中雄性个体与雌性个体的比例,通常用每 100 个雌性的雄性数来表示,即以雌性个体数为 100,计算雄性与雌性的比例。如果性比例等于 1,表示雌雄个体数相等;如果大于1,表示雄性多于雌性;如果小于 1,表示雄性少于雌性。

人口统计中常将年龄锥体分成左右两半,分别表示男性和女性的年龄结构(图 3-2)。

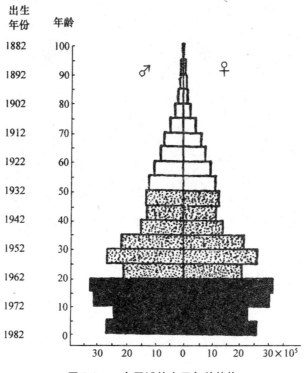

图 3-2　一个区域的人口年龄结构

一般地,种群的性比例具有以下两大特点。

(1)不同生物种群具有不同的性比例特征。人、猿等高等动物的性比例为 1,鸭科和一些鸟类以及许多昆虫的性比例大于 1,蜜蜂、蚂蚁等社会昆虫的比例小于 1。

(2)种群的性比例会随着个体发育阶段的变化而发生改变。例如,啮齿类出生时,性比例为 1,但 3 周后的性比例则为 1.4。

性比例影响着种群的出生率,因此也是影响种群数量变动的因素之一,其主要影响作用表现为以下两个方面。

(1)对于一雌一雄婚配的动物,种群当中的性比例如果不是 1,就必然有一部分成熟个体找不到配偶,从而降低种群的繁殖力。

(2)对于一雄多雌、一雌多雄婚配制以及没有固定配偶随机交配的动物,一般来说,种群中雌性个体的数量适当地多于雄性个体有利于提高种群的繁殖力。

最后需要特别指出的是,种群的出生率、死亡率、性比例、年龄结构等,是种群个体的出生、死亡、性别、年龄等特征的统计量,反映了种群中每个“平均”个体的相应特性,也就是说,种群具有可以与个体相类比的一般性特征。此外,种群作为更高一级的结构单位,还具备了一些个体所不具备的特征,如种群密度及密度的变化、空间分布类型、种群的扩散与积聚等。特别是种群具有按照环境条件的变化来调节自身密度的能力,这种能力使种群在不断有个体增殖、死亡、迁入和迁出的情况下,能保持作为整体的相对稳定性。例如,某农田某种害虫种群密度过大时,会因食物供应不足的竞争、迁出而自动减员,也会因招来天敌而被动减员,从而使种群生殖力下降最终回归应有的水平。

6. 存活曲线

存活曲线是用来表示一个种群在时间过程中存活量的方便指标。人们关心的不是一个时间过程中的死亡数,而是它的反面——存活量。可从 100 头或 1000 头动物开始,跟踪一个物种的命运。每出现一次死亡,存活数量就减少一个,直到最后全部死亡,一个不留。动物死亡速率的大小随时间和种类而不同。

一般存活曲线可有三种类型(图 3-3),类型Ⅰ表示直到生命晚期存活数一直很高,这是一些大型动物(包括人)的常见形式;类型Ⅲ是幼体存活机会很小(死亡率高),这是一些小型动物如青蛙等的常见形式;类型Ⅱ是介于前二者的情况,世界上没有一种生物死亡率在各年龄段是稳定不变的,但是有些鸟类和小型的哺乳动物比较接近这种曲线。所有这些不同的生存曲线都是生物种在长期适应中形成的固有特征,是自然选择的结果,在物种进化上各有其特殊作用。

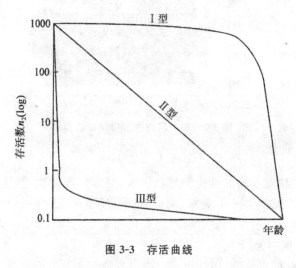

图 3-3 存活曲线

(三)遗传特征

组成种群的个体,在某些形态特征或生理特征方面都具有差异。种群内的这种变异和个体遗传有关。一个种群中的生物具有一个共同的基因库,以区别于其他物种,但并非每个个体都具有种群中储存的所有信息。这种特征在进化中表现出生存者更适应变化的环境,即适者存、不适者亡,而绝不能轻易地说优者存、非优者亡,要说优也只能说适应环境优。种群的个体在遗传上表现出不一致,即变异。种群内的变异性是进化的起点,而进化则使生存者更适应变化的环境。

第二节 种群的分布

种群的空间特征指种群具有一定的分布区域和分布形式,一般把在大的地理范围的分布称为地理分布,这一范围和边界本质上由该物种相应的生态耐受性及其与其他种群之间的生态关系所决定,同时还取决于生态条件、种群的移动性、历史上的气候因素以及人为破坏、干扰与利用等因素。可以说,种群分布区的形成是在进化尺度上的种群适应过程。种群在小范围内个体与个体之间的空间排布方式或相对位置称为分布格局。

如图 3-4 所示,给出了种群分布的三种格局类型。

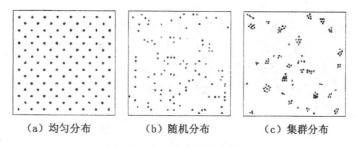

（a）均匀分布　　　　（b）随机分布　　　　（c）集群分布

图 3-4　种群分布格局模式图

（1）均匀分布。个体之间保持一致的距离,这种分布格局一般仅出现在资源均匀分布或非常有限的情况下,因种内竞争而引起。如荒漠地区极端旱生群落的优势物种常常表现为均匀分布格局。另外,人工群落中种群也多为均匀分布。

（2）随机分布。每一个体在种群领域中各个点上出现的机会是相等的,并且某一个体的存在不影响其他个体的分布。随机分布比较少见,如森林底层的某些无脊椎动物。

（3）集群分布。这是最常见的分布格局,既可能因为种群个体有结群倾向而引起,也可能由资源分布和种子散布的限制或营养繁殖而留在亲体周围引起。动物的集群分布则反映了种群成员间有一定程度的相互关系,如利于求偶或保证成员的安全等,鱼群、鸟群、兽群都是集群分布的实例。

第三节　种群的增长模型

种群数量大小和增长速度是种群生态学中非常重要的问题,也是社会极为关注的问题。人类种群的持续激增给全世界带来种种忧虑。地球上人口数量不断增加(已超过 70 亿),而地球所能维持人口的能力是有限的。其资源到底能养活多少人,这也是生态学家和政治家们经常思考的课题。英国学者马尔萨斯(Malthus)在前人工作的基础上对此做出了值得称赞的贡献。这有其历史背景,英国约从 1760 年起人口迅速增长,60 年中(到 1820 年)人口几乎翻一翻,从 750 万增加到 1400 万,此期正是工业革命时期,农村人口大量流入城市,城市人口增长特别迅速,这 60 年中增加的人口数量,在以前需要用 3000 年时间。马尔萨斯觉察到问题的严重性,于 1798 年发表了他的经典著作《人口论》。马尔萨斯认为,假如植物或动物不受营养不良、饥荒或疾病等自然力(环境阻力)的限制,它们则能充分地利用其生物潜能,以不可想象的速度进行繁殖增长。而这一点上人类与植物或动物将无任何区别。他指出人口可以按几何级数(2,4,8,16,……)增长,而生活资料只能按算术级数(1,2,3,4,……)增长;这样人口的增长就不可避免地超过食物所能允许的程度,从而得出结论:"如不产生灾难或瘟疫,人口增长的这种高超能力就得不到抑制。"第二次世界大战以后,世界人口迅速增长,基本呈现指数增长,生活资料按算术级数增长也基本接近正确。可惜这种观点和事实在相当长时期内并未得到广泛的接受。

马尔萨斯人口论的发表,引起广泛的反应和不同观点的争论,从此种群数量增长的研究受到重视,出现一些描述种群数量的数学模型。建立动植物种群的数学模型,主要在于理解各种生物和非生物因素的相互作用如何影响各种生物的动态。因此,相对来说更重要的不是任何一个特定公式的数学细节,而是模型的构成:哪些因素决定种群的数量大小,哪些参数决定种群对自然或人为干扰有所反应的时间,也就是说应将注意力集中于模型中各个变量的生物学意义,而不是数学推导细节。

一个种群按其固有的速度将在种群数量上进行几何级数增长(指数增长),并形成独特的几何级数曲线(图 3-5)。这种情况仅发生在资源未耗尽的种群,虽然种群的数量快速增加,但增加的平均速率(v)仍然恒定。几何学增长的存在既是更多的个体参与到种群中,又是速率的增加的结果。所以,在每一个时间段中,参与种群中的个体数比前一个时间段更多。

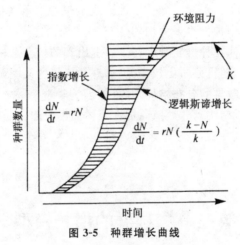

图 3-5　种群增长曲线

一、种群在无限环境下的指数增长模型

种群的指数增长也称为与密度无关的种群增长(density-independent population growth)。

(一)世代不重叠种群在无限环境中的增长

世代不重叠种群的数量变化是在世代间按周限增长率又跳跃的变化。其数学模型是 $N_{t+1}=\lambda N_t$,其中,N 为种群的个体数;t 为种群的世代序次;λ 为种群的周限增长率,或世代间增长倍率。

λ 有四种取值,对应种群的四种数量动态,即 $\lambda>1$ 时种群数量上升,$\lambda=1$ 时种群数量稳定,$0<\lambda<1$ 时种群数量下降,$\lambda=0$ 时种群无繁殖现象,且在下一代中灭亡。

该模型可做进一步变换。假定,某一年生世代不重叠生物的种群,研究起始年有 10 个个体,次年有 200 个个体,则其周限增长率为 $\lambda = \dfrac{N_1}{N_0} = 20$,也就是一世代增长 20 倍,若种群在无限环境中年复一年地增长,则有

$$N_0 = 10$$
$$N_1 = N_0\lambda = 10 \times 20 = 200(即\ 10 \times 20^1)$$
$$N_2 = N_1\lambda = 200 \times 20 = 4000(即\ 10 \times 20^2)$$
$$N_3 = N_2\lambda = 4000 \times 20 = 80000(即\ 10 \times 20^3)$$
$$\cdots\cdots$$

即 $N_t = N_0\lambda^t$,系不连续的指数式增长。

(二)世代重叠种群在无限环境中的增长

世代重叠种群的数量变化是在连续时间上受瞬时增长率 r 控制的连续变化,其数学模型的微分式为 $\dfrac{dN}{dt} = rN$,积分式为 $N_t = N_0e^{rt}$,系连续的指数式增长。其中,N 为种群的个体数;t 为种群的增长时间,通常为年;e 为自然对数的底;r 为种群的瞬时增长率,通常为年化增长率。

r 有四种取值,对应种群的四种数量动态,即 $r > 1$ 时种群数量上升,$r = 0$ 时种群数量稳定,$r < 0$ 时种群数量下降,$r = -\infty$ 时无繁殖现象,种群灭亡。

种群增加的连续指数式增长为开口向上的"J"形曲线,故又称"J"型增长。

假定,某世代重叠种群初始个体数 $N_0 = 100$,种群的瞬时增长率 r 为 0.5,则各年的种群数量为:$N_0 = 100$,$N_1 = 100e^{0.5} = 165$,$N_2 = 100e^{1.0} = 272$,$N_3 = 100e^{1.5} = 448$,$N_4 = 100e^{2.0} = 739$,……。以种群数量 N_t 对时间 t 作图,并将散点平滑连接,即得种群增长的"J"形曲线[如图 3-6(a)所示]。如以 $\ln N_t$ 对时间 t 作图,种群的增长表现为直线[如图 3-6(b)所示]。

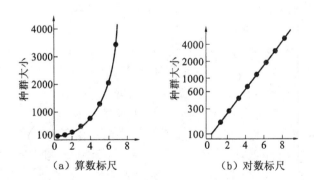

图 3-6 世代重叠种群在无限环境中的增长曲线

(三)种群指数增长模型的应用

我国 1978 年人口为 9.5 亿,而 1949 年仅 5.4 亿,这 39 年间人口的自然增长率为 $N_t = N_0e^{rt}$。取对数 $\ln N_t = \ln N_0 + rt$,则有

$$r = \frac{\ln N_t - \ln N_0}{t}, r = \frac{\ln 9.5 - \ln 5.4}{39} = 0.0195(人/年)$$

我国人口自然增长率为 19.5‰，周限增长率为

$$\lambda = e^r = 2.718^{0.0195} = 1.0196/年$$

即每一年的人口总数是前一年的 1.0196 倍。

再如，据估计 1961 年世界人口为 3.06×10^9，之前基本按 2% 的速率增长，用 $N_t = N_0 e^{rt}$ 检验是否如此，及人口加倍时间，即

$$N_t = 3.06 \times 10^9 \times e^{0.02(t-1961)}$$

结果发现这个公式非常准确地反映了在 1700 年到 1961 年估计人口的总数。人口加倍时间为

$$\frac{N_t}{N_0} = e^{rt} = 2, t = \frac{\ln 2}{r} = \frac{0.6931}{0.02} = 34.6(年)$$

计算得到世界人口增加一倍需要 34.6 年，与世界人口大约每 35 年增加一倍相符。按此增长率计，到 2510 年，世界人口约为 2×10^{14}。

只要种群初始量不大，做出预测的时间比较短，这个模型是可取的。对种群在不同时间、不同密度时的增长率(r)进行比较，有利于深入了解种群数量变动机制。当种群初始数量很大或做出预报时间很长时，此模型就可能不准确了，因为种群数量受许多因子的制约，如天敌、竞争、不良气候等，最终将受到食物短缺、空间不足的限制。无限环境是不存在的，如细菌一般每小时可以繁殖 3 个世代，在 36 小时内将完成 108 个世代，到那时，它的数量可以布满全球 1 尺厚，再过一个小时它的厚度将超过每个人的头顶，这是在无限环境下食物足够、条件适宜时的增长，其实这是不可能出现的。r 可以看成种群增殖能力的一个综合指标，它直观地由出生率与死亡率表现出来，而出生率和死亡受种群内部的年龄结构、世代时间等因素的影响，对环境条件的变化也非常敏感，所以 r 不可能长期保持定值。

二、种群在有限环境下的逻辑斯蒂增长模型

这类增长又称受密度制约的增长(density-dependent gowth)。

假如在充分时间内观察许多自然界的种群，可看到种群内的个体数起初成指数增长，然后在一些时点上增长速率逐步减退，最后达到稳定的停滞期。在自然界，种群不可能无限地继续增长，每个种似乎都有最大个体数，称为环境负荷量(即 k 值，carrying capacity)。这就是在较长时期内能得到的资源，主要是食物和空间所能供养的最大个体数。假如种群个体数超过其所处环境的负载能力，过多的个体可能因得不到养料而死亡(如过度放牧)，也可能在繁殖上受到限制或有些个体迁出这个种群。大多这样的种群的个体数不断地在其环境的负载能力上下波动，这种种群曲线呈 S 形，所以称为 S 形曲线，这种增长方式称为逻辑斯蒂增长。

为了描述上述种群的数量增长过程，就必须在指数增长方程中引入一个包括 k(环境负荷量)的新系数，即

$$\frac{dN}{dt} = rN\left(\frac{k-N}{k}\right)$$

式中，$\dfrac{dN}{dt}$ 是种群的瞬时增长量；r 是种群的瞬时增长率；N 是种群大小；$\left(\dfrac{k-N}{k}\right)$ 就是逻辑斯蒂系数。当 $N>k$ 时，$\left(\dfrac{k-N}{k}\right)$ 是负值，种群数量下降；当 $N<k$ 时，$\left(\dfrac{k-N}{k}\right)$ 是正值，种群数量上升；当 $N=k$ 时，$\left(\dfrac{k-N}{k}\right)=0$，此时种群数量不增不减。可见，逻辑斯蒂系数对种群数量变化有一种制约作用，使种群数量总是趋向环境负荷量，形成一种 S 形的增长曲线。

逻辑斯蒂方程的微分方程式 $\dfrac{dN}{dt}=rN\left(\dfrac{k-N}{k}\right)$，与指数方程的差别在于增加一个修正项 $\left(1-\dfrac{N}{k}\right)$。按照逻辑斯蒂模型的描述，在有限环境下种群数量是"S"形曲线，而不是"J"形曲线，如图 3-6 所示。"S"形曲线有一条上渐近线，这就是 k 值，即环境容纳量。

模型中的 $\left(1-\dfrac{N}{k}\right)$ 所代表的生物学意义是未被个体占领的剩余空间。若种群数量（N）趋于零，则 $\left(1-\dfrac{N}{k}\right)$ 接近于 1，即全部 k 空间几乎未被占据和利用，这时种群呈现指数增长；若种群数量（N）趋向于 k，则 $\left(1-\dfrac{N}{k}\right)$ 逼近于零，全部空间几乎被占满，种群增长极缓慢直到停止；种群数量由零逐渐增加，直到 k 值，种群增长的剩余空间逐渐变小，种群数量每增加一个个体，抑制增长的作用就是 $\dfrac{1}{k}$，这种抑制性影响称为环境阻力，也有人称为拥挤效应。

逻辑斯蒂曲线的参数 r 与 k 不仅有明确的生物学含义，而且扩展出一些有用的概念。瞬时增长率（r）潜在的最大值称为生物潜能，潜在最大增长率与实验室或野外观察到的增长率之差，常被称为环境阻力。

在一个无法预测的环境中，有一个略大的 r 值将有助于种群利用机会迅速恢复，但是大的 r 值迫使种群随着环境波动而变化，不利于种群调节作用；相反，较小的 r 值意味着一个较长的反应时间，其优点是种群可以保持稳定性，并且可以使环境变化只以平均值体现出来，缺点是在外部损伤性干扰下恢复缓慢。

高斯（1934 年）在试管中研究了两种草履虫在有限而稳定的环境中的增长情况，可以用逻辑斯蒂曲线很好地拟合。

在自然界中，野外种群不可能长期连续增长。由少数个体开始装满"空"环境的情况比较少见，只有把动植物引入海岛或某些新居住地，其种群增长的少数实例才能见到。

1911 年人们将 10 头雄鹿和 21 头雌鹿引入位于阿拉斯加的面积 41 平方英里的圣·保罗岛，1938 年驯鹿连续上升到 2000 头左右，然后由于栖息场所被破坏，驯鹿数量骤然下降，到 1950 年时只余下 8 头。在另一个面积为 35 平方英里的圣·乔治岛情况也基本如此。1911 年将 3 头雄鹿和 12 头雌鹿放在岛上，1922 年岛上驯鹿增长到 222 头，然后减少到 40～60 头。而两个岛都是很少受干扰的原始寒漠，没有捕食者和人为狩猎。

虽然野外种群增长的数据较少，但足以说明，在一定条件下，种群在短期内表现为逻辑斯蒂增长，甚至指数增长，但在逻辑斯蒂增长之后，稳定在 K 值，则没有证据。自然界情况复杂，"J"形和"S"形增长只能代表两种典型情况，实际种群数量增长的变型可能很多。

第四节　种群的调节

在自然生态系统中,物种的种群既不会无限制地增加,也不会轻易消失,其数量变动是不规则的,但数量总是在一定的范围之内围绕某一平均水平上下波动,这一现象称为自然控制,物种种群的这一平均数量叫作平衡数量。自然控制的结果是自然生态系统的平衡,但这一结果不一定能满足人类的需要,人类往往会在自然控制的基础上对种群实施进一步的控制。例如,经自然控制后,我国很大一部分的昆虫实现了自然生态平衡,但其中约有1%的昆虫是生产害虫,需要人为干预。很明显,这种干预的后果将促使自然系统进行新一轮的自然控制。

自然控制是种群针对环境因子变化实施的种群数量调节的结果,换言之,是环境因子变化对种群数量调节的结果。从是否与被调节的种群密度相关的考察可知,调节过程可以分为密度调节和非密度调节,前者指密度制约因素的调节,后者指非密度制约因素的调节。

一、密度制约因素及其反馈调节

所谓密度制约因素,指的是受被调节种群的密度影响的环境因素,通常为生物因子,包括被调节生物种群自身的竞争,与被调节种群相关的其他生物的捕食、寄生等。密度调节因素温和。

密度调节主要包括种内调节和种间调节。种内调节是指种内成员通过行为、生理和遗传的改变而进行的调节。行为调节最早由英国生态学家爱德华针对动物的种群动态提出,这种调节方式基于其集群、种内竞争、领域性、社会等级等种内关系。种间调节是指通过捕食、寄生和竞争共同资源团等调节种群密度的过程。以尼科森、史密斯、拉克为代表的种群调节的生物学派认为,群落中的各个物种都是相互联系、相互制约的,从而使种群数量处于相对稳定平衡的状态;当种群数量增加时,就会引起物种间捕食、寄生和竞争共同资源团的现象加剧,导致种群数量的下降。

(一)密度制约因子

密度制约因子对种群变化的影响随着种群密度的变化而变化,而且种群受影响部分的百分比也与种群密度的大小有关。

种群的密度制约调节是一个内稳定过程。当种群达到一定大小时,某些与密度相关的因子(出生率、死亡率、年龄、性比等)就会发生作用,借助于降低出生率、增加死亡率来抑制种群的增长。如果种群数量降到了一定水平以下,出生率就会增加,死亡率就会下降,这样一种反馈机制将会导致种群数量的上下波动。一般来说,波动将发生在种群的平均密度周围,平均密度的维持是靠新的个体不断出生以便补偿因死亡而减少的种群数量。对种群平衡密度的任何偏离都会引发调节作用或补偿反应的发生。

(二)密度制约因素的反馈调节

生物种群的相对稳定和有规则的波动与密度制约因素的作用有关。当种群数量的增长超过环境的负载能力时,密度制约因素对种群的作用增强,使死亡率增加,而把种群数量压到满载以下。当种群数量在负载能力以下时,密度制约因素的作用减弱,使种群数量增加。

1. 食物

旅鼠过多时,大量吃草,草原植被遭到破坏,结果食物缺乏(加上其他因素,如生殖力降低、容易暴露给天敌等),种群数量因而减少;但数量减少后,植被又逐渐恢复,旅鼠的数量也随之恢复过来(图 3-7)。

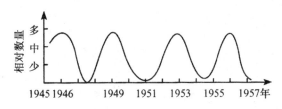

图 3-7　美国阿拉斯加旅鼠种群的周期性消长

2. 生殖力

生殖力也受密度的影响。池塘内的锥体螺在低密度时产卵多,高密度时产卵就少。这也可能是由于密度高时食物缺少或某些其他因素的作用所引起的。

3. 抑制物的分泌

多种生物有通过分泌抑制物来调节种群密度的能力。蝌蚪在种群密度高时产生一种毒素,能限制蝌蚪的生长,或者增加死亡率。在植物中,桉树有自毒现象,密度高时能自行降低其数量。细菌也有类似的情况。密度降低时,这些代谢物减少,就不足以起到抑制作用,因而数量又能上升。

4. 疾病、寄生物等

疾病、寄生物等是限制高密度种群的重要因素。种群密度越高,流行性传染病、寄生虫病越容易蔓延,结果死亡率上升,种群密度降低。种群密度降低后,疾病又不容易传染了,种群密度逐渐恢复。

二、非密度制约因素及其作用

所谓非密度制约因素,指的是不受被调节生物种群密度影响的环境因素,通常为气候因素、人为因素,包括暴雨、低温、高温、污染等。通常非密度调节因素剧烈,如极端高温、暴雨可以使生物种群消失。

非密度调节是指非生物因子对种群大小的调节,提出这种观点的典型代表人物是博登海默、安德列沃斯和伯奇等气候学派科研人员。事实上,他们反对密度制约与非密度制约的划分,认为气候因素是影响种群动态的首要原因。气候学派认为:气候改变资源的可获性,从而改变环境容纳量,因此种群数量是气候的函数。支持这一学派理论的最重要的事实证据是,昆虫的早期死亡率有80%~90%是由天气条件引起的。

(一)非密度制约因子

非密度制约因子虽对种群增长率产生影响,但实际上对种群的增长无法起调节作用。因为调节意味一个内稳定的反馈过程,其功能与密度有密切关系。但非密度制约因子可以对种群大小施加影响,也能影响种群出生率和死亡率。非密度制约因子对种群影响之大,可以使任何密度制约调节因素的影响变得难以察觉。一般说来,由环境的年变化或季节变化所决定的种群波动是不规则的,而且多与温度、湿度变化有关。

(二)非密度制约因素的作用

生物种群数量的不规则变动往往同非密度制约因素有关。非密度制约因素对种群数量的作用一般是很猛烈的,灾难性的。例如,我国历史上屡有记载的蝗灾是由东亚飞蝗引起的,主要是因为气候干旱,导致灾情发生。

物理因素等非密度制约因素虽然没有反馈作用,但它们的作用可以为密度制约因素所调节,即可以通过密度制约因素的反馈调节机制来调节。当某些物理因素发生巨大变化(如大旱、大寒等)或因人的活动(如使用杀虫剂)而使种群死亡率增加,种群数量大幅度下降时,密度制约因素如食物因素就不再起控制作用,因而出生率就得以上升,种群数量很快恢复到原来的水平。

第五节　种内关系和种间关系

自然界中生物通过各种各样的关系而发生相互作用和相互影响,我们把存在于各个生物种群内部的个体与个体之间的关系称为种内关系,而将生活在同一生境中所有不同物种之间的关系称为种间关系。种内、种间关系是种群数量变化的两个重要因素,讨论种内、种间关系对于进一步认识种群动态变化特征和了解生物群落的性质具有重要意义。

一、种内关系

(一)集群

集群现象普遍存于自然种群当中。同一种生物的不同个体,或多或少都会在一定的时期内生活在一起,从而保证种群的生存和正常繁殖,因此集群是一种重要的适应性特征。根据集群后群体持续时间的长短,可以把集群分为临时性和永久性两种类型。永久性集群存在于社会动物当中。所谓社会动物是指具有分工协作等社会性特征的集群动物,主要包括一些昆虫(如蜜蜂、蚂蚁、白蚁等)和高等动物(如包括人类在内的灵长类等)。

集群的生态学意义主要有以下几个方面:

(1)提高捕食效率。许多动物以群体进行合作捕食,捕杀到食物的成功性明显加大。成群的狼通过分工合作就可以很容易地捕食到有蹄类;相反,一只狼则难以捕获到这种大型的猎物。成群狮子的平均捕食成功率是个体平均捕食成功率的2倍。以鱼为食的鹈鹕、秋沙鸥和蛇鹈,会在水面上共同形成捕食圈,逐渐迫使鱼儿到浅水湾,然后再进行捕食,由此提高捕食效率。

(2)共同防御敌人。草原动物麝香牛、野羊受猎食者袭击时,成年的雄性个体会形成自卫圈,全部将角向外抵抗猎食者,保护自己及自卫圈中的幼体和雌体。

(3)改变生境。例如,蜂群的工蜂集体振翅促进空气流通以降低蜂巢温度;集体冬眠的蛇通过汇集代谢散失的热量以维持冬眠洞穴的温度。

(4)提高学习效率。大部分哺乳动物的幼崽,都是在集群活动中学习并提高运动和捕食技能的。

(5)保持和提高繁殖效率。这是生物集群最重要的意义所在,对于一雌多雄婚配、一雄多雌婚配和不确定交配对象的物种而言,足够数量个体的集群,是种群保持和提高繁殖率的基本条件。

(二)种内竞争

生物为了利用有限的共同资源,相互之间会产生不利或有害的影响,这种现象称为竞争。某一种生物的资源是指对该生物有益的任何客观实体,包括栖息地、食物、配偶、光、温度、水等各种生态因子。

竞争的主要方式有两类,即资源利用性竞争和相互干涉性竞争。在资源利用性竞争中,生物之间并没有直接的行为干涉,而是双方各自消耗利用共同的资源,由于共同资源可获得量减少从而间接影响竞争对手的存活、生长和生殖,因此资源利用性竞争也称为间接竞争。相互干涉性竞争又称为直接竞争。直接竞争中,竞争者相互之间直接发生作用,如动物之间为争夺食物、配偶、栖息地所发生的争斗。竞争者也可以通过分泌有毒物质来对对方产生干涉。如某些植物能够分泌一些有害化学物质,阻止其他植物在其周围生长,这种现象称为化感作用或异种化感。茧蜂产卵寄生于蚜虫卵当中,茧蜂幼虫在蚜虫卵中孵化出的时候,会分泌有毒化学物质以杀死其他的茧蜂寄生卵。

竞争可以分为种内竞争和种间竞争。种内竞争是发生在同一物种个体之间的竞争,而种间竞争则是发生在不同物种的个体之间。竞争效应的不对称性是种内竞争和种间竞争的共同特点。不对称性是指竞争者各方受竞争影响所产生的不等同后果,如一方所付出的代价可能远远超过对方。竞争往往导致失败者的死亡。死亡的原因或者由于资源利用性竞争所产生的资源短缺,或者来自相互干涉性竞争所导致的伤害或毒害。在自然界,不对称性竞争的实例远远多于对称性竞争。种内竞争与间竞争都受密度制约。

随着种群密度的增加,竞争者的数量增多,个体之间的竞争就越激烈,竞争的效应也就越大。南于竞争与密度紧密相关,竞争加剧,就可能导致一些竞争者得不到资源而死亡,或者一部分个体就会被迫迁移到其他地方,从而使当地的种群密度维持在一定的水平。在某些情况下,种内竞争可以导致物种分化、物种形成。竞争迫使种群的一部分个体分布到另一地方,或者改变其食性等生态习性,利用其他资源,经过长期的适应进化,在形态、生理、行为特征上与原有的物种产生稳定的差别,从而导致物种的分化,形成新的亚种或物种。

种内竞争是普遍存在的现象,其生态学意义主要有以下几个方面:

(1)种内蚕食调整种群数量。很多昆虫都有自相残杀的现象,如棉铃虫、异色瓢虫等,一些鱼类也有种内蚕食的现象。不论是进化固定下来的基因决定行为,还是对种群爆发的权宜之策,种内蚕食对种群数量的影响是立竿见影的。

(2)促进物种扩散。竞争的结果之一是部分个体离开种群,一方面,这直接调节了种群数量;另一方面,离开的个体将另外组织新的种群,实现了物种分布的扩散,这对保持物种的存在是至关重要的。

二、种间关系

一个种群的活动影响另一个种群的生长或促使死亡的情况,这是大家所熟悉的。一个种群的成员可能吃掉另一种群的成员,或者通过竞争食物、分泌有害物质影响另一种群。同样,种群之间也可能彼此相互帮助。这些种间的相互作用或者是单方向的,或者是彼此作用的,如表 3-1 所示。

表 3-1 两个物种种群间相互作用分析

相互作用类型	物种		相互作用的一般情况
	1	2	
1. 中性作用	0	0	两个种群彼此不受影响
2. 竞争:直接干涉型	—	—	一个种群直接抑制另一个种群
3. 竞争:资源利用型	—	—	资源缺乏时的间接抑制
4. 偏害作用	—	0	种群 1 受抑制,2 无影响
5. 寄生作用	+	—	种群 1 是寄生者,通常较寄主 2 的个体小
6. 捕食作用	+	—	种群 1 是捕食者,通常较猎物 2 的个体大
7. 偏利作用	+	0	种群 1 是偏利者,而对寄主 2 无影响
8. 原始协作	+	+	相互作用对两物种都有利,但非必然
9. 互利共生	+	+	相互作用对两物种都必然有利

注:"0"表示没有意义的相互影响;"+"表示对生长、存活或其他特征有利;"—"表示种群生长或其他特征受抑制;2~4 型可归为负相互作用;7~9 型为正相互作用;5、6 型是正负作用兼有。

表 3-1 所列出的就是这些相互作用可能划分的若干范畴。为了说明这些相互关系怎样影响种群的生长和存活,应用增长方程式"模型"能使定义更为精确,并帮助测定在复杂的自然情况下各种因素可能是怎样相互作用的。

如果说,一个种群的增长可以用一个方程式来表示,那么对另一个种群的影响,就可用修正第一个种群增长项来表示。例如,对于竞争作用,一个种群(N_1)的增长率等于无限增长率减去种群自我拥挤效应(它随种群数量增加而加强),再减去对另一种群(N_2)的有害影响(它也随两个种群 N_1 和 N_2 数量的增加而加强),可以使用方程式表示为:

$$\frac{\mathrm{d}N_1}{\mathrm{d}t} = rN_1 - \left(\frac{r}{k}N_1^2\right) - CN_2N_1$$

(增长率)=(无限增长率)-(自我拥挤效应)-(对另一个物种的有害效应)

这种相互作用可能有若干种结果。假如竞争系数 C 对于两个物种都很小,那么,种间的压抑效应就比种内(自我抑制)的影响小,两个物种的增长率可能稍稍受到压制,但两个种群可能共存。同样,如果种群增长率表现为指数型(方程式中缺少自我限制这一项),那么,种间竞争就可能使种群增长曲线"变平"。如果 C 很大,那么,起影响最大的物种可能消灭其竞争者,或者把它赶到其他地方。这样,从理论上讲,具有同样需求的物种由于发生强烈的竞争以致其中一个种被另一个种所消灭的可能性很大。因此,这两个种是难以共存的。

当两个物种的相互作用对各种群是彼此有利的时候,增长方程式中可以加入一个正项,来取代有害项。在这种情况下,两个种群都增长和繁荣起来,达到双方有利的平衡水平。假如一个种群的有利影响(方程式中的正项)对于两个种群的生长和存活是必须的,那么这种关系是互利共生。另一方面,假如有利影响只能增加种群的大小和增长率,而对于生长和存活不是必需的,那么这种关系属于原始合作。

种间相互关系的类型很多,这里具体介绍几类。

(一)竞争

竞争是指两个种因需要共同的环境资源,如空间、食物或水等所产生的相互关系。这种相互关系,对竞争种的个体生长和种群数量增长都有抑制作用。Gause 的经典实验就是关于种间直接竞争的:Gause(1934)用两种在分类和生态上很接近的双小核草履虫和大草履虫进行试验;将数目相等的上述两种草履虫个体,用杆菌做饲料,放在基本上恒定的环境里培养;开始时两个种都有增长,随后双小核草履虫的个体数目继续增加,而大草履虫个体数下降,16 天后只有双小核草履虫生存,而大草履虫最终趋于消失。在这个经典实验中,两种草履虫之间并未分泌有害物质,主要就是其中的一种增长得快、另一种增长得慢,因竞争食物的结果,增长快的种排挤了增长慢的种。后来,英国生态学家就把这种情况称之为 Gause 假说,即由于竞争的结果,生态位接近的两个种不能永久地共存。后人又用竞争排斥原理来表示这个概念,即在一个稳定的环境内,两个以上受资源限制的、但具有相同资源利用方式的物种,不能长久地共存在一处。也就是说,完全的竞争者不能长期共存。这个原理假设其中一个物种能较好地利用环境中有用的资源,从而排挤另一些物种。

（二）偏害

在自然界中，偏害作用很常见，其主要特征为当两个物种在一起时，由于一个物种的存在，可以对另一个物种产生抑制作用，而该物种自身不受影响。异种抑制作用（又称为他感作用）和抗生素作用都属于偏害作用的类型。如胡桃树会分泌一种称为胡桃醌的物质，它能抑制其他植物的正常生长，从而产生有害的结果。抗生素作用是一种微生物产生一种化学物质来抑制另一种微生物的过程，如青霉素就是青霉菌所产生的一种细菌抑制剂，也就是通常所说的抗生素。

（三）寄生

一个物种的个体（寄生物）以消耗另一个物种的个体（寄主）物质为主，但并不马上导致该个体死亡，这种关系称为寄生。例如，蛔虫、绦虫和一些寄生性原生动物侵入高等动物体内，生活在各种内脏和组织内（肠管和血液等），或细菌、真菌侵入人体、植物体内。作为一种生活方式的寄生现象，带给寄生物很多好处。只要寄主活着，营养就有保证，而且很多环境危机（如脱水、极端湿度）都可避免；另外，寄生关系也引起寄生物和寄主的很多变化和适应。

由于寄生物的存活率太低，所以它们必须有很高的繁殖能力；又由于杀死寄主会使寄生物失去栖息场所，所以寄生物的繁殖也不会有太大的成功。一种成功的寄生关系是寄生物受益和寄主受损害之间维持一种平衡的关系。对这种平衡关系的认识，不能仅从寄生物的角度出发，寄主对寄生物也有防御和抵制的功能。植物病害防治中的抗病育种就是这个原理的具体应用。

（四）捕食

捕食是指某种生物通过消耗其他生物活体的全部或部分身体，直接获得营养以维持自身生命的现象。前者称为捕食者，后者称为猎物。捕食是一个种群对另一个种群的生长与存活产生负效应的相互作用。从广义的概念看，捕食也还是高一营养级的生物取食和伤害低一营养级的生物的种间关系。广义的捕食包括传统捕食、同类相食、植食、昆虫拟寄生者四种类型。传统捕食指食肉动物吃食草动物或其他食肉动物；同类相食是捕食的一种特殊形式，即捕食者和猎物均属同一物种；植食指动物取食绿色植物营养体、种子和果实；昆虫拟寄生者是指昆虫界的寄生现象，寄生昆虫常常把卵产在其他昆虫（宿主）体内，待卵孵化为幼虫以后便以宿主的组织为食以获得营养，直到宿主死亡为止。从理论上说，捕食者和猎物的种群数量变动是相关的。当捕食者密度增大时，猎物种群数量将被压低；而当猎物数量降低到一定水平后，必然又会影响到捕食者的数量，随着捕食者密度的下降，捕食压力的减少，猎物种群会再次增加，这样就形成了一个双波动的种间数量动态。北美雪兔与捕食者猞猁的数量变化是一个经典的例子，如图 3-8 所示。在一个生态系统中，捕食者与猎物一般保持着平衡，否则生态系统就不能存在。如果忽视生物控制关系，滥用农药，会使某些有益的负相互作用机制严重削弱或失去，使害虫数量严重增长，给防治害虫工作带来更大的困难。

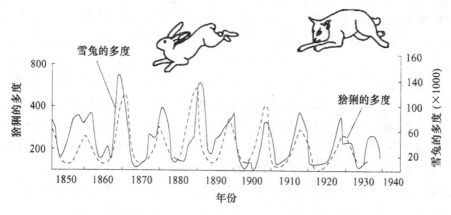

图 3-8　野兔与山猫的数量动态

（五）偏利共生

在自然界里，种间共生形式多种多样，合作的程度也有浅有深，效果可以是互惠的，也可以是单方受益而另一方无损的。仅一方有利称为偏利共生。附生植物，如兰花，生长在乔木的枝上，使自己获得阳光，根部从潮湿的空气中吸收营养。藤壶附生在鲸鱼或螃蟹背上等，都是被认为对一方有利，另一方无害的偏利共生。

（六）原始协作

原始协作又称协作共生，可以认为是共生的另一种类型，其主要特征为两种群相互作用，双方获利，但协作是松散的，分离后，双方仍能独立生存。

如某些食虫鸟以有蹄类动物身上的外寄生虫为食，遇敌时又为有蹄类报警；人体内生活的双歧杆菌、拟杆菌是典型的协作共生菌；鱼在河蚌外套腔中产卵，河蚌将自己的幼体寄居在鱼的鳃腔内发育；鸡肉丝菇是一种食用和药用真菌，与白蚁协作共生，白蚁的粮库是鸡肉丝菇的菌圃（培养基），鸡肉丝菇的菌丝建筑为白蚁保温、保湿的巢穴；织布鸟将窝筑在马蜂巢旁，"防"猴子来捣鸟窝；隆头鱼钻入珊瑚鳟鱼的鳃盖内清除鳃上的寄生虫；有花植物和传粉动物的共生；紫海葵和小丑鱼共同分享捕捉到的食物，海葵能清除小丑鱼身上的寄生虫并靠触手起保护作用，小丑鱼鲜艳的色彩引诱其他鱼到海葵旁，被海葵捕食；昆虫角蝉科的一种小黑角蝉有着尖锐的器官吸食植物汁液，过多的糖分次蜜露形式排出体外招引蚂蚁，蚂蚁便将其卵或幼虫引入蚁巢保护过冬；饲养蚜虫的蚂蚁，春天里带着蚜虫到草地上进行"放牧"，用纸制的形状类似帐幕的"厩"让蚜虫居住，这些蚂蚁也享受蚜虫排泄的甜美蜜露。

（七）互利共生

对双方有利称为互利共生。互利共生的类型是很丰富的。

地衣是大家所熟知的。它是藻类与真菌的共生体，藻细胞进行光合作用为地衣植物体制造有机养分，而真菌吸收水分和无机盐，为藻类进行光合作用提供原料，二者已达到形态上统

一、机能上相互依存的地步,形成了真菌藻类共生体——地衣。

豆科植物和根瘤菌是又一个共生的实例。根瘤菌存在于土壤中,是有鞭毛的杆菌。根瘤菌与豆科植物之间有一定的寄主特异性,但不十分严格,例如,豌豆根瘤菌能与豌豆共生,也能与蚕豆共生,但不能与大豆共生。在整个共生阶段,根瘤菌被包围在寄主质膜所形成的侵入线中,在寄主内合成固氮酶。豆血红蛋白则系共生作用产物,具体地讲,植物产生球蛋白,而血红素则由细菌合成。豆血红蛋白存在于植物细胞的液泡中,对氧具有很强的亲和力,因此对创造固氮作用所必需的厌氧条件是有利的,就这样细菌开始固氮。在植物体内细菌有赖于植物提供能量,而类菌体只能固氮而不能利用所固定的氮。所以豆科植物供给根瘤菌碳水化合物,根瘤菌供给植物氮素养料,从而形成互利共生关系。

动物与微生物之间共生现象的例子也很多。牛、羊等反刍动物与瘤胃微生物共生就是其中的一个例子。反刍动物的瘤胃温度恒定、pH 保持在 $5.8\sim6.8$,瘤胃中的 CO_2、CH_4 等气体造成无氧环境,大量的草料经过口腔后与唾液混合进入瘤胃中,为其中的微生物提供了丰富的营养物质。瘤胃微生物分解纤维素,为反刍动物提供糖类、氨基酸和维生素等营养,两者相互依赖,互惠共生。

互利共生还有更广泛的形式,如一般植物根系与根际微生物的互利共生、与传粉昆虫的互利共生、植物种子与传播动物的互利关系等。

第四章　群落生态学

第一节　生物群落的概念和特征

生物群落(community)是指在特定的时间、空间或生境下,具有一定的生物种类组成、外貌结构(包括形态结构和营养结构),各种生物之间、生物与环境之间彼此影响、相互作用,并具特定功能的生物集合体。也可以说,一个生态系统中具有生命的部分即生物群落,它包括植物、动物、微生物等各个物种的种群。

生物群落一般有如下特征:

(1)具有一定的种类组成和种间影响。

①种类组成(composition of species)。指组成生物群落的物种种类。种类组成是区分生物群落的首要特征。种类组成的差异是群落多样性和群落其他特征的基础。不同生物群落的植物、动物、微生物物种组成不相同,即使是同名群落的物种组成也不是完全相同的。

②种间影响(interaction)。生物群落中的物种有规律地共处,即在有序状态下生存。虽然生物群落是生物种群的集合体,但不是说一些种的任意组合便是一个群落。一个群落的形成和发展必须经过生物对环境的适应和生物种群之间的相互适应。生物群落并非各个种群的简单集合。哪些种群能够组合在一起构成群落,取决于以下两个条件:第一,必须共同适应它们所处的无机环境;第二,它们内部的相互关系必须取得协调、平衡。因此,研究群落中不同种群之间的关系是阐明群落形成机制的重要内容。

(2)具有一定的结构。结构(structure)指群落内各种群间稳定的空间和时间关系。各群落中物种种群的空间关系和时间关系是有序的。例如,每一种群的数量和生活型、各种群的水平和垂直位置关系、不同时间点种群的活动等。但群落的结构不像有机体那样清晰、精确、紧凑,因而有人称之为松散结构。

(3)具有一定的外貌。外貌(physiognomy)是群落长期适应自然环境条件所表现出来的外部形态。外貌是认识和区分群落的最直观特征,如森林、灌丛、草丛的外貌迥然不同,而针叶林与常绿阔叶林又有明显的区别。群落外貌是各种群位置、密度、形态等的综合体现。对植物群落而言,外貌主要由优势植物决定。例如,南部常绿阔叶林的外貌取决于樟树等乔木,草丛的外貌取决于其中的多年生草本植物及季节的变化。

(4)具有一定的动态。动态(dynamic)指群落的形成、发育、演替过程。任何群落都是生物区系与环境互动的产物,每个群落都有其独特的形成、发育、演替过程和结果。群落的动态是或长或短的时间过程,包括季节动态、年际动态、世纪(地质年代)动态。

(5)具有一定的群落环境。群落环境(environment)指群落改造、影响无机自然环境所形成的环境。群落是生态系统中具有改造力的生命子系统,其既受无机自然环境子系统影响,又能改造、影响无机自然环境,并形成与原初状态迥异的群落环境。例如,森林中,由于植物群落的影响,林内外环境的差异非常明显,高大乔木林下的光照强度、空气湿度、温度、氧气浓度、二氧化碳浓度、土壤等与林外相比都有显著的区别。即使是生物非常稀疏的荒漠群落,对土壤等环境条件也有明显的改造作用。

(6)具有一定的分布。分布(distribution)指群落只在特定地段存在。群落分布于特定地段,基于组成群落的种群对环境的适应。群落分布的地段应能满足各种群的生存发展需要。群落分布规律是种群分布规律的集成。

(7)具有一定的边界。在自然条件下,有些群落具有明显的边界,可以清楚地加以区分;有的则不具有明显边界,而处于连续变化中。前者见于环境梯度变化较陡,或者环境梯度突然中断的情形,如地势变化较陡的山地垂直带、断崖上下的植被、陆地环境和水生环境的交界处,如池塘、湖泊、岛屿等。但两栖类(如青蛙)常常在水生群落与陆地群落之间移动,使原来清晰的边界变得复杂。此外,火烧、虫害或人为干扰都可造成群落的边界。常见于环境梯度连续缓慢变化的情形。大范围的变化如森林和草原的过渡带,草原和荒漠的过渡带等;小范围的变化如沿一缓坡而渐次出现群落替代等。但在多数情况下,不同群落之间都存在过渡带,被称为群落交错区,并导致明显的边缘效应。

第二节　生物群落的性质及种类组成

一、生物群落的性质

在生态学界,对于群落的性质问题,一直存在着两派决然对立的观点,通常被称为机体论学派和个体论学派。

(一)机体论学派

机体论学派(organismic school)的代表人物是美国生态学家 Clements(1916,1928),他将植物群落比拟为一个生物有机体,是一个自然单位。他认为任何一个植物群落都要经历一个从先锋阶段(pioneer stage)到相对稳定的顶极阶段(climax stage)的演替过程。如果时间充足的话,森林区的一片沼泽最终会演替为森林植被。这个演替的过程类似于一个有机体的生活史。因此,群落像一个有机体一样,有诞生、生长、成熟和死亡的不同发育阶段。

此外,Braun-Blanquet(1928,1932)和 Nichols(1917)以及 Warming(1909)将植物群落比拟为一个种,把植物群落的分类看作和有机体的分类相似。因此,植物群落是植被分类的基本单位,正像物种是有机体分类的基本单位一样。

(二)个体论学派

个体论学派(individualistic school)的代表人物之一是 H. A. Glea-son(1926),他认为将群落与有机体相比拟是欠妥的,因为群落的存在依赖于特定的生境与不同物种的组合,但是环境条件在空间与时间上都是不断变化的,故每一个群落都不具有明显的边界。环境的连续变化使人们无法划分出一个个独立的群落实体,群落只是科学家为了研究方便而抽象出来的一个概念。前苏联的 R. G. Ramensky 和美国的 R. H. Whittaker 均持类似观点。他们用梯度分析与排序等定量方法研究植被,证明群落并不是一个个分离的有明显边界的实体,多数情况下是在空间和时间上连续的一个系列。

个体论学派认为植物群落与生物有机体之间存在很大的差异。首先,生物有机体的死亡必然引起器官死亡,而组成群落的种群不会因植物群落的衰亡而消失;第二,植物群落的发育过程不像有机体发生在同一体内,它表现在物种的更替与种群数量的消长方面;第三,与生物有机体不同,植物群落不可能在不同生境条件下繁殖并保持其一致性。

二、生物群落的种类组成

(一)群落的种类组成分析

群落的种类组成是决定群落性质最重要的因素,也是鉴别不同群落类型的基本特征。群落学研究一般都从分析物种组成开始,以了解群落是由哪些物种构成的,它们在群落中的地位与作用如何。为了登记群落的种类组成,通常要对群落进行取样调查。调查采用样方法,样方的大小因群落而不同,取样面积以不小于群落的最小取样面积为宜。群落的最小取样面积是指能够表现出该类型群落中植物种类的最小面积。群落种类越丰富,最小取样面积越大。

构成群落的各个物种对群落的贡献是有差别的,通常根据各个物种在群落中的作用来划分群落成员型。

(1)优势种和建群种。对群落的结构和群落环境的形成有明显控制作用的植物种称为优势种,它们通常是那些个体数量多、投影盖度大、生物量高、体积较大、生活能力较强即优势度较大的种。群落的不同层次有各自的优势种,如森林群落中,乔木层、灌木层、草本层和地被层分别存在各自的优势种,其中乔木层的优势种,即优势层的优势种常称为建群种。

群落中的建群种只有一个,称为"单建群种群落"或"单优种群落"。若具有两个或两个以上同等重要的建群种,就称为"共优种群落"或"共建种群落"。热带雨林几乎全是共建种群落,北方森林和草原则多为单优种群落。

应该强调,生态学上的优势种对整个群落具有控制性影响,如果把群落中的优势种去除,必然导致群落性质和环境的变化;但若把非优势种去除,只会发生较小或不显著的变化,因此不仅要保护那些珍稀濒危植物,而且也要保护那些建群植物和优势植物,它们对生态系统的稳定起着举足轻重的作用。

(2)亚优势种。亚优势种(subdominant species)指个体数量与作用都次于优势种,但在决定群落性质和控制群落环境方面仍起着一定作用的植物种。在复层群落中,它通常居于较低的亚层,如南亚热带雨林中的红鳞蒲桃和大针茅草原中的小半灌木冷蒿在有些情况下成为亚优势种。

(3)伴生种。伴生种(companion species)为群落的常见物种,它与优势种相伴存在,但不起主要作用,如马尾松林中的乌饭树、米饭花等。

(4)偶见种或罕见种。偶见种(rare species)是那些在群落中出现频率很低的物种,多半数量稀少,如常绿阔叶林区域分布的钟萼木或南亚热带雨林中分布的观光木,这些物种随着生境的缩小濒临灭绝,应加强保护。偶见种也可能偶然地由人们带入或随着某种条件的改变而侵入群落中,也可能是衰退的残遗种,如某些阔叶林中的马尾松。有些偶见种的出现具有生态指示意义,有的还可以作为地方性特征种来看待。

(二)种类组成的数量特征

有了所研究群落的完整的生物名录,只能说明群落中有哪些物种,想进一步说明群落特征,还必须研究不同种的数量关系。对种类组成进行数量分析,是近代群落分析技术的基础。

1. 种的个体数量指标

(1)多度。多度指调查样地上某物种个体数目,是不同物种个体数目多少的一种相对指标。对于高大乔木的多度可采用记名计数法进行调查,而群落内草本植物(有时包括一些灌木)的调查,多采用目测估计法。国内常采用 Drude 的七级制多度等级,即:

Soc(Sociales)极多,植物地上部分郁闭

Cop3(Copiosae)数量很多

Cop2 数量多

Cop1 数量尚多

Sp(Sparsal)数量不多而分散

Sol(Solitariae)数量很少而稀疏

Un(Unicum)个别或单株

同一样地内某一物种的多度占全部物种多度之和的百分比称为相对多度,而样地内某一物种的多度与样地内物种的最高多度比称为多度比。

(2)密度。指单位面积或单位空间内的个体数目。一般对乔木、灌木和丛生草本以植株或株丛计数,根茎植物以地上枝条计数。样地内某一物种的个体数目占全部物种个体数目之和的百分比称作相对密度。某一物种的密度占群落中密度最高的物种密度的百分比称为密度比。

(3)盖度。指植物地上部分垂直投影面积占样地面积的百分比,即投影盖度。后来又出现了"基盖度"的概念,即植物基部的覆盖面积。对于草原群落,常以离地面 1 英寸(2.54cm)高度的断面计算;对森林群落,则以树木胸高(1.3m 处)断面积计算。乔木的基盖度称为显著度。群落中某一物种的盖度占所有物种盖度之和的百分比,即相对盖度或相对显著度。某一物种的盖度占盖度最大物种的盖度的百分比称为盖度比或显著度比。

（4）频度。即某个物种在调查范围内出现的频率。指包含该种个体的样方数占全部样方数的百分比，即：频度＝某物种出现的样方数/样方总数×100％。群落中或样地内某一物种的频率占所有物种频率之和的百分比，称为相对频度；样地内某一物种的频度与样地频度最高物种的频度比称为频度比。

（5）高度。高度（height）是植物体体长的测量值。测量时取其自然高度或绝对高度。

某种植物的高度与高度最高的植物的高度之比为高度比。

（6）体积。体积（volume）是植物所占空间大小的度量。在森林植被研究中，体积是一个非常重要的指标。在森林经营中，通过断面积、树高、形数（可由森林调查表中查到）三者的乘积，计算出一株乔木的体积。而草本或小灌木的体积可以用排水法测定。

（7）重量。重量（weight）是用来衡量种群生物量（biomass）或现存量（standing crop）多少的指标，可分鲜重与干重。在草原植被研究中，这一指标非常重要。

某一物种的重量占全部物种总重的百分比称为相对重量。

2. 种群的综合数量指标

（1）优势度。目前，对优势度的定义和计算方法尚无统一意见，有学者认为盖度和密度为优势度的度量指标，而有的认为优势度即盖度和多度的总和，还有的将优势度定义为重量、盖度和多度的乘积。

（2）重要值。重要值是从数量、频度、盖度统计出来的，为相对密度（density，％）、相对频度（frequency，％）、相对盖度（dominance，％）的总和，计算公式如下：

$$重要值＝相对密度＋相对频度＋相对盖度$$

（3）综合优势比。综合优势比（summed dominance ratio，SDR）是由日本学者召田真等于1957 年提出的一种综合数量指标。包括两因素综合优势比、三因素综合优势比、四因素综合优势比和五因素综合优势比四类。常用的为两因素综合优势比（SDR_2），即在盖度比、频度比、密度比、高度比和重量比这五项指标中任意取两项求其平均值再乘以 100％，如 $SDR_2＝$（密度比＋频度比）/2×100％。

由于动物具有运动能力，动物群落研究中多以数量或生物量为优势度指标，水生群落中的浮游生物，多以生物量为优势度指标。但一般来说，对于大型动物，以数量为指标易低估其作用，而以生物量为指标易高估其作用；相反，对于小型动物，以数量为指标易高估其作用，而以生物量为指标，易低估其作用。如果能同时以数量和生物量为指标，并计算出变化率和能流，对其估计则比较可靠。

3. 种的多样性及测定

物种多样性具有两种含义：其一是种的数目或丰富度（species richness），它是指一个群落或生境中物种数目的多少；其二是种的均匀度（species evenness 或 equitability），它是指一个群落或生境中全部物种个体数目的分配状况，它反映的是各物种个体数目分配的均匀程度。

（1）丰富度指数（richness index）。物种丰富度指数（D）是对一个群落中所有实际物种数目的量度。其计算式为

$$D = \frac{S}{N}$$

式中，S 为群落的物种数目；N 为群落所有物种个体数之和。

当研究的对象是抽取样本而不是整个群落时，上式可表示为

$$D = (S-1)\lg N$$

物种丰富度指数的缺点是没有考虑物种在群落中分布的均匀性，且常常是少数种占优势的情况。因此，此方法统计出的物种数目不能完全反映群落的物种多样性。同时，多样性指数会随取样面积（或数目）的变化而变化。

（2）香农-威纳指数（Shannon-Wiener index）。香农-威纳指数是用来描述种的个体出现的紊乱和不确定性的。不确定性越高，多样性也就越高。计算式为

$$H = -\sum_{i=1}^{S} P_i \log_2 P_i, \quad P_i = \frac{N_i}{N}$$

式中，H 为物种的多样性指数；S 为物种数目；N_i 为第 i 个种的个体数目；N 为群落中所有种的个体总数。

香农-威纳指数包含两个因素：其一是种类数目；其二是种类中个体分配上的均匀性。种类数目越多，多样性越大；同样，种类之间个体分配的均匀性增加，也会使多样性提高。

（3）辛普森指数（index of Simpson's diversity）。辛普森多样性指数是基于在一个无限大小的群落中，随机抽取两个个体，它们属于同一物种的概率是多少这样的假设而推导出来的。用公式表示为

辛普森多样性指数＝随机取样的两个个体属于不同种的概率

＝1－随机取样的两个个体属于同种的概率

假设种 i 的个体数占群落中总个体的比例为 P_i，那么，随机取种 i 两个个体的联合概率就为 P_i^2，如果我们将群落中全部种的概率合起来，就可得到辛普森指数 D，即

$$D = 1 - \sum_{i=1}^{S} P_i^2$$

式中，S 为物种数目。

由于取样的总体是一个无限总体，P_i 的真值是未知的，所以它的最大必然估计量是

$$P_i = \frac{N_i}{N}$$

即

$$1 - \sum_{i=1}^{S} P_i^2 = 1 - \sum_{i=1}^{S} \left(\frac{N_i}{N}\right)^2$$

于是辛普森指数为

$$D = 1 - \sum_{i=1}^{S} P_i^2 = 1 - \sum_{i=1}^{S} \left(\frac{N_i}{N}\right)^2$$

式中，N_i 为种 i 的个体数；N 为群落中全部物种的个体数。

（4）物种多样性在空间上的变化规律。

①多样性随纬度的变化。物种多样性有随纬度增高而逐渐降低的趋势。此规律无论在陆地、海洋和淡水环境，都有类似趋势，有充分的数据可以证明这一点。但是也有例外，如企鹅和

海豹在极地种类最多,而针叶树和姬蜂在温带物种最丰富。

②多样性随海拔的变化。无论是低纬度的山地还是高纬度的山地,也无论是海洋气候下的山地还是大陆性气候下的山地,物种多样性随海拔升高而逐渐降低。

③在海洋或淡水水体,物种多样性有随深度增加而降低的趋势。这是因为阳光在进入水体后,被大量吸收与散射,水的深度越深,光线越弱,绿色植物无法进行光合作用,因此多样性降低。

第三节 生物群落的结构及影响因素

一、生物群落的结构

(一)生物群落的空间结构

1. 垂直结构

群落的垂直结构,是指群落在空间中的垂直分化或成层现象。大多数群落的层次主要是由植物的生活型所决定的。不同的生活型分别配置在群落的不同高度上,且形成群落的垂直结构。群落中植物的层次性又为不同类型的动物创造了各自的栖息环境,在每一个层次上,都有一些种类的动物特别适应于那里的生活。陆地群落的分层与光的合理利用有关。森林群落的林冠层吸收了大部分光辐射。光照强度渐减,植物群落依次发展为林冠层(canopy)、下木层(under-story tree)、灌木层(shrub)、草本层(herb)和地被层(grand)等层次。

成层性包括地上成层与地下成层,陆生群落的成层结构是不同高度的植物或不同生活型的植物在空间上的垂直排列,水生群落则在水面以下不同深度分层排列。植物群落的地下成层性是指不同植物的根系在土壤中达到的深度。各个层次在群落中的地位和作用各不相同,各层中植物的生态习性也不相同。地下的成层与层次和地上部分是相应的。最大的根系生物量在表层,土层越深,根系越少。根系成层可以充分利用不同土壤中的养分和水分。

水体群落的分层主要取决于光照、水温和溶解氧等。水生动物一般可分为漂浮生物(neuston)、浮游生物(plankton)、游泳生物(nekton)、底栖生物(benthes)、附底生物(epifauna)和底内生物(infauna)等类型。

生物群落中动物的分层现象也很普遍。在植物群落的每个层次中,都栖息着一些可以作为各层特征的动物,以这一层次的植物为食料,或以这一层次作为栖息地。

2. 水平结构

任何群落中的主要环境因子在不同地点上所起的作用往往是不均匀的,如小地形的影响、土壤湿度、盐渍化程度、上层荫蔽等。而在群落内,各种生物本身的生态学特性、竞争能力以及它们生长、发育、繁殖和传播方式也很不同。由于这两方面因素相互作用,在群落内不同地点上很自然地存在着一些植物或动物构成的小组合。例如山地光线较强、阳光充足的地方由一些阳性植物所组成,林下的一棵倒木附近会聚集成千上万只无脊椎动物。在生物群落内形成的这些小组合,即称为"小群落"。这些小群落交互错杂地排列在一起,就形成了群落的水平结构或镶嵌性,水平结构是指群落在空间的水平分化,也即群落的镶嵌现象。

一个群落中的植物种类分布,通常是不均匀的,某些种类聚集在一起,而另一些种类则聚集在一起,各自形成不同的小群落结构,在种类数量和质量关系以及外貌上虽然都有较大的差异,但它们是整个群落的一个部分,它们的形成在很大程度上是依附于其所在的群落。因此,应当把小群落理解为植物群落水平分化的一个最小成分,它包含植物群落的所有层,因而具有一定的完整性,但这种完整性并不排除它同其他小群落在空间上和时间上的经常相互联系。

小群落或镶嵌性产生的原因,主要是环境异质性,如成土母质、土壤质地和结构、小地形和微地形、土壤湿度等的差异以及群落内部环境的不一致性等。而动物的活动和人类的影响,以及植物本身的生态学和生物学特性,尤其是植物的繁殖体与散布特性,以及种间相互作用等,也起着重要作用。总之,群落组成在水平方向上的某种不一致性,也就是它们的镶嵌性,既依赖于自然环境,也依赖于生物群落的组成成分的生命活动。

(二)生物群落的时间结构

群落结构表现出随时间明显变化的特征,这种由自然环境因素的时间节律所引起的群落各物种在时间结构上相应的周期变化称为群落的时间格局(temporal pattern)。大多数环境因素(如光照、温度等)具有明显的时间节律,如昼夜节律、季节节律、年节律。

动物有昼行性动物、夜行性动物;淡水藻类一天中为适应阳光的变化生存在不同的水层。

随着气候季节性交替,群落呈现不同的外貌,即所谓季相。群落的季相变化是十分显著的。在温带草原群落中,一年中有4或5个季相变化。早春,气温回升,植物开始发芽、生长,草原出现春季返青季相;盛夏秋初,水热充沛,植物繁茂生长,百花盛开,色彩丰富,出现夏季季相;秋末,植物开始干枯休眠,呈秋季季相;冬季季相则是一片枯黄。草原群落中动物的季节性变化也十分明显。例如,在冬季,大多数典型的草原鸟类和高鼻羚羊等有蹄类动物向南方迁徙,到雪被较少、食物较充足的地区去越冬;旱獭、黄鼠、大跳鼠、仓鼠等典型的草原啮齿类动物则进入就地冬眠。有些种类在炎热的夏季进入夏眠。动物贮藏食物的现象也很普遍。例如,生活在蒙古草原上的达乌尔鼠兔,冬季在洞口附近积藏着成堆的干草。所有这一切,都是草原动物季节性活动的显著特征,也是它们对于环境的良好适应而生存下来。

季相具有周期性。四季分明的温带地区植物群落季相变化明显;落叶阔叶林也是季相变化非常明显的另一种温带植被类型,其季相的更替与优势种的展叶与落叶密切相关。这种时间成层性在温带阔叶林中最为人们所熟知,同时在草原、荒漠等植物群落中普遍存在。

但是热带、亚热带地区季节变化不如温带地区明显,植物群落的季相变化更替不显著。如常绿阔叶林,树冠终年常绿,只是在乔木的花期果期,才在外貌上略添景色;雨林的季节特点与常绿阔叶林相似。

二、影响生物群落结构的因素

(一)生物因素

群落结构总体上是对环境条件的生态适应,但在其形成过程中,生物因素起着重要作用,其中作用最大的是竞争与捕食。

(1)竞争。竞争引起种间生态位的分化,使群落中物种多样性增加。

(2)捕食。如果捕食者喜食的是群落中的优势种,则捕食可以提高多样性;如捕食者喜食的是竞争上占劣势的种类,则捕食会降低多样性。

(二)干扰

干扰(disturbance)是自然界的普遍现象。干扰不同于灾难(catastrophe),不会产生巨大的破坏作用,但它反复地出现,使物种没有充足的时间进化。在陆地生物群落中,干扰往往会使群落形成缺口(gap),缺口对于群落物种多样性的维持和持续发展,起着很重要的作用。不同程度的干扰,对群落的物种多样性的影响是不同的。美国生态学家康奈尔(J. H. Connell)等提出中度干扰假说(intermediate disturbance hypothesis),认为群落在中等程度的干扰频率下能维持较高多样性。其理由是:在一次干扰后少数先锋种入侵断层,如果干扰频繁,则先锋种不能发展到演替中期,使多样性较低;如果干扰间隔时间很长,使演替能够发展到顶极期,则多样性也不很高;只有在中等程度的干扰下,才能使群落多样性维持在最高水平,它允许更多物种入侵和定居。

干扰理论对应用领域有重要作用。因为中度干扰能增加多样性,在生物多样性保护中就不要简单地排除干扰。实际上,干扰可能是产生物种多样性的因素之一。

三、空间异质性

群落的环境不是均匀一致的,空间异质性(spacial heterogeneity)指生态学过程和格局在空间分布上的不均匀性及其复杂性。空间异质性程度越高,意味着有更加多样的小生境,能允许更多的物种共存。

(1)非生物环境的空间异质性。Harman研究了淡水软体动物与空间异质性的相关性,他以水体底质的类型数作为空间异质性的指标,得到了正的相关关系:底质类型越多,淡水软体动物种数越多。植物群落研究中大量资料说明,在土壤和地形变化频繁的地段,群落含有更多的植物种,而平坦同质土壤的群落多样性低。

(2)生物空间异质性。MacArthur等曾研究鸟类多样性与植物物种多样性和取食高度多样性之间的关系。取食高度多样性是对植物垂直分布中分层和均匀性的测度。层次多、各层次具更茂密的枝叶表示取食高度多样性高。结果发现,鸟类多样性与植物种数的相关,不如与取食高度多样性相关紧密。因此,根据森林层次和各层枝叶茂盛度来预测鸟类多样性是有可能的,对于鸟类生活,植被的分层结构比物种组成更为重要。

在草地和灌丛群落中,垂直结构对鸟类多样性就不如森林群落重要,而水平结构,即镶嵌性或斑块性(patchiness)就可能起决定作用。

四、岛屿与群落结构

岛屿是相对独立的一个区域,与其周围环境相对隔离。生物学家常把岛屿作为研究进化论和生态学问题的天然实验室或微宇宙。

(1)岛屿的种数-面积关系。岛屿中的物种数目与岛屿的面积有密切关系。许多研究证实,岛屿面积越大,物种数越多。这种关系可用种数-面积方程(species-area curve)来描述:

$$S=cA^z$$

或取对数

$$\lg S=\lg c+z\lg A$$

式中,S 为物种数;A 为面积;z、c 两个为常数,z 表示回归方程中的斜率,理论值为 0.263,通常为 0.18～0.35,c 为表示单位面积物种数的常数(图 4-1)。

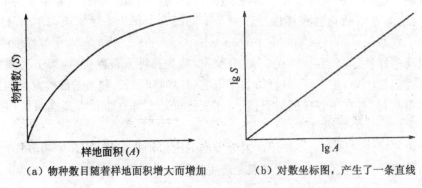

(a) 物种数目随着样地面积增大而增加　　　(b) 对数坐标图,产生了一条直线

图 4-1　岛屿的种数-面积关系

岛屿面积越大种数越多,称为岛屿效应。通常认为这是由于面积越大,生境多样性越高,可以有更多的物种生活(图 4-2)。

(2)MacArthur 的平衡说。岛屿上的物种数取决于物种迁入和灭亡的平衡,并且这是一种动态平衡,不断地有物种灭亡,也不断地由同种或别种的迁入来替代补偿灭亡的物种。

(3)岛屿生态与自然保护区。自然保护区可以看作是受周围生境的"海洋"所包围的岛屿,因此岛屿生态理论对自然保护区的设计具有指导意义。

一般说来,保护区面积越大,越能支持和"供养"更多的物种数;面积小,支持的种数也少。但有两点要补充说明:建立保护区意味着出现了边缘生境(如森林开发为农田后建立的森林保护区),适应于边缘生境的种类受到额外的支持;对于某些种类而言,在小保护区可能比生活在大保护区更好。

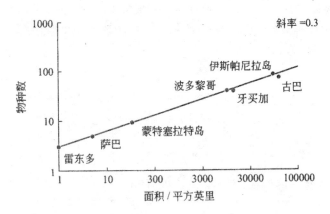

图 4-2　西印度海洋群岛上两栖类和爬行类动物的数量
表明随着岛屿面积增大物种数目增大

在同样保护面积时，一个大保护区好还是若干小保护区好，这取决于：若每一小保护区支持的都是相同的区系，那么大保护区能支持更多种；从传播流行病而言，隔离的小保护区有更好地防止传播流行作用；如果在一相当异质的区域中建立保护区，多个小保护区能提高空间异质性，有利于保护物种多样性；在保护密度低、增长率慢的大型动物时，为了保护其遗传特性，较大的保护区是必需的，保护区过小，种群数量过低，可能由于近亲交配使遗传特征退化，也易于因遗传漂变而丢失优良特征。

在各个小保护区之间的"通道"或走廊，对于保护是很有作用的，因为：能减少被保护物种灭亡的风险；细长的保护区有利于物种的迁入。但在设计和建立保护区时，最重要的是深入了解和掌握被保护对象的生态学特征。

第四节　群落的形成、发育和演替

一、群落的形成

(一)群落形成的基本条件

群落的形成必须具备两个条件：一是空间；二是物种库。

(1)空间。空间是形成群落的场所。为了研究方便，将空间命名为裸地，即没有植物生长的场所。裸地分为原生裸地(primary bare area)和次生裸地(secondary bare area)。原生裸地是指没有植被覆盖并且也没有植物繁殖体存在的裸地，如火山喷发的岩浆地带、核爆中心区地带；次生裸地是指没有植被覆盖，但在基质中保留着植物繁殖体的裸地，如森林火灾迹地、地表水体等。

(2)物种库。物种库是形成群落的物种源。形成群落的物种并非在裸地起源、进化，而是从裸地之外进入裸地形成种群。生物界是总物种库，生物区系是各大地理气候带内的分物种库。

(二)群落的形成过程

群落的形成是在裸地上形成物种种群集合的过程。当裸地确定之后，物种的运动与变化是决定性因素。物种的运动和变化包括传播、定居和竞争三个阶段。

1. 传播

传播指物种进入裸地的过程，也称扩散。传播可分为主动扩散和被动扩散，前者指主动进入裸地，后者指被动进入裸地。自然的生物扩散强度随扩散距离增大而下降，并受海洋、河流、山脉等屏障的影响。

(1)植物。传播主要以种子的被动扩散为主。植物的植株和各种具有繁殖能力的器官都可被动扩散。其中，种子的被动扩散最重要，而被动扩散的动力有风力、水力、动物携带等。小而轻并有翅或毛等附属物的种子借风力传播，例如，具有冠毛的蒲公英果实，外面有绒毛的柳树种子，有翅的榆树种子。含气、疏松、比重小等能漂浮在水面的水生植物、沼泽植物甚至陆生植物的种子，多借助于水力传播，例如，莲蓬里的莲子，椰树上的椰子。外表有刺状或钩状附属物的植物的种子或果实，可黏附于动物的皮毛上被传播，例如，鬼针草种子。具有坚硬的果皮或种皮的种子可被鸟兽等吞食后传播，例如，杨梅的种子。人类的生产生活活动也有意无意地把植物繁殖体携带到远方，加速植物的扩散。

有些植物依靠自身发育的特殊结构将种子弹出，可视为主动扩散，例如，凤仙花果实成熟时果皮内卷，从顶端将种子喷射出去；具有根状茎的植物依靠根茎生长向外蔓延，也可视为主动扩散，如竹子、莲藕等。

(2)动物。主要以主动扩散的形式传播。动物的每个个体都具有或大或小的可动性，在寻求新的生存空间和食物资源的过程中，完成主动扩散。

2. 定居

定居指传播体在裸地完成萌发、生长发育、繁殖活动的过程，并以物种正常繁衍后代为标志。即，物种传播体到达裸地后，必须繁殖了有生活力的后代，才算定居成功。植物定居与否，取决于裸地能否提供物种生长发育各个阶段所要求的气候、土壤条件；动物定居与否，取决于裸地能否提供气候、食物条件，还取决于同时扩散到裸地的同种的个体数及两性个体比例，后者是动物配种繁衍后代建立新种群的重要基础。

扩散能力强、生态幅广、生长快、繁殖体多的物种通常最先定居成功，这些最先定居成功的物种，常被称为先锋物种。如，低等植物地衣、苔藓和高等植物的草本植物都具备这些特点，常常是群落形成的先锋植物。对原生裸地而言，先锋物种完全是裸地外输入的；对次生裸地而言，先锋物种可能包括基质中保留有繁殖体的物种。先锋植物定居后对裸地的改造，为吸引其他物种扩散、促使其他物种定居创造了条件。

从定居的角度看，季节性迁徙的物种可认定为繁殖地群落的成员和迁徙经过地群落的临时成员。如大马哈鱼，是繁殖地淡水生物群落的成员，是海洋生物群落的临时成员。

3. 竞争

随着定居成功的先锋植物以及后续种类及个体数量的增加,种群之间、个体之间,便开始了对空间、光、水、营养等的竞争(competition)。竞争的结果是,生态幅广、繁殖能力强、生存能力强的物种种群得以保留,而生态幅窄、繁殖能力弱、生存能力弱的物种则逐渐消失。保留下来的各物种种群占据各自独特的空间和资源,并通过相互制约,形成较稳定的群落。

二、群落的发育

群落发育是指群落从诞生到消亡的过程。可分为初期、盛期和末期三个阶段。通常,三个阶段并无明显界线。

1. 发育初期

发育初期指群落特征形成的时期。发育初期的总特征是动荡,主要表现为:不断有物种进入裸地,同时有已定居的物种消亡,群落组成物种随时变化;各物种种群大小涨消波动大;各物种种群分布型变化不定;各种群的空间关系不清晰。即群落的所有特征均不明确、不稳定。

2. 发育盛期

发育盛期指群落特征稳定的时期,又称成熟期。发育盛期的主基调是稳定,主要表现为:物种组成已基本稳定;每种生物的种群大小、分布型基本稳定;各种群的空间关系基本稳定。即群落具有了自身可供识别的所有特点。

3. 发育末期

发育末期指群落特征消退的时期。发育末期的总特征是动荡,主要表现为:群落环境朝不利于组成物种种群的方向发展,组成群落的物种种群衰退甚至消亡,而适应于变化了的群落环境的物种进入并定居发展,这种过程使群落物种组成再度不稳,群落结构、外貌、动态方面的特点不断减弱,即群落再次进入所有特征均不明确、不稳定的状态。可见,一个群落的发育末期孕育着下一个群落的发育初期。

三、群落的演替

(一)演替的概念

群落演替(community succession)指有次序的、按部就班的由一个群落代替另一个群落的过程。群落演替是一系列的群落形成、发育的连续过程。显而易见,除了最先的那个群落是在裸地上形成的外,后续群落都是在前一个群落的群落环境中形成和发育的,那个最先在裸地上形成的群落称为先锋群落。

群落演替是非常普遍的现象。例如,我国北方云杉林群落在云杉砍伐后成为砍伐迹地;因太阳光直射,温度、湿度昼夜变幅大等原因,存留的云杉幼苗以及原有的林下阴生或耐阴植物均难以生长,而喜光的草本植物很快占据优势,形成杂草群落;随后,阳生的,能忍受较大温度、湿度变幅的桦树、山杨进入,形成阳生的桦树、山杨群落;随着阳生植物生长成林,形成林下郁闭环境,原先喜光的草本植物逐渐消失,而云杉等耐阴幼苗却在此郁闭环境下生长良好,从而形成桦树、山杨、云杉混交群落;随着云杉树高超过阳生树木并逐渐形成林冠,由于得不到充足的阳光导致成树衰退和没有幼苗更新补充,阳生树木逐渐消失,混交群落最终被云杉群落所取代。

(二)演替与波动的区别

演替是一个群落代替另一个群落的过程,是不断发生新物种替代旧物种的长期的定向的过程;而波动是群落内不发生物种替代仅表现为物种种群大小变化的短期的可逆过程。波动可以由环境条件的变化(湿润年与干旱年的变化)、生物本身的活动周期(病虫害爆发、生物产量的大小年)和人为干扰(草场轮牧)等造成。当物种种群大小变化很大,又不知道能否恢复到原貌时,确认群落是波动还是演替比较困难。例如,在干旱年份,看麦娘草甸的优势种会由看麦娘变成匍枝毛茛,而干旱年份过后,又恢复到看麦娘占优势的状态,这便是看麦娘草甸的波动。当物种种群大小变化很小时,群落结构和外貌可基本保持不变。

(三)演替模式

演替模式指自然演替过程经历的群落类型阶段。通常,把群落演替分为两种基本模式。

1. 旱生演替模式

一般情况下,开始于强光、变温强烈、干旱缺水、岩石或砂石基质的裸地上的完整演替包括以下几个阶段:

(1)地衣植物群落阶段。在这样的裸地上,最先定居成功的是适应能力非常强的壳状地衣,它在短暂的有利时间中生长,而在不利的条件下休眠,其紧贴岩石或砂石表面,分泌有机酸腐蚀岩石砂石,其残体与腐蚀、风化的岩石和砂石形成具有有机成分的小颗粒,其后,叶状地衣和枝状地衣定居,在叶状地衣和枝状地衣的作用下,地衣残体与腐蚀、风化的岩石和砂石形成的具有有机成分的小颗粒逐渐增多,形成瘠薄的原始"土壤"。

(2)苔藓植物群落阶段。在地衣群落后期,苔藓植物进入并实现定居。与地衣一样,苔藓植物能够忍受干旱环境,在有利条件下生长,在不利条件下休眠,但苔藓植物能够集聚更多的水分并生产积累更多的有机质。随着多种而大量的苔藓植物的生长,群落环境得到进一步改善。

(3)草本植物群落阶段。在苔藓植物发展的后期,矮小耐旱的一年生或两年生草本植物进入并定居,这些种子植物对环境的改造更加强烈,使群落环境逐步向满足多年生草本植物生长的方向发展,促成了多年生草本植物进入定居。与此同时,进入并定居的动物种类和数量也逐渐增加。

(4)灌木群落阶段。在草本群落发展到一定程度时,一些喜光的阳生木本植物开始进入并定居,形成"草本灌木群落",随着灌木种类和数量增加,群落演替为灌木群落。此间,以草本植物为食的昆虫逐渐减少,而吃浆果的鸟类增加,中小型哺乳动物开始侵入并定居。

(5)乔木群落阶段。在灌木群落发展过程中,喜光的阳生乔木开始出现,随着阳生乔木种类增加和种群扩大,群落演替为乔木群落。随着时间的推移,群落环境分化,最终形成包括微生物、植物、动物的稳定的森林。

一般来说,旱生演替模式中地衣和苔藓植物群落阶段所需时间最长,草本植物群落到灌木群落阶段所需时间较短,而到了乔木群落阶段,其演替的速度又开始放慢。

2. 水生演替模式

水生演替开始于水体环境中,通常分为以下几个阶段:

(1)自由漂浮植物群落阶段。一般情况下,在深于水面以下7m的水层中,水生植物难以生长,水生群落演替往往在水面至水面以下7m的水层中发生。水生群落演替的先锋群落是浮游植物群落,随后是浮游植物浮游动物群落,当漂浮于水面的植物定居后,演替为自由漂浮植物群落。随着细菌、藻类、原生动物、漂浮植物等的残体沉入水底和地表径流冲刷带来的矿物质沉积,水底逐渐升高,为沉水植物创造了生存条件。

(2)沉水植物群落阶段。随着水深变浅,沉水植物定居水底,在经历漫长而复杂的物种增加、更新,种群发展时期后,水生群落演化为以沉水植物为主体的沉水植物群落。沉水植物生产量大、物质积累快,加快了水底的抬升。

(3)浮叶植物群落阶段。随着水底日益抬升,浮叶根生植物(如莲、睡莲等)定居,由于这些植物的根扎在底泥中,而叶子浮于水面,抑制了沉水植物的生长,从而使水生群落演替为浮叶植物群落。浮叶植物比沉水植物和自由漂浮植物有更大的生产力和物质积累能力,使水底抬升过程更快。

(4)挺水植物群落阶段。当水深1m左右时,挺水植物进入定居,随着挺水植物种类的增加、种群的扩大,水生群落阶段很快进入挺水植物群落阶段。挺水植物的生产力和物质积累量远大于浮叶植物等,加上它们的繁茂茎根或支柱根的阻滞、积聚作用,使水体向陆地演化的速度进一步加快。

(5)湿生草本植物群落阶段。挺水植物群落的发展,使水底露出水面成为必然,于是,湿生、喜光的沼泽植物(如莎草科和禾本科中的一些湿生性种类)开始定居,群落演替为湿生草本植物群落。

(6)木本植物群落阶段。演替到湿生草本植物群落后,水生群落的演替进入旱生演替的轨迹已不可避免。尤其当原水体地处干旱地带时,湿生草类很快被旱生草类取代,群落将迅速演替到中生森林。若该地区适合于森林的发展。则该群落将会继续向森林方向进行演替。

以上为水生原生裸地演替的完整时间过程。就一个一定规模的水体而言,在一个时间点上,上述各群落阶段可同时出现在从水体中央到水体边缘的不同水域,即在距水体最深处的不同距离上,分布着不同阶段的群落环带。

(四)影响群落演替的主要因素

生物群落演替是群落内部关系(包括种内、种间关系)与各种生态因子综合作用的结果。

因此,生物和环境的各种特征都会影响群落演替。归纳起来,影响群落演替的因素主要有如下几种:

(1)植物的传播性和动物的活动性。植物的传播性和动物的活动性是群落演替的最基本的生物学条件,其影响在于,如果植物的传播性和动物的活动性差,群落的演替时间将更为漫长,各个演替阶段的物种丰富度将下降。

(2)种内和种间关系。生物群落内存在丰富的、不断调整变化的种内和种间关系,种内关系通常有利于种群扩大和强大,而种间关系则不然。通常,物种间的竞争是群落构成的重要决定因素,只有竞争能力强的种群才能得以充分发展并保留,而竞争能力弱的种群则逐步缩小自己的地盘,甚至被排挤到群落之外,这种过程,在群落达到发育盛期前,会反复出现。对动物而言,竞争就是直接的战争,而对植物而言,很多情况下,竞争的机制是他感作用,即植物通过向体外分泌化学物质对自身或其他植物产生影响。如,有学者在研究美国俄克拉荷马州的草原恢复演替时发现,向日葵群落很快被阿里斯迪达凤毛菊群落所替代,其原因就是,向日葵的根系分泌物对自身的幼苗具有较强的抑制作用,而对阿里斯迪达凤毛菊的幼苗不产生任何影响。

(3)群落环境。群落环境是由群落自身的生命活动创造并不断变化的。其影响在于,其在促进一些物种的定居、种群的发展时,也会造成另一些种群的衰退、甚至物种的消亡。如,杉木林采伐后,迹地首先出现的是喜光的草本植物,其后,喜光的阔叶树种定居下来,并在草本层以上形成郁闭树冠。此时林下光照不足,喜光草本植物被耐阴的草本植物所取代,当杉木超出阔叶树种并形成郁闭树冠时,喜光阔叶树种也逐渐消失。

(4)外界环境。群落外部环境条件(如气候、地貌、土壤和火等)是生物群落演替的重要动力,相比群落环境而言,外界环境变化对群落演替的影响更为剧烈、明显。

(5)人类活动。人类生产、生活对群落演替具有巨大的影响。如,放火烧山、砍伐森林、过度放牧和开垦土地等活动均会中断原有的自然演替,从而引发大量的次生演替;而污水造成的水体富营养化加强,以及日益严重的水土流失,则会使湿地、沼泽陆地化加速,从而大大加快水体衰退的进程。

第五节　群落的分类与排序

对生物群落的认识及其分类方法,存在两条途径。早期的植物生态学家认为群落是自然单位,它们和有机体一样具有明确的边界,而与其他群落是间断的、可分的,因此,可以像物种那样进行分类。这一途径被称为群丛单位理论(association unit theory)。

另外一种观点认为群落是连续的,没有明确的边界,它是不同种群的组合,而种群是独立的。大多数群落之间是模糊不清和过渡的,不连续的间断情况仅仅发生在不连续生境上,如地形、母质、土壤条件的突然改变,或人为的砍伐、火烧等的干扰。在通常的情况下,生境与群落都是连续的。认为应采取生境梯度分析的方法,即排序(ordination)来研究连续群落变化,而不采取分类的方法。

实践证明,生物群落的存在既有连续性的一面,又有间断性的一面。虽然排序适于揭示群落的连续性,分类适于揭示群落的间断性,但是如果排序的结果构成若干点集的话,也可达到分类的目的,同时如果分类允许重叠的话,也可以反映群落的连续性。因此两种方法都同样能反映群落的连续性或间断性,只不过是各自有所侧重,如果能将二者结合使用,也许效果更好。

一、群落分类

生物群落分类是生态学研究领域中争论最多的问题之一。由于不同国家或不同地区的研究对象、研究方法和对群落实体的看法不同,其分类原则和分类系统有很大差别,甚至成为不同学派的重要特色。

(一)植物群落分类的单位

到目前为止,世界上没有一个完整的植物群落分类系统,各学派都拥有自己的系统,它们在分类原则上不同,因此导致在植物群落分类单位的理解和侧重点上有所差异。这里主要介绍我国的植物群落分类单位以及分类系统。

我国生态学家在《中国植被》(1980)一书中,参照国外一些植物学派的分类原则和方法,采用了"群落生态"原则,即以群落本身的综合特征作为分类依据,群落的种类组成、外貌和结构、地理分布、动态演替、生态环境等特征在不同的分类等级中均作了相应的反映。所采用的主要分类单位分 3 级:植被型(高级单位)、群系(中级单位)和群丛(基本单位)。每一等级之上和之下又各设一个辅助单位和补充单位。高级单位的分类依据侧重于外貌、结构和生态地理特征,中级和中级以下的单位则侧重于种类组成。

其系统如下。

植被型组,如草地;

　植被型,如温带草原;

　　植被亚型,如典型草原;

　　　群系组,如根茎禾草草原;

　　　　群系,如羊草草原;

　　　　　亚群系,如羊草＋丛生禾草草原;

　　　　　　群丛组,如羊草＋大针茅草原;

　　　　　　　群丛,如羊草＋大针茅＋柴胡草原;

　　　　　　　　亚群丛。

(1)植被型(vegetation type)。凡建群种生活型(一级或二级)相同或相似,同时对水热条件的生态关系一致的植物群落联合为植被型。如寒温性针叶林、夏绿阔叶林、温带草原、热带荒漠等。

(2)植被型组(vegetation type group)。建群种生活型相近而且群落外貌相似的植被型联合为植被型组。如针叶林、阔叶林、草地、荒漠等。

(3)植被亚型(vegetation subtype)。在植被型内根据优势层片或指示层片的差异可划分植被亚型。例如,温带草原可分为 3 个亚型:草甸草原(半湿润)、典型草原(半干旱)和荒漠草原(干旱)。

（4）群系（formation）。凡是建群种或共建种相同的植物群落联合为群系。例如，凡是以大针茅为建群种的任何群落都可归为大针茅群系。

（5）群系组（formation group）。将建群种亲缘关系近似（同属或相近属）、生活型（三级和四级）近似或生境相近的群系可联合为群系组。例如落叶栎林、丛生禾草草原、根茎禾草草原等。

（6）亚群系（subformation）。在生态幅度比较宽的群系内，根据次优势层片及其反映的生境条件的差异而划分亚群系。

（7）群丛（association）。是植物群落分类的基本单位，犹如植物分类中的种。凡是层片结构相同，各层片的优势种或共优种相同的植物群落联合为群丛。

（8）群丛组（association gruop）。凡是层片结构相似，而且优势层片与次优势层片的优势种或共优种相同的植物群丛联合为群丛组。

（9）亚群丛（subassociation）。用来反映群丛内部发育上的分化和生态条件的差异。

根据上述系统，中国植被分为 11 个植被型组、29 个植被型、550 多个群系，至少几千个群丛。

（二）植物群落的命名

植物群落的命名，就是给表征每个群落分类单位的群落定以名称，精确的名称是非常重要和有意义的。

群丛的命名方法凡是已确定的群丛应正式命名。我国习惯于采用联名法，即将各个层中的建群种或优势种和生态指示种的学名按顺序排列。在前面冠以 Ass.（association 的缩写），不同层之间的优势种以"-"相联，例如 Ass. *Larix gmelini-Rhododendron dahurica-Pyrola incarnata* 即表示兴安落叶松-杜鹃-红花鹿蹄草群丛。从名称可知，该群丛乔木层、灌木层和草本层的优势种分别是兴安落叶松、杜鹃和红花鹿蹄草。

有时某一层具共优种，这时用"＋"相连。例如 Ass. *Larix gmelini-Rhododendron dahurica-Pyrola incarnata*＋*Carex* sp. 。

当最上层的植物不是群落的建群种，而是伴生种或景观植物，这时用"＜"来表示层间关系〔或用"‖"或"（）"〕。例如 Ass. *Caragana microphylla*＜（或‖）*Stipa grandis-Cleistogenes squarrosa* 或 Ass.（*Caragana microphylla*）-*Stipa grandis-Cleistogenes squarrasa*。

在对草本植物群落命名时，习惯上用"＋"来连接各亚层的优势种，而不用"-"。例如 Ass. *Caragana microphylla*＜*Stipa grandis*＋*Cleistogenes squarrasa*＋*Artemisia frigida*。

二、群落排序

所谓排序，就是把一个地区内所调查的群落样地，按照相似度（similarity）来排定各样地的位序，从而分析各样地之间以及与生境之间的相互关系。排序方法可分为两类。

一类是群落排序，用植物群落本身属性（如种的出现与否、种的频度、盖度等），排定群落样地的位序，称为间接排序（indirect ordination），又称间接梯度分析（indirect gradiant analysis）或者组成分析（compositional analysis）。

另一类排序是利用环境因素的排序，称为直接排序（direct ordination），又称为直接梯度分析（direct gradiant analysis）或者梯度分析（gradiant analysis），即以群落生境或其中某一生态因子的变化，排定样地生境的位序。

排序基本上是一个几何问题，即把实体作为点在以属性为坐标轴的 P 维空间中（P 个属性），按其相似关系把它们排列出来。简单地说，要按属性去排序实体，这叫正分析（normal analysis）或 Q 分析（Q analysis）。排序也可有逆分析（inverse analysis）或叫 R 分析（R analysis），即按实体去排序属性。

为了简化数据，排序时首先要降低空间的维数，即减少坐标轴的数目。如果可以用一个轴（即一维）的坐标来描述实体，则实体点就排在一条直线上；用两个轴（二维）的坐标描述实体，点就排在平面上，都是很直观的。如果用三个轴（三维）的坐标，也可勉强表现在平面的图形上，一旦超过三维就无法表示成直观的图形。因此，排序总是力图用二、三维的图形去表示实体，以便于直观地了解实体点的排列。

通过排序可以显示出实体在属性空间中位置的相对关系和变化的趋势。如果它们构成分离的若干点集，也可达到分类的目的；结合其他生态学知识，还可以用来研究演替过程，找出演替的客观数量指标。如果我们既用物种组成的数据，又用环境因素的数据去排序同一实体集合，从两者的变化趋势容易揭示出植物种与环境因素的关系。特别是，可以同时用这两类不同性质的属性（种类组成及环境）一起去排序实体，更能找出两者的关系。

第五章 生态系统生态学

第一节 生态系统的概念与研究方法

一、生态系统的概念

所谓系统就是由相互作用和相互依赖的若干组成部分结合而成的具有特定功能的有机整体,而生态系统作为系统的一种特殊形态,也是具有一定相互关系的各个部分的集合体。

生态系统(ecosystem)是指在一定空间中共同栖居着的所有生物(即生物群落)与其环境之间由于不断地进行物质循环和能量流动过程而形成的统一、具有自我调节功能的自燃整体。生态系统是自然界的一种客观存在的实体,是生命系统和无机环境系统在特定空间的组合。其定义可以描述为:生态系统是包括特定地段内的所有有机体与其周围环境相结合所组成的具有特定结构和功能的综合性整体。

生态系统空间边界模糊,通常可根据研究的目的和对象而定。小的如一滴水、一块草地、一个池塘都可以作为一个生态系统。小的生态系统联合成大的生态系统,简单的生态系统组合成复杂的生态系统,而最大、最复杂的生态系统是生物圈(biosphere)。生物圈也可看作全球生态系统,它包含地球上的一切生物及其生存条件。生态系统可以是一个很具体的概念,如一个具体的池塘或林地是一个生态系统,同时生态系统也可以是在空间范围上一个很抽象的概念,所以很难给它划定一个物理边界。

图 5-1 和图 5-2 分别是简化了的陆地和池塘生态系统。

二、生态系统的研究方法

科学家们对生态系统的研究主要包括野外考察、定位观测、调查取样、科学实验和系统分析这几个方面。

(一)野外考察

野外考察是考察特定种群或群落与自然地理环境的空间分布关系。首先有一个划定生态边境的问题,然后在确定的种群或群落生存活动空间范围内,进行种群行为或群落结构与生境各种条件相互作用的观察记录。考察动物种群活动往往要用遥感或卫星标记追踪技术。收集和记录生物与环境因子的数据，是野外考察和调查的重要内容。

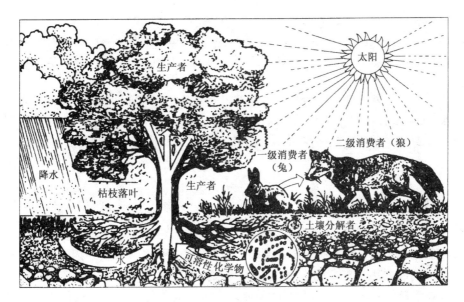

图 5-1 简化的陆地生态系统

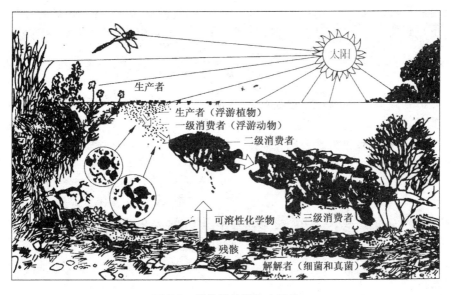

图 5-2 简化的池塘生态系统

在生态系统研究中，收集生物与环境因子的数据是生态系统最基本的研究手段之一。例如，温度、湿度对林木生长的影响，水分对草地分布的影响，鸟类分布与食物关系等问题的解决，都需要利用调查取样的方法收集相关数据，来进行研究分析。

(二)定位观测

定位观测是考察某个个体或某种群落结构功能与其生境关系的时态变化。定位观测先要设立一块可供长期观测的固定样地,样地必须能反映所研究的种群或群落及其生境的整体特征。建立定位观测点是研究生态系统动态和演替的重要方面。遥感和卫星定位系统都是定位观测的重要手段。

原地实验是在自然条件下采取某些措施获得有关某个因素的变化对种群或群落及其他诸因素的影响,如牧场进行围栏实验,水域的围隔实验,补食、施肥、灌溉、遮光等实验。原地或田间对比实验是野外考察和定位观测的一个重要补充,不仅有助于阐明某些因素的作用机制,还可作为设计生态系统受控实验或生态模拟的参考或依据。

(三)模拟实验法

模拟实验包括了受控实验及室内实验等一系列应用于生态系统研究的实验方法。

受控实验是在模拟自然生态系统的受控实验系统中研究单项或多项因子相互作用及其对种群或群落影响的方法,如在人工气候室或人工水族箱中建立自然生态系统的模拟系统——"微宇宙"模拟系统。

生态系统的许多研究需要在室内实验条件下进行,如研究生态系统中某一生态因子对生物代谢过程的影响,有毒物在食物链富集的影响因子、生物防治等,这些研究都可在室内进行一系列的生化实验。

(四)系统分析

系统分析来源于工程系统学,它把数学、控制论及电子计算机的原理引入生态学中,成为一个新的学科——系统生态学。即在任何特定时间,一个生态系统的状态能够被定量地表示,同时,系统中的变化可以用数学表达式描述。系统分析的目的是建立模型,模型能够帮助我们对系统进行预测、控制和最优设计。

第二节　生态系统的组成、结构和特征

一、生态系统的组成成分

如图 5-3 所示,一个生态系统一般都包括生物环境和非生物环境,二者缺一不可,若没有生物环境,生物就没有生存的场所和空间,就得不到物质和能量,难以生存,只有环境而没有生物成分则不能称为生态系统。

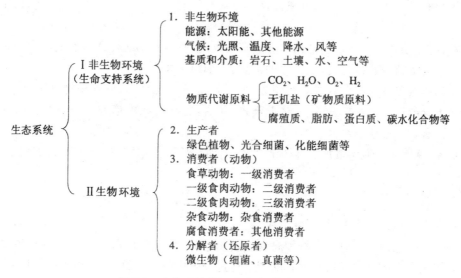

图 5-3　生态系统的组成成分(蔡晓明,2000)

生态系统的组成成分是指系统内所包括的若干类相互联系的各种要素。从理论上讲,地球上的一切物质都可能是生态系统的组成成分。地球上生态系统的类型很多,它们各自的生物种类和环境要素也存在着许多差异。但是,生态系统的组成成分,不论是陆地还是水域,或大或小,都可以概括为生物环境和非生物环境两大部分(也称之为生命系统和环境系统),或者分为非生物环境、生产者、消费者和分解者四个基本成分。

(一)非生物环境

非生物环境指生态系统中生物赖以生存的物质和能量的源泉及活动的场所,包括太阳辐射能、温度、水分、空气等气候因子及其他物理因素;C、N、CO_2、O_2、H_2O 及矿质盐类等无机物质;蛋白质、碳水化合物、脂类及腐殖质等有机质。

(二)生产者

生产者是指用简单的无机物制造有机物的自养生物,主要指绿色植物,包括单细胞的藻类,也包括一些光合细菌类微生物。

生产者在生态系统中的作用是进行初级生产,合成有机物,并固定能量,不仅供自身生长发育的需要,也是消费者和还原者唯一的食物和能量来源。

(三)消费者

消费者是生态系统中的异养生物,它们是不能用无机物质制造有机物质的生物,只是直接或间接地依赖于生产者所制造的有机物质,从其中得到能量。

其中动物可根据食性不同,区分为草食动物、肉食动物和杂食动物。草食动物是绿色植物的消费者,能利用植物体中有机物质的能量转换成自身的能量。肉食动物则取食其他动物,利用动物体中有机物质所含能量转换成肉食动物自身的能量。杂食动物以植物和动物作为食物来源均可,并从中获取能量。

根据食性,动物寄生在植物体内可看成草食动物,寄生在动物体内可看成肉食动物。腐食动物以腐烂的动植物残体为食,是特殊的消费者,如蛆和秃鹰等。

将生物按营养阶层或营养级进行划分,生产者是第一营养级,草食动物是第二营养级,以草食动物为食的动物是第三营养级,依此类推,还有第四营养级、第五营养级等。而一些杂食性动物则占有好几个营养级。

消费者对初级生产物起着加工、再生产的作用,而且对其他生物的生存、繁衍起着积极作用。[1]

(四)分解者

分解者也被称为还原者,属于异养生物,主要指以动物残体为生的异养微生物,包括真菌、细菌、放线菌,也包括一些原生动物和腐食性动物,如甲虫、蠕虫、白蚂蚁和一些软体动物。分解者能使构成有机成分的元素和储备的能量通过分解作用而释放,归还到周围环境中去,在物质循环、废物消除和土壤肥力形成中发挥巨大的作用。

分解过程较为复杂且各个阶段由不同的生物去完成。整个生物圈就是依靠这些体型微小、数量惊人的分解者和转化者消除生物残体。从图 5-4 可知生态系统基本组分之间的相互关系的复杂性。

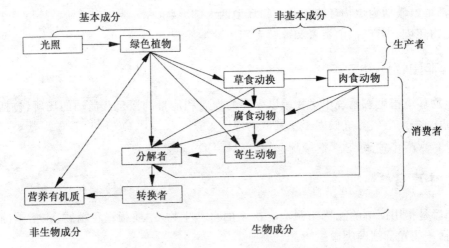

图 5-4　生态系统基本组分之间的相互作用关系(曲仲湘等,1983)

二、生态系统的结构

生态系统除了有生态系统的组分,还需要一个系统将这些组分通过一定的方式进行组合来实现一定的功能。这里生态系统中不同组分和要素的配置或组织方式即系统的结构。

① 盛连喜.环境生态学导论(第2版).北京:高等教育出版社,2009.

（一）生态系统的物种结构

所谓物种结构是指生态系统中的生物组成及作用状况。不同物种对系统的结构和功能的稳定有着不同的影响。生物群落中除有优势种、建群种、伴生种及偶见种外，还有关键种和冗余种。

物种作用较为公认的两种假说有铆钉假说和冗余假说。

前者将生态系统中的每个物种比作一架精制飞机上的每颗铆钉。任何一个物种丢失，同样会使生态过程发生改变。该假说认为生态系统中每个物种同等重要，任何一个物种的丢失或灭绝都会导致系统的变故。

后者认为一个生态系统中各物种的作用是不同的：一些物种起主导作用的，类似汽车的"司机"，而另一些则是被称为"乘客"的物种。若丢失"司机"种，将引起生态系统的灾变或停摆；而若丢失"乘客"种，对生态系统造成的影响就可能很小。从某种意义上来说冗余好像是对生态系统功能可能丧失的一种保险。

（二）生态系统的营养结构

生态系统的营养结构是指生态系统中的无机环境与生物群落之间，产生者、消费者和分解者之间，通过营养或食物传递形成一种组织形式，是生态系最本质的结构特征。

生态系统内的各种组成成分之间，以营养联系为纽带，建立起一种营养关系，把生物和生物以及生物和环境紧密地连接起来，构成以生产者、消费者、还原者为中心的三大功能类群，这就是生态系统的营养结构。图 5-5 为没有涉及具体生物成员、可代表生态系统营养结构的一般性模型。

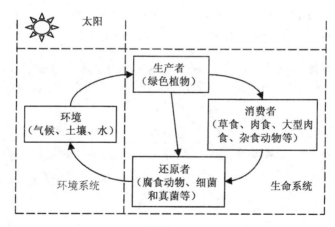

图 5-5　生态系统的营养结构的一般模型

不同生态系统的组成成分不同，其营养结构的具体表现形式也不尽相同，但其基本形式均表现为由不同营养级位所构成的食物链和食物网。营养结构形成一种以食物营养为中心的链锁关系叫作食物链（food chain）。食物链上的每一环节叫营养级。在一个生态系统中有许多食物链，多条食物链相互交织，连接在一起形成复杂的食物网（food web）。

1. 食物链

所谓食物链是指由生产者和各级消费者组成的能量运转的链序，即生物因捕食而形成的链状顺序关系，是生态系统中物质循环和能量传递的基本载体。生态系统通过营养关系联系各种成分，通过食物链把生物与非生物、生产者与消费者、消费者与消费者联系为一个整体。

自然生态系统中，食物链主要以捕食食物链和碎屑食物链两大类型为主。前者以生产者为基础，构成方式为植物→植食性动物→肉食性动物；后者以碎屑食物为基础，碎屑是由高等植物的枯枝落叶等被其他生物利用分解而成，再被多种动物所食，这种食物链构成方式为碎屑食物→碎屑食物消费者→小型肉食性动物→大型肉食性动物。这两类食物链一般是同时存在、相互联系的。

生态系统中各类食物链特征有：

(1)同一个食物链中，常常包含有食性和生活习性极不相同的多种生物。

(2)在不同的生态系统中，各类食物链所占的比例不同。

(3)在任一生态系统中，各类食物链总是相互联系、相互制约和协同作用的。

(4)在同一个生态系统中，存在多条食物链，它们的长短不同、营养级数目不等。

(5)食物链不是固定不变的，它不但在进化历史上有所改变，而且在短时间内也会变化。

食物链上的每一个环节称为营养阶层或营养级，它们指处于食物链某一环节上的所有生物种的总和。食物链的长度通常不超过 6 个营养级，最常见的是 4~5 个营养级，因为能量沿食物链流动时不断流失。

2. 食物网

在生态系统中，生物间的营养联系并不是一对一的简单关系。不同食物链之间常常是相互交叉而形成复杂的网络式结构，即食物网。食物网形象地反映了生态系统内各类生物间的营养位置和相互关系，图 5-6 所示为简化的森林生态系统食物网示意。

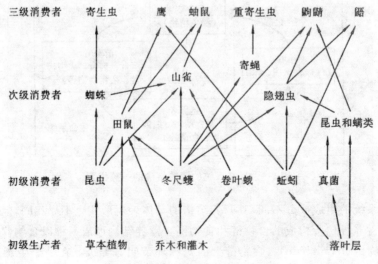

图 5-6　简化版森林生态系统食物网

　　自然生态系统中的食物网组成非常复杂,通常是一种生物以多种生物为食,一种生物同时占有几个营养层次。生态系统中的各生物成分之间通过食物网发生直接和间接的联系,保持着生态系统结构和功能的相对稳定性。一般来说,食物网结构越复杂,生态系统就越稳定。因为若食物网中某个环节缺失,会有其他多种具有相应功能的环节起到补偿作用。

　　食物链(网)不仅是生态系统中物质循环、能量流动、信息传递的主要途径,也是生态系统中各项功能得以实现的重要基础。食物链(网)结构中各营养级生物种类多样性及其食物营养关系的复杂性,是维护生态系统稳定性和保持生态系统相对平衡与可持续性的基础。

　　3. 生态金字塔

　　生态金字塔可分为三类:数量金字塔、生物量金字塔和能量金字塔,具体如图 5-7 所示。

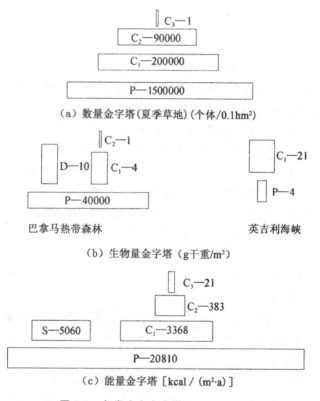

（a）数量金字塔（夏季草地）（个体/0.1hm²）

（b）生物量金字塔（g干重/m²）

巴拿马热带森林　　　　　　　　英吉利海峡

（c）能量金字塔［kcal /（m²·a）］

图 5-7　各类生态金字塔（Odum,1981）

P—生产者;C_1—初级消费者;C_2—次级消费者;C_3—三级消费者;D—分解者;S—腐食者

　　数量金字塔以各个营养阶层生物的个体数量表示。每个营养级包括的生物个体数目是沿食物链向上递减的。金字塔最底部的生产者的个体数量一般最多,大于植食动物数量,植食动物数量又大于肉食动物数量,而顶级肉食动物的数量在所有种群里通常是最小的。

　　生物量金字塔是以生物量来描述每一营养阶层的生物的总量。一般来说,绿色植物即生产者的生物量要大于它们所支持的植食性动物的生物量,植食动物的生物量要大于肉食动物的生物量。陆地生态系统和浅水水域生态系统中,生物量金字塔最为典型,这两者中生产者巨大,它们的生活周期长,有机物质的积累也较多。

能量金字塔也称生产力金字塔,是以各营养阶层所固定的能量来表示的一种金字塔,能够较直观地表明营养级之间的依赖关系,可以较为准确地说明能量传递的效率和系统的功能特点。能量金字塔中,每一等级的宽度代表一定时期内通过该营养级的能量值。从一个营养级到另一个营养级,能量的传递率约为 $10\% \sim 20\%$。即低位营养级供应给高位营养级的能量只有 10% 被利用,即百分之十定律。

研究生态金字塔对提高生态系统每一营养级的转化效率和改善食物链上的营养结构,获得更多的生物产品具有指导意义。

(三)生态系统的时空结构

1. 生态系统的空间结构

自然生态系统一般都有分层现象。典型的如,草地生态系统是成片的绿草,高高矮矮,参差不齐,上层绿草稀疏,而且喜阳光;下层绿草稠密,较耐荫;最下层有的就匍匐在地面上。

层次结构提高了植物利用环境资源的能力,可以说是自然选择的结果。

发育成熟的森林生态系统中,上层乔木可充分利用阳光,林冠下主要是能有效地利用弱光的下木。穿过乔木层的光,有时仅占到达树冠全部光照的十分之一,但林下灌木层却能利用这些微弱的并且光谱组成已被改变了的光。在灌木层下的草本层能够利用更微弱的光,草本层往下还有更耐阴的苔藓层。

水域生态系统也存在分层现象。大量的浮游植物聚集于水的表层,浮游动物和鱼、虾等多生活在中层,在底层沉积的污泥层中有大量的细菌等微生物。且某些水生生物也会因为阳光、温度、食物和含氧量等因素而出现分层现象,较为典型的有湖泊和海洋浮游动物的垂直分层。

自然生物群落中的动物也有明显的分层现象,例如,欧亚大陆北方针叶林区,在地被层和草本层中,栖息着两栖类、爬行类、鸟类、兽类和啮齿类;在森林的灌木层和幼树层中,栖息着莺、苇莺和花鼠等;在森林的中层栖息着山雀、啄木鸟、松鼠和貂等;而在树冠层则栖息着柳莺、交嘴和戴菊等,靠近地面层还有蚂蚁等,土层下有蚯蚓和蝼蛄等许多无脊椎土壤动物。动物这种分层现象主要与食物以及不同层次的微气候条件有关。

各类生态系统在结构的布局上有一致性,即上层阳光充足,集中分布着绿色植物的树冠或藻类,有利于光合作用,故上层又称为绿带或光合作用层。在绿带以下为异氧层或分解层,又常称褐带。生态系统中的分层有利于食物充分利用阳光、水分、养料和空间。

2. 生态系统的时间结构

生物群落的结构和外貌会随时间而变化,即生态系统随时间变化的动态反映。一般采用三个时间段来量度生态系统的时间结构:长时间量度,以生态系统进化为主要内容;中等时间量度,以群落演替为主要内容;以昼夜、季节和年份等短时间量度的周期性变化。

短时间周期性变化在生态系统中是较为普遍的现象,生态系统短时间结构的变化,反映了植物、动物等为适应环境因素的周期性变化,从而引起整个生态系统外貌上的变化。这种生态系统结构的短时间变化常常反映了环境质量的变化,因此,对生态系统结构时间变化的研究具有重要的实践意义。

三、生态系统的特征

地球上的每个生态系统都有一定的生物群落与环境,同时还进行着物种、物质、能量和信息的交流。在一定时间和相对稳定的条件下,系统内各组成要素的结构与功能处于协调的动态之中。生态系统所具有的基本特征如下。

(一)以生物为主体,具有整体性特征

生态系统总是和一定的空间范围相关联,且以生物为主体的。系统中各种生物与生物之间、生物与环境之间以各种各样的形式发生联系,既形成该系统独特的生物特征,又成为一个复杂的整体,使系统的存在方式、目标、功能都呈现出统一的整体性。

整体性主要体现于生态系统要素和结构:①整体大于其各部分之和;②一旦形成了系统,各部分不能再分解成独立的要素;③各要素的性质和行为对系统的整体性是有影响的,该影响会在各要素相互作用过程中表现出来。

(二)一个开放的热力学系统

任何一个自然生态系统都是开放的,既有输入也有输出,且输入的变化总会影响输出的变化。输出是输入的结果,输入是输出的原因,没有输入就没有输出。生态系统的维持和发展需要能量,当生态系统更大更复杂时,就需要更多可用的能量。

(三)具有动态功能和公益服务性

地球上生物有机体不断适应物理环境条件的改变,并以多种方式对环境进行着有利于生命方向的改进。而生态系统作为功能单位,它们之间一直不断动态地交换着能量、物质。

生态系统在多种生态过程中完成了维护人类生存的任务,为人类提供了生存不可缺少的各类物质资源,更是提供了人类生存的环境,以及大量的间接性公益服务。

(四)一个复杂、有序的层级系统

生态系统是一个极为复杂,并由多要素、多变量构成的层级系统。这主要取决于生物多样性及相互之间的复杂性。较高层级系统通常具有大尺度、大基粒、低频率和缓慢速度等特征,且它们将会被更大系统、更缓慢作用所控制。

(五)具有动态、生命的特征

生态系统和自然界的生物一样,具有发生、形成和发展的过程。生态系统也可以分为幼年期、成长期和成熟期,具有鲜明的历史特性及独特的整体演化规律。任何一个生态系统都是经

过长期演化发展逐步形成的。

(六)具有自我维持和调控功能

生态系统功能连续的自我维持主要以它的代谢机能为基础,该机能是通过生产者、消费者和分解者三个不同营养水平的生物类群完成的。

生态系统对干扰具有抵抗和恢复能力,甚至在面临季节、年际或长期的气候变化动态时,生态系统也能保持相对稳定。生态系统调控能力主要靠反馈作用,通过正、负反馈相互作用和转化,使系统维持一定的稳定程度。

具体的自动调控机能表现:①同种生物的种群密度调控,这是在有限空间内比较普遍存在的变化规律;②异种生物种群之间的数量,如植物与动物、动物与动物之间,有食物链关系;③生物与环境之间的相互适应调控。生物不断地从所在生境中摄取所需的物质,生境也需要对其输出进行及时补偿,它们都进行着输入与输出之间的供需调控。

(七)具有一定的区域性特征

生态系统包含一定地区和范围的空间概念,不同的生物类群栖息在不同的空间生态环境下。但同是森林生态系统,寒温带长白山区的针阔叶混交林与海南岛的热带雨林生态系统相比,无论是物种结构、物种丰度还是系统的功能等却均有明显的差别,这种差异便是区域自然环境不同的反映。[1]

(八)具有健康、可持续发展特性

自然生态系统为人类的生存与发展提供了良好的物质基础和生存环境,但人类长期掠夺式的开采和生产给生态系统造成了极大的威胁。人类需要合理管理生态系统,保证生态系统在健康稳定、可持续发展的前提下更好地发挥作用。[2]

第三节 生态系统的功能

生态系统的基本功能主要包括生物生产、能量流动、物质循环和信息传递四个方面。

一、生态系统的生物生产

生物生产是指太阳能通过绿色植物的光合作用转换为化学能,再经过动物生命活动利用转变为动物能的过程。

---

① 顾卫兵.环境生态学.北京:中国环境科学出版社,2007.
② 胡荣桂.环境生态学.武汉:华中科技大学工业出版社,2010.

生物生产包括初级生产和次级生产两个过程,前者是生产者(主要是绿色植物)把太阳能转化为化学能的过程,也称为植物性生产;后者是消费者(主要是动物)把初级生产品转化为动物能的过程,称为动物性生产。在生态系统中,这两个生产过程彼此联系,但又分别独立地进行物质和能量的交换。

(一)初级生产

绿色植物通过光合作用,吸收和固定太阳能,将无机物合成、转化成复杂的有机物的过程称为初级生产。光合作用对太阳能的固定是生态系统中第一次能量固定,故初级生产也称为第一性生产。初级生产可用如下化学方程式概述。

$$6CO_2 + 6H_2O \xrightarrow[\text{光合作用色素}]{2817.8kJ} C_6H_{12}O_6 + 6O_2$$

式中,CO_2 和 H_2O 为原料,$C_6H_{12}O_6$ 为光合产物,如蔗糖、淀粉和纤维素等。光合作用是自然界最重要的化学反应,也是最复杂的反应,人类至今对其机理还没有完全研究透彻。

初级生产过程中,植物固定的能量有一部分被植物本身的呼吸消耗掉,剩下的用于植物的生长和生殖。故绿色植物所固定的太阳能或所制造的有机物质的量在不同系统中因其在生长、呼吸消耗和繁殖上的差异而不同。

生态学中,将单位面积植物在单位时间内通过光合作用固定太阳能的量称为总初级生产量(gross primary production,GPP),单位 $J/(m^2 \cdot a)$ 或干重 $g/(m^2 \cdot a)$。在总初级生产量中,有一部分能量被植物自己的呼吸消耗掉(respiration,R),剩下的可用于植物的生长和生殖,这部分生产量称为净初级生产量(net primary production,NPP)。总初级生产量与净初级生产量之间的关系可表示为

$$GPP = NPP + R$$

或

$$NPP = GPP - R$$

生态系统的净初级生产量反映了生态系统中植物群落的生产能力,它是估算生态系统承载力和评价生态系统是否可持续发展的一个重要生态指标。

值得注意的是,生物量和生产量是不同的概念。生产量含有速率的概念,是单位时间单位面积上的有机物质生产量。生物量是指在某一定时刻调查时单位面积上积存的有机物质。

全球净初级生产总量(干重)为 $1.72 \times 10^{11} t$,其中陆地为 $1.17 \times 10^{11} t$,海洋为 $0.55 \times 10^{11} t$,海洋净初级生产量约占全球净初级生产量的1/3。

不同生态系统类型的生产量和生物量差别显著。在全球陆地生态系统中,净初级生产力最高的为木本与草本沼泽(湿地),其次为热带雨林,最低者为荒漠灌丛,总体呈现出由热带雨林→温带长绿林→温带落叶林→北方针叶林→稀树草原→温带草原→冻原和高山冻原→荒漠灌丛净初级生产力依次减少的趋势;在海洋生态系统中,则呈现出由河口湾→湖泊和河流→大陆架→大洋净初级生产力依次减少的趋势。

可见陆地生态系统比水域生态系统初级生产量大;初级生产量随纬度增加而逐渐降低;海洋中初级生产量由河口湾向大陆架和大洋区逐渐降低。

(二)次级生产

次级生产也称为第二性生产,是指除初级生产以外的其他有机体的生产,即消费者和还原者利用初级生产物质进行同化作用生产自身和繁衍后代的过程。表现为动物和微生物的生长、繁殖及营养物质的储存等其他生命活动的过程。

因为转化过程的能量损失,任何一个生态系统中的净初级生产量总是有相当一部分不能转化成次级生产量。因此,各级消费者所利用的能量仅仅是被食者生产量中的一部分,次级生产是以现存的有机物为基础,初级生产的质和量对次级生产具有直接或间接的影响。次级生产水平上的能量平衡可表示为

$$C=A+F_u$$

式中,C 为摄入的能量,J;A 为同化的能量,J;F_u 为排泄物、分泌物、粪便和未同化食物中的能量,J。

A 项又可分解为

$$A=P+R$$

式中,P 为净次级生产量,J;R 为呼吸能量,J。综合上述两式可得

$$P=C-F_u-R$$

图 5-8 所示的为简化的次级生产过程。

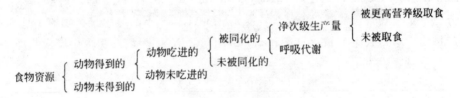

图 5-8　次级生产过程模式

R. H. Whittaker 等人(1973)依据 NPP 资料并参照不同地区动物取食、消化的能力,估算了全球各类不同生态系统的次级生产量,结果表明,海洋生态系统中的植食动物摄食效率约相当于陆地动物利用植物效率的 5 倍。可见,对人类的未来而言,研究海洋的次级生产量具有重要的实际意义。

二、生态系统的能量流动

能量是生态系统的动力,是一切生命活动的基础。地球上一切生命都要利用能量进行生活、生长和繁殖。在生态系统中,生物与环境、生物与生物之间的密切联系,可通过能量的转化、传递来实现。

能量流动是指太阳辐射能被生态系统中的生产者转化为化学能并被贮藏在产品中,通过取食关系沿食物链逐渐利用,最后通过分解者的作用,将有机物的能量释放于环境之中的能量动态的全过程。

(一)生态系统能量传递的热力学定律

能量在生态系统内的传递和转化规律服从热力学第一定律和热力学第二定律。

热力学第一定律又称为能量守恒定律,即在自然界发生的所有现象中,能量既不能消失也不能凭空产生,只能以严格的当量比例由一种形式转变为另一形式。

热力学第二定律是对能量传递和转化的一个重要概括:在封闭系统中,所有过程都伴随着能量变化,在能量的传递和转化过程中,除了一部分可继续传递和做功外,总有一部分不能继续传递和做功,而以热的形式消散,这部分能量使系统的熵和无序性增加。

生态系统中当能量以食物的形式在生物之间传递时,食物中相当一部分能量转化为热而消散掉(使熵增加),其余则用于合成新的组织而作为潜能储存下来。故,动物在利用食物中的潜能时把大部分转化成了热,只把一小部分转化为新的潜能。因此,能量在生物之间的每次传递,一大部分的能量被转化为热而损失,这也解释了食物链的环节和营养级数一般不会多于 5~6 个以及能量金字塔必定呈尖塔形的热力学的原因。

(二)能量在生态系统中的流动

1942 年 R. L. Lindeman 对美国 Cedar Bog 湖进行了深入调查研究,并发表了《生态学的营养动态概说》,开创了定量描述生态系统能量动态的工作,其研究结果可见图 5-9 所示。

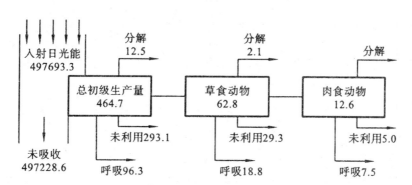

图 5-9 生态系统能量流动定量分析[R. L. Lindema,1942;单位:J/(cm² · a)]

1957 年 H. T. Odum 在美国佛罗里达的银泉(Silver Spring)进行了能量分析工作,如图 5-10 所示为以牧食食物链为主的银泉生态系统的能流。银泉中主要生产者是有花植物慈姑、卵形藻、颗粒直链藻、小舟形藻及少量金鱼藻、眼子菜和单胞藻类。植食动物是一些鱼类、甲壳类、腹足类以及昆虫的幼虫。食肉动物有食蚊鱼、两栖螈、蛙类、鸟类、水蝎和昆虫等。二级食肉动物有弓鳍鱼、黑鲈和密河鳖。还有以动植物残体为生的细菌和一种小虾。

由图 5-10 可知,从生产者到草食动物的能量转化效率低于从草食动物到肉食动物的能量转化效率。贮藏在肉食动物中的能量只占入射日光能的一个极小部分。

1. 照射到地球上的太阳能量

生物圈中所有各种形式的有机体,其生存所需的能量都是由太阳供应的,唯一例外的是少数几种化学合成细菌(chemosyntheric bacteria),它们能借助无机物质的氧化获得能量。太阳的能量来自其中的热核聚变过程:太阳上的氢原子经过一系列反应,聚变为氦并释放出巨大的能量,这种能量是以电磁波的形式通过宇宙空间输送到地球上来的(图 5-11)。在单位时间和面积内到达地球外层大气圈的太阳能量称为太阳能通量(solar flux),其值约为 $8.4J/(cm^2 \cdot min)$。这些能量由于地球大气的相互作用而不能全部到达地表,实际上只有一半左右到达地表,其余的 34% 反射和散射到空间中去,19% 为大气所吸收(图 5-12)。

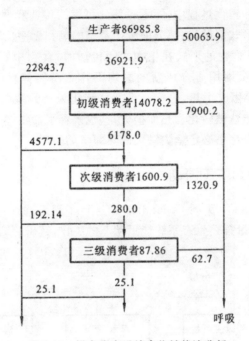

图 5-10　银泉生态系统食物链能流分析

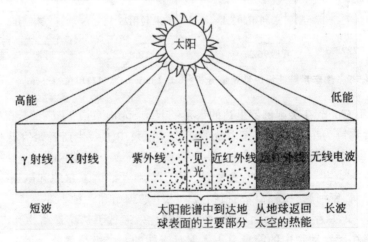

图 5-11　具有各种波长的太阳电磁辐射

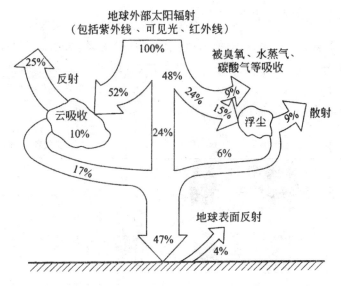

图 5-12　太阳辐射通过大气层到达和离开地球的情况

这里有下列几点值得注意。

(1)投射到地球上的太阳辐射的波长与反射到空间去的能量的波长,二者的光谱发生了位移。入射的太阳能约有 99% 波长是在 $0.2\sim40\mu m$ 的光谱范围内(由紫外到可见到红外)。被大气和地面所吸收的太阳能转变为热(红外)后再辐射到空间去,其波长就长得多了。如地面平均温度保持不变,则到达地面的能量必须与从地面反射到空间去的相等。由于大气中二氧化碳浓度增加而发生的"温室效应"(greenhouse effect)将反射出去的红外线吸收,以致使上述平衡受到破坏和地球的温度上升。

(2)太阳辐射中的紫外线大部分没有到达地表。这部分光谱有足够的能量能使化学键断裂,因此各种生命系统都必须防护免于过分受其照射。上层大气中的氧分子被紫外线分解为氧原子,然后再和分子氧结合成臭氧;臭氧能强烈吸收紫外线从而起到了一种保护性滤层的作用,使紫外线不至过多地照射到地面上来。目前有人反对发展超音速飞机,除了噪音之外,另一重要的原因便是,超音速飞机在大气平流层中飞行时会将这一臭氧保护层破坏,以致人类受到过多的紫外线照射,使皮肤癌急剧增加。通过大气层到达地球表面的那部分太阳能,最重要的功能是借绿色植物的光合作用成为化学能,从而转入植物体内的有机物质中去。

(3)达到地球表面的太阳能量中有小部分由地面立即反射回空间,还有一小部分转变为热量后再辐射回空中。进入大气的太阳能也不是完全被吸收,仍然有小部分再辐射回空中。因此,照射到地球的太阳能量至多不过一半经常在生物圈内流动,作为所有生态系统的根本能源。

(4)地球表面各处的太阳能辐射量是不同的。它除了受到云量等临时性因素影响外,还受到所在纬度即太阳倾角和离地高度、四季的日照时间、向阳坡或背阳坡等因素的影响。因此,地球表面各处植物通过光合作用所固定的太阳能量也极不相同。

2. 生态系统中的能量流动途径

照射到地球生物圈的阳光中被植物所吸收的那部分能量,关系到人类食物的供应问题。人类的食物可取自于自然界食物链中任一级营养层次(图 5-13)。为了满足生活所需的能量,人类必须消耗足够的食物,因此,就有必要了解各种生态系统的食物链中能量的流动情况,为最经济而合理地选择食物来源提供科学依据。

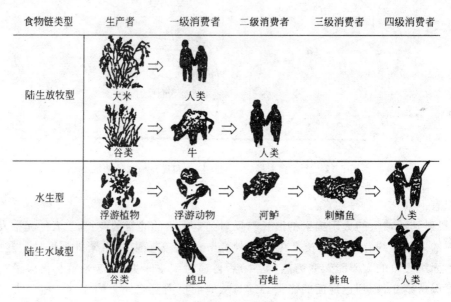

| 食物链类型 | 生产者 | 一级消费者 | 二级消费者 | 三级消费者 | 四级消费者 |

图 5-13 人类可以任一营养层次为食

通常,食物链中各营养层次在单位时间内所合成的有机物质的量称为总产量(gross production)。它用生物量、能量或生物数目表示,但一般常用能量的单位(J)表示。经过大量的研究工作,看来食物链中生产者(绿色植物)在有利的自然条件下,总产量(生产者的总产量又称初级总产量)很少大于太阳照射能量的 3%,一般为 1% 左右;如按整个生物圈的年平均值计算,大约有 1.2%。此外,生物圈中海洋生产者的总产量约为 $1.83 \times 10^{21} \text{J/a}$,陆地生产者约为 $2.41 \times 10^{21} \text{J/a}$,合计约 $4.24 \times 10^{21} \text{J/a}$。

在总产量中,生物需耗用一部分能量进行呼吸,剩下的则称为净产量(net production)。用生态系统热力学公式可表示如下:

$$P_g = P_n + R$$

式中,P_g 为食物链某营养级的总产量或相当于输入的能量,P_n 为该营养级的净产量或相当于能量储存,R 是呼吸作用所消耗的能量或相当于能量用来做功。净产量中一部分供上一级营养层次食用,其余可供人类收割或捕猎以作为食物。如图 5-14 所示为美国南方某河流生态系统中能量流动的情况。

各级消费者之间能量的利用率也不高,为 4.5%~17%,平均约为 10%。生态学中有一种表示食物链各层次能量递减的方法,称为能塔图(energy pyramid),如图 5-15 所示。

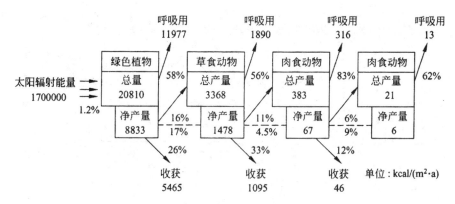

图 5-14　美国南方某河流生态系统中食物链能量流动示意图（注:1kcal＝4.2kJ）

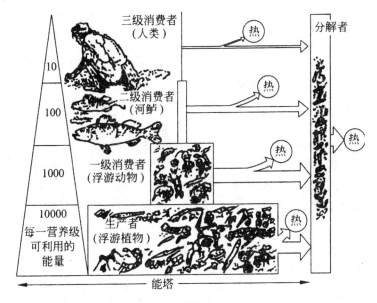

图 5-15　某食物链的能塔图

（三）能量在生态系统中流动的特点

1. 能量流动在生态系统中传递与物理系统不同

物理系统中能量流动的传递是有规律的,可用数学公式表达,且对某些系统而言其传导系数为一个常数。但生态系统中,能量流动是变化的。以捕食者—被食者为例,能量流动与捕食者消化率和生物量产生速度有关,与捕食者之间的差异相关联。

2. 能量是单向流

图 5-16 所示为生态系统的能量流动,生态系统中能量的流动是单向的。能量以光能的状态进入生态系统后,通过光合作用被植物所固定,此后无法以光能的形式返回;自养生物被异

养生物摄食后,能量就由自养生物流入异养生物体内,无法返回自养生物;从总的能量流动途径来看,能量只是一次性流经生态系统,是不可逆的。

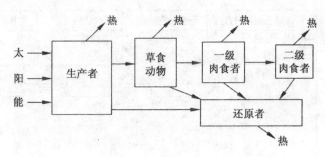

图 5-16　生态系统的能量流动

3. 能量在生态系统内流动的过程是不断递减的过程

从太阳辐射能到被生产者固定,再经植食动物到肉食动物,再到大型肉食动物,能量是逐级递减的过程,具体是由于各营养级消费者无法百分百利用生物量;各营养级的同化作用不可能百分百;生物维持生命过程的新陈代谢需要消耗能量。

4. 能量在流动中质量逐渐提高

能量在生态系统中流动时除有一部分能量以热能耗散外,另一部分是把较多的低质量能转化成较少的高质量能。

三、生态系统的物质循环

(一)物质循环概述

生态系统中,物质和能量都是生物所必须的。物质在生态系统中起着双重作用,既是维持生命活动的物质基础,又是能量的载体。没有物质,能量就不可能沿着食物链进行传递。因此,生态系统中的物质循环和能量流动是紧密联系的,它们是生态系统的两个基本功能。

物质循环又称为生物地球化学循环,是指生态系统从大气、水体和土壤等环境中获得的营养物质,通过绿色植物吸收,进入生态系统,被其他生物重复利用,最后再回归到环境中这一过程。

物质循环包括地质大循环和生物小循环。地质大循环是指物质或元素经生物体的吸收作用,从环境进入生物有机体内,然后生物有机体以死体、残体或排泄物形式将物质或元素返回环境,使其进入大气、水、岩石、土壤和生物五大自然圈层的循环。地质大循环的时间长,范围广,是闭合式的循环。生物小循环是指环境中元素经生物体吸收,在生态系统中被多层次利用,然后经过分解者的作用,再为生产者吸收利用。生物小循环时间短,范围小,是开放式的循环。

(二)物质循环的基本概念

(1)库。库是指某一物质在生物或非生物环境暂时滞留(被固定或贮存)的数量。生态系统中的各个组分都是物质循环的库,可分为植物库、动物库、大气库、土壤库和水体库。在物质循环中,根据库容量的不同以及各种营养元素在各库中的滞留时间和流动速率的不同,可把物质循环的库分为贮存库和交换库。

(2)流与流通率。生态系统中的物质在库与库之间的交换称为流。在生态系统中单位时间、单位面积(或体积)内物质流动的量[kg/(m² · t)]称为流通率。

(3)周转率。周转率指某物质出入一个库的流通率与库量之比。即

$$周转率 = \frac{流通率}{库中该物质的量}$$

(4)周转时间。周转时间是周转率的倒数,表示移动库中全部营养物质所需要的时间。周转率越大,周转时间就越短。

(三)物质循环的类型

物质循环可分为三种类型,即水循环、气体型循环和沉积型循环。

1. 水循环

生态系统中所有的物质循环都是在水循环的推动下完成的,即没有水的循环就没有物质循环,就没有生态系统的功能,也就没有生命。各种形式水的数量及在地球上的分布见表5-1。

表 5-1　全球水的估计储量

单位:$10^3 \, m^3$

水资源	体积	总水量的%
地球总水量	1460000	
海洋	1320000～1370000	97.3
淡水		
冰盖/冰川	24000～29000	2.1
大气	13～14	0.001
地下水(5000m 内)	4000～8000	0.6
土壤水	60～80	0.006
河流	1.2	0.00009
盐湖	104	0.007
淡水湖	125	0.009

生物圈中水的循环过程见图 5-17。

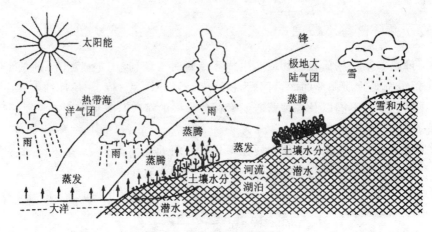

图 5-17 水的全球循环

2. 气体型循环

气体型循环的贮存库主要是大气和海洋,气体循环与大气和海洋密切相关,循环性能完善,具有明显的全球性。凡属于气体型循环的物质,其分子或某些化合物常以气体的形式参与循环过程。

以这种形态进行循环的主要营养物质有碳、氧、氮等。生物圈中碳循环过程可概括为如图 5-18 所示。

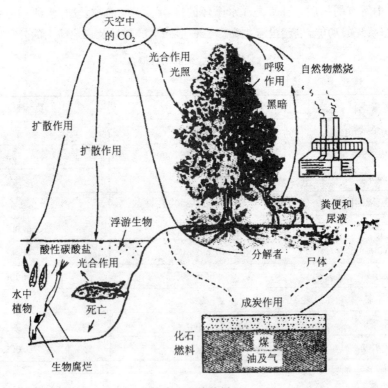

图 5-18 碳的循环

氮是蛋白质的基本成分,因此是一切生命结构的原料。大气中氮的含量占78%左右,但它却不能被绿色植物直接利用,氮必须以铵离子、亚硝酸离子和硝酸离子形式才能被植物吸收。氮气转化成氨、硝酸盐和亚硝酸盐的过程叫作硝化作用。自然界中的硝化作用是靠一些特殊类群的微生物来完成的。这些微生物有固氮菌、蓝绿藻和根瘤菌等,它们把氮气转变为氨,再把氨氧化成亚硝酸盐和硝酸盐,供给植物利用。进入植物体的硝酸盐和铵盐与植物体中碳结合,形成氨基酸,进而形成蛋白质和核酸,这些物质再和其他化合物共同组成植物有机体,当植物被消费者采食后,氮随之转入并结合在动物的机体中。动物和植物死后,有机体中的蛋白质被微生物分解成简单的氨基酸,进而被分解成氨、二氧化碳和水,返还到环境中去,这一过程叫作氨化过程。进入土壤中的氨可再一次被植物利用,如图5-19所示。

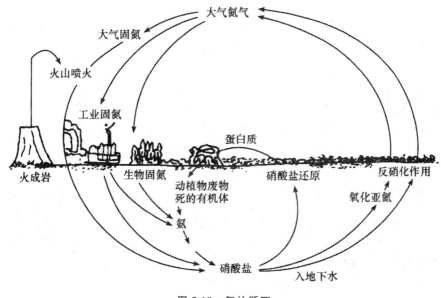

图 5-19　氮的循环

3. 沉积型循环

沉积型循环的贮存库主要是岩石、沉积物和土壤,循环物质分子或化合物主要是通过岩石的风化作用和沉积物的溶解作用,才能转变成可供生态系统利用的营养物质。循环过程缓慢,循环是非全球性的。

沉积型循环的主要蓄库与岩石、土壤和水相联系,如磷、硫循环。

磷是生物体不可缺少的重要元素,生物体中的能量物质腺苷三磷酸(ATP)和遗传物质——核酸(DNA或RNA)中都有磷的存在。磷在生态系统中的循环是很典型的沉积循环。大气中的磷主要来自磷酸盐岩石、有机体的尸体和有机废料而形成的有机磷酸盐。生态系统中磷的循环如图5-20所示。

磷循环的这种不完全性,使其在土壤中的含量因农作物的吸收利用而不断减少,常成为作物生长发育的限制因素。

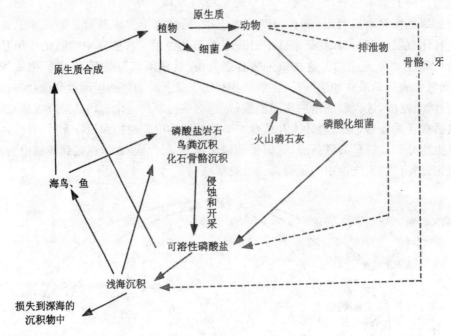

图 5-20　生态系统中磷的循环

(四)物质与能量的关系

如图 5-21 所示,能量一旦转变成热量,就不能再被生物利用来做功或为生物有机物质的合成提供能量。热能消失在大气中,永远不能再循环。图 5-21 是一种非常简化的描述,因为并非分解所释放的全部养分都被植物再吸收利用。养分循环决不会是完全的,一部分营养元素以液态或气态的形式从土地上流失,而且,群落还会从岩石风化和降雨中得到额外的养分供商。

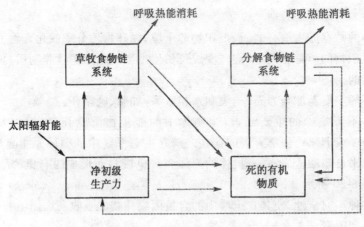

图 5-21　能量流动(——)和物质循环(……)关系图

1959年美国生态学家 E. P. Odum 把生态系统的能量流动概括为一个普适的模型,具体可见图 5-22。该模型给出了外部能量的输入情况以及能量在生态系统中的流动路线及其归宿。

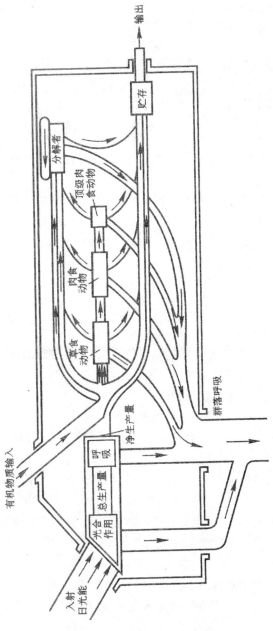

图 5-22　普适生态系统能流模型

四、生态系统的信息传递

生态系统的功能除了体现在生物生产、能量流动和物质循环以外,还表现在系统中各生命成分之间存在着信息传递。信息传递是生态系统的基本功能之一,在信息传递过程中伴随着一定的物质和能量的消耗。信息传递通常为双向的,有从输入向输出的信息传递,也有从输出向输入的信息反馈。

生态系统中有关信息流的特点:①生态系统中信息的多样性,生态系统中生存着成千上万的生物,信息的形态也有很大差别,其所包含的信息量非常庞大;②信息通讯的复杂性决定了传递方式的千差万别;③信息类型多、贮存量过大。

生态系统中包含多种多样的信息,大致可以分为物理信息、化学信息、行为信息和营养信息。

(一)物理信息

生态系统中以物理过程为传递形式的信息称为物理信息,生态系统中的各种光、声、热、电和磁等都是物理信息。

物理信息作用:一是调节组分内与组分间及各种行为的作用,如鸟类的鸣叫、蝴蝶的飞舞、植物的颜色,某些动物的颜色和形态有吸引异性、种间识别、威吓和警告的作用;二是限制生命有机体行为的作用,如光强度、温度、湿度等物理信息都对生态系统中生物的生存产生或大或小的影响。

(二)化学信息

生态系统的各个层次都有生物代谢产生的化学物质参与传递信息、协调各种功能,如生物代谢中分泌的维生素、生长素、抗菌素和性激素等,这种传递信息的化学物质统称为信息素。

化学信息传递主要包括植物间、动物间及植物与动物之间的化学信息传递。

(1)植物间的化学信息传递。在植物群落中,一种植物通过某些化学物质的分泌和排泄而影响另一种植物的生长甚至生存的现象是很普遍的。一些植物能通过挥发、淋溶、根系分泌或残株腐烂等途径,把次生代谢物释放到环境中,促进或抑制其他植物的生长或萌发,从而对群落的种类结构和空间结构产生影响。

(2)动物间的化学信息传递。动物通过外分泌腺体向体外分泌某些信息素,它携带着特定的信息,通过气流或水流的运载,被种内的其他个体嗅到或接触到,接受者能立即产生某些行为反应,或活化了特殊的受体,并产生某种生理改变。动物也可利用信息素作为种间、个体间的识别信号,还可用信息素刺激性成熟和调节生殖率。此外,动物界利用信息素标记所表现的领域行为也是很常见的。

(3)动植物之间的化学信息传递。植物的气味是由化合物散发的。不同的动物对气味有不同的反应。蜜蜂取食和传粉,除与植物花的香味、花粉和蜜的营养价值紧密相关外,还与许多花蕊中含有昆虫的性信息素成分有关。植物的香精油成分类似于昆虫的信息素。可见,植物吸引昆虫的化学性质,正是昆虫应用的化学信号。

(三)行为信息

同一物种或不同物种个体相遇时,产生的异常行为和表现传递了某种信息,都可统称为行为信息。这些行为信息可能是识别、报警,甚至是挑战的信号。较为常见于鸟类、猿猴等动物中,例如,领域性行为,再者生态系统中许多植物的异常表现和许多动物的异常行为所包含的行为信息常常预示着灾变或反映着环境的变化。

(四)营养信息

在生态系统中生物的食物链就是一个生物的营养信息系统,各种生物通过营养信息关系连成一个互相依存和相互制约的整体。

食物链中的各级生物要求一定的比例关系,即生态金字塔规律。根据该规律,养活一只草食动物需要几倍于它的植物,养活一只肉食动物需要几倍数量的草食动物。前一营养级的生物数量反映出后一营养级的生物数量。

第四节　生态系统的平衡及其调控机制

一、生态平衡的概念

生态系统的概念是英国植物群落学家坦斯莱(A. G. Tansley)在 20 世纪 30 年代首先提出的。由于生态系统的研究内容与人类的关系十分密切,对人类的活动具有直接的指导意义,所以很快得到了人们的重视,20 世纪 50 年代后已得到广泛传播,60 年代以后逐渐成为生态学研究的中心。

地球上一切生物都与其生存的环境形成一个不可分割的整体(体系),在这个体系中既包括多种生物个体、种群或群落的生物有机体,又包括空气、水、土壤、岩石和太阳光等无机环境要素。体系中各种生物有机体和环境要素之间相互联系、相互制约,进行着物质和能量的流动和传递,它们处于永恒不停的运动和变化之中。体系中各种要素(生物的和非生物的)间相互作用、相互影响着,在自然界构成一个相对稳定的体系,生态学中将这些体系称为"生态系统"。因而,所谓生态系统,就是指在一定空间范围内,生物群体与其生存环境之间相互作用,通过物质循环、能量流动所构成的自然综合体。自然界生态系统多种多样,一个池塘、一片森林、一块草地,均为一个生态系统。

生态平衡的三个基本要素是系统结构的优化与稳定性、能流和物流的收支平衡以及自我修复和自我调节能力的保持。其中,空间有序性是指结构有规则地排列组合,小至生物个体中各器官的排列,大至整个宏观生物圈内各级生态系统的排列,以及生态系统内部各种成分的排列都是有序的;时间有序性就是生命过程和生态系统演替发展的阶段性,功能的延续性和节奏性等。

自然界原有生态平衡的系统不一定能够适应人类的需求,但却是人类所必需的。它对于维持适宜人类居住的地球和区域环境,保护珍贵动植物种质资源和科学研究等方面都具有重要的意义。值得注意的是,生态平衡不只是一个系统的稳定与平衡,而是多种生态系统的配合、协调和平衡,甚至是指全球各种生态系统的稳定、协调和平衡。

二、生态平衡的调节机制

生态平衡的调节主要是通过系统的反馈机制、抵抗力和恢复力来实现的。

(一)反馈机制

当生态系统中某一成分发生变化时,必然会引起其他成分出现一系列相应的变化,这些变化反过来影响起初发生变化的成分。生态系统这种作用过程称为反馈。

反馈可分为正反馈和负反馈,二者的作用是相反的。对任何系统来说,要使其维持平衡,只有通过负反馈机制,这种反馈就是系统的输出变成了决定系统未来功能的输入。种群数量调节中,密度制约作用是负反馈机制的体现。负反馈调节主要是通过自身功能减缓系统内的压力以维持系统的稳定。

负反馈控制可使系统保持稳定,而正反馈使系统加剧偏离。正反馈也是有机体生长和存活所必需的。但正反馈不能维持稳态,这是地球和生物圈是一个有限的系统,其空间、资源都是有限的,不可能维持生物的无限制生长。所以,对生物圈及其资源管理只能用负反馈来调节,并使其成为能持久地为人类谋福利的系统。

(二)抵抗力

所谓抵抗力是指生态系统抵抗外在干扰并维持系统结构和功能的能力,一般来说,系统发育越成熟,结构越复杂,抵抗外在干扰的能力就越强。环境容量、自净作用等是系统抵抗力的表现形式。

(三)恢复力

所谓恢复力是指生态系统遭受外界干扰破坏后,系统恢复到原状的能力。生态系统恢复能力是由生命成分的基本属性决定的,即由生物顽强的生命力和种群世代延续的基本特征所决定。故恢复力强的生态系统,生物的生活世代短,结构较简单,其抵抗力一般比较低,反之亦然。

第五节　世界主要生态系统的类型

地球上的生态系统多种多样的,根据不同角度可以分成不同类型,常见的分类如下。

(1)根据生态系统的生物成分,可将生态系统分为植物生态系统,如森林、草原等生态系统;动物生态系统,如鱼塘、畜牧等生态系统;微生物生态系统,如落叶层、活性污泥等生态系统;人类生态系统,如城市、乡村等生态系统。

(2)根据环境中的水体状况,可将生态系统划分为陆生生态系统和水生生态系统两大类。陆生生态系统可进一步划分为荒漠生态系统、草原生态系统、稀树干草原生态系统和森林生态系统等。水生生态系统可进一步划分为淡水生态系统和海洋生态系统。而淡水生态系统又可划分为江、河等流水生态系统和湖泊、水库等静水生态系统;海洋生态系统则包括滨海生态系统和大洋生态系统等。

(3)根据人为干预的程度划分,可将生态系统分为自然生态系统、半自然生态系统和人工生态系统。自然生态系统指没有或基本没有受到人为干预的生态系统,如原始森林、未经放牧的草原、自然湖泊等;半自然生态系统是指虽受到人为干预,但其环境仍保持一定自然状态的生态系统,如人工抚育过的森林、经过放牧的草原、养殖的湖泊等;人工生态系统指完全按照人类的意愿,有目的、有计划地建立起来的生态系统,如城市生态系统、农业生态系统等。

下面具体介绍几类主要的生态系统。

(一)森林生态系统

森林生态系统是陆地生态系统中面积最大、最重要的自然生态系统,它是森林群落和其外界环境共同构成的一个生态工程单位,在生产有机物质和维持生物圈物质及能量的动态平衡中具有重要的地位。

森林是以乔木为主体,具有一定面积和密度的植物群落。世界上不同类型的森林生态系统,都是在一定气候、土壤条件下形成的,故又可分为热带雨林生态系统、常绿阔叶林生态系统、落叶阔叶林生态系统和针叶林生态系统等类型。

(二)海洋生态系统

海洋在地球上是广阔连续的水域。海洋总面积 3.6 亿平方公里,覆盖 71% 的地球表面,平均水深 2750m,占地球总水量的 97%。

海洋生态系统从海岸到远洋,从表层到深层,随着水层的深度、温度、光照和营养物质状况,生物的种类、活动能力和生产力水平等差异很大,从而形成不同区域的亚系统,不同亚系统中的生物群落各异。海洋的主要环境特征有:面积巨大;海洋生物可生活在海洋的所有深度;所有海洋都是相连的;海洋有连续和周期的循环;海洋是容纳热量的"大水库";海水含有盐分。

海洋生态系统的特征有:生产者体型小,且数量极大、种类繁多;海洋为消费者提供了广阔的活动场所,海洋动物数量繁多、种类各异;生产者转化为初级消费者的物质循环效率高;生物分布的范围很广,几乎到处都有生物。

(三)城市生态系统

人工生态系统是指以人类活动为中心,按照人类意愿建立起来,并受人类活动强烈干预的生态系统,它是由自然环境(包括生物和非生物因素)、社会环境(包括政治、经济、法律等)和人类活动(包括生活和生产活动)三部分组成的网络结构,如城市、农田、水库、人工林、果园等。

这里介绍该类型中比较典型的城市生态系统。

城市生态系是城市空间范围内居民与其自然环境系统和社会环境系统相互作用形成的人工生态系统。城市生态系统是一个以人为核心的系统,不仅包含自然生态系统的组成要素,也包括人类及其社会经济等要素。在人与生物圈计划(MBA)中,将城市生态系统定义为:凡拥有 10 万以上居民,且从事非农业劳动人口占 65% 以上,其工商业、行政、文化娱乐、居住等建筑物占 50% 以上面积,具有发达的交通线网和车辆,是人类生存聚居的区域,这样一个复杂的生态系统称为城市生态系统。

城市生态系统的特征有:以人为主体;高度开放;是人类自我驯化的系统;是一个多层次的复杂系统。

第六章 退化生态系统的恢复

第一节 干扰与退化生态系统

一、退化生态系统及其成因

退化生态系统(degraded ecosystem)是指生态系统在自然或人为干扰下形成的偏离自然状态的系统。与自然系统相比,退化生态系统的种类组成、群落或系统结构改变,生物多样性减少,生物生产力降低,土壤和微环境恶化,生物间相互关系改变。退化生态系统形成的直接原因是人类活动,部分来自自然灾害,有时两者叠加发生作用。

干扰(disturbance)是自然界中很普遍的一种现象。所谓干扰,是平静的中断,正常过程的打扰或妨碍。干扰是生命系统(包括个体、种群、群落和生态系统等各个水平)的结构、动态、景观格局和功能的基本塑造力,它不但影响了生命系统本身,也改变了生命系统所处的环境系统。简言之,干扰是群落外部不连续存在、间断发生的因子的突然作用或连续存在因子超"正常"范围的波动,这种作用或波动能引起有机体、种群或群落发生全部或部分明显的变化,使其结构和功能发生改变或受到损害。按其动因,干扰可以划分为自然干扰和人为干扰。自然干扰是指无人为活动介入的自然环境条件下发生的干扰(如外来种入侵、火灾及水灾),而人为干扰是指由于人类生产、生活和其他社会活动所形成的对自然环境和生态系统的各种影响(表 6-1)。

表 6-1　人类对生态系统干扰的方式与效应

人为干扰方式		效应
传统劳作方式	对森林和对草原植被的砍伐与开垦	植被退化,水土流失加剧,区域环境恶化;生物生境遭破坏,生物多样性丧失
	采集	生物资源被破坏,一些物种灭绝;生态系统能量和养分减少,生物生存活动受破坏;草原遭破坏
	狩猎和捕捞	种群生殖和繁衍遭破坏,一些物种灭绝;生物性状和数量发生变化
工农业污染		水质污染,空气污染,酸雨
新干扰形式(旅游、探险活动等)		污染,旅游资源退化

　　引起生态系统结构和功能变化而导致生态系统退化的主要原因是人类干扰活动,部分来自于自然因素(图 6-1)。但干扰是退化生态系统的最主要成因。干扰使生态系统发生退化的主要机理首先在于,在干扰的压力下系统的结构和功能发生变化。事实上,干扰不仅仅在群落的物种多样性的发生和维持中起重要作用,而且在生物的进化过程中也是重要的选择压力。在功能的过程中,干扰能减弱生态系统的功能过程,甚至使生态系统的功能丧失。干扰的强度和频度是决定生态系统退化程度的根本原因,过大的干扰强度和频度,会使生态系统退化为不毛之地。

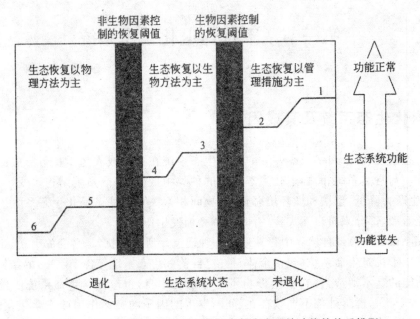

图 6-1　生态系统退化原因及退化状态与生态系统功能的关系模型

　　退化生态系统是一种"病态"的生态系统,在实际工作中必须对其退化程度进行诊断和判定。在生态系统退化诊断的具体过程中,一般遵循以下流程或环节:诊断对象的选定、诊断参照系统的确定、诊断途径的确定、诊断方法的确定、诊断指标(体系)的确定等。具体过程如图 6-2 所示。

二、退化生态系统的类型和特征

(一)退化生态系统的类型

　　根据生态系统的层次和尺度,退化生态系统可划分为局部退化生态系统、中尺度的区域退化生态系统和全球退化生态系统。根据退化过程和生态学特征,退化生态系统可以划分为不同的类型:陆域生态系统的退化、水生生态系统的退化和大气生态系统的退化。其中陆域的退化生态系统的研究较多,包括以下几种。

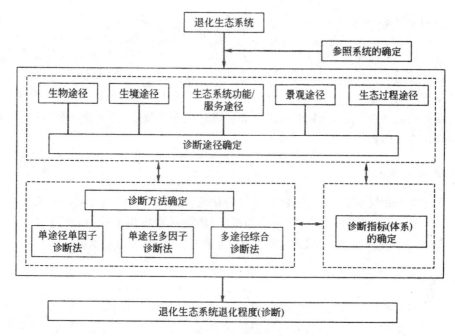

图 6-2 生态系统退化程度诊断

(1)裸地(barren)或称为光板地。又可分为原生裸地(primary barren)和次生裸地(secondary barren),通常因极端的环境条件而形成,具有环境条件较为潮湿、干燥或盐渍化程度较深、缺乏甚至没有有机质、基质性移动较强等特点。

(2)森林采伐迹地(logging slash)。是人为干扰形成的退化类型,其退化的程度随采伐强度和频度而异。

(3)弃耕地(abandoned till,discard cultivated)。是另一人为干扰形成的退化类型,其退化状态随弃耕的时间而异。

(4)沙漠(desert)。可由自然干扰和人为干扰形成。荒漠化使得全球大量的耕地消失。

(5)废弃地。主要包括工业废弃地、采矿废弃地、垃圾堆放场等。

(6)受损水域。主要是指人为干扰(如生活和工业废水的直接排放)使得水域的功能降低。

(二)生态退化的特征

从生态学角度分析,生态退化具有以下 7 个方面的主要特征。

1. 物种组成的变化

退化生态系统中的生物物种的组成发生明显的变化。变化程度与不同地区的环境条件、不同的生物类型、不同的物种组成、不同类型的繁殖更新方式、不同的破坏或干扰类型及强度有关。当受到强烈干扰时,往往会导致物种数量减少,原有的某些物种消失,随之而来的是一些动物和微生物的种类消失。如森林砍伐后,原有的森林植物种类消失。生态系统物种组成的变化是生态退化的关键过程。

2. 群落结构和演替的变化

生物群落是一个由植物、动物和微生物组成的体系,这个体系具有特定的结构和演替规律。当植物群落受到外界因子的干扰时,群落结构会发生重大变化,使群落的演替发生改变。在相同的干扰下,不同的群落对干扰的反应不同。草原对干扰的抵抗能力差,但恢复能力较强;相反,森林的抵抗能力强,恢复能力弱。如在森林生态系统中,受砍伐、火烧等干扰的影响,使森林的演替重新回到次生演替阶段。

3. 能量流动的变化

由于退化生态系统食物关系的破坏,能量转化及传递效率会随之降低。主要表现为:系统光合作用能力减弱,能流规模减小,能流格局减弱;能流过程发生变化,捕食过程减弱或消失,腐化过程弱化,矿化过程加强而储藏过程减弱;能量损失增多,能流效率降低。

4. 生态系统生产力的变化

生态系统具有特定的结构和功能。根据生态系统结构与功能统一的原则,受损生态系统物种组成和群落结构的变化,必然会导致能流和物流的改变,通常表现为生态系统生产力明显的下降,包括生态系统初级生产力的降低和次级生产力的下降。

5. 土壤和生境的变化

植被是土壤形成和发育的一个重要因素。植被的变化可以直接影响土壤的性质,所以植被受到干扰和破坏的生态系统,土壤退化较严重,退化的类型有土壤侵蚀、地力衰退、土壤荒漠化、土壤盐渍化、泥石流等,这些现象基本上都与植被的消退有关。土壤的这种损失对生态系统的恢复甚至区域环境的影响是极其深刻的。退化系统的大面积出现,还可能影响生境小气候,甚至区域性气候。如热带雨林被大面积改种林相结构简单的橡胶林后,会使原来的土壤和区域性气候发生改变。

6. 种间关系的变化

在稳定的群落中,生物之间保持一种稳定的、动态平衡的关系。物种的种类、数量都相对较为固定。在生态系统受到干扰后,原有的种间关系被打破,从而影响生态系统结构、功能以及生物多样性。如珊瑚礁遭到破坏后,降低了环境空间的异质性,使当地一些鱼类的保护地消失,鱼类更容易遭到捕食者的捕食,种间关系改变,生物多样性降低。

7. 系统稳定性变化

稳定性是生态系统最基本的特征。在正常生态系统中,生物相互作用占主导地位,环境的随机干扰较小,系统在某一平衡附近波动。有限的干扰所引起的偏离将被系统固有的生物相互作用(反馈)调节,系统会很快回到原来的状态。在退化生态系统中,由于其结构和功能的改变,导致自我调节能力降低,稳定性减弱。

第二节　恢复生态学基本理论

生态恢复是针对受损生态系统而言的,受损就是生态系统的结构、功能和关系的破坏,因而,生态恢复就是恢复生态系统合理的结构、高效的功能和协调的关系。生态恢复的目标是使受损的生态系统恢复到它原来的或有用的状态,使受损的生态系统明显融合在周围的景观中,或看上去像某一熟悉的且可接受的环境。

由此可见,恢复不等于复原,恢复包含着创造与重建,而这些创造和重建都是以恢复生态学原则为指导,与其相关的理论基础如下所述。

(1)生态系统干扰因子原理。干扰是使生态系统发生变化的主要原因,正常的生态系统是生物群落与自然环境取得平衡的自我维持系统,各组成部分的发展变化是按照一定的规律并在某一平衡位置作一定范围的波动,从而达到一种动态平衡。但是,生态系统的结构和功能可以在自然和人为干扰下发生位移,打破了原有生态系统的平衡状态,使系统的结构和功能发生变化,形成破坏性波动或恶性循环,这样的生态系统被称为受损生态系统。由于致损因子不同,受损生态系统的具体表现也不同,受损的类型、强度、空间分布及变化趋势也不同。

(2)生态受损机理和受损过程原理。生态系统内部的各组成成分对干扰因子及干扰程度的适应机理是有时空顺序并相互制约的。环境条件、生物组成、种群行为、群落功能、养分循环、演替、竞争、捕食、生物与非生物因子间相互作用等基本生态过程和行为特征,在不同致损因子及不同受损等级下表现也是不同的。只有找出可逆性损害和不可逆性损害的临界点,才能为受损生态系统的恢复提供理论和技术支持。

(3)人类活动为主导干扰因子原理。实践证明,自然干扰和人为活动干扰的结果是有显著区别的,前者使生态系统退回到生态演替的早期状态,生态演替过程中一系列变化所产生的正负反馈作用,使演替趋于一种稳定状态;同时,生物种群不断改变自然环境,使环境条件变得有利于其他种群,直到在生物与非生物因素之间达到动态平衡。而在人为干扰下,生态演替可能加速、延缓、改变方向甚至朝相反方向进行。如草原过度放牧超出草地生态系统的调节能力,引起植被的"逆行演替"。对于一些自然条件恶劣的地区,人为干扰会引起环境的不可逆变化,要恢复到原来的良好状态已不可能。

(4)生态恢复的机理与方法。退化生态系统的生态恢复要求在遵循自然规律的基础上,通过人类活动,根据生态上健康、技术上适当、经济上可行、社会上能接受的原则,对生态系统重构或再生,使受害或退化生态系统重新健康发展,使之有益于人类生存和生活。生态恢复的原理一般包括自然法则原理、社会经济技术原理和美学原理三个方面。自然原理是生态恢复的基本原则,强调的是将生态工程学原理应用于系统功能的恢复,最终达到系统的自我维持。社会经济技术原理是生态恢复的基础,在一定程度上制约生态恢复的可能性、水平和深度。美学原理是指生态恢复应给人以美的享受。

生态恢复的难易取决于要恢复的生态系统退化的程度,即原生生态系统的结构或过程受到干扰破坏的程度。如果在生态系统没有被完全破坏之前排除干扰,退化会停止并开始恢复,如果被破坏后才排除干扰,退化就很难被阻止,甚至可能会加剧。

退化生态系统的恢复时间与生态系统类型、退化程度、恢复方向、人为促进程度等密切相关。一般来说,退化程度轻的生态系统恢复时间要短一些;湿热地带的恢复比干冷地带快。不同的生态系统恢复时间也不一样,与生物群落恢复相比,一般土壤恢复时间最长,农田和草地要比森林恢复得快些。

目前在生态恢复实践中采用的基本程序包括:确定恢复对象的时空范围;评价样点并鉴定导致生态系统退化的原因及过程;找出控制和减缓退化的方法;根据生态、社会、经济和文化条件决定恢复与重建生态系统的结构和功能目标;制定易于测量的成功标准;发展并推广在大尺度情况下完成相关目标的实践技术;恢复实践;与土地规划、管理策略部门交流有关理论和方法;监测恢复中的关键变量与过程,并根据出现的新情况做出适当的调整。

第三节　退化生态系统恢复的技术方法

进行生态恢复工程的目标无外乎以下四个。

(1)恢复诸如废弃的矿地这样极度退化的生境。

(2)提高退化土地上的生产力。

(3)在被保护的景观内去除干扰以加强保护。

(4)对现有生态系统进行合理利用和保护,维持其服务功能。

虽然恢复生态学强调对受损生态系统进行恢复,但恢复生态学的首要目标仍然是保护自然的生态系统,因为保护在生态系统恢复中具有重要的参考作用;第二个目标是恢复现有的退化生态系统,尤其是与人类关系密切的生态系统;第三个目标是对现有的生态系统进行合理管理,防止退化;第四个目标是保护区域文化多样性并实现可持续发展。

总之,根据不同的社会、经济、文化与生活需要,人们往往会对不同的退化生态系统制定不同水平的恢复目标(图 6-3)。但是无论对什么类型的退化生态系统,应该存在一些基本的恢复目标或要求。这些基本的目标和要求包括以下六个方面。

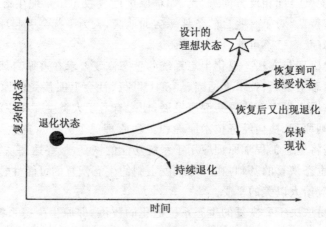

图6-3　退化生态系统的恢复方向

（1）实现生态系统的地表基底稳定性，因为地表基底（地质地貌）是生态系统发育与存在的载体，基底不稳定（如滑坡），就不可能保证生态系统的持续演替与发展。

（2）恢复植被和土壤，保证一定的植被覆盖率和土壤肥力。

（3）增加种类组成和生物多样性。

（4）实现生物群落的恢复，提高生态系统的生产力和自我维持能力。

（5）减少或控制环境污染。

（6）增加视觉和美学享受。

退化生态系统的恢复与重建要求在遵循自然规律的基础上，通过人类的作用，根据技术上适当、经济上可行、社会能够接受的原则，使受害或退化生态系统重新获得健康并有益于人类生存与生活的生态系统重构或再生过程。简言之，生态恢复与重建的原则一般包括自然法则、社会经济技术原则、美学原则三个方面（表6-2）。其中，自然法则是生态恢复与重建的基本原则，社会经济技术原则是生态恢复与重建的后盾和支柱，美学原则则强调生态恢复与重建应该给人以美的享受。

表 6-2　生态恢复需遵循的原则

生态恢复重建原则	自然法则	地理学原则	区域性、差异性、地带性原则
		生态学原则	生态演替原则、生物多样性原则、生态位与生物互补原则、物能循环与转化原则、物种相互作用原则、食物链/网原则
		系统原则	整体原则、协同恢复重建原则、耗散结构与开放性原则、可控性原则
	社会经济技术原则		经济可行性与可承受性原则、技术可操作性原则、社会可接受性原则、无害性原则、最小风险原则、生物生态与工程技术相结合原则、效益原则、可持续发展原则
	美学原则		最大绿色原则、健康原则

生态恢复工程需要应用生态学、景观生态系和生态工程原理，结合其他自然、社会学科的知识和现代生物、信息技术手段，对多时空尺度上具有特定自然或人类效益的生态因子与生物因子多样性、结构和功能过程进行整合、规划、设计和集成，以最大限度地再建特定的自然生态系统、人工生态系统和人类生态系统。由于不同退化生态系统（如森林、草地、农田、湿地、海洋等）存在地域差异性，加上外部干扰类型和强度的不同，因而导致生态系统表现出不同的退化类型、阶段和程度。在不同类型退化生态系统的恢复过程中，其恢复目标、侧重点和技术方法都会有所不同。对于一般的退化生态系统的生态恢复而言，大致需要涉及以下几类基本的恢复技术体系（表6-3）。

表6-3　生态恢复的技术体系

恢复类型	恢复对象	技术体系	技术类型
非生物环境因素	土壤	土壤肥力恢复技术	少耕、免耕技术；绿肥与有机肥施用技术；生物培肥技术（如EM技术）；化学改良技术；聚土改土技术；土壤结构熟化技术
		水土流失控制与保持技术	坡面水土保持林、草技术；生物篱笆技术；土石工程技术（小水库、谷坊、鱼鳞坑等）；等高耕作技术；复合农林牧技术
		土壤污染、恢复控制与恢复技术	土壤生物自净技术；施加抑制剂技术；增施有机肥技术；移土客土技术；深翻埋藏技术；废弃物的资源化利用技术
	大气	大气污染控制与恢复技术	新兴能源替代技术；生物吸附技术；烟尘控制技术
		全球变化控制技术	可再生能源技术；温室气候的固定转换技术（如利用细菌、藻类）；无公害产品开发与生产技术；土地优化利用与覆盖技术
	水体	水体污染控制技术	物理处理技术（如加过滤、沉淀剂）；化学处理技术；生物处理技术；氧化塘技术；水体富营养化控制技术
		节水技术	地膜覆盖技术；集水技术；节水灌溉（渗灌、滴灌）
生物因素	物种	物种选育与繁殖技术	基因工程技术；种子库技术；野生生物种的驯化技术
		物种引入与恢复技术	先锋种引入技术；土壤种子库引入技术；乡土种种苗库重建技术；天敌引入技术；林草植被再生技术
	种群	物种保护技术	就地保护技术；迁地保护技术；自然保护区分类管理技术
		种群动态调控技术	种群规模、年龄结构、密度、性比例等调控技术
		种群行为控制技术	种群竞争、他感、捕食、寄生、共生、迁移等行为控制技术
	群落	群落结构优化配置与组建技术	林灌草搭配技术；群落组建技术；生态位优化配置技术；林分改造技术；择伐技术；透光抚育技术
		群落演替控制与恢复技术	原生与次生快速演替技术；封山育林技术；水生与旱生演替技术；内生与外生演替技术
生态系统	结构功能	生态评价与规划技术	土地资源评价与规划；环境评价与规划技术；景观生态评价与规划技术；4S辅助技术（RS、GIS、GPS、ES）
		生态系统组装与集成技术	生态工程设计技术；景观设计技术；生态系统构建与集成技术
景观	结构功能	生态系统间链接技术	生态保护区网络；城市农村规划技术；流域治理技术

(1)非生物或环境要素(包括土壤、水体、大气等)的恢复技术。

(2)生物因素(包括物种、种群和群落等)的恢复技术。

(3)生态系统(包括结构和功能)的恢复技术。

退化生态系统恢复的基本过程按其恢复的对象层次可以简单表示为:基本结构组分和单元的恢复—组分之间相互关系(生态功能)的恢复寸整个生态系统的恢复—景观恢复。其中植被恢复是重建任何生物群落和生态系统的基础,其过程通常可以表示为:适应性物种的引入—土壤肥力的缓慢积累、结构的缓慢改善—新的适应性物种的进入—新的环境条件的变化—新的群落建立。

对于一个生态恢复工程或者项目来说,其包括的重要程序有以下几步(图6-4)。

(1)接受恢复工程或项目,对要恢复的对象进行分类和描述,确定恢复对象的时空范围。

(2)评价并鉴定导致生态系统退化的原因及过程,尤其是关键因子。

(3)确定生态恢复所要达到的结构和功能目标,尤其要确定优先恢复目标。

(4)设计恢复方案,选择参照系统并制定易于测量的恢复成功标准。

(5)恢复实践过程。

(6)对恢复过程进行监测和评估,并根据出现的新情况做出适当的调整。

(7)生态恢复的后续监测和评价管理。

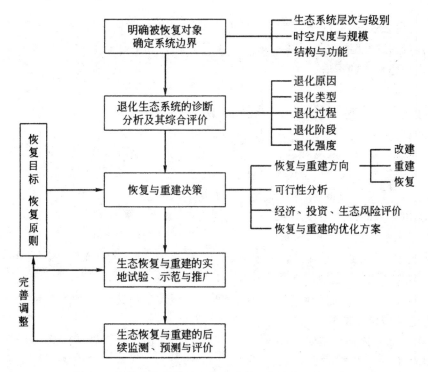

图 6-4　退化生态系统恢复与重建的一般操作程序与内容

第四节　典型退化生态系统的恢复

一、裸地的恢复

裸地的特点是土地极度贫瘠,其理化结构也很差。由于这些生态系统总是伴随着严重的水土流失,每年反复的土壤侵蚀更加剧了生境的恶化,因而极度退化生态系统很难在自然条件下恢复植被。对裸地的整治,第一步就是控制水土流失。

在生物措施中,首先是植物措施。植物在退化生态系统恢复与重建中的基本作用就是:利用多层次、多物种的人工植物群落的整体结构,控制水土流失;利用植物的有机残体和根系穿透力,促进生态系统土壤的发育形成和熟化,改善局部环境,并在水平和垂直空间上形成多格局和多层次,造成生境的多样性,促进生态系统多样性的形成;利用植物群落根系错落交叉的整体网络结构,增加固土、防止水土流失的能力,为其他生物提供稳定的生境,逐步恢复业已退化的生态系统。

对裸地的生态恢复,有针对性地分阶段进行综合治理和研究是很必要的。早期适宜的先锋植物种类对退化生态系统的生境治理具有重要作用。在后期进行多种群的生态系统构建时,更要注意构建种类的选取。

二、退化森林生态系统的恢复方法

对森林生态系统进行恢复和重建,是防止其退化的主要措施(图 6-5)。一般来说,受损森林生态系统的修复应根据受损程度及所处地区的地质、地形、土壤特性及降水等气候特点确定修复的优先性与重点。比如,热带和亚热带降水量较大的地区,森林严重受损后裸露的土壤极易被侵蚀,坡度较大的地区还会发生泥石流或塌方等,破坏植被生存的基本环境条件。因此,对这类受损生态系统进行修复时,应优先考虑对土壤等自然条件的保护,可采取一些工程措施和生态工程技术,如在易发生泥石流的地区进行工程防护,对坡地设置缓冲带或栽种快速生长的适宜草类以保持水土等,在此前提下再考虑对生物群落的整体修复方案。干扰程度较轻且自然条件能够保持较稳定的受损生态系统,则重点要考虑生物群落的整体修复。

森林生态系统常用的修复方法主要有如下几方面:

(1)封山育林。这是最简便易行、经济有效的方法,封山可最大限度地减少人为干扰,为原生植物群落的恢复提供适宜的生态条件,使生物群落由逆向演替向正向演替发展,使被破坏的森林生态系统逐渐恢复到健康状态。

(2)林分改造。为了促进森林的快速演替,可对受损后处于演替早期阶段的群落进行林分改造,引种当地植被中的优势种、关键种和因受损而消失的重要生物种类,以加速生态系统正向演替的速度。

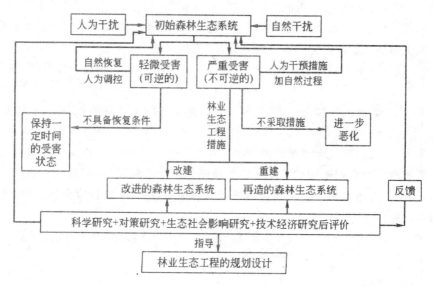

图 6-5　退化森林生态系统的恢复和重建

（3）透光抚育或遮光抚育。在南亚热带,森林的演替需经历针叶林、针阔叶混交林和阔叶林阶段,在针叶林或其他先锋群落中,对已生长的先锋针叶树或阔叶树进行择伐,可促进林下其他阔叶树的生长,使其尽快演替成顶极群落。

在东北,由于红松纯林不易成活而纯的阔叶树(如水曲柳等)也不易长期存活,有的科学家提出了"栽针保阔"的人工修复途径,实现了当地森林的快速修复。这种方法主要是通过改善林地环境条件来促进群落正向演替。

（4）林业生态工程技术。林业生态工程技术是生态工程的分支,是根据生态学、林学及生态控制论原理,设计、建造与调控以木本植物为主的人工复合生态系统的工程技术,是受损生态系统恢复与重建的重要手段,其目的在于保护、改善和持续利用自然资源与环境。

通过人工设计,在一个区域或流域内建造以木本植物群落为主体的优质、高效、稳定的多种生态系统的复合体,形成区域复合生态系统,达到对自然资源的可持续利用及环境的保护和改良。具体内容包括四个方面:区域的总体方案,即对一个区域的自然环境、经济、社会和技术因素进行综合分析,根据生态系统受损状况,合理规划布局区域内各种不同类型的生态系统,形成合理的镶嵌结构配置;时空结构设计,空间上,构建群落内种间共生互利互惠且能够充分利用环境资源的稳定高效生态系统;时间上,利用生态系统内物种生长发育的时间差别,调整物种的组成,实现对资源的充分利用;食物链设计,使森林生态系统的产品得到再转化和再利用;特殊生态工程的设计,主要是针对一些特殊环境条件的林业生态工程,如工矿区林业生态工程。

三、草地生态系统的恢复

很多原因都可以造成草地生态系统的退化,如自然因素(长期干旱、风蚀、水蚀、沙尘暴、鼠害、虫害等)和人为因素(如过度放牧、滥垦、采樵、开矿等)。草地退化是指草地生态系统在其演化过程中,其结构、能流和物质流等功能过程恶化,生态系统的生产和生态功能衰退,既包括"草"的退化,也包括"地"的退化。按其所在区域、成因及表现,草地生态系统的退化可分为以下几种:荒漠型退化、生境破坏型退化、杂草(灌木)入侵型退化、水土流失型退化、鼠害型退化、石漠型退化等。

退化草地生态系统的恢复有两类方法,一是改进现存的退化草地,二是建立新的草地。其具体措施如下。

(1)建立人工草地,减轻天然草地的压力。

(2)草地改良可以根据不同的退化草地类型而选用松耙和浅耕翻。

(3)草地补播,在不破坏和少破坏自然植被的前提下,播种一些适应性强、饲用价值高的牧草以加速植被恢复。

草地生态系统恢复的方式取决于其退化的程度。对不同类型的草地,其恢复方式也不尽相同。

(1)石灰质草地的恢复。主要手段包括:改良立地条件,控制灌木入侵;加强草地封育管理,恢复草地生物多样性;建植人工种群,重建草地植被等。

(2)热带稀树草地的恢复。主要手段包括:被动方法,即消除干扰,等待自然恢复;主动方法,即人工建植草地,利用外来物种组织侵蚀,改善土壤结构等。

(3)温带草地恢复。主要手段包括:改善土壤结构,提高土壤肥力;使用除草剂,控制杂草和外来物种;补播牧草,更新土壤种子库;火烧管理,促进植被恢复演替;调控畜群结构,控制合理放牧等。

四、农业弃耕地的恢复

随着世界人口的增加,为了养活更多的人口,很长一段时间以来,各国农业均以追求高产量、高利润为目的,耕作强度不断增加;单一种植、高强度灌溉现象的增加,农药、化肥和除草剂的推广使用,高产品种的扩大引种——人类过度干扰和对土地的过度索取导致了农田生态系统退化,形成大量的弃耕地。近年来,全球平均每年有约 $5 \times 10^6 \, hm^2$ 土地由于极度破坏、侵蚀、盐渍化、污染等原因,已经不能再生产粮食。弃耕地的恢复成为摆在世人面前一个重要的课题。

农业弃耕地的生态恢复有赖于土壤、作物、市场、经济条件和农民经验等因素的共同作用。由于弃耕地的组分多而复杂,而且组分间的相互作用也很复杂,这导致其恢复显得非常困难。总的来说,弃耕地恢复的程序包括:研究当地使用历史、适合于当地的乡土作物以及种植习惯、人类活动对农业生态系统的影响、健康农田土地特征和退化农田土地特征,特别是研究农业生态系统的组分的关系,分析退化原因;在小范围内进行针对退化症状的样方试验,研究农田生态系统恢复机理,控制污染并合理用水,进行土壤改良和作物品种更新换代,选用高产、高质的优良品种;成功后在大范围内推行,并及时进行恢复后的评估及改进。

弃耕地的恢复措施大致包括:模仿自然生态系统,降低化肥输入,混种,间作,增加固氮作物品种,深耕,施用农家肥,种植绿肥,改良土壤质地。建立合理的轮作制度与休耕制度,利用生物防治病虫害,建立农田防护林系统,利用廊道、梯田等控制水土流失,秸秆还田,农、林、牧相结合。此外。在恢复干旱及贫瘠农田时可采用渗透技术。

五、废弃地的生态恢复

废弃地(waste land),就是弃置不用的土地。这个概念囊括了很广泛的范围,从广义上说废弃地包括了在工业、农业、城市建设等不同类型的土地利用形式中,产生的种种没有进行利用的土地。这里讨论的废弃地专指在城市发展、工业建设中因为人类使用不当或者规划变动产生的荒弃没有加以利用的土地,包括矿区废弃地、城市工业废弃地和垃圾填埋场地等。

(一)矿区废弃地

植物在矿地上的自然定居过程极其缓慢,为了加速矿地的生态恢复,有必要根据矿地的具体条件,利用一定的技术措施开展人工恢复工作。

1. 基质改良措施

土壤是生态系统的基质与生物多样性的载体。因此,恢复过程中首先要解决的问题是如何将废渣或心土所形成的恶劣基质转变成能够生长植物的土壤。迄今为止,有关基质改良措施包括用表土覆盖,施用石灰、垃圾、化肥、有机肥等。还有一些其他基质改良措施。例如,矿地恢复初期,施肥能显著提高植被覆盖率,特别是瘠薄表土覆盖的矿地,提高的幅度更大。但是,化肥的效果只是短期的,停止施肥后,覆盖率、物种数和生物量都有可能下降。

2. 植物种类选择

尾矿植被恢复的成功很大程度上依赖于基质的改良和定居物种的正确选择。任何生态恢复都不只是解决土壤问题就能成功的,它必须要恢复整个生态系统这一复合体系。选择合适的植物种类在矿地上定居是实现恢复成功的另一重要举措。

植物种类主要选择有耐性和强修复功能的种类,选择定居的植物可以根据以下几方面来考虑:生命力强;耐性强;生长速度快;适应性强。

物种的选择应强调对土壤的适应性和对土壤的良性改造。适应性主要是指对土壤基质的适应性;对土壤的良性改造是指改造土壤的物理结构和增强土壤肥力,以提高基质的土壤化,增加基质的营养成分。在实践中,结合具体的尾矿类型和当地生态因子,采用合适的植物,加速尾矿废弃地的植被恢复。

3. 超富集植物的利用

超富集植物能够吸收高出环境污染量几倍的植物。在尾矿废弃地的植被恢复中,超富集植物的利用是普遍关注的方法。但迄今为止,超富集植物对金属污染地区的污染治理还没有取得很好的效果,基本上还处于超富集植物的筛选和富集机理的研究阶段。

4. 矿山废水的生态处理

矿山废水几乎都呈强酸性,pH 大多为 $2\sim4$,又称酸性矿水。矿山的废水排放一直是备受关注的主要环境问题之一,矿山废水因其酸度高,排放量大,固体悬浮物、重金属等严重超标,处理难度很大。随着人们对高等植物,特别是高等水生植物废水处理效能的认识,人工湿地迅速发展成为一种新兴的污水处理系统。人工湿地是一种廉价、有效的生态效益较明显的污水处理系统,一些发达国家已经开始用它部分替代传统的污水处理方法,并展现出很好的前景。

5. 植被的恢复

矿地生态恢复首先要考虑的是恢复地带性植被,即将矿地恢复到开矿前原有景观或与周围景观一致或协调的状态。在理论上,原有景观是"最适景观"与"最美景观",而且生态系统建立起来后能自我维持,长期稳定,无须再增加管理投入。但要基本恢复到原有状态,特别是生物多样性要达到原有水平是相当困难的,而且需要经过相当长的时间。

6. 废弃矿区复垦

土地复垦的主要目的是复原破坏前的状态或近似于破坏前的状态;而重建指根据破坏前制定的规划,将破坏土地恢复到稳定的和长久的用途,这种用途和破坏前一样,也可以在更高的程度上用于农业,或改作娱乐休闲地、野生动物栖息地等。

废弃矿区通常采用工程复垦方式进行恢复。可以采用充填复垦类型模式和非充填复垦类型模式来进行煤矿塌陷地的复垦。

(1)充填复垦类型模式。充填复垦类型是利用矿区固体废渣为充填物进行充填复垦,包括以下两种模式:

①开膛式充填整平复垦模式。用于塌陷稍深、地表无积水、塌陷范围不大的地块,充填前首先将凹陷部分 0.5m 厚的熟土剥离堆积,然后以煤矸石充填凹陷处至离原地面 0.5m 处,再回填剥离堆积的熟土。

②煤矸石、粉煤灰直接充填。用于塌陷深度大、范围较小、无水源条件但交通便利的地块。向塌陷区直接排矸或矸石山拉矸充填,把煤矸石、粉煤灰直接填于塌陷区,从而提高复垦效率,避免矸石山对土地的占用,这种复垦若其利用目的是耕种,则需再填 0.5m 厚的客土。

(2)非充填复垦类型。非充填复垦类型即根据土地塌陷情况采用相应的土地平整等措施。根据不同的塌陷程度,非充填复垦类型常采用以下三种模式:

①就地平整复垦模式。用于塌陷深度浅、地表起伏不大、面积较大的地块,受损特征为高低起伏不大的缓丘,若塌陷地属土质肥沃的高产、中产田,则先剥离表土,平整后回填,若是土质差、肥力低的低产田,则直接整平,整平后可挖水塘,蓄水以备农用。

②梯田式整平复垦模式。适用于塌陷较深、范围较大的田块,外貌为起伏较大的塌陷丘陵地貌,根据陷后起伏高低情况,就势修筑梯田,形成梯田式景观。

③挖低垫高复垦模式。适用于塌陷深度大、地下水已出露或周围土地排水汇集,造成永久性积水的地块,此时,原有的陆地生态系统已转化为水域生态系统,复垦时将低洼处就地下挖形成水塘,挖出的土方垫于塌陷部分高处,形成水、田相间景观。水域部分发展水产养殖,高处

则发展农、林、果业。

这类复垦土地一般以农业利用为主,因此,除保证其作为农业用地所需的附属设施外,还需通过秸秆还田、增施有机质、埋压绿肥、豆科作物改良等配套措施,提高土地肥力。

(二)工业废弃地

根据城市工业废弃地的生态系统的退化程度,生态恢复也有两种不同的模式:一种是生态系统的损害没有超负荷,并且在一定的条件下可逆。对于这种生态系统,只要消除外界的压力和干扰,自然就可以使用本身的恢复能力达到对废弃地的生态恢复,对于这种生态系统,可以采取保留自然地的方法使其进行自然恢复。另一种是生态系统受到的损伤已经超过了系统的负荷,或者有害因素造成的生态系统损害是不可逆的。对于这种生态系统,需要人工加以干预才能使退化生态系统恢复。不过根据生态系统恢复的目的不同,也可以有所选择地使用恢复的方法。

一般来说,对城市工业废弃地进行生态恢复往往需要深入理解生态学的思想,在消除废弃地环境有害因素的前提下,对建设废弃地进行最小的干预。在废弃地的生态恢复中要尽量尊重场地的景观特征和城市中生态发展的过程,尤其是该场地对于城市的历史意义。尽可能地循环利用场地上的物质和能量。

(三)垃圾堆放场

目前在垃圾处置场地废弃地的生态恢复实践中,基本上都是先对原有的废弃地进行表土的更换和覆盖,然后采用植物恢复技术对原有的废弃地进行生态恢复。

由于生长在垃圾填埋场上的植物要面临填埋气体、垃圾渗滤液和最终覆土层的高温、干旱和贫瘠等诸多严峻的环境压力,很多研究者都强调了筛选耐性物种的重要性。选择植物的基本原则是其能够忍耐填埋气体和垃圾渗滤液的影响,并对干旱具有比较强的耐性。开展野外生态调查是获取耐性树种的重要途径。

对垃圾处置场地进行生态恢复,一般采用物理、化学和生物学多种方法进行生态恢复,但是除了上述的方面,垃圾处置场地的生态恢复还要注意几个特殊的方面,如垃圾处置场地中的填埋气体、垃圾渗滤液。

六、荒漠化的生态恢复

国内外实践证明,以生物治沙措施为主是固定流沙、阻截流沙和防治土地沙漠化的基本措施,包括建立人工植被或恢复天然植被以固定流沙;营造大型防沙阻沙林带,以阻截流沙对绿洲、交通沿线、城镇居民及其他经济设施的侵袭;营造防护林网,以控制耕地风蚀和牧场退化;保护封育天然植被,以防止固定、半固定沙丘和沙质草原的沙漠化危害。我国西北绿洲地区大力发展营造防风林阻沙林的重要措施,并且取得了卓越的成效。随着生物治沙而发展起来的机械沙障(人工沙障碍)和化学固沙制剂,则为稳定沙面、在沙丘和风蚀地上建立人工植被或天然植被创造了稳定的生态环境。

七、海岸带生态系统的恢复

人类的不合理开发降低了海岸带生态系统的自我恢复能力,并使海岸带生态环境产生退化。主要的表现为赤潮危害,红树林破坏,渔业资源下降,海水养殖过度,化肥农药污染,工业和生活污染,海岸工程建设、围海造田和海水入侵,固体垃圾污染等。

为了减少海岸带资源破坏和避免生态进一步恶化,利用人工措施对已受到破坏和退化的海岸带进行生态恢复是改善海岸带现状的重要途径之一。海岸带生态恢复的总体目标是,采用适当的生物、生态及工程技术,逐步恢复退化海岸带生态系统的结构和功能,最终达到海岸带生态系统的自我持续状态。一般来说,海岸带生态恢复包括以下措施。

(1)人工河流水系的重新设计。主要做法是:重新设计河口水系,拆除海岸线和入海河流上的一些障碍物,重新恢复泥沙自然沉积和自然的水力平衡,从而起到控制海水入侵、防止海岸沉陷、保护海岸带湿地的目的。

(2)人工鱼礁生物恢复和护滩技术。主要做法是:将结构物用石块加重沉到水底来为鱼类提供栖息和觅食地;建造新型人工鱼礁来保护水生动物,以提高海岸带的生物量;应用其他技术形成类似天然珊瑚礁的生长过程,在鱼礁不断增长的同时促进周围生物量的增长,达到海岸带生物种群恢复和海岸带保护的目的。

(3)海岸带湿地的生物恢复技术。利用人工方法恢复和重建湿地是海岸带生态恢复的重要措施,主要做法有:在浅海区域修建坡状湿地,不同的水深处种植不同的湿地植被;修建梯状湿地可以减弱海浪冲击、促使泥沙沉积、保护海滩,同时也可以为海洋生物提供栖息地。

八、淡水生态系统的恢复

(一)湖泊和水库的生态恢复

湖泊和水库的退化是因为其自然演替过程中受到自然干扰和人类干扰,结构和功能发生改变使得环境质量下降,其退化主要是由于点源污染和非点源污染引起的。退化湖泊和水库水生生态系统的恢复可针对上述问题展开,其中最重要的,就是要控制富营养化问题。其恢复可以采取如下手段进行。

(1)切断污染源,减少营养盐的输入,这是富营养化湖泊和水库生态恢复的关键。

(2)污水深度处理,如采用沉淀剂净化水体、用活性炭吸附污染物质、用微生物降解水中的有机质等,种植各种水生植物吸附营养物质。

(3)面源截留净化,如采用暴雨存留池塘、自然湿地和内河磷的沉淀等手段。

(4)湖区生物调控技术,主要是优化养殖模式、生物操纵技术、新型生物净化剂的开发使用等。

(二)湿地的生态恢复

湿地具有"天然蓄水库""地球之肾""生物生命的摇篮"等美誉。湿地丧失和退化的原因主要有物理、生物和化学等三方面。它们具体体现如下：围垦湿地用于农业、工业、交通、城镇用地；筑堤、分流等切断或改变了湿地的水分循环过程；建坝淹没湿地；过度砍伐、燃烧或啃食湿地植物；过度开发湿地内的水生生物资源；堆积废弃物；排放污染物。此外，全球变化还对湿地结构与功能有潜在的影响。

　　由于湿地恢复的目标与策略不同，采用的关键技术也不同。根据目前国内外对各类湿地恢复项目研究的进展来看，可概括出以下几项技术：废水处理技术，包括物理处理技术、化学处理技术、氧化塘技术；点源、非点源控制技术；土地处理（包括湿地处理）技术、光化学处理技术；沉积物抽取技术；先锋物种引入技术；土壤种子库引入技术；生物技术，包括生物操纵（biomanipulation）、生物控制和生物收获等技术；种群动态调控与行为控制技术；物种保护技术等。这些技术有的已经建立了一套比较完整的理论体系，有的正在发展。在许多湿地恢复的实践中，其中一些技术常常综合应用，并已取得了显著效果。

（三）河流生态恢复

　　农业开发、工业点源污染、水土侵蚀、河岸放牧、伐木采矿、过度捕鱼以及生活废水的排放等，均可导致河流水量减少和水质下降、水中溶解氧减少、营养物质增加、水生生物减少、水体温度升高等后果，从而引起河流生态系统的退化。

　　相较于湖泊和水库的恢复来说，退化河流生态系统的恢复要容易得多。对于小的河流，只要切断污染源，常年保持水流状态，河流即可自然恢复；大的河流恢复起来要复杂得多。退化河流的恢复可以采取以下措施。

　　（1）严格控制污染源的排放，从源头上切断污染物的输入。

　　（2）清理泥沙和污染物，避免泥沙和污染物的沉积，恢复河流的正常运行。

　　（3）充分利用河滨或河岸水分和营养，恢复河岸带植被，建立河岸绿化带，吸引各种动物前来栖息。

　　（4）合理捕捞，严禁过量捕捞、滥捕，制定休渔制度并严格执行。

第七章 环境污染与生态环境影响评价

第一节 环境污染及污染物在生态系统中的迁移规律

一、污染物在生物体内的吸收、分布和排泄

(一)污染物在生物体内的吸收

吸收是指生物体接触的环境污染物通过各种途径透过机体的生物膜进入血液的过程。这一过程与氧和营养物质的吸收过程无本质差别。一般地,污染物被生物体吸收的途径有如下几类。

1. 经消化道吸收

饮水和由大气、水、土壤进入食物链中的环境污染物均可经消化道吸收,消化道是环境污染物最主要的吸收途径。环境污染物在消化道中主要以简单扩散方式通过细胞膜被吸收。化学物质的分子由生物膜浓度高的一侧向浓度低的一侧转运,称为简单扩散。简单扩散可能是化学物质透过生物膜的主要方式。在简单扩散过程中,化学物质并不与膜起反应,也不需要细胞提供代谢能量。哺乳动物在胃肠道中还以特殊的转运系统(如葡萄糖、乳糖、铁、钙和钠的转运系统)吸收营养物质和电解质物质。环境污染物也能被相同的转运系统所吸收,外来化合物在消化道吸收的多少与其浓度和性质有关,浓度越高吸收越多;脂溶性物质较易吸收,水溶性易离解的物质不易吸收。胃液酸度极高,弱有机酸(如苯酸)多以未电离的形式存在,它们易于扩散。脂溶性高,也易于吸收。而弱有机碱(如苯胺)在胃中高度电离,一般不易吸收。哺乳动物胃肠道具有吸收营养物质和电解质的多种特殊转运系统。有些环境污染物可通过竞争作用,经过这些主动转运系统而吸收。例如,5-氟尿嘧啶(5-FU)的吸收即可通过嘧啶转运系统;铊、钴、锰可由铁蛋白转运系统而被吸收;铅及某些具有二价正电荷的重金属可由钙转运系统而被吸收。小肠中的吸收与胃中相似,主要是通过单纯扩散。

2. 经呼吸道吸收

环境污染物经呼吸道的吸收以肺为主。肺泡上皮细胞层极薄,表面积大($50\sim100m^2$),而且血管丰富,所以气体、挥发性液体和气溶胶在肺部吸收迅速完全。吸收最快的是气体、小颗粒气溶胶(如烟雾)和脂/水分配系数高的物质。经肺吸收的外来化合物,直接进入血液循环而

分布全身。这是呼吸道吸收的特点,与经胃肠道吸收不同。气体、易挥发液体和气溶胶中的液体在呼吸道的吸收主要通过简单扩散。吸收情况受很多因素影响,主要取决于被吸收化合物的血液-气体分配系数 K,即气体在血液中的浓度(mg/dm^3)与在肺泡气中浓度(mg/dm^3)之比。分配系数对一种气体来说是一常数。例如,二硫化碳为 5,苯为 6.85,乙醚为 15,甲醇为 1500,可见乙醚、甲醇比二硫化碳容易吸收。气体在呼吸道的吸收还与相对分子质量、溶解度及肺通气量相关。气态物质的水溶性,决定其在呼吸道的吸收部位,水溶性高的化合物在上呼吸道被黏膜吸附;水溶性低的化合物,多进入呼吸道深部被吸收。对雾、粉尘等的吸收则取决于颗粒大小、比重、电荷及亲水性。小于 $10\mu m$ 的尘粒可直接经呼吸道上皮呼吸。

3. 经皮肤吸收

皮肤并不具有高度的通透性,它是一道较好的脂质屏障,将机体与外界环境隔离,使外来化合物不易穿透。但是有些外来化合物可以通过皮肤吸收,引起全身作用。例如,四氯化碳可通过皮肤吸收而引起肝损害。还有些农药可经皮肤吸收,甚至引起死亡,如某些有机磷农药。

(二)污染物在生物体内的分布

环境污染物经各种途径被吸收后,随血液和体液循环分布到全身组织细胞的过程叫分布。

环境污染物经吸收过程进入血液和淋巴液后,从理论上应均匀分布到全身各组织细胞,但是事实上并非如此,污染物在体内的分布并不均匀。各种化合物在体内的分布不一样,有些化合物极易透过某种生物膜,即可分布全身;有些化合物不容易透过生物膜,因此分布受到限制。各种生物膜对同种化合物的透过情况也不一致。有机污染物多在体内呈均匀分布,因为它们是脂溶性且非电解质。而无机污染物在体内则多呈不均匀分布,属电解质,根据它们的价态,在体内分布有一定规律。一价阳离子,如钾、钠、锂、铷、铯等,阴离子为五、六、七价的元素,如卤族元素等,一般在体内分布比较均匀;而二、四价的阳离子,如钙、钡、铝、铍、镭等,容易分布在骨骼中,镉、钌等由于与含巯基蛋白结合,多集中于肾脏。

此外,有些污染物由于具有高度脂溶性,可在机体某一器官浓集或蓄积。浓集或蓄积部位往往不是其主要毒性作用部位,仅起储存作用,储存的此种外来化合物往往不具活性。但也有例外,由于外来化合物在体内的储存部分与游离部分呈动态平衡,当游离部分逐渐消除时,储存的化合物可逐渐被释放进入人体循环。例如,DDT 可在脂肪中储存,但它并不影响脂肪代谢;而在动物实验中,当动物处于饥饿状态时,体内脂肪储备被动用,脂肪中储存的 DDT 就游离出来,并呈现毒作用。在体内储存或沉积的外来化合物,虽然不立即呈现毒性作用,却随时存在呈现毒性作用的可能性。

(三)生物体对污染物的排泄

排泄是一种化学物质及其代谢产物向机体外转运的过程,是机体内物质代谢全过程中的最后一个环节。外来化合物的排泄包括化学物质本身(母体化合物)、其代谢产物以及结合物。排泄的主要途径是通过肾脏随同尿液排出和经过肝脏随同胆汁混入粪便中而排出。此外,还有经过呼吸器官随同气体呼出,通过皮肤随同汗液以及随同唾液、乳汁、泪液和胃肠道分泌物等排泄途径。肾脏是最重要的高功效排泄途径,其转运方式为肾小球滤过(被动转运中的滤过)、肾小管简单扩散和肾小管主动转运,其中简单扩散和主动转运更为重要。经肾脏随同尿液排泄的化学物质数量超过其他各种途径排泄的总和。但是其他途径往往对某一特殊化学物质的排泄特别重要,例如,由肺部随同呼出气排出一氧化碳,由肝脏随同胆汁排泄 DDT 和铅等。毒物的排出是机体对毒物的一种解毒作用。

二、污染物在生态系统中的迁移、扩散

(一)污染物在大气中的迁移、扩散

1. 影响大气污染的气象因子

(1)气象的动力因子。污染物在大气中的扩散主要取决于三个因素:风、湍流和浓度梯度。风可使污染物向下风向扩散,湍流可使污染物向各方向扩散,浓度梯度可使污染物发生质量扩散。

①风的影响。风向频率是指一常时间内(年或月),某风向出现次数占各风向出现总次数的百分率。

$$风向频率=\frac{某风向出现次数}{各风向出现总次数}\times100\%$$

在实际工作中,往往将风向频率用风向频率玫瑰图表示。风向频率玫瑰图是指从一个原点出发,画许多条辐射线,每一条辐射线的方向就代表一种风向,而线段的长短则表示该方向风的出现频率,将这些线段的末端顺序连接起来所形成的图形。图 7-1 是上海市郊区某气象站 1994 年的风向频率玫瑰图。

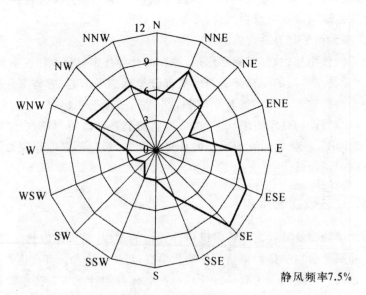

图 7-1　上海市郊区某气象站的风向频率玫瑰图(1994 年)

污染系数表示风向、风速综合作用对空气污染物扩散的影响程度,其表达式为:

$$污染系数 = \frac{风向频率}{该风向的平均风速}$$

由于地面对风有摩擦阻力作用,所以风速随高度的下降而减小(表 7-1)。100m 高处的风速,约为 1m 高处的 3 倍。

表 7-1 风速随高度的变化

高度(cm)	0.5	1	2	16	32	100
风速(m/s)	2.4	2.8	3.3	4.7	5.5	8.2

②大气湍流。湍流尺度的大小与污染物的扩散、稀释有很大的关系。当湍流的尺度比烟团的尺度小时,烟团向下风向移动,并进行缓慢的扩散,如图 7-2 所示。

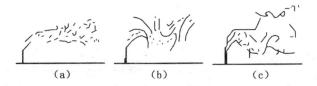

(a)　　　　　(b)　　　　　(c)

图 7-2　不同尺寸漩涡时烟流扩散状态

(2)气象的热力因子。由于地面吸收太阳辐射能比大气显著,故地表是大气的主要增温热源,从而导致对流层内气温随高度的增加而逐渐降低(图 7-3)。由于气象条件不同,可能出现气温随高度的增加而增加的情况,即逆温。出现逆温的大气层叫逆温层。根据逆温层出现的高度不同,可将其分为接地逆温层和上层逆温层(图 7-4)。

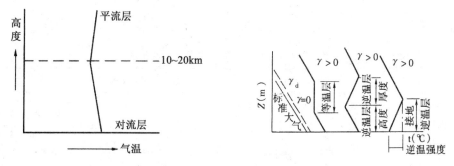

图 7-3　气象垂直分布图　　　　　图 7-4　典型的温度层结情况

大气的稳定度与气温垂直递减率 γ 和干绝热递减率 γ_d 有密切的关系。大气垂直运动的强弱,即大气的稳定度取决于 γ 与 γ_d 之比。

当大气处于稳定状态时,湍流受到抑制,大气对污染物的扩散、稀释能力弱;当大气处于不稳定状态时,湍流得到充分发展,扩散、稀释能力增强。

大气的污染状况与大气的稳定有密切的关系,现举例说明(图 7-5)。

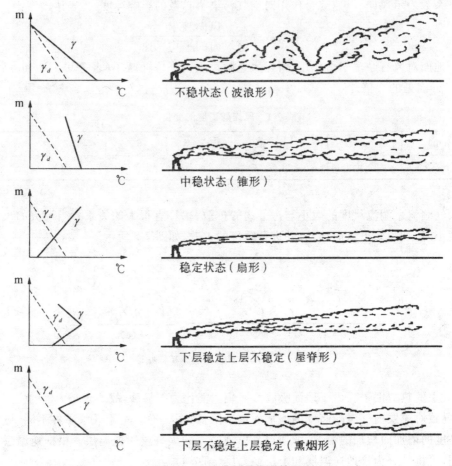

图 7-5　几处典型的烟流情况

上述五种烟流发生地点与大气温度层的关系如表 7-2 所示。

表 7-2　不同温度层结下的烟形及其特点

烟形	性状	大气状况	发生情况	与风、湍流关系	地面污染状况
波浪形	烟云在上下左右方向摆动很大,扩散速度快,烟云呈剧烈翻卷状,烟团向下风向输送	$\gamma > 0$,$\gamma > \gamma_d$,大气不稳定,对流强烈	出现于阳光较强的白天	伴随有较强的热扩散,微风	由于扩散速度快,近污染源地区污染物落地浓度高,一般不会形成烟雾事件
锥形	烟云离开排放口一定距离后,云轴基本上保持水平,外形似椭圆锥,烟云规则扩散能力比波浪形弱	$\gamma > 0$,$\gamma = \gamma_d$,大气处于中性稳定状态	出现于多云或阴天的白天,强风的夜晚或冬季夜间	高空风较大,扩散主要靠热力和动力作用	扩散速度、落地浓度较前者低,污染物输送较远

续表

烟形	性状	大气状况	发生情况	与风、湍流关系	地面污染状况
平展形	烟云在垂直方向扩散速度小,厚度在纵向变化不大,在水平方向上有缓慢扩散	$\gamma<0$,$\gamma<\gamma_d$,出现逆温层,大气处于稳定状态	多出现于弱晴朗的夜晚和早晨	微风,几乎无湍流发生	污染物可传送至较远地方,遇阻时不易扩散稀释,在逆温层下污染物浓度大
爬升形	烟云下侧边缘清晰,呈平直状,而其上部出现湍流扩散	排出口上方:$\gamma>0$,$\gamma>\gamma_d$,大气处于不稳定状态;排出口下方:$\gamma<0$,$\gamma<\gamma_d$,大气处于稳定状态	多出现于日落后,因地面有辐射逆温,大气稳定,高空大气不稳定	排出口上方有微风,伴有湍流;排出口下方,几乎无风,无湍流	烟囱高度处于不稳定层时,污染物不向下扩散,对地面污染较小
漫烟形	烟云上侧边缘清晰,呈平直状,下部有较强的湍流扩散,烟云上方有逆温层	排出口上方:$\gamma<0$,$\gamma<\gamma_d$,大气稳定;排出口下方:$\gamma>0$,$\gamma>\gamma_d$,大气不稳定	日出后地面低层空气增温,使逆温自下而上逐渐破坏但上部仍保持逆温	烟云下部有明显热扩散,上部热扩散很弱,风在烟云之间流动	烟囱低于稳定层时,烟云就像被盖子盖住似的,烟只向下扩散,地面污染严重

2. 地理因素

大气污染物从污染源排出后,因地理环境不同,受地形地物的影响,危害的程度也不同。如高层建筑,体形大的建筑物背风区风速下降,在局部地区产生涡流,如图 7-6 所示。这样就阻碍了污染物的迅速排走,而停滞在某一地区内,加深污染。

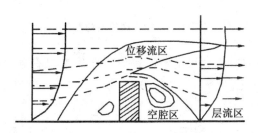

图 7-6　建筑物对气流的影响

地形和地貌的差异,造成地表热力性质的不匀性。近地层大气的增热和冷却速度不同,往往形成局部空气环流,其水平范围一般在 $10\sim12km$。局部环流对当地的大气污染起显著作用,典型的局部空气环流有海陆风(图 7-7)、山谷风(图 7-8)、城市热岛效应(图 7-9)等。

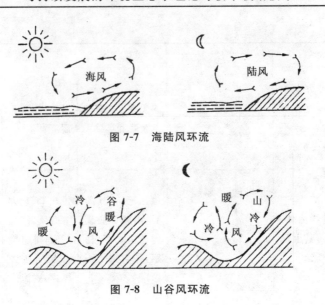

图 7-7　海陆风环流

图 7-8　山谷风环流

（a）静风时　　　　　　　（b）有地方风时

图 7-9　"热岛效应"引起的城乡空气环流

　　另外,在山风迎风面和背风面所受的污染也不相同(图 7-10)。污染源在山前上风侧时,对迎风坡会造成高浓度的污染。

图 7-10　过山风气流的影响

　　处于四周高,中间低的地区,如果周围没有明显的出口,则在静风而有逆温时,很容易造成高浓度的污染(图 7-11)。

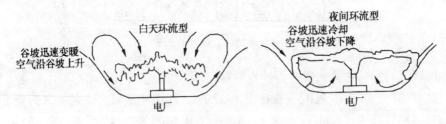

图 7-11　盆地谷风环流

（二）污染物在水体中的扩散

1. 河流水体中污染物扩散的稳态解

(1)一维模型。假定只在 x 方向存在污染物的浓度梯度,则稳态一维模型为

$$D_x \frac{\partial^2 c}{\partial x^2} - u_x \frac{\partial c}{\partial x} - Kc = 0$$

这是二阶线性偏微分方程,其特征方程为

$$D_x \lambda^2 - u_x \lambda - K = 0$$

由此可以求出特征根为

$$\lambda_{1,2} = \frac{u_x}{2D_x}(1 \pm m)$$

式中,

$$m = \sqrt{1 + \frac{4KD_x}{u_x}}$$

对于保守或衰减的污染物,λ 不应取正值,若给定初始条件为:$x=0$ 时,$c=c_0$。上式的解为

$$c = c_0 \exp\left[\frac{u_x x}{2D_x}\left(1 - \sqrt{1 + \frac{4KD_x}{u_x}}\right)\right]$$

对于一般条件下的河流,推流形成的污染物迁移作用要比弥散作用大得多,在稳态条件下,弥散作用可以忽略,则有

$$c = c_0 \exp\left(-\frac{K_x}{u_x}\right)$$

$$c_0 = \frac{Qc_1 + qc_2}{Q + q}$$

式中,Q 为河流的流量;c_1 为河流中污染物的本底浓度;q 为排入河流的污水的浓度;c_2 为污水中某污染物浓度;c 为污染物的浓度,它是时间 t 和空间位置 z 的函数;u_x 为断面平均流速;K_x 为污染物的衰减速度常数。

(2)二维模型。如果一个坐标方向上的浓度梯度可以忽略,假定$\frac{\partial c}{\partial z} = 0$,则有

$$D_x \frac{\partial^2 c}{\partial x^2} + D_y \frac{\partial^2 c}{\partial y^2} + D_z \frac{\partial^2 c}{\partial z^2} - Kc = 0$$

在均匀流场中可以得到解析解

$$c(x,y) = \frac{Q}{4\pi h (x/u_x)^2 \sqrt{D_x D_y}} \exp\left[-\frac{(y - u_y x/u_x)^2}{4D_y x/u_x}\right] \exp\left(-\frac{K_x}{u_x}\right)$$

式中,Q 为单位时间内排放的污染物量,即源强;其余符号同前。

如果忽略 D_x 和 u_x,则解为

$$c(x,y) = \frac{Q}{u_x h \sqrt{4\pi D_y x/u_x}} \exp\left(-\frac{u_x y^2}{4D_y x}\right) \exp\left(-\frac{K_x}{u_x}\right)$$

在河流右边界的情况下,河水中污染物的扩散会受到岸边的反射,这时的反射就会成为连锁式的。如果污染源处在岸边,河宽为 B 时,同样可以通过假设对应的虚源来模拟边界的反射作用,则

$$c(x,y)=\frac{Q}{u_x h\ \sqrt{4\pi D_y x/u_x}}\Big[\exp\Big(-\frac{u_x y^2}{4D_y x}\Big)+\sum_{n=1}^{\infty}\exp\Big(-\frac{u_x(2nB-y)^2}{4D_y x}\Big)+$$

$$\sum_{n=1}^{\infty}\exp\Big(-\frac{u_x(2nB+y)^2}{4D_y x}\Big)\Big]\exp\Big(-\frac{K_x}{u_x}\Big)$$

2. 河流水质模型

(1)生物化学分解。河流中的有机物由于生物降解所产生的浓度变化可以用一级反应式表达

$$L=L_0 e^{-Kt}$$

式中,L 为 t 时刻有机物的剩余生物化学需氧量;L_0 为初始时刻有机物的总生物化学需氧量;K 为有机物降解速度常数。

K 的数值是温度的函数,它和温度之间的关系可以表示为

$$\frac{K_T}{K_{T_1}}=\theta^{T-T_1}$$

若取 $T_1=20℃$,以 K_{20} 为基准,则任意温度 T 的 K 值为

$$K_T=K_{20}\theta^{T-20}$$

式中,θ 称为 K 的温度系数,θ 的数值在 1.047 左右($T=10℃\sim35℃$)。

在试验室中通过测定生化需氧量和时间的关系,可以估算 K 值。

河流中的生化需氧量(BOD)衰减速度常数 K_t 的值可以由下式确定

$$K_t=\frac{1}{t}\ln\Big(\frac{L_A}{L_B}\Big)$$

式中,L_A、L_B 为河流上游断面 A 和下游断面 B 的 BOD 浓度;t 为 A、B 断面间的流行时间。

如果有机物在河流中的变化符合一级反应规律,在河流流态稳定时,河流中的 BOD 的变化规律可以表示为

$$L=L_0\Big[\exp\Big(K_r\frac{x}{u_x}\Big)\Big]$$

式中,L 为河流中任意断面处的有机物剩余 BOD 量;L_0 为河流中起始断面处的有机物 BOD 量;x 为自起始断面(排放点)的下游距离。

(2)大气复氧。水中溶解氧的主要来源是大气。氧由大气进入水中的质量传递速度可以表示为

$$\frac{dc}{dt}=\frac{K_L A}{V}(c_s-c)$$

式中,c 为河流水中溶解氧的浓度;c_s 为河流水中饱和溶解氧的浓度;K_L 为质量传递系数;A 为气体扩散的表面积;V 为水的体积。

对于河流,$1/V=1/H$,H 是平均水深,c_s-c 表示河水中的溶解氧不足量,称为氧亏,用 D 表示,则上式可写作

$$\frac{\mathrm{d}D}{\mathrm{d}t}=-\frac{K_{\mathrm{L}}}{H}D=-K_{\mathrm{a}}D$$

式中，K_{a} 为大气复氧速度常数。

K_{a} 是河流流态及温度等的函数。如果以 20℃ 作为基准，则任意温度时的大气复氧速度的常数可以写为

$$K_{\mathrm{a\cdot r}}=K_{\mathrm{a\cdot 20}}\theta_{\mathrm{r}}^{T-20}$$

式中，$K_{\mathrm{a\cdot 20}}$ 为 20℃ 条件下的大气复氧速度常数；θ_{r} 为大气复氧速度常数的温度系数，通常 $\theta_{\mathrm{r}}\approx1.024$。

饱和溶解氧浓度 c_{s} 是温度、盐度和大气压力的函数，在 101.32kPa 压力下，淡水中的饱和溶解氧浓度可以用下式计算

$$c_{\mathrm{s}}=\frac{468}{31.6+T}$$

式中，c_{s} 为饱和溶解氧浓度，mg/L；T 为温度，℃。

（3）简单河段水质模型。描述河流水质的第一个模型是 S-P 模型。S-P 模型描述一维稳态河流中的 BOD-DO 的变化规律。

S-P 模型是关于 BOD 和 DO 的耦合模型，可以写作

$$\frac{\mathrm{d}L}{\mathrm{d}t}=-K_{\mathrm{d}}L$$

$$\frac{\mathrm{d}D}{\mathrm{d}t}=K_{\mathrm{d}}L-K_{\mathrm{a}}L$$

式中，L 为河水中 BOD 值；D 为河水中的氧亏值；K_{d} 为河水中 BOD 衰减（耗氧）速度常数；K_{a} 为河水中复氧速度常数；t 为河段内河水的流行时间。

上式的解析式为

$$L=L_{0}\mathrm{e}^{-K_{\mathrm{a}}t}$$

$$D=\frac{K_{\mathrm{d}}L_{0}}{K_{\mathrm{a}}-K_{\mathrm{d}}}(\mathrm{e}^{-K_{\mathrm{d}}t}-\mathrm{e}^{-K_{\mathrm{a}}t})+D_{0}\mathrm{e}^{-K_{\mathrm{a}}t}$$

式中，L_{0} 为河流起始点的 BOD 值；D_{0} 为河水中起始点的氧亏值。

上式表示河流水中的氧亏变化规律。如果以河流的溶解氧来表示，则为

$$O=O_{\mathrm{s}}-D=O_{\mathrm{s}}-\frac{K_{\mathrm{d}}L_{0}}{K_{\mathrm{a}}-K_{\mathrm{d}}}(\mathrm{e}^{-K_{\mathrm{d}}t}-\mathrm{e}^{-K_{\mathrm{a}}t})-D_{0}\mathrm{e}^{-K_{\mathrm{a}}t}$$

式中，O 为河水中的溶解氧值；O_{s} 为饱和溶解氧值。

上式称为 S-P 氧垂公式，根据上式绘制的溶解氧沿程变化曲线称为氧垂曲线（见图 7-12）。

在很多情况下，人们希望能找到溶解氧浓度最低的点——临界点。在临界点河水的氧亏值很大，且变化速度为零，则由此得

$$D_{\mathrm{c}}=\frac{K_{\mathrm{d}}}{K_{\mathrm{a}}}L_{0}\mathrm{e}^{-K_{\mathrm{d}}t_{\mathrm{c}}}$$

式中，D_{c} 为临界点的氧亏值；t_{c} 为由起始点到达临界点的流行时间。

临界氧亏发生的时间 t_{c} 可以由下式计算

$$t_{\mathrm{c}}=\frac{1}{K_{\mathrm{a}}-K_{\mathrm{d}}}\ln\frac{K_{\mathrm{d}}}{K_{\mathrm{a}}}\left[1-\frac{D_{0}(K_{\mathrm{a}}-K_{\mathrm{d}})}{L_{0}K_{\mathrm{d}}}\right]$$

S-P 模型广泛地应用于河流水质的模拟预测中，也用于计算允许的最大排污量。

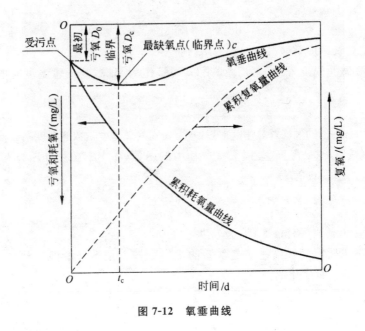

图 7-12　氧垂曲线

三、污染物在生物体内的转化

　　污染物的生物转化是指进入机体内的外来化合物,在体内酶催化下发生一系列代谢变化的过程,也称为生物代谢转化,其转化成的衍生物称为代谢物。肝、肾、胃、肠、肺、皮肤和胎盘等都具有代谢转化功能,其中以肝脏代谢最为活跃,其次为肾和肺等。根据化学物质的结构和反应性,经过生物代谢转化,原无毒或毒性小的化合物,能够被转化成有毒或毒性大的产物,这种转化叫作生物活化作用或生物增毒作用。相反,有毒的化学物质经代谢转化变成无毒或低毒的产物,这种转化叫作生物灭活作用或生物解毒作用。

　　通常,生物转化过程是将亲脂性毒物转化成极性较强的亲水性物质,以降低其通透细胞膜的能力,从而加速排出。但是有些毒物经生物转化,在体内生成新的毒性更强的化合物,称为致死性合成。例如,有机磷农药对硫磷和乐果,在体内分别可氧化成毒性更大的对氧磷和氧乐果;致癌物 3,4-苯并芘及各种芳香胺等,均需通过生物转化后,方可致癌;有机氯农药六六六可经不完全羟化形成环氧化物,进入细胞核,具有致癌活性。因此,污染物在体内的生物转化,与体内各组织器官的酶活性及相应的物理、化学、生化、生理效应的综合作用密切相关。嘌呤、类固醇、生物胺类衍生物等结构类似的毒物,可按体内营养物的代谢途径进行生物转化,而大多数污染物则通过一些非特异性酶的催化作用完成其生物转化过程。

(一)降解反应

　　污染物的生物转化过程中主要包括四种反应,即氧化反应、还原反应、水解反应和结合反应。通常将氧化反应、还原反应、水解反应称为外来化合物代谢转化的第一阶段或第一相反应;结合反应为第二阶段或第二相反应。在第一相反应中,外来化合物的分子往往出现一个极性反应基团,一方面使其易溶于水,更重要的是为下一步结合反应创造条件,使其有可能进行结合反应。大多数外来化合物都是先经过氧化反应、水解反应或还原反应,再经过结合反应,然后排出体外。

1. 微粒体混合功能氧化反应

大多数外来化合物的生物转化过程中都包括氧化反应。此种氧化反应主要由微粒体中的混合功能氧化酶催化。微粒体混合功能氧化酶(MFO)是镶嵌在细胞内质网膜上的一组酶,是毒物代谢反应的主要酶系。已经证明,该酶系主要由血红蛋白类(包括细胞色素 P-450 及细胞色素 b_5)、黄素蛋白类(包括 NADPH-细胞色素 c 还原酶和 NADH-细胞色素 b_5 还原酶)、脂类(主要是磷脂酰胆碱等成分)组成。其中细胞色素 P-450 最为重要,它是含有一个铁原子的卟啉蛋白,可以进行氧化还原。细胞色素 P-450 广泛存在于各种哺乳动物体内,鸟类、鱼类、两栖类,甚至细菌和真菌中都含有细胞色素 P-450。动物种属间混合功能氧化酶活性相差较大,甚至同一类不同品系也有差别,活性依下列顺序递减:哺乳动物>鸟类>鱼类。许多结构不同的外来化合物,凡具有一定脂溶性者,都可被微粒体混合功能氧化酶所氧化,并形成相应的氧化产物。反应类型包括脂肪族羟化(脂肪族氧化)、芳香族羟化、环氧化反应、氧化脱氨反应、N-脱烷基反应、N-羟化反应、金属烷脱烷基反应、S-氧化反应。

2. 微粒体外的氧化反应

在肝组织胞液、血浆和线粒体中,有一些专一性相对不太强的酶,它们可以催化某些外来化学物质的氧化与还原。属于这一类酶系统的酶有醇脱氢酶、醛脱氢酶、过氧化氢酶、黄嘌呤氧化酶和单胺氧化酶(MAO)等。例如,甲醇和乙醇一方面可在微粒体上通过细胞色素 P-450,在氧分子和 NADPH 存在下,被氧化为甲醛和乙醛;另一方面还可在醇脱氢酶作用下和受氢体 NAD 存在下,脱氢氧化成为酸,最后生成 CO_2 和 H_2O;此外,乙醇还可在过氧化氢存在下由过氧化氢酶催化成为乙醛和水。

3. 还原反应

毒物在生物体内可被还原酶催化还原,但是在哺乳动物组织内还原反应不活跃,而在肠道细菌体内还原反应能力是比较强的。含有硝基、偶氮基、羰基的外来化合物以及二硫化物、亚砜化合物和链烯(C_nH_{2n})化合物容易被还原,但往往不容易区别此种还原作用是通过有关的酶类催化还是一种非酶反应,是 NADPH、NADH 等生物还原剂作用的结果。哺乳动物肝脏中可检出硝基还原酶,在肾、肺、心脏和脑组织中也有此种还原酶,可在厌氧条件下由 NADPH 和 NADH 提供氢,催化硝基芳香族化合物还原。与此类似的还有偶氮还原酶,可催化芳香族偶氮化合物还原。例如,奶油黄(二甲氨基偶氮苯)和包括某些食用色素在内的偶氮色素都可通过这一方式还原。

4. 水解作用

有许多毒物,如酯类、酰胺类和含有酯键的磷酸盐取代物极易水解,水解后其毒性大都降低。在生物转化第一阶段各种反应中,与氧化和还原不同,水解反应不消耗代谢能量。在血浆、肝、肾、肠黏膜、肌肉和神经组织中有多种水解酶,微粒体中也有水解酶存在。各种水解酶中,酯酶在哺乳动物体内分布最为广泛,它能分解各种酯类化合物。机体内另一种常见的水解酶为酰胺酶,它可将酰胺类化合物水解成为酸类和胺类。

(二)结合反应

结合反应是进入机体的毒物在代谢过程中与某些内源性化合物或基团发生的生物合成反应,特别是有机毒物及其含有羟基、氨基、羰基、环氧基的代谢物最容易发生。所谓内源性化合物或基团往往是体内正常代谢过程中的产物。毒物及其代谢物与体内某些内源性化合物或基团结合所形成的产物称为结合物。在结合反应中需要有辅酶和转移酶,并且消耗代谢能量。

毒物在代谢过程中可以直接发生结合反应,也可先经过氧化反应、还原反应或水解反应等第一阶段生物转化反应,然后再进行结合反应。一般情况下,通过结合反应一方面可使毒物分子上某些功能基团失去活性以及丧失毒性;另一方面大多数毒物经过结合反应,极性(水溶性)增强,脂溶性降低,加速排泄过程,所以大都失去毒性或毒性有所降低,并排出体外。根据结合反应的机理,可将结合反应分成葡萄糖醛酸结合、硫酸结合、乙酰结合、甘氨酸结合、谷胱甘肽结合、甲基结合。

四、污染物在食物链中的迁移转化

环境中污染物的浓度,具有明显的随营养级升高而增大的现象。污染物在食物链中的流动和积累,已构成对生态环境质量和人体健康的严重威胁。污染物在食物链中的传递与放大是环境生态学的主要研究内容之一。

生物富集是指生物或处于同一营养级的许多生物种群,从周围环境中吸收并积累某种元素或难分解的化合物,导致生物体内该物质的浓度超过环境中浓度的现象。生物富集也称为生物浓缩、生物积累或生物放大。生物富集通常随着食物链的延伸而急剧增大,其富集量通常用富集系数(或浓缩系数、积累系数,BCF)表示。例如,金属汞的富集系数等于鱼体内的汞含量除以环境(水、大气、土壤)中的汞含量。

(一)重金属在土壤环境中的迁移转化

1. 重金属元素在土壤环境中主要的迁移、转化方式

(1)物理迁移。土壤溶液中的重金属离子或络合物可以随径流作用迁移,导致重金属元素的水平和垂直分布特征。

(2)物理化学迁移和化学迁移。重金属污染物通过吸附、络合、螯合等形式与土壤胶体相结合或者发生溶解或者沉淀。

(3)生物迁移。植物通过主动吸收、被动吸收等方式吸收重金属。一般来说,土壤中重金属含量越高,植物体内的重金属含量也越高。不同植物的累积有明显的种间差异,通常豆类＞小麦＞水稻＞玉米,重金属在植物体内的分布规律总体为根＞茎叶＞果壳＞籽实。

2. 土壤重金属污染特点

(1)迁移转化形式多样化。土壤中重金属的迁移转化形式几乎包括了化学过程、物理过程和生物过程等各种形式,表 7-3 是重金属的各种作用过程。重金属的物理和化学过程往往是可逆的,随物理、化学条件的改变而改变,但在特定环境下却表现出相对稳定性。

表 7-3　土壤环境中重金属各种作用过程及类型

作用过程类型	作用过程
化学过程	水合、水解、溶解、中和、沉淀、络合、解离、聚合、凝聚、絮凝等
生物过程	生物摄取、生物富集、生物甲基化等
物理过程	分子扩散、湍流扩散、混合、稀释、沉积、底部推移、再悬浮等

(2)在生物体内积累和富集。一般生物都有对重金属的积累能力,而且从低等生物到高等生物积累的浓度依次升高。例如,水中含有 1×10^{-10} 的汞,在经浮游生物、小虾、小鱼、大鱼食物链传递后再被人类食用可以浓缩 1 万～5 万倍。

(3)空间分布呈现明显的区域性。土壤重金属浓度往往与某地区的岩性和土壤类型有关,如某地区有重金属矿产则其土壤中的重金属浓度就会比较高;另外与该地区的工业类型关系密切,如该地区有大型的化工、印染、冶炼、电镀等行业,就可能导致该地区土壤中的重金属含量较高。

(4)在人体中呈慢性毒性过程。土壤重金属进入人体之后,在浓度较低时没有明显的毒理表现;随着重金属浓度的逐步增加,其会导致发生各种化学反应,影响代谢过程或酶系统,在经过几年或者几十年的时间才显示出来。

土壤是一个氧化还原体系,土壤的氧化还原状况对土壤重金属的迁移转化有重要影响。土壤水分状况、土壤中有机物和硫的含量是影响土壤氧化还原电位的重要因素。

当土壤处于淹水还原状态时,铜、锌、镉、铬等能形成难溶性化合物而固定于土壤中,这就减轻了它们的危害;反之,转化为氧化条件时,则增加其溶解性,即增加了它们的毒害。铁、锰的情况则完全相反。

土壤氧化还原电位较低时,可形成大量金属硫化物沉淀,从而使得有害重金属暂时脱离食物链。例如,当土壤氧化还原电位低于 -150×10^{-3} V 时,土壤溶液中镉、锌离子浓度急剧减少,而硫化镉和硫化锌沉淀大量形成。

(二)农药在土壤环境中的迁移转化

20 世纪 60 年代,科学家发现野生动物和鱼类体内 DDT、DDD 残留量很高。由于其化学性质稳定,有机氯农药能够在环境中长期残留。有机氯农药具有很高的脂水分配系数,导致其从水中和食物链途径积累于生物体,并且沿食物链逐级放大。牡蛎在 $0.1 \mu g/dm^3$ DDT 海水中,40d 富集系数达到 7 万多倍。尽管 DDT、六六六等有机氯农药已停止使用 20 多年,在美国沿海贝类体内至今仍然能够检测出 DDT 的代谢产物。根据最近的调查研究,白洋淀鱼类体内也仍然能够检测出 DDT 和六六六,鲫鱼肌肉中的 DDE(DDT 的代谢产物)含量平均为 14.1μg/kg(湿质量),六六六含量约为 21.0μg/kg(湿质量)。与 20 世纪 70 年代相比,分别下降了 54.2% 和 86.9%。

20 世纪 70 年代中期,天津蓟运河汉沽河段受到汞、DDT、六六六的严重污染。河水和底泥中的汞、DDT、六六六通过不同途径进入生物体内,并沿食物链迁移和放大,特别是 DDT 生物浓缩与放大现象十分明显。可能由于底泥污染的影响,底层杂食性鱼类(鲤鱼和鲫鱼)肌肉 DDT 含量最高,达到 5.87mg/kg(湿质量),积累系数达 9 万倍以上,大大超过食用卫生标准。六六六也有明显积累,污染严重时,鱼体内有明显的六六六粉气味,失去食用价值。六六六的生物浓缩系数较小,一般在 10^2 数量级。

鱼的种类不同,从污水中直接富集农药的能力可有较大差异。例如,0.15m 长的鳟鱼在 DDD 质量分数为 10×10^{-12} 的污水中,20d 后富集系数达到 2000 倍;而食蚊鱼完成这一浓缩过程,只需要 24h。同时一些试验的结果也指出,同种鱼类不同龄期,在富集能力上也有差异。与水生植物从污水中吸收农药的能力相比,污染环境中作物对农药的吸收要低得多。一般说来,陆生植物吸收土壤内残留农药的量要比土壤中的农药含量低得多。譬如,在种植大豆的土壤中含有质量分数 10^{-6} 的七氯,而在成熟大豆种子中七氯浓度为 0.10×10^{-6},是土壤中含量的 1/10。相反,将花生种植在七氯质量分数 0.16×10^{-6} 的土壤中,在成熟的花生种子中,农药的质量分数可达 0.67×10^{-6},为土壤中农药含量的 4 倍。

另外,土壤中残存的农药大多积贮在离表面土层 10cm 左右处。例如,苹果园连续使用 DDD 16 年后,停用 5 年再测定土壤中农药的含量,结果表明 DDD 异构体和分解产物的残留量约 80% 留在表土 10cm 处。作物从土壤中吸收残存农药的能力,也有种类上的差异,试验表明,一般最容易从土壤中吸收农药的作物是胡萝卜,其次是草莓、菠菜、萝卜、马铃薯、甘蔗等。而番茄、茄子、圆辣椒、卷心菜、白菜等不容易吸收土壤中的农药。总地来说,根菜、薯类吸收土壤中残存农药的能力较强,而叶菜类、果菜类较弱,仅黄瓜例外。至于作物品种间吸收农药的差异情况,有人比较了 10 种大麦品种吸收土壤中残存狄氏剂的能力,结果表明不同大麦品种实生苗中农药的残留量无显著差异。

从形成食品中农药残留的原因来看,生物富集与食物链是一个非常重要的途径。食物链有时也是造成生物体内农药富集的一种因素。一般肉、乳品中含有残留的农药,主要是禽畜取食了被农药污染的饲料,造成农药在有机体内的蓄积,尤其积累在动物体的脂肪、肝、肾等组织中。在动物体内的农药,有些也随乳汁排出,有些转移至卵、蛋中。

下面分析农药的降解。

1. 化学降解

化学农药在土壤中的化学降解包括水解、氧化、离子化等反应,矿物胶体表面、金属离子、氢离子、氢氧根离子、游离氧及有机质等在这些化学反应中往往具有催化作用。

农药在土壤中水解,有区别于其他介质的显著特点。在高有机质和低 pH 的土壤中,氯代均三氮苯有较高的水解反应速率。水解反应还随氯代均三氮苯在土壤上吸附量增加而增强,所以认为农药氯代均三氮苯化学水解的机制是吸附催化水解,具体反应如下:

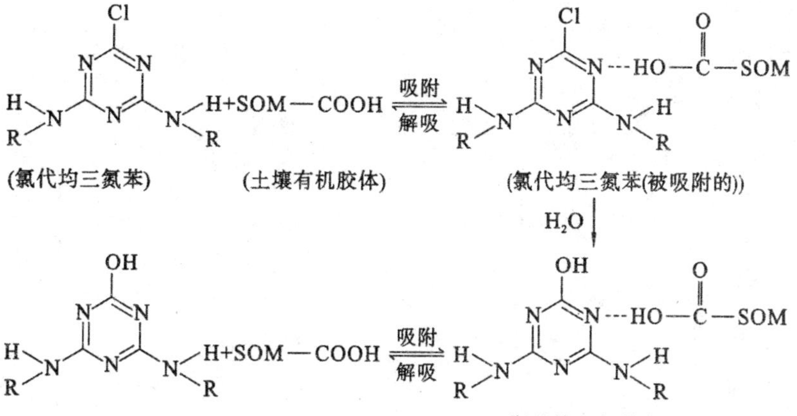

(氯代均三氮苯)　　(土壤有机胶体)　　(氯代均三氮苯(被吸附的))

(羟基均三氮苯(被吸附的))

实验也发现,各种磷酸酯或硫代磷酸酯农药在土壤中的降解,主要是化学水解,其反应为:

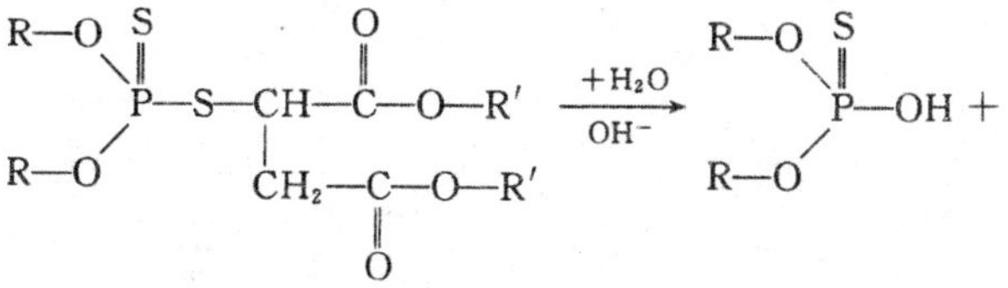

（马拉硫磷）

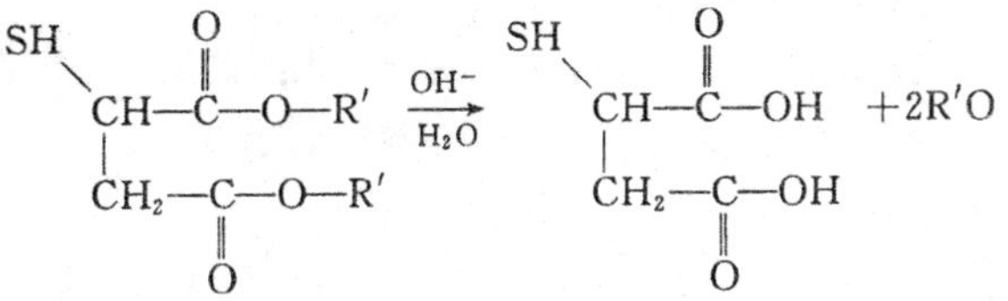

许多农药,如林丹、艾氏剂和狄氏剂在臭氧氧化或曝气作用下都能被去除。实验结果表明,氧化锰矿物以其强的氧化特性对化学农药的氧化降解意义重大。化学农药氧化降解生成羧基、羟基等,如 p,p'-DDT 脱氯产物 p,p'-DDD 可进一步氧化为 p,p'-DDA,具体反应如下:

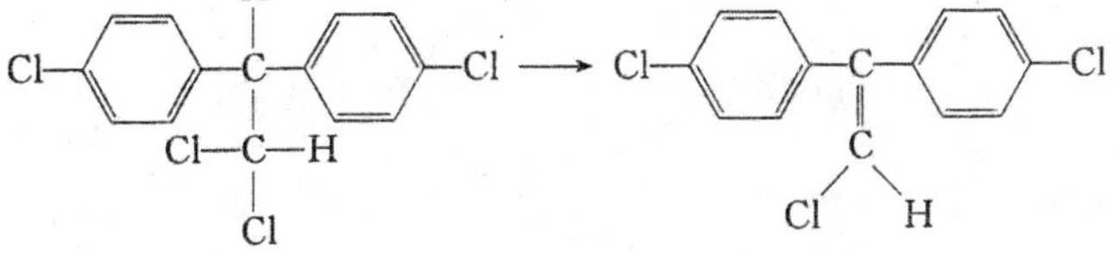

$(p,p'\text{-DDD})$　　　　　　(DDMU)

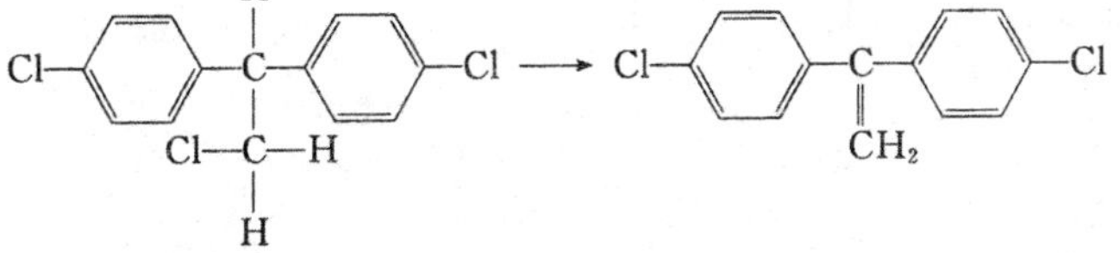

(DDMS)　　　　　　(DDNU)

(DDNS) → (DDOH)

(p,p'-DDA)

2. 光化学降解

除草快光解生成盐酸甲胺：

$$\left[H_3C-N \bigcirc\bigcirc N-CH_3 \right]Cl_2 \longrightarrow$$

$$\left[H_3C-N\bigcirc-COOH \right]Cl \longrightarrow CH_3NH_2 \cdot HCl$$

光化学降解对稳定性较差的农药作用明显,且不同类型的农药光解速率也差别很大。农药化合物对光的敏感性表明,光化学反应对土壤农药的降解有着潜在的重要性,是决定化学农药在土壤环境中残留期长短的重要因素。

化学农药光化学降解作用形成的产物有的毒性较母体低,有的毒性较母体更大。如辛硫磷经光催化、异构化反应,使其由硫酮式转变为硫醇式,毒性更大。

磷酸酯类农药,在紫外线照射下,如有水共存时,即可发生光水解反应。水解发生的部位,通常是在酯基上,产物的毒性小于母体。有机磷酸酯类农药的光降解如下：

$$\begin{array}{c} RO \\ \diagdown \\ P-O-R' \\ \diagup \\ RO \end{array} + H_2O \xrightarrow{h\nu} \begin{array}{c} RO \\ \diagdown \\ P-OH \\ \diagup \\ RO \end{array} + R'OH$$

3. 微生物降解

(1)氧化作用。氧化是微生物降解农药的重要酶促反应,有多种形式。如 p,p'-DDT 脱氯产物 p,p'-DDNS 在微生物氧化酶作用下,可进一步氧化形成 DDA。

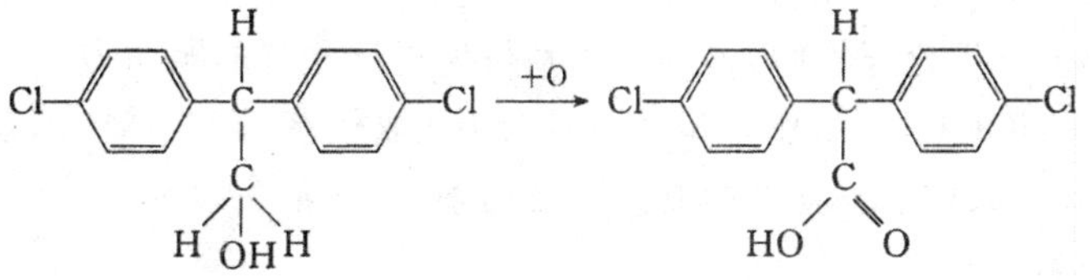

(DDA)

（2）还原作用。某些农药在厌氧条件下发生还原作用，如在厌氧条件下氟乐灵中的硝基被还原为氨基。又如有机磷农药甲基对硫磷，经还原作用，硝基还原为氨基，降解成甲基氨基对硫磷。

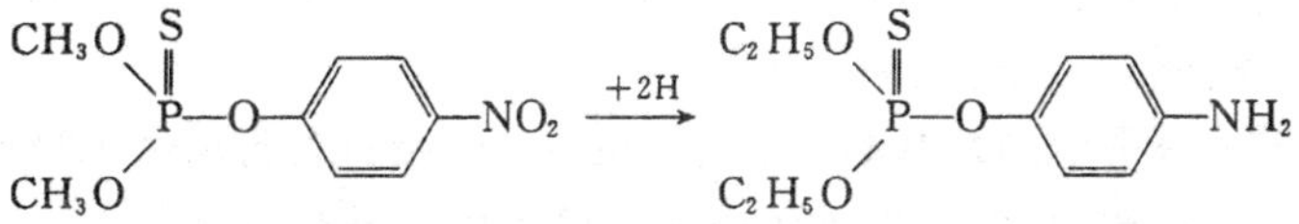

（甲基对硫磷）　　　　　　　　　　（甲基氨基对硫磷）

（3）水解作用。许多酸酯类农药（如磷酸酯类和苯氧乙酸酯类等）和酰胺类农药，在微生物水解酶的作用下，其中的酯键和酰胺键易发生水解。降解反应过程如下：

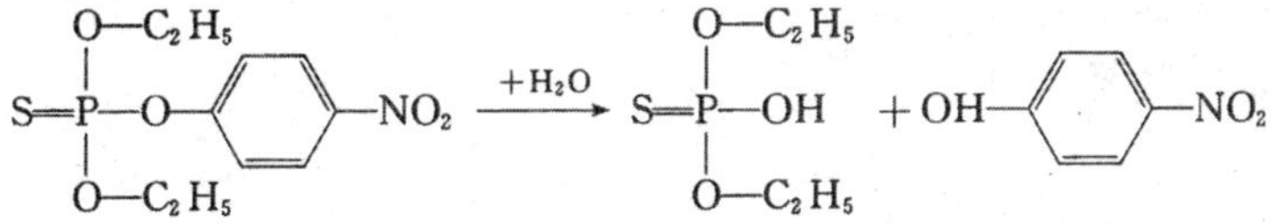

对硫磷在微生物水解酶的作用下，几天时间即可被分解，毒性基本消失，对这类农药而言，应防止使用过程中的急性中毒。

（4）苯环破裂作用。许多土壤细菌和真菌能使芳香环破裂。芳香环破裂是该类有机物在土壤中彻底降解的关键步骤。如在微生物作用下，农药西维因被逐一开环，最终分解为 CO_2 和 H_2O。

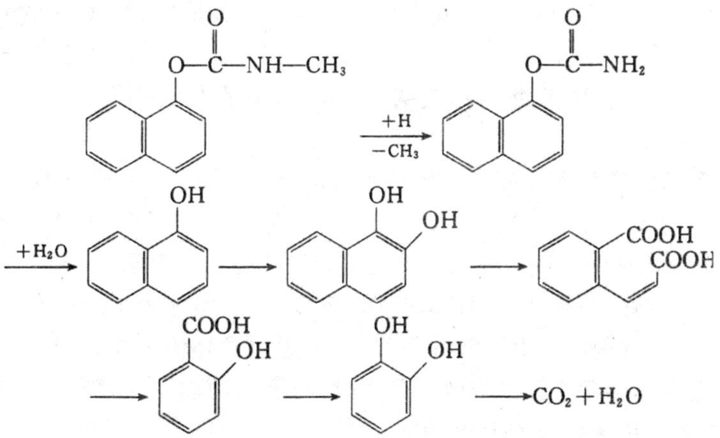

对具有苯环的有机农药,影响其降解速率的是化合物分子中取代基的种类、数量、位置以及取代基团的大小。苯类化合物中,各种取代基衍生物抗分解的顺序为—NO_2＞—SO_3H＞—OCH_3＞—NH_2＞—$COOH$＞—OH。同类化合物中,取代基的数量越多,基团的相对分子质量越大,就越难分解。取代基位置也影响其降解速率,取代基在间位上的化合物比在邻位或对位上的化合物难分解。

(5)脱氯作用。许多有机氯农药在微生物还原脱氯酶的作用下可脱去取代基氯,如 p,p'-DDT 可通过脱氯作用转变为 p,p'-DDD,或是脱去氯化氢,转变为 p,p'-DDE。

DDT 由于分子中特定位置上的氯原子,化学性质非常稳定。因此,在微生物作用下脱氯和脱氯化氢成为其主要的降解途径。p,p'-DDE 极稳定,p,p'-DDD 还可通过脱氯作用继续降解,形成一系列脱氯型化合物,如 DDNU、DDNS 等。代谢产物 DDD、DDE 的毒性比 DDT 低得多。

(6)脱烷基作用。分子中的烷基与 N、O 或 S 原子连接的农药在微生物作用下容易进行脱烷基降解,如三氮苯类除草剂,在微生物作用下易发生脱烷基。

需要指出的是,二烷基胺三氮苯在微生物作用下可脱去两个烷基,但形成的产物比原化合物毒性更大,因而,农药的脱烷基作用并不伴随发生去毒反应,只有在脱去氨基和环破裂时它才能成为无毒的物质。

从上述微生物降解化学农药机理来看,化学农药进入土壤后,对环境的影响是不同的,在土壤中的行为也是极其复杂的。

(三)多氯联苯的食物链积累

多氯联苯(PCBs)化学性质比 DDT 更稳定,极易在食物链中积累,在南极企鹅和北极熊体内也有检出。一般海水鱼 PCBs 含量在 $0.01\sim1.0mg/kg$ 之间。美国大湖和哈得逊河鱼类 PCBs 多在 $10\sim85mg/kg$ 之间,个别高达 $400mg/kg$,吃鱼水鸟体内 PCBs 达 $300\sim1000mg/kg$。

位于北美洲的世界最大的淡水湖群五大湖——苏必利尔湖、休伦湖、密歇根湖、伊利湖、安大略湖,总面积为 $245273km^2$,生息着各种生物。五大湖的黑背水鸟体内所含的 PCBs 浓度竟然达到湖水的 2500 万倍! 沿着食物链分析,浮游植物的 PCBs 含量为湖水的 250 倍,食用浮游植物类的浮游动物为湖水的 500 倍,食用浮游动物的糠虾(类似虾类的足节动物)为湖水的 45000 倍,食用糠虾的鱼类为 83 万倍,最后是食用鱼类的黑背水鸟,竟高达 2500 万倍。

浓缩的多氯联苯给黑背水鸟带来了生殖和行动异常。20 世纪 70 年代,安大略湖的黑背水鸟的生殖能力只达到往年的 10%。水鸟的雏鸟因为无力破壳而出,80% 死亡。1986 年和 1987 年,发现五大湖出现相当数量的水鸟雌性化和甲状腺肥大现象。

生物体内的环境荷尔蒙高度浓缩现象说明,环境中的化学物质通过食物、水和空气进入生物体内以后,不断积累在内脏和血液等各个部分,远远超过环境浓度。同时,将带有雌性激素作用的环境荷尔蒙化学物质进行复合效应研究时,与这些物质单独存在时所产生的作用相比较,前者的雌性激素作用是后者的 1600 倍。

第二节　环境污染物的毒理学评价

一、食品安全性毒理学评价

食品安全性毒理学评价,是从毒理学角度对食品进行安全性评价,即利用规定的毒理学程序和方法评价食品中某种物质对机体的毒性和潜在的危害,并对人类接触这种物质的安全性作出评价的研究过程。食品安全性毒理学评价实际上是在了解食品中某种物质的毒性及危害性的基础上,全面权衡其利弊和实际应用的可能性,从确保该物质的最大效益、对生态环境和人类健康最小危害性的角度,对该物质能否生产和使用作出判断或寻求人类的安全接触条件的过程。

我国对食品中任何可能引起危害的外源化学物的毒理学评价是按照食品安全国家标准《食品安全国家标准食品安全性毒理学评价程序》(GB 15193.1—2014)执行的。本标准适用于评价食品生产、加工、保藏、运输和销售过程中所涉及的可能对健康造成危害的化学、生物和物理因素的安全性,检验对象包括食品及其原料、食品添加剂、新食品原料、辐照食品、食品相关产品(用于食品的包装材料、容器、洗涤剂、消毒剂和用于食品生产经营的工具、设备)以及食品污染物。

GB 15193.1—2014 从受试物的要求、食品安全性毒理学评价试验内容、对不同受试物选择毒性试验的原则、食品安全性毒理学评价试验的目的和结果判定、进行食品安全性评价时需要考虑的因素等方面规定了食品安全性毒理学评价的程序。

1. 受试物的要求

(1)应提供受试物的名称、批号、含量、保存条件、原料来源、生产工艺、质量规格标准、性状、人体推荐(可能)摄入量等有关资料。

(2)对于单一成分的物质,应提供受试物(必要时包括其杂质)的物理、化学性质(包括化学结构、纯度、稳定性等)。对于混合物(包括配方产品),应提供受试物的组成,必要时应提供受试物各组成成分的物理、化学性质(包括化学名称、化学结构、纯度、稳定性、溶解度等)有关资料。

(3)若受试物是配方产品,应是规格化产品,其组成成分、比例及纯度应与实际应用的相同。若受试物是酶制剂,应该使用在加入其他复配成分以前的产品作为受试物。

2. 食品安全性毒理学评价试验内容

(1)遗传毒性试验。细菌回复突变试验、哺乳动物红细胞微核试验、哺乳动物骨髓细胞染色体畸变试验、小鼠精原细胞或母细胞染色体畸变试验、体外哺乳类细胞 HGPRT 基因突变试验、体外哺乳类细胞 TK 基因突变试验、体外哺乳动物细胞染色体畸变试验、啮齿动物显性致死试验、体外哺乳类细胞 DNA 损伤修复(非程序性 DNA 合成)试验、果蝇伴性隐性致死试验。

(2)遗传毒性组合试验。一般应遵循原核细胞与真核细胞、体内试验与体外试验相结合的原则。根据受试物的特点和试验目的,推荐下列遗传毒性试验组合。

组合一:细菌回复突变试验;哺乳动物红细胞微核试验或哺乳动物骨髓细胞染色体畸变试验;小鼠精原细胞或母细胞染色体畸变试验或啮齿动物显性致死试验。

组合二:细菌回复突变试验;哺乳动物红细胞微核试验或哺乳动物骨髓细胞染色体畸变试验;体外哺乳动物细胞染色体畸变试验或体外哺乳类细胞 TK 基因突变试验。

其他备选遗传毒性试验:果蝇伴性隐性致死试验、体外哺乳类细胞 DNA 损伤修复(非程序性 DNA 合成)试验、体外哺乳类细胞 *HGPRT* 基因突变试验。

(3)28d 经口毒性试验。

(4)90d 经口毒性试验。

(5)致畸试验。

(6)生殖毒性试验和生殖发育毒性试验。

(7)毒物动力学试验。

(8)慢性毒性试验。

(9)致癌试验。

(10)慢性毒性和致癌合并试验。

3. 对不同受试物选择毒性试验的原则

(1)凡属我国首创的物质,特别是化学结构提示有潜在慢性毒性、遗传毒性或致癌性或该受试物产量大、使用范围广、人体摄入量大,应进行系统的毒性试验,包括急性经口毒性试验、遗传毒性试验、90d 经口毒性试验、致畸试验、生殖发育毒性试验、毒物动力学试验、慢性毒性试验和致癌试验(或慢性毒性和致癌合并试验)。

(2)凡属与已知物质(指经过安全性评价并允许使用者)的化学结构基本相同的衍生物或类似物,或在部分国家和地区有安全食用历史的物质,则可先进行急性经口毒性试验、遗传毒性试验、90d 经口毒性试验和致畸试验,根据试验结果判定是否需进行毒物动力学试验、生殖毒性试验、慢性毒性试验和致癌试验等。

(3)凡属已知的或在多个国家有食用历史的物质,同时申请单位又有资料证明申报受试物的质量规格与国外产品一致,则可先进行急性经口毒性试验、遗传毒性试验和 28d 经口毒性试验,根据试验结果判断是否进行进一步的毒性试验。

(4)食品添加剂、新食品原料、食品相关产品、农药残留和兽药残留的安全性毒理学评价试验的选择。

4. 进行食品安全性评价时需要考虑的因素

(1)试验指标的统计学意义、生物学意义和毒理学意义。对实验中某些指标的异常改变,应根据试验组与对照组指标是否有统计学差异、其有无剂量反应关系、同类指标横向比较、两种性别的一致性及与本实验室的历史性对照值范围等,综合考虑指标差异有无生物学意义,并进一步判断是否具毒理学意义。此外,如在受试组发现某种在对照组没有发生的肿瘤,即使与对照组比较无统计学意义,仍要给予关注。

(2)人的推荐(可能)摄入量较大的受试物。应考虑给予受试物量过大时,可能影响营养素摄入量及其生物利用率,从而导致某些毒理学表现,而非受试物的毒性作用所致。

(3)时间-毒性效应关系。对由受试物引起实验动物的毒性效应进行分析评价时,要考虑在同一剂量水平下毒性效应随时间的变化情况。

(4)特殊人群和易感人群。对孕妇、乳母或儿童食用的食品,应特别注意其胚胎毒性或生殖发育毒性、神经毒性和免疫毒性等。

(5)人群资料。由于存在着动物与人之间的物种差异,在评价食品的安全性时,应尽可能收集人群接触受试物后的反应资料,如职业性接触和意外事故接触等。在确保安全的条件下,可以考虑遵照有关规定进行人体试食试验,并且志愿受试者的体内毒物动力学/代谢资料对于将动物试验结果推论到人具有很重要的意义。

(6)动物毒性试验和体外试验资料。各项动物毒性试验和体外试验系统是目前毒理学评价水平下所得到的最重要的资料,也是进行安全性评价的主要依据,在试验得到阳性结果,而且结果的判定涉及受试物能否应用于食品时,需要考虑结果的重复性和剂量-反应关系。

(7)不确定系数。即安全系数。将动物毒性试验结果外推到人时,鉴于动物与人的物种和个体之间的生物学差异,不确定系数通常为100,但可根据受试物的原料来源、理化性质、毒性大小、代谢特点、蓄积性、接触的人群范围、食品中的使用量和人的可能摄入量、使用范围及功能等因素来综合考虑其安全系数的大小。

(8)毒物动力学试验的资料。毒物动力学试验是对化学物质进行毒理学评价的一个重要方面,因为不同化学物质、剂量大小,在毒物动力学或代谢方面的差别往往对毒性作用影响很大。在毒性试验中,原则上应尽量使用与人具有相同毒物动力学或代谢模式的动物种系来进行试验。研究受试物在实验动物和人体内吸收、分布、排泄和生物转化方面的差别,对于将动物试验结果外推到人和降低不确定性具有重要意义。

(9)综合评价。在进行综合评价时,应全面考虑受试物的理化性质、结构、毒性大小、代谢特点、蓄积性、接触的人群范围、食品中的使用量与使用范围、人的推荐(可能)摄入量等因素,对于已在食品中应用了相当长时间的物质,对接触人群进行流行病学调查具有重大意义,但往往难以获得剂量-反应关系方面的可靠资料;对于新的受试物质,则只能依靠动物试验和其他试验研究资料。然而,即使有了完整、详尽的动物试验资料和一部分人类接触的流行病学研究资料,由于人类的种族和个体差异,也很难做出能保证每个人都安全的评价。所谓绝对的食品安全实际上是不存在的。在受试物可能对人体健康造成的危害以及其可能有益作用之间进行权衡,以食用安全为前提,安全性评价的依据不仅仅是安全性毒理学试验的结果,而且与当时的科学水平、技术条件以及社会经济、文化因素有关。因此,随着时间的推移,社会经济的发展、科学技术的进步,有必要对已通过评价的受试物需要进行重新评价。

二、环境安全性毒理学评价程序

在我国《农药毒性试验方法暂行规定(试行)》中,提出了相应的一系列试验程序如下:

(1)急性毒性试验；

(2)亚急性毒性试验；

(3)慢性毒性试验；

(4)致畸、致癌、致突变试验；

(5)中毒作用机理及动物体内代谢的研究；

(6)生产和使用现场劳动卫生学与人群流行病调查；

(7)确定农药的急性毒性分级标准。

环境安全性毒理学评价程序（农药），主要包括动物试验和在生产及使用环境中接触人群的调查研究两大部分。对于毒性大、产量高、接触面广的农药，更应注重程序中的关于生产活动环境的卫生学及接触人群的流行病学调查研究，了解受试农药对生产和使用人员健康的有害影响，提出相应预防措施的科学依据。

第三节　生态监测

生态系统为人类提供了生产生活的重要物质，同时也受到人类活动的深刻影响。生态系统中的生物及其环境之间存在着相互影响、相互制约、相互依存的密切关系，保持着相对的生态平衡。随着外界环境的变化，生态系统内部的生物因子和非生物因子也会随之发生相应的变化，并通过反馈调节机制维持生态平衡。当外部环境变化超过一定的阈值，生态系统将会发生剧烈变化，生态平衡失调。生态监测是利用各种技术测定和分析生态系统各层次对自然或人为作用的响应，从而判断和评价这些干扰对生态系统产生的影响、危害及其变化规律，为生态环境质量的评估、调控和环境管理提供科学依据。

一、生态监测概述

（一）生态监测的概念

生态监测是环境监测的组成部分。它是利用各种技术测定和分析生命系统各层次对自然或人为作用的反应或反馈效应的综合表征，以此来判断和评价这些干扰对环境产生的影响、危害及其变化规律，为环境质量的评估、调控和环境管理提供科学依据。形象地说，生态监测就是利用生命系统及其相互关系的变化反映当作"仪器"来监测环境质量及其变化。

（二）生态监测的特点

自 20 世纪 60 年代以来，针对城市生态环境、农村生态环境、森林生态环境、草原生态环境、荒漠生态环境等生态系统开展监测，旨在了解各类生态系统受干扰（包括自然灾害以及人类活动的干扰）的程度、承受环境胁迫压力的能力、动态变化趋势等，生态监测逐步成为了解生态环境变化的重要方法。经过几十年的发展完善,生态监测在理论和监测方法上逐渐成熟,并在环境监测中占有了特殊的地位。生态监测以其特有的综合性、连续性、多功能性、敏感性和复杂性而备受关注。

(1)能综合反应环境质量的状况。环境问题相当复杂,任何一个环境问题往往是多种因素共同作用的结果,通常涉及多种污染物,而且每种污染物并非都是简单的加减关系,它们与外界环境之间形成复杂的相互作用,一般用物理化学仪器监测很难反映这种复杂的关系。长时间暴露在人类活动干扰和各种污染下的生物及其生态系统,不仅受到水、大气及土壤等自然环境因子和环境污染的影响,而且还受到人类活动的干扰,为此可综合反映各种污染和干扰的影响。因此,通过监测生态系统的结构功能指标,能够全面掌握和了解环境污染及干扰的综合影响。

(2)连续性。对于环境突发事件的监测,常规的物理化学监测具有极大的优点,虽然可以迅速、精确地了解区域内环境因素的瞬间变化值,但却难以反映某种环境因素对长期生活于这一空间内的生命系统的影响。而生态监测则利用生态系统中动物、植物、微生物等生命系统的变化来"指示"环境污染状况。由于生态系统中各类生物对各种污染物的耐受性差异较大,从低剂量的吸收、分解、积累到高剂量的中毒、致死效应等,有一系列连续的症状"记录"环境污染物的长期变化过程及影响,因此生态监测结果能反映出某地区受污染或生态破坏的历史演变。例如,通过树木年轮中某种污染物的分布研究,可以监测大气污染的长期变化过程,因为植物体内污染物的累积量能真实地记录污染危害的全过程。

(3)多功能性。理化监测仪器一般只针对单一要素进行测定;先进分析仪器能够精确测定污染物浓度,却难以测定污染物的毒性影响。生态监测则可以通过各种指示生物的不同反应症状,同步监测污染的浓度、在生物体内的积累及其影响。例如,对污染土壤的生态监测,通过分析该土壤生态系统的生物组成、植物生长状况及残留量等,可了解土壤污染物在植物体内的生物积累、生物放大以及对植物等的影响,监测结果不仅可以评价土壤生态环境质量,而且可以评价土壤生产力、土壤安全等。

(4)监测灵敏度高。有些生物对某种污染物的反应很敏感,它们与较低浓度的污染物质接触一定时期后便会出现不同的受害症状。例如,SO_2 的质量分数达到 0.3×10^{-6},敏感的植物几小时就出现症状;当其达到 $1 \times 10^{-6} \sim 5 \times 10^{-6}$ 时,人才能闻到气味;当其达到 $10 \times 10^{-6} \sim 20 \times 10^{-6}$ 时,人才受刺激而流泪、咳嗽。又如,在质量分数为 0.010×10^{-6} 的 HF 下,有一种唐菖蒲 20h 就出现反应症状,有的敏感植物能监测到十亿分之一浓度的氟化物污染,而目前大多数仪器还达不到这样的灵敏度水平。

(5)复杂性。生态系统是一个庞大而复杂的动态系统,监测对象往往受多种因素影响,自然生态因素(洪水、干旱、火灾等)以及人为干扰(污染物排放、资源开发利用等)等引起的因子变化都可能会对生态系统产生不同的影响,这就使得生态监测具有复杂性。生态监测的复杂性主要表现在以下四个方面:

①特定生态系统的结构与功能是生态因子综合作用的结果。

②生态因子对生物的作用具有阶段性。

③生态系统空间变异性。

④生态监测网站设计、设置的工作比较复杂。

(三)生态监测的意义

通过生态监测,首先,可揭示和评价各类生态系统在某一时段的环境质量状况,可以为利用、改善和保护环境指明方向;其次,由于生态监测更侧重于研究人为干扰与生态环境变化的关系,因此,可使人们搞清哪些人类活动模式既符合经济规律又符合生态规律,从而为协调人与自然的关系提供科学依据;最后,通过生态监测还能掌握影响环境变化的因素构成和主要干扰因素及每种因素的贡献大小。由于生态监测可以反馈各种干扰的综合信息,因此,可以使人们依此对区域生态环境质量的变化趋势做出科学预测,可以为受损生态系统的恢复、重建提供科学依据,也可以为主动制订有针对性的相应环境管理计划和规划以及提高措施的有效性服务。

二、生态监测分类

(一)从生态监测的生态系统角度分

国内对生态监测类型的划分有许多种,一般按照生态系统的类型划分为:农村生态监测、城市生态监测、草原生态检测、森林生态监测、水体生态监测、湿地生态监测、荒漠生态监测等。这类划分突出了生态监测对象的价值尺度,对获得关于各生态系统生态价值的受干扰程度、现状资料、承受影响的能力、发展趋势等有重要帮助。

(二)从生态监测的尺度空间分

在空间尺度上,生态监测又可分为宏观监测和微观监测两大类。

1. 宏观生态监测

宏观生态监测是指利用生态图技术、遥感技术、区域生态调查技术及生态统计技术等,对区域范围内各类生态系统的组合方式、镶嵌特征、动态变化和空间分布格局等及其在人类活动影响下的变化情况进行监测的方法。宏观生态监测的基础是原有的自然本底图和专业数据,把得到的几何信息用图件的形式输出,建立地理信息系统。监测的内容是区域范围内具有特殊意义和特殊功能的生态系统的分布及面积的动态变化情况。如湿地生态系统、沙漠化生态系统、热带雨林生态系统等。

2. 微观生态监测

微观生态监测是指以生物学、物理学、化学的方法对生态系统各个组分提取属性信息,对一个或几个生态系统内各生态因子进行的物理和化学的监测。以某一特定生态系统或生态系统聚合体的结构和功能特征及其在人类活动影响下的变化为监测对象。微观生态监测需要建立大量的生态监测站,每个监测站的地域等级最大可包括由几个生态系统组成的景观生态区,最小也应代表单一的生态类型。

　　根据监测的具体内容,又可将微观生态监测分为干扰性生态监测①、污染性生态监测、治理性生态监测②以及环境质量现状评价生态监测。

　　(1)干扰性生态监测。例如,大型水利工程对生态环境的影响。

　　(2)污染性生态监测。在生态系统受到污染后,通过监测生态系统中主要生物体内的污染物浓度以及敏感生物对污染的响应,可了解污染物在生态系统中的残留蓄积、迁移转化、浓缩富集规律及响应机制。

　　(3)治理性生态监测。例如,对侵蚀劣地的治理与植物重建过程的监测;对沙漠化土地治理过程的监测等。

　　(4)环境质量现状评价生态监测。通过对生态因子的监测,获得相关数据资料,为环境质量现状评价提供依据。

三、生态监测的理论依据与指标体系

(一)生态监测的理论依据

　　生物与其生存环境是统一的整体。环境创造了生物,生物又不断地改变着环境,二者相辅相成。这是生物进化论的基本思想,同时也是生态监测理论依据的核心。

　　1. 生态监测的基础——生命与环境的统一性和协同进化

　　按进化论的理论,原始生命产生的过程:无机小分子→生物小分子→生物大分子→原始生命多分子体系。环境创造了生命,环境与生命及生态系统是相互依存的。

　　生命产生后,它又在其发展进化过程中不断地改变着环境,形成了生物与环境间的相互补偿和协同发展的关系。生物从无到有,生物群落从低级阶段向高级阶段的发展是生物改变环境的过程,也是两者协同发展的过程。生物与环境间的这种统一性,正是开展生态监测的基础和前提。

　　2. 生态监测的可能性——生物适应的相对性

　　生物对环境的适应是普遍的生命现象,是长期进化的结果。在一定环境条件下,某一空间内的生物群落的结构及其内在的各种关系是相对稳定的。当存在人为干扰时,生物环境发生变化,会有相应的生物物种减少或消失,这是生物对环境变化适应与否的反映。但是,生物的适应具有相对性。

　　3. 生态监测结果的可比性——生命具有共同特征

　　生态监测结果常受多种原因的影响而呈现出较大的变化范围,这就为同一类型的不同生

---

　　①　干扰性生态监测是指对人类特定生产活动所造成的生态干扰进行的监测。

　　②　治理性生态监测是指经人类治理破坏了的生态系统后,对其生态平衡恢复过程的监测。

态系统间生态监测结果的对比增加了困难。但是生命具有共同的特征,如各种生物(除病毒和噬菌体外)都是由细胞所构成的,能进行新陈代谢,具有感应性和生殖能力等。这些决定了生物对同一环境因素变化的忍受能力有一定的范围,即不同地区的同种生物抵抗某种环境压力或对某一生态要素的需求基本相同。例如,在我国南北方都分布有白鲢鱼,其性成熟年龄和产卵时间间南、北方差别较大,但达到性成熟所需的总积温却基本相同,如表 7-4 所示。人为干扰(如人为增温)可使其性成熟年龄或产卵时间提前,如表 7-5 所示。这是人为干扰作用存在的表现和水体增温的结果,但并没有改变鱼类性成熟对总积温的需求。所以,生命具有共同特征是生态监测结果可比性的基础。

表 7-4　不同地区白鲢鱼性成熟的总积温比较

项目	广西	江苏	吉林	黑龙江
生长期(月数)	12	8	5.6	5.5
生长期平均水温(℃)	27.2	24.1	20.5	20.2
生长总积温(℃)	9792.0	5780.0	3485.0	3.333
性成熟年龄	2	3~4	5~6	5~6
性成熟总积温(℃)	19584.0	17340~23120	17425~20910	1666~19998
性成熟总积温均值(℃)	19584.0	20230	19167	18331

表 7-5　人为增温对鲤鱼产卵期影响的监测

水体与样站		最早产卵时间			年总积温/
		1973 年前	1984	1985	(℃·d)
增温水体	增温>3℃	每年 4 月下旬或 5 月上旬	4 月 14 日	4 月 17 日	
	增温<3℃		4 月 18 日	4 月 15~4 月 17 日	6478.4
	自然水区		4 月 23 日	4 月 18 日	4857.4
近自然水体		与增温水体相同		5 月 7 日	4013.6

采用同样的结构指标和功能指标,可以对不同生态系统的环境质量或人为干扰效应的生态监测结果进行对比,如系统结构是否缺损、能量转化效率多少、污染物的生物学富集和生物学放大效应是否显著等均可用作比较指标。若方法选取得当、指标体系选取一致,则处于不同地区的同一类生态系统的生态监测结果将具有可比性。

(二)生态监测的指标体系

生态监测指标体系是生态监测的主要内容和基本工作。

1. 生态监测指标体系遵循原则

一般来讲,选择与确定生态监测指标体系,首先要找有代表性的、对特定环境污染或感染具有敏感性的;其次应选择具有综合性和可行性的;最后要注意选择具有可比性和层次性的指标体系。

2. 监测指标体系的类型

生态系统的类型纷繁复杂,各类生态系统又有各自的结构、功能,因此生态监测指标体系应针对不同生态系统类型而有所不同。其中陆生生态系统如农田生态系统、草地生态系统、森林生态系统、荒漠生态系统以及城市生态系统等,重点监测内容应包括气象、水文、土壤、植物生长发育、植被组成以及动物分布等;水域生态系统包括海洋生态系统、淡水水生生态系统等,重点监测内容主要有水动力、水文、水质以及水生生物组成和生长发育等。

同时对生态系统进行监测,一般应设置常规监测指标,如表7-6所示,还包括应急监测(包括自然和人为因素造成的突发性生态问题)。

表7-6　生态监测常规指标

要素	常规指标
气象	气温、湿度、风速、主导风向、年降水量及其时空分布、蒸发量、有效积温、土壤温度梯度、大气干湿沉降物的量及其化学组成、日照和辐射强度等
水文	地下水水位及化学组成、地表水化学组成、地表径流量、侵蚀模数、水深、水温、水色、透明度、气味、pH、油类、硫化物、氨氮、重金属、亚硝酸盐、氰化物、酚、农药、除莠剂、COD、BOD、异味等
植物	植物群落及高等植物、低等植物种类、数量、种群密度、指示植物、指示群落、覆盖度、生物量、生长量、光能利用率、珍稀植物及其分布特征,以及植物体、果实或种子中农药、重金属、亚硝酸盐等有毒物质的含量、作物灰分、粗蛋白、粗脂肪、粗纤维等动物
微生物	微生物种群数量、分布及其密度和季节动态变化、生物量、热值、土壤酶类与活性、呼吸强度、固氮菌及其固氮量、治病细菌和大肠杆菌的总数等底质要素指标
土壤	土壤类别、营养元素含量、土种、pH、土壤交换当量、有机质含量、孔隙度、土壤团粒结构、透水率、容重、持水量、土壤 CO_2、CH_4 释放量及其季节动态、土壤微生物、总盐分含量及其主要离子组成含量、土壤农药、重金属及其他有毒物质的积累量等植物
动物	种群密度、动物种类、数量、生活习性、消长情况、食物链、珍稀野生动物的数量及动态、动物体内农药、重金属、亚硝酸盐等有毒物质富集量等微生物
底质要素指标	有机质、总磷、总氮、硫化物、重金属、pH、农药、氰化物、总汞、甲基汞、COD、BOD 等底栖生物
底栖生物	动物种群构成及数量、优势种及动态、重金属及有毒物质富集量等人类活动
人类活动	人口密度、生产力水平、资源开发强度、基本农田保存率、退化土地治理率、有机物质有效利用率、水资源利用率、工农业生产污染排放强度等

四、生态监测的内容与方法

(一)环境污染的生态监测

环境污染往往导致生物在个体、种群到群落乃至整个生态系统水平上遭受破坏,因此对环境污染引起的生态监测,可以在分子、细胞、生物个体、种群、群落、生态系统及景观水平等不同层次上获取监测信息,以及时掌握环境污染物对生态系统产生危害的敏感点、污染或生态破坏长期影响。

1. 生物个体生态监测

生态系统中的生物个体其生长和分布受外界环境影响,环境对生物的时空分布有决定性作用。一旦生物生存的环境发生变化,则生物个体在形态、生理机能等方面均会表现出不同程度的变化,因此,对生物个体形态、生理特征等的监测,可反映环境的变化。一般而言,可从四个方面对生物个体进行监测。

(1)形态学方面。包括植物株高及其增长率、叶片形状及色泽等;植物的茎、叶、花、果实、种子发芽率、总收获量;动物的生长比速、个体肥满度、捕食、迁移能力等。

(2)行为学指标。在污染水域的监测中,水生生物和鱼类的回避反应也是监测水质的一种比较灵敏、简便的方法。

(3)生理生化指标。这类指标已被广泛应用于生态监测中,它比症状指标和生长指标更敏感,常在生物未出现可见症状之前就已有了生理生化方面的明显改变。

(4)生物急性毒性以及遗传毒性监测。生物急性毒性以及遗传毒性监测指标包括生物DNA、RNA、蛋白质合成及酶活性、基因突变(DNA 损伤)、染色体变异(微核)等。

2. 种群生态监测

当环境条件发生变化时,种群的数量、密度、年龄结构、性别比例、出生率、死亡率、迁入率、迁出率、种群动态、空间格局等均会发生相应的变化,因此对以上指标进行监测,可了解环境污染对生态系统的影响以及生物对污染的响应。如水体中有机物和重金属等无机有毒物质的污染超过生物耐受限度时,往往会导致敏感的种群消失,而耐污染的种类成为优势种,这有时会导致种群的年龄结构出现明显变化,由于幼体比较敏感或耐受力比较差,因此在生物种群受到污染时幼体最先死亡,从而使得种群年龄结构向衰亡型转变。

3. 群落生态监测

对群落物种组成、群落结构、生活型、群落外貌、季相、层片、群落空间格局、食物链、食物网统计等均可反映环境条件的变化。如采用 PFU 法可对污染水体进行监测。PFU 法是用聚氨酯泡沫塑料块采集水域中微型生物和测定其群集速度来监测和评价环境质量状况的一种方法。该法是由美国弗吉尼亚工程学院及弗吉尼亚大学环境研究中心的 Cairns 等 1969 年创立,国内自 20 世纪 80 年代起也将这种方法用于污染水体的监测和评价。Cairns 等认为,河流、湖泊、海洋等各种类型水体中的石子、泥沙表面、沉水木块、人工基质（载玻片、PFU 等）都可以认为是一个生态上的"岛"。对于微型动物来说,悬挂在水中的 PFU 就是一个小岛。用 PFU 法得到的原生动物群集过程中群集速度随着种类上升而下降,其交叉点即是种数的平衡点。达到平衡点的时间取决于环境条件(图 7-13)。

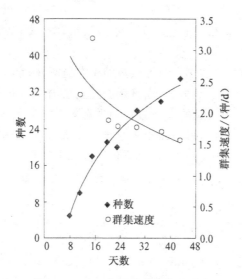

图 7-13　PFU 上原生动物集群过程

　　PFU 法监测的优点体现在其克服了用单一生物种类的监测结果扩大到评价整个群落层次的不足,使监测水平提高到群落层次,因此更符合客观事实和真实环境。另外,PFU 的方法简便易行,仅用一小块 PFU 的挤出液就能测出微型生物群落结构与功能的各项参数。

　　4. 生态系统层次的生态监测

　　环境条件一旦发生变化,可能会导致生态系统的分布范围、面积大小等发生显著变化。因此对其分布格局等进行统计,可分析生态系统的镶嵌特征、空间格局及动态变化过程,而许多传统的监测技术不适宜于这种大区域的生态监测。"3S"技术是集全球定位系统 GPS、遥感 RS 和地理信息系统 GIS 为一体的高新技术,适宜于大区域的生态监测。

(二)生态破坏的生态监测

　　对生态破坏的生态监测,可根据生态破坏的对象,从植被破坏的生态监测、土壤退化的生态监测、水域破坏的生态监测等方面着手进行。

　　1. 植被破坏的生态监测

　　这里,我们从以下三个方面来讨论植被破坏的生态监测。

　　(1)森林植被破坏的生态监测。我国早期对草地破坏的生态监测主要集中在对草地资源以及承载力的调查等方面,通过调查建立全国性的草地动态监测网,根据草地变化及时调整管理对策,取得了明显的经济效益和生态效益。

我国对森林生态系统监测采用地面样地调查、森林资源监测、航空调查，以及其他的生物和非生物的数据源调查等方面。监测可从探测性监测、评价性监测、定点持续监测三个层次进行。探测性监测利用航空监测等不同来源的数据进行监测，倾向于探测区域尺度上不同灾害引起的森林健康参数变化；如果森林植被遭受的破坏问题较为严重，一般通过评价性监测来确定问题的严重程度、范围，即在个别的样地进行强化监测调查，采集的数据包括灌木、树木、地衣、土壤等；定点持续监测是指在一定地点开展不同空间尺度的长期研究。

（2）草地退化的生态监测。我国对草地破坏的生态监测开始于20世纪30年代，主要集中在对草地资源以及承载力的调查等方面，通过调查建立全国性的草地动态监测网，根据草地变化及时调整管理对策，取得了明显的经济效益和生态效益。近年来，RS、GIS、GPS等技术的发展，使得草地破坏的生态监测方面取得了更为显著的效果，如利用3S技术实现了对草地退化演替模式诊断、草地群落生态学分析、草地退化恢复途径的研究，而且做了大量的实际性工作。另外，利用3S技术还可以对草地实现动态监测，查清生态破坏对草地资源的时空分布和动态变化的影响。

（3）水生植被破坏的生态监测。水生植被作为水体生态系统的重要调节者，在固定底泥、防治沉积物再悬浮、净化水质等方面起着非常重要的作用。但由于近年来水质下降，水生植被不断萎缩、个别种类减少甚至消失，植物种群向单一化发展，藻类水华频繁暴发，加剧了水环境的进一步恶化。因此，对水生植被破坏进行监测，对合理利用水资源，改善水质具有重要的意义。对水生植被破坏的生态监测可从水生植被的种类、群落结构、时空变化和生物多样性四个方面进行。

2. 土壤退化的生态监测

土壤退化包括土壤侵蚀、土壤沙化、土壤盐化、土壤污染、耕地的非农业占用等方面，针对不同的退化类型，应采取相应的生态监测方法。如土壤中的污染物质主要有重金属、农药、化肥及洗洁剂等，而生活在污染土壤中的生物，其生活力、代谢特点、行为方式、种类组成、数量分布、体内污染物及其代谢产物含量等均不同程度地受到污染物的影响，因此，土壤生物的这些特征变化可以用来监测土壤污染的成分和浓度，具体可从土壤植物、动物和微生物等方面进行监测。

（1）土壤污染的植物监测。利用一些对特定污染物较为敏感的植物，以此作为污染物的预测和监测指示。

（2）土壤污染的动物监测。土壤动物是反映环境变化的敏感指示生物，当某些环境因素的变化发展到一定限度时即会影响到土壤动物的繁衍和生存，甚至死亡。如受重金属污染的土壤，其动物种类、数量均随污染程度的加重而逐渐减少，与重金属的浓度具有显著的负相关。如李忠武等1999年研究了敌敌畏对土壤动物群落的影响，结果表明，土壤动物的种类和个体数均随敌敌畏农药的增加而呈明显的递减趋势，同样群落多样性指数也随浓度升高而递减，如图7-14所示。

（3）土壤污染的微生物监测。废弃物对土壤的污染，导致了土壤微生物数量组成和种群组成发生改变，研究表明，许多土壤微生物对土壤中重金属、农药等污染物含量的稍许提高就会表现出明显的不良反应。当污染物进入土壤后首先危害的是土壤微生物,因此通过测定污染物进入土壤系统前后的微生物种类、数量、生长状况及生理生化变化等特征就可监测土壤污染的程度。

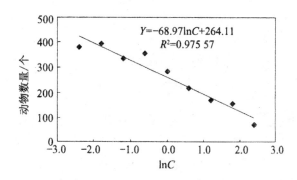

$$Y=-68.97 \ln C+264.11$$
$$R^2=0.975\ 57$$

图 7-14　土壤动物数量与敌敌畏农药浓度的关系

3. 水域破坏的生态监测

水域破坏的生态监测,应针对不同的破坏类型展开特定监测。接下来,我们分以下几个方面展开讨论。

(1)饮用水源区破坏的生态监测。对饮用水源区破坏的生态监测,应包括常规的理化指标监测以及生物指标监测,如粪大肠菌群和微囊藻毒素-LR 等,同时还应包括"浮游植物细胞数"或者"藻类密度"、生物急性毒性(生理生态指标)等,有条件的情况下,还应增加遗传毒性监测。

(2)渔业养殖水体破坏的生态监测。渔业养殖安全问题仍较为严重,养殖水体污染及生态退化经常给渔业养殖带来毁灭性灾难。加强渔业养殖水体的监测,直接关系到水产品安全以及人体健康。由于鱼类处于水生生态系统食物链的顶层,其下层的浮游植物、浮游动物、底栖动物、水生高等植物、水生昆虫等均可以通过"上行效应"影响鱼类的生长、发育、繁殖乃至生存,因此,水生生态系统的结构和功能不仅直接影响到渔业鱼类的组成、产量和品质,而且影响到鱼类乃至人类的健康安全。进行渔业水体生态监测,一方面,应掌握渔业水体的天然饵料生物资源状况及相应的生态关系,为渔业生产提供技术支撑;另一方面,应监测环境污染及生态退化对鱼类的影响以及渔产品的安全,以保障渔业生产和人类健康安全。为了及时准确掌握污染物对鱼类的潜在危害、慢性长期影响,与此同时应适当增加有关"三致"影响的监测,如通过 DNA 损伤检测,了解渔业水体鱼类基因突变状况;通过鱼类细胞微核发生率,了解染色体变异状况。除了突发性的大量鱼类死亡事件外,应注意监测渔业水体中因生态退化、鱼病等引起的鱼类慢性死亡的死亡率、死亡症状,分析死亡原因。对于存在重金属、有机污染等潜在风险的水体,还应监测有毒有害物质的残留量。

(3)灌溉用水的生态监测。目前,由于灌溉不当引起的水域破坏已严重影响到经济的可持续发展,如过度灌溉造成土地的沙漠化、土壤盐渍化、水资源的浪费和用水结构平衡的破坏。虽然我国已经颁发了农田灌溉水质标准,但该标准的水质监测指标多为水体的理化指标,除了"粪大肠菌群数"和"蛔虫卵数"两个生物因子外,缺乏其他的生物因子。灌溉用水不仅直接影响农作物的生长,而且还会破坏土壤生态系统结构和功能,进而影响农作物的生长发育乃至农产品质量。因此,灌溉用水的生态监测应充分考虑污染的生态影响,如增加灌溉用水对植物种子萌发、生长的影响试验;增加灌溉用水的植物微核监测试验(染色体变异监测);增加灌溉用水水体中水生植物、动物体内的有毒有害物残留的测定。

第四节　生态评价

一、生态评价概述

生态评价是应用生态学、环境科学、系统科学等学科的理论、技术和方法,对评价对象的生态系统组成、结构、生态功能与主要生态过程、生态环境的敏感性与稳定性、系统发展演化趋势等进行综合评价分析,以认识生态系统发展的潜力和制约因素,评价不同的活动和措施可能产生的结果。进行生态评价是协调社会经济发展与环境保护关系的需要,也是制定区域发展规划和实施生态系统科学管理的基础。

生态评价的对象是生态系统,即评价在环境污染及人类其他干扰作用下,生态系统结构和功能的动态变化及其退化程度。与环境评价一样,生态环境评价一般也可分为生态环境质量评价和生态影响评价,从可持续发展的高度出发,生态评价更侧重于生态影响评价。

生态环境质量评价是根据选定的指标体系,运用综合评价的方法分析评价区域生态环境的优劣。作为环境现状评价和环境影响评价的参考标准,或为环境规划和环境建设提供基本依据,生态环境质量评价也可用于对资源环境的评价当中。

生态影响评价是对人类开发建设活动可能导致的生态环境影响进行分析与预测,并提出减少影响或改善生态环境的策略和措施。环境影响评价是我国一项重要的环保制度。一般来说,环境影响评价包含生态评价在内,但现行的环境影响评价以污染影响评价为主,存在生态评价的内容不全、深度不够、指标体系不健全等问题,对此还需要进行深入研究。

生态评价的目标主要有以下几点:

(1)从生态完整性的角度评价生态环境质量现状,注重生态系统结构与功能的完整性。

(2)从生态稳定性的角度评价生态系统承受干扰的能力以及受干扰后的恢复能力。

(3)从生态演变的角度评价和预测生态系统的演变过程及趋势。

(4)从能量流动和物质循环的角度评价生态系统服务功能状况及变化趋势。

生态评价在综合分析生态环境及人类活动的相互作用的基础上,提出行之有效的保护途径和措施,并依据生态学和生态环境保护基本原理进行生态系统的恢复和重建设计。生态评价应该注意遵从自然资源优先保护原则、生态系统结构与功能协调原则、针对性原则、政策性原则、生态环境保护与社会经济发展协调原则。

生态评价的主要任务是认识生态环境的特点与功能,明确人类活动对生态环境影响的性质、程度,制定为维持生态环境功能和自然资源可持续利用而采取的对策和措施,主要包括保护生态系统的整体性、保护生物多样性、保护区域性生态环境、合理利用自然资源、保持生态系统的再生能力、保护生存性资源等。

二、生态环境影响评价

(一)生态环境影响评价的概念

根据我国《环境影响评价技术导则——非污染生态影响》中的定义,生态环境影响评价是确定一个地区生态负荷和环境容量的主要评价方法,这里主要是指通过定量研究揭示人类活动对生态环境造成的影响,预测人类活动对人类健康和经济发展的作用。

生态环境影响评价揭示了人类开发建设活动对复合目的生态系统将产生的影响的综合分析和预测,着重于水利、水电、矿业、农业、林业、牧业、交通运输、旅游等行业所进行的自然资源的开发利用和海洋开发及海岸带开发,对生态环境造成影响的建设项目和区域开发项目的生态影响评价。例如,分析某生态系统的环境服务功能;分析某区域主的生态环境问题;分析自然资源的利用情况;分析建设项目周围地区的植被情况(覆盖度、生长情况),有无国家重点保护的或稀有的、受危害的或作为资源的野生动植物,当地的主要生态系统类型(森林、草原、沼泽、荒漠等)及现状;分析本地区主要的动植物种类、生态系统的物质循环状况、生产力、生态系统与周围环境的关系以及影响生态系统的主要污染来源等;分析预测某种开发建设行为对环境在成的后果,等等,这些都属于生态环境影响评价的范畴。

通过生态环境影响评价,能够确定特定区域生态系统及周边环境中的生态因子之间互相影响和相互依存的关系,做出对区域生态环境功能的现状评价和预测评估。例如,能够分析评价区域的珍稀濒危动物、植物物种消失、植被破坏、自然灾害、荒漠化、土地生产力下降等重大自然资源环境问题及其产生的历史、现状和发展趋势,并论证建设项目的合理性,提出对开发方案修正的意见和减少生态影响、恢复或改善生态环境的策略和措施。

生态环境影响评价涵盖了对复合生态系统各组成部分的综合评价,然而复合生态系统的自然、经济和社会三者的关系错综复杂,给评价带来了极大的困难。目前在实践中,仍然以对自然生态系统的评价为主,适当对社会、经济的某些问题进行分析和评价。

(二)生态环境影响评价方法

生态环境影响评价方法正处于探索与发展阶段,尚不成熟,各种生物学方法都可借用于生态环境影响评价,下面仅简单讨论以下几种方法。

1. 生态图法

该方法也称为图形叠置法,在同一张图上表示两个或更多的环境特征重叠,用于生态影响所及范围内,指明被影响的生态环境特征及影响的相对范围程度。此复合图直观、形象、简单明了,但是不能用于精确的定量评价。编制生态图有两种基本手段:指标法和迭图法。生态图主要应用于区域环境影响评价,如水源地建设、交通线路选择、土地利用等方面的评价。对于植被或动物分布与污染程度的关系,可以叠置成污染物对生物的影响分布图。

2. 列表清单法

该方法针对将实施开发的建设项目的影响因素和可能受影响的影响因子,分别列在同一张表格的行与列内,并以正负号、其他符号、数字表示影响性质和程度,逐点分析开发的建设项目的生态环境影响。该方法是一种定性分析方法。

3. 生态机理分析法

按照生态学原理进行影响预测的步骤如下:
(1)调查环境背景现状和搜集有关资料。
(2)调查植物和动物分布、动物栖息地和迁徙路线。
(3)根据调查结果分别对植物或动物按种群、群落和生态系统进行划分,描述其分布特点、结构特征和演化等级。
(4)识别有无珍稀濒危物种及重要经济、历史、景观和科研价值的物种。
(5)观测项目建成后该地区动物、植物生长环境的变化。
(6)根据兴建项目后的环境(水、气、土和生命组分)变化,对照无开发项目条件下动物、植物或生态系统演替趋势,预测对动物和植物个体、种群和群落的影响,并预测生态系统演替方向。
根据实际情况,评价过程中可以进行相应的生物模拟试验和数学模拟。

4. 类比法

类比法分为整体类比和单项类比,后者可能更实用,是一种比较常用的定性和半定量评价方法。整体类比是根据已建成的项目对植物、动物或生态系统产生的影响,预测拟建项目的生态环境效应。该方法被选中的类比项目,应该在工程特征、地理地质环境、气候因素、动植物背景等方面都与拟建项目相似,并且项目建成已达到一定年限,其影响已基本趋于稳定。在调查类比项目的植被现状时,包括个体、种群和群落变化,以及动物、植物分布和生态功能的变化情况;然后再根据类比项目的变化情况预测拟建项目对动物、植物和生态系统的影响。

5. 综合指数法

通过评价环境因子性质及变化规律的函数曲线,将这些环境因子的现状值(项目建设前)与预测值(项目建设后)转换为统一的无量纲的环境质量指标,由好至差用1～0表示,由此可计算出项目建设前、后各因子环境质量指标的变化值。然后,根据各因子的重要性赋予权重,得出项目对生态环境的综合影响。

6. 系统分析法

多目标动态性问题采用系统分析法,在生态系统质量评价中使用系统分析的具体方法有专家咨询法、层次分析法、模糊综合评价法、综合排序法、系统动力学、灰色关联等,这些方法原则上都适用于生态环境影响评价,它们的具体操作过程可查阅有关书刊。

7. 生产力评价法

绿色植物的生产力是生态系统物流和能流的基础,它是生物与环境之间相互联系最本质的标志。该方法的评价由下述分指数综合而成:

(1)生物生产力。指生物在单位时间所产生的有机物质的质量,即生产的速度,单位为 $t/(hm^2 \cdot a)$。

(2)生物量。指一定空间内某个时期全部活有机体的数量,又称现有量。在生态环境影响评价中,一般选用标定相对生物量作表征指数 (P_b),有 $P_b = \dfrac{B_m}{B_{mo}}$。式中,$B_m$ 为生物量;B_{mo} 为标定生物量;P_b 为标定相对生物量,P_b 值越大,表示生态环境质量越好。

(3)物种量。指单位空间(如单位面积)内的物种数量。生态环境影响评价中也用标定物种量的概念,并且将物种量与标定物种的比值,即标定相对物种量,作为评价的指标 (P_s),即 $P_s = \dfrac{B_s}{B_{so}}$。式中,$B_s$ 为物种量,单位是种数 $/hm^2$;B_{so} 为标定物种量,单位是种数 $/hm^2$;P_s 为标定相对物种量,P_s 值越大,环境质量越好。

8. 生物多样性定量评价

生物多样性一般由多样性指数、均匀度和优势度三个指标表征。

9. 景观生态学方法

景观生态学方法通过空间结构分析、功能与稳定性分析,评价生态环境质量状况。景观是由拼块、模地和廊道组成,模地为区域景观的背景地块,是景观中一种可以控制环境质量的组分。模地判定是空间结构分析的重点。模地判定依据三个标准:相对面积大、连通程度高和具有动态控制功能。采用传统生态学中计算植被重要值的方法进行模地的判定。拼块的表征采用多样性指数和优势度,优势度指数由密度、频度和景观比例三个参数计算得出。景观生态学方法体现了生态系统结构与功能结合相一致的基本原理,反映出生态环境的整体性。

三、环境影响评价程序及报告书的编写

图 7-15 为影响环境评价的工作程序。

从图中看出环境影响评价的工作程序可分为以下三个阶段:

(1)准备阶段。研读相关文件,对初步环境现状进行调查,并进行工程分析,对重点评价项目进行筛选,对各单项在环境影响中的等级给予确定,并且按照上述材料编写评价大纲。

(2)正式工作阶段。这一阶段主要是进行环境现状的进一步调查和工程分析,并对环境影响进行预测和评价。

(3)报告书编制阶段。这是对影响环境评价工作的汇总阶段,对第二阶段所收集的各种数据、资料进行汇总,得出结论,并完成环境影响报告书的编制。

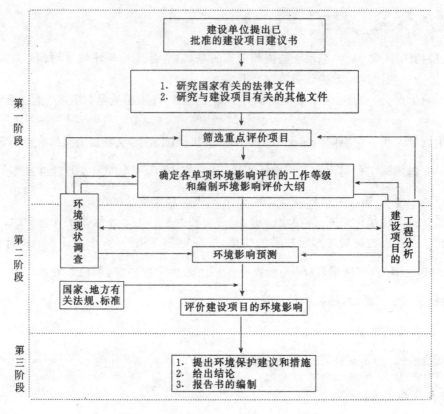

图 7-15　环境影响评价工作程序示意图

环境影响评价的内容十分广泛,各国的要求也不完全一致,我国环境影响评价报告书的主要内容包括以下几个方面:

①总则。包括编制环境影响报告书的目的、依据、采用标准以及控制污染与保护环境的主要目标。

②建设项目概况。包括建设项目的名称、地点、性质、规模、产品方案、生产方法、土地利用情况及发展规划。

③工程分析。包括主要原料、燃料及水的消耗量分析;工艺过程、排污过程;污染物的回收利用、综合利用和处理处置方案;工程分析的结论性意见。

④建设项目周围地区的环境现状。包括地形、地貌、地质、土壤、大气、地面水、地下水、矿藏、森林、植物、农作物等情况。

⑤环境影响预测。包括预测环境影响的时段、范围、内容以及对预测结果的表达及其说明和解释。

⑥评价建设项目的环境影响。包括建设项目环境影响的特征、范围、大小程度和途径。

⑦环境保护措施的评述及技术经济论证,提出各项措施的投资估算。

⑧环境影响经济损益分析。

⑨环境监测制度及环境管理、环境规划的建议。

⑩环境影响评价结论。

第八章　生态规划及生态文明实践

第一节　生态规划

一、生态规划的概念和原则

(一)生态规划的概念

随着生态环境问题的加剧、人类生态环境意识的提高,协调发展与自然环境的关系,寻求社会经济持续发展,已成为当今科学界关注的重要课题。通过生态规划来协调人与自然及资源利用的关系,是实现持续发展的一个重要途径。

生态规划就是要通过生态辨识和系统规划,运用生态学原理、方法和系统科学手段去辨识、模拟、设计人工复合生态系统内部各种生态关系,探讨改善系统生态功能,确定资源开发利用与保护的生态适宜度,促进社会经济可持续发展的一种区域发展规划方法。

生态规划强调运用生态系统整体优化观点,重视规划区域内城乡生态系统的人工生态因子和自然生态因子(气候、水系、地形地貌、生物多样性、资源状况等)的动态变化过程和相互作用特征,进而提出资源合理开发利用、生态保护和建设的规划对策。其目的在于区域与城市生态系统的良性循环,保持人与自然、人与环境关系的持续共生,追求社会的文明、经济的高效和生态环境的和谐。

生态规划的内涵主要体现在以下几点。

(1)以人为本。生态规划强调从人的生活、生产活动与自然环境和生态过程的关系出发,追求人与自然的和谐。

(2)以资源环境承载力为前提。生态规划要求充分了解系统内部资源与自然环境特征,在此基础上确定科学合理的资源开发利用规模。

(3)规划目标从优到适。生态规划是基于一种生态思维方式,采用进化式的动态规划,引导实现可持续发展的过程。

（二）生态规划的原则

1. 整体优化原则

生态规划坚持整体优化的原则，从系统分析的原理和方法出发，强调生态规划的目标与区域或城乡总体规划目标的一致性，追求社会、经济和生态环境的整体最佳效益，努力创造一个社会文明、经济高效、生态和谐、环境洁净的人工复合生态系统。

2. 协调共生原则

复合生态系统具有结构的多元化和组成的多样性特点，子系统之间及各生态要素之间相互影响，相互制约，直接影响着系统整体功能的发挥。在生态规划中坚持共生就是要使各子系统合作共存、互惠互利，提高资源利用效率；协调指保持系统内部各组分、各层次及系统与周围环境之间相互关系的协调、有序和相对平衡。

3. 针对性原则

生态规划与设计需要根据不同区域的生态系统的结构、格局和生态过程，规划的目的也不尽相同，如保护生物多样性的自然保护区的设计和为农业服务的农业布局调整以及维持良好环境的城市规划等。因此具体到某一生态规划与设计时，针对规划的目的应采取不同的分析指标，采用不同的评价及规划方法。

4. 生态平衡原则

生态平衡是指处于顶级稳定状态的生态系统，此时系统内的结构与功能相互协调，能量的输入与输出之间达到相对平衡，系统的整体效益最佳。生态规划遵循生态平衡的理论，重视搞好水、土地资源、大气、人口容量、经济、园林绿地系统等生态要素的子规划；合理安排产业结构和布局，并注意与自然地形、河湖水系的协调性以及与城乡功能分区的关系，努力创造一个顶级稳定状态的人工复合生态系统，维护生态平衡。

5. 区域分异原则

在充分研究区域或城乡生态要素功能现状、问题及发展趋势的基础上，综合考虑国土规划、城乡规划的要求和现状，搞好生态功能分区，以充分利用环境容量，促进社会经济发展，提高生活质量，实现社会效益、经济效益与生态效益的统一。

6. 可持续发展原则

生态规划遵循可持续发展理论，在规划中突出"既能满足当前的需要，又不危及后代满足其需要的发展能力"的思想，强调在发展过程中合理利用自然资源，并为后代维护、保留较好的资源条件，使人类社会得到公平的发展。

7. 高效和谐原则

生态规划与设计的目的是将人类聚居地建成一个高效和谐的社会—经济—自然复合生态系统,使其内部的物质代谢、能量流动和信息传递形成一个环环相扣、紧密联系的网络,使物质和能量得到多层分级利用,废物循环再生利用,各部门、各行业间形成发达的共生关系,系统的结构功能充分协调,能量损失最小,物质利用率最高,社会效益、经济效益和生态效益最佳。

二、生态规划理论基础

生态规划是一项综合性极强的工作,除了要掌握相关生态学理论、系统科学理论及城市规划理论外,还需要对其他相关学科的理论及知识进行了解,如土壤学、气象学、地质学和资源学等各个方面。

(一)生态学理论

由于人类长期以自我为中心,过多地注重人类社会经济的发展和经济效益,忽视了自然环境对人类社会的服务功能及价值,导致人类在发展过程中面临一系列诸如资源衰退、土地退化沙化、森林破坏、水土流失、环境污染、水资源紧缺等生态环境问题,从而严重制约着系统的可持续发展,也促使人们更加重视应用生态学的原理和方法来研究人类社会经济与环境协调发展的战略与实现途径。生态学作为生态规划的基础学科,要求在生态规划中必须站在区域生态整体性的高度,从生态演替的内在基础与人类生态系统各个角度来把握系统的空间格局、生态过程、功能特征、动态演替,为生态规划提供客观科学的依据,并在具体规划中得到充分体现。

(二)系统科学理论

系统科学理论包括一般系统论、控制论、信息论、耗散结构理论、自组织理论、灰色系统理论等,它们从不同的角度对系统问题进行研究,形成和完善了系统论的概论和范畴,从系统的角度揭示客观事物和现象之间的相互联系、相互作用的本质和规律。

生态规划中应用的系统科学的基本原理如下:

(1)整体性原理。系统论认为,系统的性质和发展规律存在于系统各要素相互关联和相互作用之中,而不是各要素孤立的特征和活动的简单加和。必须从系统的整体和全局进行分析,正确处理整体和局部之间的辩证关系,反对孤立地研究各组成部分或从个别方面思考和解决问题。

(2)关联性原理。关联性原理与整体性原理密切相关,强调研究分析系统各组成要素之间及系统各层次之间的相互联系。

(3)结构性原理。该原理从系统的结构是系统内部所有要素之间关联方式的反映这一点出发,强调系统的结构决定其功能,结构的不同和改变相应地导致系统的功能发生变化。

(4)开放性原理。该原理指出,系统与环境密不可分,系统和环境之间不断进行着物质、能量和信息的交换,互相联系,互相作用,并在一定条件下可以相互转化。

（5）系统的动态性原理。该原理强调系统不是静止不变的，而是在不断变化和发展的，系统的结构和各要素在时间上是不断变化的，同时系统与环境之间也在不断进行物质、能量和信息的交换，系统的平衡是一种相对平衡。

（三）其他学科的理论

1. 植物群落学

植被是自然生态系统最重要的组成部分。不同的植被不仅形成不同的景观，而且具有不同的生态效能。顶极群落理论是指群落的组成、结构、稳定性、生产力朝着相对稳定的顶极方向发展，越趋向顶极，植物的组成与结构越复杂，稳定性越高，可根据顶极理论创造与当地气候环境相适应的顶极植物群落。

2. 城市生态学

城市生态学是用生态学的方法研究城镇中的生物圈，对其历史、结构、功能进行生态学描述；研究城市生态系统，即社会、自然、经济亚系统间的关系。

3. 环境规划理论

环境规划理论涉及两方面：一是人与环境的关系，如与城市环境有关的科学，属于环境科学研究内容；二是人与自然的协调，属于风景园林学科，如景观规划。

4. 景观生态学

景观生态学主要研究景观结构、景观功能和景观动态。其中景观结构涉及的斑块—廊道—基底模式理论及方法是景观规划及生态规划需要考虑的重要因素。斑块大小、形状、数量及其内部的物种与斑块自身的特性有关，也与生境多样性、年龄、用地的异质性、隔离度、边界不连续性等相关。在生态规划中，可以根据物种情况确定斑块的合理面积，以调整生境多样性、干扰、隔离性等因素。斑块数量是规划中要考虑的另一个重要因素，对物种稳定而言，在总面积相同的条件下，斑块数量少比多好，可确保内部环境的稳定性。廊道是线状和带状的斑块，它的连接功能在景观中有两个重要作用：一是物种通过廊道从一个地方向另一个地方流动；二是屏障功能，即减轻地表侵蚀的作用，如植被带对物种起到的保护作用。基底是区域中的背景地域，它决定了景观的性质。

5. 城市规划理论

城市规划是通过合理配置城市土地和空间资源，对城乡物质空间进行系统的规划，建设适合人类生存的环境。生态规划的理论基础主要为生态学理论和系统科学理论。

三、生态规划的内容和方法

生态规划的目标是建立区域可持续发展的行动方案，生态规划实际上是一个规划工作流程,在这个工作过程中,要求明确规划的目标与范围,充分了解规划地区与规划目标有关的自然系统特征与自然生态过程,以及社会经济特征等。在此基础上,根据规划目标对资源的开发利用,要求进行适宜性分析,并提出规划方案,然后对规划方案进行经济效益、社会效益及环境效益分析,以确定出满意的方案。生态规划也是一个动态过程,它要求的不是一个最终蓝图,而是将规划当作对某一地区的发展施加一系列连续管理和控制。并借助于寻求模拟发展过程的手段,使这种管理和控制得以实施。因此,生态规划的内容主要包括以下内容。

(一)生态现状调查与评价

生态现状调查是进行生态规划的基础性工作。生态系统的地域性特征决定了细致周详的现场调查是必不可少的工作步骤。生态现状调查也应尽可能了解历史变迁情况。生态现状调查的主要内容和指标应满足生态系统结构和功能分析的要求,一般应包括生态系统的主要生物要素和非生物要素,能分析区域自然资源优势和资源利用情况,在有敏感生态保护目标或有特别保护要求的对象时,要作专门的调查。

生态现状评价是在现状调查的基础上,运用相关原理进行综合研究,用可持续发展观点评价资源现状、发展趋势和承受干扰的能力,评价植被破坏、珍稀濒危动植物物种消失、自然灾害、土地生产能力下降等生态问题及其产生的历史、现状和发展趋势等,以认识和了解评价区域环境资源的生态潜力和制约。

生态现状调查与评价的内容可分为水域生态系统、陆域生态系统和河岸带三部分,见表8-1。

表8-1　生态现状调查主要内容

		主要指标	评价作用
水域	水资源	地表水入境量、出境量,地下水量	分析水生生态、水源保护目标等
	径流量与需水量	不同水位径流量、断流、需水量组成	确定生态类型、分析蓄水滞洪
	水质	污染物、污染指数	分析水生生态,确定保护目标
	水生动植物	类型、分布、珍稀濒危物种、外来种	分析生态结构、类型,确定生态问题
	湿地	分布、面积、物种	确定保护目标与主要生态问题
陆域	地形地貌	类型、分布、比例、相对关系	分析生态系统特点、稳定性、主要生态问题、物流等
	土壤	成土母质、演化类型、性状、理化性质、厚度,物质循环、肥分、有机质、土壤生物特点、外力影响	分析生产力、生态环境功能(如持水性、保肥力、生产潜力)等
	土地资源	类型、面积、分布、生产力、土地利用	分析生态类型与特点、相互关系,生产力与生态承载力等
	植被	类型、分布、面积、盖度、建群种与优势种,生长情况、生物量、利用情况、历史演化、组成情况	分析生态结构、类型,计算环境功能;分析生态因子相关关系,明确主要生态问题

		主要指标	评价作用
陆域	植物资源	种类、生产力、利用情况、历史演变与发展趋势	计算社会经济损失,明确保护目标与措施
	动物	类型、分布、种群量、食性与习性,生殖与栖居地历史演化	分析生物多样性影响,明确敏感保护目标
	动物资源	类型、分布、生活规律、历史演变、利用情况	分析资源保护途径与措施
	景观	景观类型、特点、区位等	确定保护目标,资源分析
	人文资源	古迹与文物	确定保护目标,资源分析
河岸	植被	类型、分布、面积、盖度、建群种与优势种,生长情况,生物量、利用情况、历史演化、组成情况	分析生态结构、类型,计算环境功能;分析生态因子相关关系;明确主要生态问题
	堤岸	类型、功能	分析主要生态问题

(二)生态功能区划

1. 生态功能区划的概念

生态功能区划是根据区域生态环境要素、生态环境敏感性与生态服务功能空间分异规律,将特定区域划分成不同生态功能区的过程。

生态功能区划的目的是为制定区域生态环境保护与建设规划、维护区域生态安全以及资源合理利用与工农业生产布局、保育区域生态环境提供科学依据。生态功能区的划分有助于明确重要生态功能保护区的空间分布、自然资源开发利用的合理规模和产业布局的宏观方向。

2. 生态功能区划的方法

自然地域分异和相似性是生态区划的理论基础,生态区划是相对区域整体进行区域划分,其区划方法必然要借鉴其他自然区划方法。归纳起来,生态功能区划方法大致可分为两大类:基于主导标志的顺序划分合并法,基于要素叠置的类型制图法。

(1)基于主导标志的顺序划分合并法。在进行生态区划时,首先根据对象区域的性质和特征,选取反映生态环境地域分异主导因素的指标,作为确定生态环境区界的主要依据,并强调同一级分区须采用统一的指标。选定主导指标后,按区域的相对一致性,在大的地域单位内从大到小逐级揭示其存在的差异性,并逐级进行划分;或根据地域单位的相对一致性,按区域的相似性,通过组合、聚类,把基层的生态区划单元合并为较高级单元的方法。

(2)基于要素叠置的类型制图法。是根据生态系统及人类活动影响的类型图,利用它们组合的不同类型分布差异来进行生态区划的方法,它与生态系统类型的同一性原则相对应。由于城市生态系统是一个复杂的社会—经济—自然复合生态系统,自然要素上叠加着人类活动的深刻影响,单一要素的生态区划无法反映生态系统的全貌,因而利用 GIS 的多要素叠加功能,进行多种类型图的相互匹配校验,才能反映生态环境系统的综合状况。

(三)生态影响预测

生态影响预测就是在生态现状调查与分析的基础上,有选择、有重点地对某些生态因子的变化和生态功能变化进行评价,可以定性描述,也可定量或半定量评价。预测内容可以侧重生态系统中的生物因子,或侧重生态系统中的物理因子,或侧重生态系统效应,或侧重生态系统污染水平变化。

生态影响包括正面影响和负面影响,主要的生态影响包括以下几个方面。

(1)规划期内的资源利用情况的变化。包括土地资源、土地使用功能的调整与改变,绿地、水资源开发、利用与保护情况及其他资源情况的变化。

(2)规划期内的植被改变。包括园林绿化、特殊生境及特有物种栖息地、自然保护区与国家森林公园、水域生态与湿地、开阔地、水陆交错带中的植被改变等。

(3)规划期内自然生态的变化趋势。比如酸雨与酸沉降、水土流失与水体的悬浮物等。

(四)生态规划目标与指标体系

根据生态规划的特点和目标、相关规定对生态保护工作的要求、生态影响识别等内容,生态规划的目标主要包括河流的可持续发展,绿地资源的保护,生物多样性的保护,人文景观的保护,合理利用土地。

根据生态规划的要求及目标,可选择生态规划的指标并建立指标体系,这是整个工作的一个重要环节,生态规划指标体系见表 8-2。

表 8-2　生态规划指标体系

目标		指标
土地资源	控制规划的实施可能造成的负面效应,健全生态系统的结构,优化生态系统的功能,引导系统的各种关系协调展,提高系统的自我调节能力	绿化覆盖率(%)
		绿地率(%)
		人均绿地、人均公共绿地面积的比例(%)
		城市森林面积(km^2)及总面积的比例(%)
		土地利用结构(%)
		自然保护区及其他具有特殊科学与环境价值的受保护区面积占区域面积的比例(%)
生物	保护生物多样性	生物多样性指数
		植物物种数目
		受威胁的物种占物种的百分比

续表

	目标	指标
水域	控制水污染,保护水域生态系统	水环境污染物年平均浓度(mg/L)
		水域面积占区域面积的比例(%)
		河流长度(km)
		湿地系统滨岸范围(指面积,km²)及保护情况
景观	保护具有生态价值的自然景观及动植物栖息地	景观破碎化程度

四、生态规划的尺度问题

(一)生态规划中的尺度

人们对自然系统的描述所应用的尺度不同,同样人类的不同尺度下行为活动对区域的影响也是不同的。那么尤其是在对某个区域、城市、景观进行生态规划时,更要注重对尺度的把握。生态规划从空间尺度上的理解可以分成四个不同层次,即地块(段)、地链、地方、地区。对于不同区域的生态规划,可以在地块、地链、地方、地区不同尺度上进行,但不同尺度的生态规划在目标及方法等方面是存在差异的。进行生态规划时,不但要考虑各个尺度上的具体模式,而且整合不同尺度下的模式。一个尺度上的生态规划是上级尺度生态规划的组成部分,同时又是下级尺度上生态规划的系统综合,由此构成某一区域生态规划的尺度链、尺度网,但最终建设目标都是一致的,即实现这一区域的生态规划目标:自然—经济社会的协调发展。

针对生态规划中的尺度问题提出以下几点建议:

(1)由于生态规划是在不同尺度上展开的,尺度不同,生态规划的目标以及所采用的技术手段、管理措施就会有所不同,因此在探索生态规划的模式时,不能忽视这种尺度上的差异。一般而言,小尺度上的规划模式常作为生态建设的重点工程项目来具体实施,地方、地区尺度上的规划模式则是作为生态建设的重点领域来指导实践。

(2)重视生态规划模式的尺度特征,在生态规划的过程中做到具体问题具体分析、实事求是、合理地规划,这样才能使后面的建设计划具有可行性。生态规划需要按照宏、中、微观各个尺度的协同作用才能完成,既要有宏观上的指导性、中观上的协调性,也要有微观上的可操作性。

(3)不同尺度之间,自上而下,是落实的关系;自下而上是制成的关系。某一尺度上的生态规划,可以独立进行,但不是孤立于生态区域规划系统之外的,因此要把生态区域规划的地块、地链、地方、地区建设有机结合起来,整体着眼,局部入手,建立起整合的生态规划尺度链。

(二)尺度生态规划

在生态规划中,规划过程并不能通过生态系统功能的相关度及相应的空间差异完全反映出来,对于尺度的界定往往依赖于经验,这造成生态系统内部各个要素之间不能相互协调,从而削弱了复合生态系统功能的运作。生态规划的尺度问题,可以从多方面来理解。如从研究视角考虑,又可有宏观到精细研究之分;从研究之间的关系而论,又可有总体局部、高低层次之分;从研究对象涉及的空间范围而论,可有大小尺度之分。而就某一侧面而论,不同尺度之间又有多重关系。从区域的生态经济功能区划而言,以行政边界而言分为区域、省、市、县、镇、村六个行政尺度。

(1)依据生态梯度的等级关系。不同尺度间的关系就如生态梯度轴,从上到下,具有依次进程之别。以此观点全球高于国家,国家高于区域,区域高于地方。

(2)系统与子系统包含的等级关系。不同尺度之间具有包含被包含之分。即全球包含国家,国家包含区域,区域包含地方。

(3)系统镶嵌型的等级关系。不同尺度间难以分割,相互关联形成一个整体。每个尺度独立于其他尺度,不同尺度间存在严格的依次相关,形成密切联系的整体。与前两类情况不同,某尺度只与与之紧邻的尺度发生关联,而不与其他尺度发生跨越式关联,但在具体的规划中,这一问题可能由于经济活动而发生改变。

综上所述,尺度生态规划指的是在生态规划的具体要求下,针对不同规划对象的空间尺度与行政尺度,通过系统分析确定合理的分析方法,在生态功能区分与生态经济区划的基础上,合理进行重点建设项目的空间布局,使规划达到复合系统不同等级层次间的调控与和谐的最终目的。

五、生态规划的空间布局

(一)空间辨识

空间是物理空间存在的基本维度,时间的确定性和不可逆性,决定了物理空间内生命系统的所有结构与功能特性,具体表现在:物质循环、能量流动和信息传递,生物与环境间的协同适应,以及生物之间的相互关系和产生的正、负反馈控制机制。

物理系统是现代物理数学统计方法的研究对象。其组分间存在一定的因果链接关系和数量变动关系:可测与不可测的、模糊的与非模糊的、确定的或不确定的、线性的或非线性的。复合生态系统本身亦是在确定的地理空间范围内,由非线性阶构成的相对组织与其他组织、耦合与脱耦的相对开放的反馈系统。因此,对生态学的研究与理解应该确定在三个空间范围内讨论。

地球表层的自然地域分布规律是按地球表层三维空间展开的,即由于海陆分布差异造成的自然现象基本按经线方向呈条状分布(经度地带性);由于太阳能沿纬度不均匀分布而引起的自然现象沿纬线方向呈带状分布(纬度地带性);高度差异造成的自然现象在不同高度带上的垂直分布(垂直地带性);由于地形和基岩组成造成的地表差异。地球各类自然现象是地带性因素和非地带性因素相互作用的对立统一体。　·

人类生存和栖息繁衍的自然空间实质上是在一定地理区域空间范围内,由物理环境因素构建的物理空间系统,由于大量物种的存在、进化和新物种的出现,以及由于这个世界生物与生物间、生物与环境间的相互作用和因此而形成的各种反馈机制及演化趋势,使人类生存的空间变得复杂起来。地球自产生生命有机体后,物种间相互作用是物理空间发生质变的主要原因,物理空间内环境的变化(自然或人为干扰)所产生的空间格局在不同尺度上反映了所在地域的物理系统环境。

(二)空间布局

生态规划中的空间布局并不是盲目进行的,它具有经济目标和非经济目标两种。在区域经济发展的不同阶段,在不同的区域经济体系或国民经济体系中,生态规划建设内容空间布局的目标并不完全相同。在市场经济条件下,空间布局的最终目标是充分利用区位条件,发挥区域优势,使生产要素得到最优组合,实现最大化经济效益。然而,也有的空间布局并不以经济效益为最终目标,如以资源保护为目的的生态环境的建设规划,欠发达区域兴建公共工程等。

(三)空间布局的经济目标

生态规划建设项目空间布局的经济目标是指在特定区域中,以经济发展为目的进行调整资源利用与开发。经济目标是不同尺度生态规划过程中必须要考虑的重要因素,反映规划对象的综合经济实力。经济目标的确定与人民的生活水平又存在紧密联系,是规划对象发展的命脉。当且仅当人们的环境行为满足了投入成本与收益的特殊平衡时,经济可持续发展才可能存在多种不同的途径,从而使得经济目标与环境保护目标相一致。在一个区域社会经济发展体系中,生态规划要以满足经济和非经济需要为宗旨。由此可见,空间布局调整的主要经济目标是最大限度地满足规划对象发展需求。

因此,生态规划建设项目的空间布局必须与其主要经济目标和其主要目的(以获得最大化经济利益)相互协调,才能使生态规划建设项目的空间布局得到优化,保持区域经济稳定、高效运行。

1. 影响生态产业空间布局的因素

(1)区域生产力。生产力决定生产关系,生产关系要适应生产力的发展,社会才能进步。同时生产力也决定了生产布局的形式。随着生产高技术化、产品小型化以及情报技术的发展,生产分布受原料、运费等因素的制约程度将进一步减弱,国际分工、地域分工更趋明显。发展中国家正在逐步实行工业化,城市化速度不断加快。而工业化国家,已经开始进入后工业社会,城市网络已经形成,开始出现生产力布局向城市周围扩展的新趋势。

(2)生产关系。生产分布虽然与自然有着甚为密切的关系,但它基本上是一种社会现象,并受一定历史阶段中基本的社会经济规律支配的。也就是说,社会的生产关系决定着生产分布的性质。

(3)地理环境。地理环境对生产力分布影响很大,从人类的发展史来看,生产力最初发展的地区总是分布在自然条件优越的地方。地理环境与生产分布的关系包括两个方面:一是环境对生产的影响,如自然资源条件、气候条件、地质地貌条件、水文条件等;二是生产对环境的影响,对人类、河流、土壤、空气的污染,对生物的破坏程度等。

(4)社会文化条件生产力中最活跃的因素——人。人的社会属性是人类和人类集团的重要特点，这在进行生产布局时是绝对不可忽视的。例如，在少数民族地区布局产业时，就要考虑当地的风俗、宗教、文化传统等因素；有些产业工序繁杂、手工操作程度较大，属劳动力密集型，这样就要尽量考虑布局在人口较多的地方，有利于人口就业和社会安定。

2. 生态产业空间布局的原则

(1)尽量使产业接近原料、燃料产地和产品消费地。这项原则是经济学家、经济地理学家在生产分布问题上最先研究的问题。

(2)在专门化基础上综合发展地区经济。随着生产的发展，科技的进步，社会分工也越来越细，任何一个地区想囊括所有的生产部门，做到"大而全"或"小而全"是不可能的。

另外，由于地域社会和自然差异的制约，各地生产部门只有有自己的特点，才能合理利用资源，发挥生产潜力和地区优势，提高劳动就业率。生产区域专门化，不同尺度有不同的规模。从全球角度看，有以生产石油、橡胶、咖啡、糖、铜等为主的资源型专门化国家和地区，还有以旅游、金融为主的国家和地区。在国内划分不同级别的大小经济区也体现了地区专门化的性质，显示出了因地制宜的地区专门化经济效益。当然专门化绝不是单一化，在区域内和区域外都要保持横向经济联系，注意各生产部门协调综合发展，各产业部门之间构成互相补充、互相联系的统一经济整体。这样可以减少各经济区间不必要的交换、运输消耗，发挥整体效应，充分利用技术力量，实现原料的深加工和废弃物的合理利用。

(3)正确处理区域经济规模和生态经济综合效益的关系。生态产业空间布局问题不仅仅是在什么地方设置什么样产业的问题，还要注意到设置什么样规模的产业问题。经济规模与经济效益关系十分密切，在生态产业空间布局时，正确处理这一关系是十分重要的原则。一般来说，生产规模越大、机械化程度越高，每件产品所负担的固定费用就越少。但是生产规模增大也带来一系列问题，如当地原料、燃料的供应力要相应增强，技术水平、劳动力素质要提高，投资、建厂时间要增加等。显然对不同国家不同地区来说，布局生产的规律应当是因地制宜的。

(4)保护环境、增强生态效益。生态产业空间布局必须与环境相协调。在小的尺度范围，废弃物多的工厂布局要远离居民区，注意河流的流向和常年风向，污染严重的工业不宜建在风景区、旅游区，否则会产生一系列的环境问题。生态产业空间布局要把非经济性目标核算进去，统筹衡量布局的合理性。由于工业生产造成的污染对人类、动植物和环境的破坏，从工厂内部经济核算是合理的，而从环境效益、社会效益整体上看是不合理的。因此，要把经济效益、生产效益和社会效益统一起来进行生态产业空间布局。

(5)空间布局的非经济目标。生态规划建设项目的空间布局还受到非经济目标的影响、约束与控制。影响生态规划空间布局的非经济因素包括政治、社会文化、军事、自然环境等多方面。

①政治目标。政治目标是指一些国家或地区为了实现某种政治目标而进行的生态规划空间布局，如为了支持边疆、民族地区发展，中央政府通过财政投资的形式在这类欠发达地区兴建某种基础设施，建立一定规模的产业，形成一定规模的生产力，现今我国的西部大开发战略正是这一问题的良好体现。以政治目标为生态规划空间布局指向的区域经济运行，必须以政

府力量或某些政治力量的有效介入为前提,否则难于实现预期目标。政治目标的改变必然会引起生态规划空间布局调整,同时生态规划空间布局的调整和改变也会反映到政治目标的确定上。

②军事、国防目标。军事、国防工业作为一种特殊的产业类型,在特定经济地域内的生态产业空间布局必须要为相应的军事、国防服务。

③社会目标。为了实现某种社会目标,如提高某些地区居民的社会公众福利、改善生态环境、提高居民文化素质而进行的生态产业空间布局。最大限度地实现社会目标是生态规划空间布局指向的主要考虑因素。最为显著的例子是国家为了给残疾人提供就业机会而在特定经济区域兴办的各项社会福利企业,通过税收与非税收优惠政策,促进这类产业的发展与科学合理的空间布局。我国也为此增加了社会保障制度等相关政策,这些政策的出台使国民进一步受益。因此,一些与社会福利、社会救助、维护社会公共正常秩序相关的产业空间布局,着眼于实现特定的社会目标。

④宗教、文化目标。为了达到一定的宗教目的和文化目的而形成的生态产业空间布局,满足特定的宗教、文化需要是影响生产力布局指向的主要因素。由宗教文化产品的生产和流动形成的空间布局,在一些宗教、文化色彩浓厚的社会经济体系中,直接影响整个生态规划的空间布局。然而,宗教和文化不可能一成不变,由此也会进一步引起相关生态产业空间布局随之调整。

简而言之,非经济目标也是生态规划建设内容空间布局指向的重要方面。在一个市场化程度较高的经济体系中,经济目标是主要目标,非经济目标是经济目标的重要补充和影响因素,二者共同构成生态规划空间布局指向的目标体系。

(四)空间布局的协调与遵循原则

空间布局必须从区域整体空间角度探索规划对象内部、外部结构相协调的布局优化策略出发,形成形态清晰、结构合理、功能高效、生态和谐的空间布局,以有利于规划对象的可持续发展,达到生态规划所需求的可持续合理利用一切资源、改善发展环境、协调可持续发展。

科学合理的空间布局要有理论进行指导,从空间、时间和动因三个维度上分析研究,对经济、社会发展、空间利用等多因子相互作用机制进行研究分析,揭示空间布局结构变迁的动因机制,为区域生态产业空间布局的集中与分散、增长与区域平衡发展等问题的合理解决提供决策依据。

根据生态规划的尺度原则,针对不同空间组合的约束功能进行合理调配与管理,构建优化的区域空间布局结构,注重规划项目在一定程度上集聚,既要充分享有规模效益,又要防止超过限度的过分集聚,避免破坏生态环境。

生态规划建设内容的空间布局是一个系统的综合过程,应根据复合系统内资源的类型、预定的经济或非经济目标,遵循相应的原则,才能适应区域经济、宏观经济及全球经济发展的需要,提高区域生态经济运行效率,使区域资源经济的发展在地域空间配置中得到优化。主要表现在具有经济目标与非经济目标两个方面,在生态规划过程中,集中体现于生态功能分区、生态经济区划、重点建设项目与生态产业空间布局等。

确定生态规划空间布局目标的经济目标与非经济目标,要遵循以下原则。

(1)尊重生态环境演变的空间分布规律,从生态建设在短期内要见到明显的效果来看,生态建设既要尊重自然变化的规律,也要体现投资的效益。

(2)国家生态建设的目标和地方生态建设的目标相统一。

(3)经济效益、社会效益与生态效益相统一。

(4)重点生态建设工程与重点生态建设地区相统一。

生态环境建设是一项复杂的区域国土整治工程,由于不同的地区所面临的生态环境问题不同、经济水平不同、资源与环境条件不同,所以所选择的生态建设工程也就不同。又由于不同地区生态环境建设对整个区域的生态环境恶化抑制所起的作用不同,所以在区域上应优先考虑那些对生态环境恶化具有抑制作用的地区。

六、生态规划的程序

生态规划编制是一项多任务全方位的工作过程。简而言之,它大致包括五个基本阶段或步骤(即所谓的"五步曲"):生态规划任务落实与准备阶段;生态调查与资料收集阶段;生态评价与分析阶段;生态规划报告编制阶段;生态规划报告征求意见、修改与论证阶段(图8-1)。

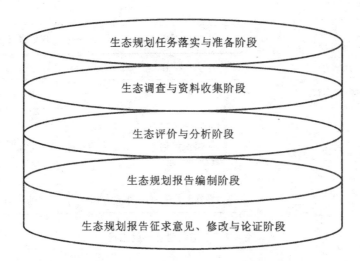

图 8-1　生态规划编制的主要流程与步骤

规划技术路线是对整个规划编制中的各个工作计划、工作内容、人员组织、重要活动、阶段性成果等进行的框架性描述,实际上就是一个工作技术流程,通常用框图的形式表述(图8-2)。

(一)生态规划任务落实与准备阶段

该阶段即项目的立项过程,主要是规划用户单位(可以是政府、企业或个人等)与规划编制单位之间的一个互动过程,主要工作内容包括用户单位对于规划任务的委托及其对规划的要求、目标、范围的确定,协议的签订,规划费用的安排与规划人员的配置等。规划任务的获取通常包括用户的直接委托和规划项目的招投标等形式。

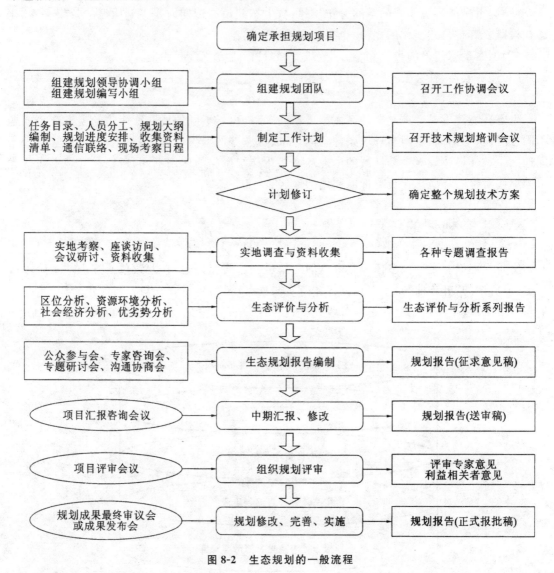

图 8-2　生态规划的一般流程

在该阶段,规划承担单位通常还要根据用户的需求,提出简要的规划工作实施方案、技术路线以及规划大纲,通过互动和沟通,确立规划的总体思路与内容框架。必要时,还要组织专家对规划大纲进行评审,评审通过后方可开展下一步的规划编制工作。

(二)生态调查与资料收集阶段

该阶段是生态规划中比较繁重、辛苦但又至关重要、必不可少的工作环节,它为生态评价和生态规划报告的编制提供第一手的"原料""素材"和现实根据。生态资料收集的数量和质量将直接影响到后期生态规划成果的质量和水平。因此,组织一支专业素质高、野外工作能力强、团队合作精神好的调查队伍是十分重要的,同时,制定一系列有针对性的、周密的、高效的调研计划也是极其必要的。生态调查与资料收集的途径和内容多种多样,可以分组多次反复进行。该阶段完成后,一般要求撰写相关的生态调查报告。

(三)生态评价与分析阶段

该阶段主要是对生态调查阶段所获取的"海量"数据资料(包括统计资料、野外实测资料、实验室分析测试数据等)进行"分门别类、去伪存真、去粗取精"的整理,并对有效数据进行初步的编辑、加工处理和数理统计。同时,建立相应的数据库或数据管理信息系统,如基础地理数据库、生态环境数据库、自然资源数据库、社会经济统计数据库以及其他专题数据库等。在此基础上,通过适当的数学统计分析方法和数学模型对上述经初步处理的数据进行深入的分析与评价。根据分析评价结果,对规划区的资源环境现状、存在的问题、发展潜力、优劣势、生态适宜性、资源环境容量等进行多方位的诊断辨识和相关分析,并在此基础上进行演绎推理和归纳总结,从而得到相关的研究结论,这些研究结果将为下一步的生态规划方案的制定提供科学支撑。同样的,该阶段完成后也需要撰写生态评价报告。

(四)生态规划报告编制阶段

该阶段是生态规划的关键环节,是生态规划编制的正式阶段。在该阶段,主要根据生态调查和生态评价所获得的数据资料和结论,按照生态规划报告编制的相关规范要求,制定规划方案。具体而言,主要包括以下几个方面的工作:

(1)规划指导思想与规划原则的制定。

(2)规划目标与指标体系的建立。

(3)生态功能分区与空间布局。

(4)规划重点领域或专项规划方案的制定。

(5)规划方案的整合与规划图件的制作。

(6)规划系列成果的汇编与集成,形成规划初稿或征求意见稿。

(五)生态规划报告征求意见、修改与论证阶段

在生态规划报告初稿及相关成果完成之后,通常还需要将规划报告(征求意见稿)及时反馈到规划区,邀请利益相关者和当地民众广泛参与,听取修改意见,同时向规划委托单位及其相关职能部门征求修改意见与建议;或者召开规划初步成果的汇报会与研讨会,直接听取各方面的意见;还可以召开专家咨询会或听证会,获取专业性和科学性的修改建议。之后,根据各方面获得的修改意见,对规划报告初稿进行全面修改、补充和完善。在规划报告初步成果修改和完善以后,形成送审稿,便可开展正式的评审论证工作。评审通过后,还需根据评审专家提出的修改意见和建议,对规划文本和图件进行适当的修改和进一步完善,最终形成正式规划成果(正式稿)。

第二节　自然保护区的建设与管理

一、自然保护区建设

(一)建立保护区的必要条件

由于土地权限、人力、科研实力、资金等各方面的限制,保护区不是在任何地方都可以建的,必须要选择一些有代表性的和有科学或有实践意义的地段,并使保护区的建立和布局形成科学的体系。一般说来,下列七点可作为建立保护区的必要条件。

(1)天然生态系统类型保存较好或次生类型通过保护仍能恢复原来状态。不同自然地带和大的自然地理区域内,天然生态系统类型保存较好的地区,应首先考虑选为保护区;有些地区原生性生态系统类型虽已遭受破坏,但其次生类型通过保护仍能恢复原来状态的区域,也可选为保护区。在这方面,世界保护联盟专门为世界建立保护区网做出了一个生物地理省的划分,要求在每一个生物地理省内都应选择若干典型区域建立保护区,以保护各种原生性生态系统类型。这个区划虽然比较粗放,但仍有很大的参考价值。对中国来说,《中国植被》一书有关植被区划的阐述和1/100万中国植被图集的具体材料,可以作为规划建设保护区的重要参考依据。

(2)国家一、二级保护动物或有特殊保护价值的其他珍稀、受威胁动物的主要栖息繁殖地区。

(3)国家一、二级保护植物或有特殊保护价值的其他珍稀、受威胁植物的原生地或集中成片分布的地区。

(4)有特殊保护意义的天然和文化景观、洞穴、自然风景、革命圣地、岛屿、湿地、水域、海岸和海域等。

(5)有科学研究价值的地质剖面、化石和孢粉产地、历史和考古区域、冰川遗迹、火山口、陨石区等自然和文化历史遗产地。

(6)在利用与保护方面具有成功经验的典型地区,如梯田和林粮间作景观等。

(7)对维护生态平衡具有特殊意义的地区。

上面所列举的各种条件不是孤立的或相互排斥的,有时,几个条件同时体现在一个区域内,当然,这样的区域就更应选择建立为保护区。为了叙述方便,我们分开来谈,在实际应用时,应和建立保护区的目的要求结合起来,既可单独考虑也应结合起来分析,不管怎样,明确其中的主导因素总是必要的。

(二)建立保护区的具体地点

如果要建为国家级保护区,要通过主管部门报省政府批准,然后报请国务院批准。其他各级分别由省(市、自治区)、地(市、州)和县批准即可。一些保护小区由乡政府提出,报省、县备案即可争取上级的支持,这种由乡规民约建立的保护区所起到的环保作用并不亚于由法律保护的区域。以后,在制定保护区法时对保护小区的各项事宜应该给予严格的规定。当然,中央主管部门也可直接或建议各级主管部门在适宜地区建立保护区,根据其意义和作用由各级评委会讨论确定为不同级别的保护区。凡是拟选定建立保护区的地区,应该组织多学科的专家开展一次综合考察,弄清该地区内的自然条件、自然资源和社会经济条件等基本情况,了解当前存在的问题和发展潜力,然后确定它究竟属于哪种类型的保护区,面积应该多大为好,以便制定相应的管理措施。一般以自然生态系统和自然资源整体为保护对象的保护区,选点时应尽可能考虑受人为影响较少,各类生态系统保存比较完整,足以较好地代表特定自然地带和区域的典型自然生态系统及其演替系列类型。物种资源比较丰富的地区,要划出足够的面积,使其能保持主要种群生存、繁衍和发展等所必需的最适的空间;当然,也要考虑它的保存与当地经济建设和文化、科学发展的远景规划以及当地居民长远利益和当前利益的需要之间的相互联系。如果是以特定的动植物资源作为主要保护对象的保护区,应从这些资源的分布区全面考虑,选择动植物分布较多、环境较典型的区域,要考虑到保护对象的生物学和生态学特征,为其划定适宜的区域。例如,一些游迁性的生物种类必须包括冬夏两季的栖息地、繁殖地及其必要的活动范围;对水生生物还要注意划出产卵场、越冬场、幼体索饵场以及洄游通道等。同样,也要考虑当地经济建设、文化与科学发展以及居民生活等方面的关系。其他类型的保护区,性质比较特殊,要求比较明确,主要根据其特殊要求来划定,但也必须注意要能满足发挥其多功能作用的要求。

通过综合考察,至少要对所选择建立保护区范围内的地貌、地质和矿产资源、气候、土壤、水文、动植物区系、植被和生物资源特点、自然灾害的可能影响,需要保护的各种生境、景观、物种及其遗传资源的现状、发展趋势和保护措施等有比较充分的了解。编制各种大比例尺的图件,视其面积大小和需要程度,从 1/2.5 万到 1/10 万都可,必要的重点区域可编制比 1/2.5 万更大的图件。通过这些图件详细地表示出该地区的地质、植被、生物资源等各种数据及其分布情况。同时,对人口和劳力、耕畜、土地、农业生产类型和水平及其加工工业、手工业和工业、能源、交通运输以及生活水平等的历史变化和发展趋势等,也要搜集足够可靠的资料,并加以确切地分析。所有这些材料是今后规划保护区建设和发展的重要依据。

(三)规划设计保护区

通过多学科的综合考察,对所搜集到的有关自然条件、自然资源和社会经济特点等的资料进行必要的分析,就可以对保护区的建设和发展作适当的规划设计,写出实施规划的任务书,以指导日常工作的开展,逐步地去完成各项任务。下列几项工作是首先必须要做的。

1. 确定保护区名称

虽然人们可以根据不同的目的和要求给保护区命名,但在命名上应有一个统一的规定,以有利于相互交流和了解。一般可实行四名制,即由保护区所在省名(和县名)+所在地名+主要保护对象或类型名+级别四者组成。例如,四川卧龙亚热带森林生态系统国家级保护区、湖北利川小河水杉省级保护区、安徽宣城扬子鳄国家级保护区、湖南张家界国家森林公园等。这样,人们从名称就能够了解该保护区所在地、位置和性质,起到名副其实、一目了然的作用。

但是,目前我国自然保护区的命名一般采用三名制。如四川卧龙国家级自然保护区,湖北神农架国家级自然保护区。

2. 确定保护区面积

保护区究竟要多大面积,才能达到预期的目的,这在很大程度上取决于它所保护的对象和建立的目的,有些保护区可能有几公顷就够了,而有些则需要几十万公顷以上。如果是为了保护一个区域的天然生态系统及其组成的物种,面积显得格外重要,因为只有足够的面积才能达到保护这个整体性的目的,才能保持各种各样生态系统的存在,以保证所有物种能够延续下去。似乎有这样一种认识,保护区的面积愈大愈好,而事实上,保护区是为找到满足保护主要对象所必需的最适当的范围。自然界中某一区域物种数量的多少与面积有一定的相互关系。最初,物种的数量会随着面积的增大而增大,但当面积增加到了一定程度时,物种数量增加的速率就开始减慢了。

保护区设计应循序下列原则:

(1)面积应该大到足以满足主要保护对象的要求。

(2)连片比分散的若干片要好。

(3)对某些特殊生境和生物类群,相互间的距离愈小愈好。

(4)保护区之间最好有通道相连,以利于物种迁移。

(5)为了避免"半岛效应",保护区的形状以圆形为佳。

这些原则已被世界保护联盟纳入世界自然保护策略。但是,由于实际情况不是人们所想象得那样简单,上述许多原则不容易实施,因此也必须视实际情况予以灵活掌握,不能机械应用。

二、自然保护区管理

我国自然保护区采用综合协调、分部门、分层次的管理模式。根据自然保护区的级别,分为国家级、省级、地市级和县级,不同级别的保护区分属于相应级别的管理部门。

同一个级别的保护区由不同行业部门管理。

目前,自然保护区体系的建立使得我国绝大多数生态系统、珍稀野生动植物和重要的自然遗迹均就地得到了有效保护。经过近几十年的努力,我国珍稀濒危物种种群减少的趋势基本得到扭转。由于不少珍稀物种在自然保护区内得到了有效保护,物种种群得以恢复,数量得以增长,如野生动物中的大熊猫、朱鹮、金丝猴、羚牛、亚洲象,野生植物中的水杉、红豆杉、银杉、珙桐等。但在取得成效的同时也应该看到,我国在自然保护区管理上还面临着诸多问题,如土地权属不清、多头管理、社区经济落后、公众保护意识淡薄、经费不足、管理能力不足等。

自然保护区管理是指自然保护区管理机构的管理者通过规划、组织、领导、控制等手段来协调人员、保护对象以及自然环境之间的关系,使保护区工作人员和与保护区有关的利益相关者一起有效率地实现自然保护区管理目标的过程。

（一）自然保护区管理的基本原则

建立自然保护区的首要目的是保护自然环境和生物多样性，所有工作都应以保护好保护对象的生存与发展为前提，其次是为人类提供各种可利用的资源。自然保护区的管理必须处理好"保护"与"利用"两者之间的关系。一方面，我国是发展中国家，人口众多、人均资源贫乏，保护区所在地也普遍存在经济落后问题，为了发展经济建设需要利用大量资源；另外，保护区资源的利用必须适度，只有合理的利用才能促进保护对象和社区经济的共同发展。因此，保护区管理的基本原则就是处理好"保护"与"利用"之间的关系，严格保护、适度利用，主要应遵循以下几条原则：

（1）可持续发展原则。注意保护区自然资源及其开发利用程序间的平衡，努力保护和提高保护区生态系统的生产和更新能力，使保护对象和经济发展能够长期良性循环发展。

（2）科技先行原则。任何保护与开发过程都应以严格的科学理论和实验实践为依托，不可盲目而为、侥幸而为。

（3）适度非营利性利用原则。在保护对象不受干扰的情况下，可以适度利用资源发展社区经济，同时使保护区获利，但不应以纯粹盈利为主要目的。

（4）共同受益原则。只有自然保护区与当地社区居民共同受益，惠益共享，今后的保护工作才能得到当地居民更好的支持，保护工作才能更有效地开展。

（二）自然保护区管理的基本内容

自然保护区管理的具体内容主要分为行政管理和业务管理。行政管理指按照相关法律法规、规章制度执行的管理内容，其工作原则的弹性范围较小，如行政执法、公共安全、财务纪律、人事制度等；业务管理主要针对特定保护对象和工作目标，是指可以通过调整手段来提高工作效率和效果的管理内容，如规划设计、野外巡护、科研监测、社区共管、环境教育、人力资源管理、公共关系管理等。其特点是工作调整的空间相对较大，不同能力的人在各个岗位上的工作效果差异性会较大。

（三）自然保护区管理的基本方法

1. 行为管理方法

行为管理是一种通过完善团体中人们的工作表现和发展个人与团队能力为团体带来持续性成功的战略性、整体性的管理程序。行为管理是各种工作中最常用的方法，保护区也不例外。常用的行为管理方法有激励管理法、创新管理法、参与管理法、因素分析法、自我管理法、行为矫正法、模范行为影响法、群体规范分析法、小集体活动法、和谐管理法、高层管理法、人性管理法、头脑风暴法、集思广益法、统一意见法、集体谈判法、冲突管理法、权威管理法、协助管理法等。保护区人员的行为管理应根据实际情况采用上述不同的方法，以提高管理效率为目的。

2. 目标管理方法

目标管理法是以目标为导向，以人为中心，以成果为标准，使组织和个人取得最佳业绩的现代管理方法。目标管理方法主要有量本利分析法、决策管理法、投入产出法、事业部制管理法、分级管理法、多级管理法、价值分析法、系统分析法、经营比率分析法、层次分析法、经营内外分析法、经营能力分析法、革新经营法等。

3. 计划管理方法

计划管理方法是在一定时期内确定和组织全部经营活动的综合规划。对于自然保护区来说，应在总体规划、管理计划及年度计划指导下，根据保护对象需求、市场和内外环境条件变化并结合长远和当前的发展需要，合理利用人力、物力和财力资源，组织筹划保护区全部经营活动，以达到预期目标，提高生态、社会和经济效益。计划管理方法主要包括全面计划管理法、生产计划管理法、滚动计划法、网络计划法、经济核算法、要素比较法、市场预测法、市场调查法、意见调查法、典型分析法、优化管理法、全面成本管理法等。

4. 生产管理方法

生产管理方法主要是指企业生产系统的设置和运行的各项管理工作的总称。其内容包括生产组织工作、生产计划工作和生产控制工作。对于保护区来说，虽然保护是主要工作，但保护区内仍可以开展一定范围和程度的生产经营活动，通过发展经济带动当地社区和保护区发展。在生产经营管理中可采用其中的一些方法来提高经营效率，如全面质量管理法、质量保证管理法、生产调度法、目视管理法、走动管理法、因果分析法、产品评价法、现代管理法、科学管理法、问题分析法、数学规划法、优选法等。

5. 综合管理方法

综合管理方法是多种方法综合为一体的管理方法，在保护区同样适用。可借鉴的方法包括综合评价法、咨询法、经济法、行政法、法律法、思想教育法、信息沟通法、考核法、奖励法、风险管理法、分类管理法、分批管理法、分步管理法、对象选择法、记录管理法、合同管理法、压力管理法、协同式管理法、系统管理法、保险管理法、战略管理法、时间管理法等。

在进行自然保护区实际管理时，应当结合自然保护区的特点及不同管理内容，因地制宜、因时而变，运用合适的管理方法，制定合理的管理模式，提高自然保护区综合管理效率。

第三节　中国生态文明建设的实践

文明的形成是全人类漫长、浩繁、艰苦实践的积淀结果，中国在建设四个现代化国家、建设小康社会、实现中华民族的伟大复兴的事业中，对生态文明建设进行了全面的探索。其中，以生态环境保护为主要抓手和目标的若干重大工程取得了巨大成果，做出了重要贡献。

一、生态示范区建设

可持续发展作为一种全新的发展观,已经被世界各国普遍接受并开展了多种实践。生态示范区建设是实施可持续发展的重要措施。世界上出现了多种生态示范区建设的实践模式。生态示范区是以生态学原理为指导,以协调社会、经济发展和环境保护为主要对象,以实践生态良性循环为目标,进行统一规划、综合建设的一定行政区域。

(一)生态示范区建设的内容

我国生态示范区的生态建设内容包括生态农业开发、环境污染治理、生态恢复、自然资源合理开发利用、生物多样性保护等。根据生态示范区建设内容的不同,可将生态示范区分为多种模式。

(1)生态农业型。以保护农业生态环境、发展农村经济为主要建设内容的生态示范区。通过建设,形成符合生态学原理的优质、高产、高效农业体系。

(2)乡镇工业型。围绕乡镇工业,以生态经济学原理为指导,规划并建设乡镇工业小区,加强管理,集中治理污染,发展绿色产品,促进经济和环境协调发展。

(3)贸工农一体化型。随着农业产业化进程的迅猛发展,农业与工业、商业的关系日益密切,农工商一体化已成为今后发展的大趋势。在这种情况下,积极协调农业与工业、商业的关系,加强生态环境保护,促进社会、经济与生态效益的统一,提高生态系统对可持续发展的支撑能力,是这一类型生态示范区建设的主要任务。

(4)生态旅游型。生态旅游示范区以合理开发旅游资源,有效防止生态破坏和旅游污染为主要建设内容。生态旅游以良好的生态环境为资源,坚持开发和保护并重,以旅游业为支柱,通过发展旅游业,带动其他产业的发展和生态环境的改善。

(5)生态城镇型。生态城镇示范区是以改善城镇生态环境和提高居民生活质量,加强生态景观建设和污染防治,实行清洁生产,有效利用资源和能源为主要建设内容。

(6)区域综合建设为主的生态示范区。综合生态示范区建设的主要内容是开展城乡生态环境综合整治,根据生态学规律,把经济生态建设、城乡规划建设等有机结合起来,逐步实现全区域社会、经济和生态环境的和谐发展。

(7)生态恢复治理型示范区。有计划地治理和恢复遭到破坏的生态环境,是生态环境保护的重要任务,也是生态示范区建设的主要内容之一。生态破坏恢复治理型示范区主要有两种类型,一种是在由于自然资源开发造成破坏的地区进行生态恢复,比如矿区、土地退化区等,另一种是环境污染区的生态恢复,比如农村环境的综合整治等。

(二)生态示范区建设的步骤

生态示范区建设大体上可以分为四个步骤。

(1)编制与审批生态示范区建设规划。请有关专家和专业技术人员编制符合生态学原理的生态示范区建设规划。该规划应是生态环境保护和社会、经济发展相协调的综合规划,以用于指导、规范生态示范区建设。在此基础上,将编制好的规划报有关部门审批,或以某种形式确定下来,并纳入国民经济和社会发展规划,以保证生态示范区建设纳入当地社会、经济的整体发展中。

（2）制订实施建设的详细计划。制订实施规划的详细计划,将生态示范区建设指标分解到各个行业,将各项建设任务分解落实到各部门、单位,使之与各部门的工作有机结合起来,融为一体。

（3）实施建设。根据计划分阶段、逐步进行生态示范区建设。

（4）组织检查验收。对生态示范区建设任务的进展情况和建设目标的完成情况及时组织检查验收,总结推广经验,保证该项工作的顺利开展。

二、农村环境连片整治

（一）全国农村环境污染防治

2007 年,国家发布了《全国农村环境污染防治规划纲要（2007—2020 年）》,在全国农村全面推开了农村环境污染防治工作。

1. 重点领域与主要任务

（1）农村饮用水水源地污染防治。
（2）农村聚居区生活污染防治。
（3）农村地区工矿污染防治。
（4）畜禽和水产养殖污染防治。
（5）土壤污染防治。
（6）农村面源污染防治。

2. 优先行动

（1）开展农村环境基础调查工作。
（2）完善农村环境保护的政策、法规、标准体系。
（3）推广应用农村污染防治适用技术。
（4）建设农村环境保护监管体系。
（5）深化农村生态示范创建工作。
（6）推动农村污染防治示范工程。

（二）农村环境连片整治示范

2010 年 5 月,环保部、财政部与湖南等八省签订了"农村环境连片整治示范协议",在总结2008—2010 年农村环境综合整治"以奖促治"工作的基础上,将过去分散的农村环境污染防治工作向连片化推进。

2010 年 12 月,国家发布了《全国农村环境连片整治工作指南》,要求以解决区域性突出的饮用水源地污染、生活污水污染、生活垃圾污染、畜禽养殖污染、历史遗留工矿污染等环境问题为目的,对地域空间上相对聚集在一起的多个村庄(受益人口原则上不低于 2 万人)实施同步、集中整治,使环境问题得到有效的解决。

三、生态城市建设

(一)生态城市的特征

生态城市是城市生态化发展的结果,它的核心目标是建设良好的生态环境和发达的城市经济,建设高度生态文明的社会,通过充分发挥人的主观能动性、创造性,恢复生态再生能力;扩充生态容量,提高生态承载能力,来实现社会—经济—自然复合生态的整体和谐,以及社会、生态、经济的可持续发展。与传统城市相比,生态城市主要有如下特征。

(1)和谐性。生态城市要实现的是人与自然、人与人之间的和谐共处,自然与人共生。人类回归自然,自然融入城市。人类自觉的环境意识增强,更加尊重环境,人与人的价值观、素质、健康水平较高,人与人之间互相关怀帮助,相互尊重,人人平等。

(2)高效性。主要是指采用可持续、可循环的生产、消费模式,经济发展强调质量与效益的同步提高,努力提高资源的再生和综合利用水平,物尽其用,人尽其才,物质、能量得到多层次分级利用,废弃物循环再生,各行业、部门之间的共生关系协调。

(3)可持续性。生态城市以可持续发展思想为指导,以保护自然环境为基础,最大程度地维持生态系统的稳定,保护生命支持系统及其演化过程,保证人类的开发活动都限制在环境承载能力之内,合理地分配资源,平等地对待后代和其他物种的利益。

(4)整体性。生态城市追求的不仅是环境优化或自身的繁荣,而且兼顾社会、经济和环境三者的整体效益;不仅重视经济发展与生态环境协调,更注重人类生活质量的提高,是在整体协调的新秩序下寻求发展。它强调的是人类与自然系统在一定时空整体协调的新秩序下共同发展。

(5)全球性。生态城市以人与人、人与自然的和谐为价值取向,就广义而言,要实现这一目标,就需要全球的共同合作,因为我们只有一个地球,是“地球村”的主人,为保护人类生活的环境及其自身的生存发展,全球人必须加强合作,共享技术与资源,在保持多样性的前提下实现可持续发展的人类目标。

根据以上生态城市的主要特征,可以构建出其系统特征的概念模型(图 8-3)。在该模型中,自然是基础,经济是支柱,社会是支持也是压力,最终要实现三者的和谐。

(二)生态城市建设内容和原则

建设生态城市包含以下五个方面的内容。

(1)生态安全。即向所有居民提供洁净的空气、安全可靠的水、食物、住房和就业机会以及市政服务设施和减灾防灾措施的保障。

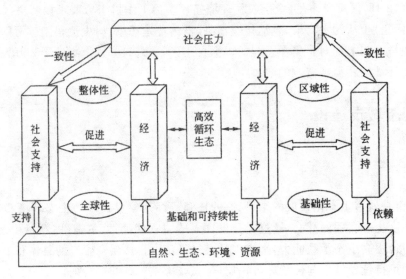

图 8-3　生态城市概念模型

（2）生态卫生。即通过高效率低成本的生态工程手段,对粪便、污水和垃圾进行处理和再生利用。

（3）生态产业代谢。即促进产业的生态转型,强化资源的再利用、产品的生命周期设计、可更新能源的开发、生态高效的运输,在保护资源和环境的同时,满足居民的生活需求。

（4）生态景观整合。即通过对人工环境、开放空间（如公园、广场）、街道桥梁等连接点和自然要素（水路和城市轮廓线）的整合,在节约能源、资源,减少交通事故和空气污染的前提下,为所有居民提供便利的城市交通。同时,防止水环境恶化,减少热岛效应和对全对环境恶化的影响。

（5）生态意识培养。帮助人们认识其在与自然关系中所处的位置和应负的环境责任,引导人们的消费行为,改变传统的消费方式,增强自我调节的能力,以维持城市生态系统的高质量运行。

（三）生态城市建设的建设模式

从国内外城市的生态化建设来看,生态城市大致可分为两类:一类是工业化后的生态改造城市,这类城市一般出现在发达国家和地区,在城市工业化已经基本完成的条件下,通过生态化改造和提升工业科技化和信息化,并尽量减少工业化所带来的弊端;另一类是与工业化同步的生态化城市,很多发展中国家（特别是中国）很多城市的生态建设就属于此类。这类城市在规划时就应积极运用生态学的思想,将环境生态意识融入城市的整体建设中去,改善以往生态城市建设的诸多不利方面,不过和西方发达国家相比,发展中国家还缺乏成熟的经验。

由于城市自身的发展条件千差万别,生态城市建设的模式也不同。目前,生态城市建设模式主要有以下几种。

（1）资源型生态城市。又叫自然型生态城市。这类生态城市的建设,以当地的自然资源为依托,尤其与当地的气候条件有很大的关系。昆明提出要建立"山水城市",广州提出要建立

"山水型生态城市"等,这与它们具有多种气候带特征、植物物种丰富的自然条件有很大的关系;吉林省长春市提出建立"森林城市",也与其自然环境有很大的关系。这种生态城市的建设模式以人类居住环境的优化为前提,一般在经济发展水平处于中等的城市较为常见。

(2)政治型生态城市。又叫社会型生态城市。顾名思义,一般情况下它是具有较强政治意义的城市建设生态城市的模式,主要是发达国家的首都,如美国的华盛顿、瑞士的日内瓦。这类城市由于政治地位突出,在国际上影响力大,并且城市的职能定位比较单一,突出表现为政治中心,文化、教育职能强,聚集着国家决策精英。它的服务业比较突出,主要体现在人文景观的旅游业发展上。工业区远离城市,污染性较强的企业也被迁移,城市绿化突出,城市公共绿地覆盖率高,人居环境优越,政府用于城市建设的补贴丰厚,居民的福利待遇高。北京生态城市建设正朝着这一目标努力。

(3)经济复合型生态城市。对于大多数城市来说,尤其是发展中国家的大型城市,生态城市的建设模式一般属于这种复合型的模式,如上海建设生态城市的模式就属于这种模式,即不仅仅注重城市的绿化建设,注重表面的人居环境,也重视城市的经济发展和社会发展。经济的发展水平是决定这种城市生态城市建设的关键指标,有了城市物质财富,城市的建设资金充足,城市居民才能建设优美的城市环境,城市各方面社会事业的发展才能顺利进行。如何处理好经济发展与城市环境的协调关系,是建设这种生态城市模式的关键所在。

(4)海滨型生态城市。这种类型的生态城市模式多发生在沿海中等城市,城市生态系统的规模较小,有一定的区位优势,有利于经济的对外联系,产业结构转型比较容易,能够及时地解决工业企业污染问题,自然条件也较为优越,经济发展有很大的潜力。如山东的威海市和日照市就属于此种类型。1996年威海市提出建立"生态市",并确定城市的性质为"以发展高新技术为主的生态化海滨城市"。

(5)循环经济型生态城市。以循环经济的模式来建设生态城市,这是一个全新的理念。这种类型的生态城市模式多在经济欠发达、社会遗留问题比较多、缺乏未来城市发展的基础设施的城市。如贵阳市是原国家环保总局确定的首个循环经济型生态城市试点城市。

循环经济型生态城市建设的目的是追求人与自然的和谐,在城市建立起良好的生态环境;以实现良性循环为核心,实现经济发展、环境保护和社会进步的共赢,实现未来经济和社会的高速可持续性发展,将城市建设成为最佳人类居住环境。

虽然生态城市建设的模式不尽相同,但其最终的目标都是实现社会—经济—自然复合生态系统的和谐,只是在实现的过程中侧重点不同。

四、生态文明的战略谋划

中国共产党第十八次全国代表大会提出的战略谋划如下所述。

1. 优化国土空间开发格局,必须珍惜每一寸国土

(1)要控制开发强度,调整空间结构,实现生产空间集约高效、生活空间宜居适度、生态空间山清水秀,给自然留下更多修复空间,给农业留下更多良田,给子孙后代留下天蓝、地绿、水净的美好家园。

(2)加快实施主体功能区战略,推动各地区严格按照主体功能定位发展,构建科学合理的城市化格局、农业发展格局、生态安全格局。

(3)提高海洋资源开发能力,发展海洋经济,保护海洋生态环境,坚决维护国家海洋权益,建设海洋强国。

2. 全面促进资源节约,要节约集约利用资源

(1)推动能源生产和消费革命,控制能源消费总量,加强节能降耗,支持节能低碳产业和新能源、可再生能源发展,确保国家能源安全。

(2)加强水源地保护和用水总量管理,推进水循环利用,建设节水型社会。

(3)严守耕地保护红线,严格土地用途管制。

(4)加强矿产资源勘查、保护、合理开发。

(5)发展循环经济,促进生产、流通、消费过程的减量化、再利用、资源化。

3. 加大自然生态系统和环境保护力度

(1)要实施重大生态修复工程,增强生态产品生产能力,推进荒漠化、石漠化、水土流失综合治理,扩大森林、湖泊、湿地面积,保护生物多样性。

(2)加快水利建设,增强城乡防洪抗旱排涝能力。加强防灾减灾体系建设,提高气象、地质、地震灾害防御能力。

(3)坚持预防为主、综合治理,以解决损害群众健康突出环境问题为重点,强化水、大气、土壤等的污染防治。

(4)坚持共同但有区别的责任原则、公平原则、各自能力原则,同国际社会一道积极应对全球气候变化。

4. 加强生态文明制度建设,保护生态环境必须依靠制度

(1)要把资源消耗、环境损害、生态效益纳入经济社会发展评价体系,建立体现生态文明要求的目标体系、考核办法、奖惩机制。

(2)建立国土空间开发保护制度,完善最严格的耕地保护制度、水资源管理制度、环境保护制度。

(3)深化资源性产品价格和税费改革,建立反映市场供求和资源稀缺程度、体现生态价值和代际补偿的资源有偿使用制度和生态补偿制度。

(4)积极开展节能量、碳排放权、排污权、水权交易试点。

(5)加强环境监管,健全生态环境保护责任追究制度和环境损害赔偿制度。

(6)加强生态文明宣传教育,增强全民节约意识、环保意识、生态意识,形成合理消费的社会风尚,营造爱护生态环境的良好风气。

五、生态文明制度建设的紧迫任务

2013年11月,中国共产党第十八届中央委员会第三次全体会议的《中共中央关于全面深

化改革若干重大问题的决定》明确了加快生态文明制度建设的紧迫任务:建立系统完整的生态文明制度体系,实行最严格的源头保护制度、损害赔偿制度、责任追究制度,完善环境治理和生态修复制度,用制度保护生态环境。

1. 健全自然资源资产产权制度和用途管制制度

(1)对水流、森林、山岭、草原、荒地、滩涂等自然生态空间进行统一确权登记,形成归属清晰、权责明确、监管有效的自然资源资产产权制度。

(2)建立空间规划体系,划定生产、生活、生态空间开发管制界限,落实用途管制。

(3)健全能源、水、土地节约集约使用制度。

(4)健全国家自然资源资产管理体制,统一行使全民所有自然资源资产所有者职责。

(5)完善自然资源监管体制,统一行使所有国土空间用途管制职责。

2. 划定生态保护红线

(1)坚定不移地实施主体功能区制度,建立国土空间开发保护制度,严格按照主体功能区定位推动发展,建立国家公园体制。

(2)建立资源环境承载能力监测预警机制,对水土资源、环境容量和海洋资源超载区域实行限制性措施。对限制开发区域和生态脆弱的国家扶贫开发工作重点县取消地区生产总值考核。

(3)探索编制自然资源资产负债表,对领导干部实行自然资源资产离任审计。建立生态环境损害责任终身追究制。

3. 实行资源有偿使用制度和生态补偿制度

(1)加快自然资源及其产品价格改革,全面反映市场供求情况、资源稀缺程度、生态环境损害成本和修复效益。

(2)坚持使用资源付费和谁污染环境、谁破坏生态谁付费原则,逐步将资源税扩展到占用各种自然生态空间。

(3)稳定和扩大退耕还林、退牧还草范围,调整严重污染和地下水严重超采区耕地用途,有序实现耕地、河湖休养生息。

(4)建立有效调节工业用地和居住用地合理比价机制,提高工业用地价格。坚持谁受益、谁补偿原则,完善对重点生态功能区的生态补偿机制,推动地区间建立横向生态补偿制度。

(5)发展环保市场,推行节能量、碳排放权、排污权、水权交易制度,建立吸引社会资本投入生态环境保护的市场化机制,推行环境污染第三方治理。

4. 改革生态环境保护管理体制

(1)建立和完善严格监管所有污染物排放的环境保护管理制度,独立进行环境监管和行政执法。

(2)建立陆海统筹的生态系统保护修复和污染防治区域联动机制。

(3)健全国有林区经营管理体制,完善集体林权制度改革。

(4)及时公布环境信息,健全举报制度,加强社会监督。

(5)完善污染物排放许可制,实行企事业单位污染物排放总量控制制度。

(6)对造成生态环境损害的责任者严格实行赔偿制度,依法追究其刑事责任。

第九章　全球生态环境保护与可持续发展

第一节　全球生态环境问题及其特点

生态环境问题一直伴随着人类文明的演化而存在和发展。跨入 21 世纪后,人类社会面临的一系列生态环境问题,仍然是 20 世纪困扰人类社会的人口增长、全球气候变化、生态环境破坏、资源短缺、生物多样性锐减等问题。在新世纪里,人类对于发展与环境相协调的意识会更加强烈,措施也更加积极。环境问题依旧非常突出,生态环境保护的任务仍然十分艰巨,实现全球可持续发展的道路也还很艰巨。

一、人口增长

在面临的诸多重大问题中,人口问题仍是最基本和最突出的问题。人口持续增长和与日俱增的个人消费对未来粮食、能源、资源、环境等诸多方面提出的新挑战,必将对世界政治、经济和社会发展等产生多种影响。

(一)人口问题的特点

1. 总数继续增长,持续时间接近百年

现代社会的人口增长具有显著的惯性,它一旦形成快速增长态势,就需要几代人的努力才能得以控制,这是人口种群变动的一条重要规律。21 世纪,世界人口总数将持续增长,人口密度随之加大。据联合国有关机构的预测,若按中位预测方案,世界人口将在 1990 年 52.95 亿的基础上,到 2100 年达到 102 亿,而后会停止增长;若按高位预测方案,世界人口在 2100 年以后还要持续增长一段时间,总人口最高值将达到 140 亿甚至更多;按最理想的低位预测方案,即更严格的控制人口增长,世界人口可望在 2095 年稳定在 93 亿。根据历史经验,世界人口是按照稍微高于中位预测水平变化的。所以,世界人口持续增长的趋势至少将延续到 2100 年。

2. 两种畸形增长,导致两极分化的趋势更明显

20 世纪世界人口增长的基本态势,是低增长或负增长的"发达国家型"及高增长的"发展中国家型",这种趋势在 21 世纪还将会继续维持相当长的时间。世界人口规模的扩大,将主要

来自发展中国家。在 2000 年以后,世界新增人口有 95％来自发展中国家,2020 年以后则增为 97％(联合国《人口问题简辑》,1991)。发展中国家人口的这种超速增长,给经济和社会发展带来的压力越来越大。"越穷越生,越生越穷"的恶性循环会越演越烈。相反,发达国家的人口增长缓慢,不少国家甚至会出现负增长,劳动力不足及老龄化并存日趋明显。人口问题上这种"南快北慢"的格局若不缓解,经济发展和生活水平"南低北高"的现状就难以改观。这种两极分化所导致的国际社会不稳定因素也将越积越多,这会影响全球经济、政治和社会的健康发展。

3. 人口质量令人关注

就全球范围而言,发达国家和发展中国家经济发展的不平衡和面临的人口问题的形式不同,健康水平、文化程度、接受教育的机会和知识层次也有很大区别。许多发展中国家陷入经济落后—人口增长—人口质量下降—经济更落后的困境。发展中国家的这种恶性循环对人口质量的影响,将是 21 世纪人口增长不可忽视的问题。

4. 性别比例可能失衡

从数量上看,20 世纪男性多于女性,男性比例偏高的特点比较突出。但是,21 世纪更快的生活节奏和新出现的诸如环境荷尔蒙之类的问题,使得雌激素对人类,尤其对于男性生理和后代性别会产生影响。世界人口性别比例失调和严重的老龄化趋势将变为不可忽视的问题。

(二)人口的变化动态对社会、经济和资源等的影响

1. 对粮食和农业的影响

根据对人口增长趋势的预测,2050 年,世界粮食需要总量将增加 110％,这意味着需要开垦更多的土地来满足对粮食的需求,这将对所剩不多的森林、草地等自然生态系统造成越来越大的压力,更多地区的淡水供应也将更加紧张。

2. 对资源和能源的影响

与工业革命前相比,现代社会的人类生活对资源和能源的消耗量明显增加,随着人口的增加,对资源和能源的需求矛盾还会进一步加剧。

(1)森林资源和生物多样性。以往人类历史的大部分时间里,全球森林面积一直是随着人口的增长而减少的。在 21 世纪的一段时间内,对森林资源的破坏还不会停止,尤其严重的是,随着森林的破坏,生物栖息地的面积不断缩小,生物多样性锐减,物种灭绝的速度还将加快。现在,是自 6500 万年前白垩纪末恐龙灭绝以来,动植物物种的最大灭绝期,这个时期物种灭绝的速度,是自然灭绝速度的 100～1000 倍。

(2)淡水资源。据国际水资源管理机构的估计,到 2050 年,将有 10 亿人生活在面临缺水的国家中。河流干涸、湖泊消失、地下水位下降使许多国家的淡水供应危机日趋严重。水是生命之源,水资源的严重不足必将直接威胁人类的生存。

(3)能源。过去 50 年,全球能源需求的增长速度是人口增长速度的 2 倍。预计到 2050

年,随着发展中国家人口的增长和生活水平的提高,能源的消耗将更多。工业化国家的能源需求量将增加 5 倍。而且,一段时期内仍然以矿物燃料为主。人均能源消耗量的这种高增长,即使人口低增长率也会对能源的总体需求产生极大影响。

3. 对生活质量的影响

1950 年以来,全世界的劳动力从 12 亿增长到 27 亿,超过了就业机会的增长。两种不协调的增长将直接影响到人们对住房、健康保障和教育的获得能力,即影响到人们的生活质量。

(1)收入与住房条件。据最近几年的统计分析,人口增长率下降最快的发展中国家的收入增长最快,如韩国、中国(包括台湾地区)、印度尼西亚、马来西亚。事实再一次证明,只有真正控制了人口的增长,各国的发展才能健康、快速,人民的经济收入才会提高。在 21 世纪,如果要实现世界经济的可持续发展和提高各国人民的生活水平,就绝不能忽视对人口增长的有效控制。

据联合国统计,目前全世界至少有 1 亿人没有住房,这一数字相当于墨西哥的总人口数。如果将擅自占据房屋者和其他无稳定住所或临时居住人员计算在内,无房居住的人口数将高达 10 亿。今后若不能实现人口增长的有效控制,无住房阶层的人数还将会继续增加。

(2)教育和医疗。未来 50 年内,在世界人口增长最快的一些国家(主要分布在中东和非洲),儿童人口将平均增长 93%,到 2040 年非洲的学龄人口将增长 75%。在那些儿童人口不断增长的国家(不包括对成年人实施的继续教育问题),国民教育的投入需要大幅度地增加,否则,不仅满足不了国民要求接受教育的愿望,而且还将加剧经济落后的恶性循环。在经济欠发达国家,医疗保障的形势也是非常严峻的,婴儿的死亡率一般都很高,人口的平均寿命也远远低于发达国家。

(3)生活环境。在全球各大洲,由于人类的开发和人口增长,自然生态环境的面积不断缩小,尤其是人口迅速增长已经超出当地资源承受能力的国家和地区,人口的增长使居民的正常生活环境难以得到保证,无清洁的饮用水、无稳定住所、无保暖的设施等。而在一些特大城市,人们也没有平静和安宁的生活,居民被噪音、污浊的空气、喧闹的人群所困扰。不断增加的人口还增加各种垃圾的数量。21 世纪,大量废弃物的治理任务还相当艰巨,即使在许多人口较稳定的工业化国家,抛入掩埋式垃圾场和排水道的垃圾也会持续增多。

二、全球气候变化与臭氧层破坏

(一)全球气候变化

全球气候变化是全球变化问题的一部分。所谓全球变化,是指"可能改变地球承载生物能力的全球环境变化(包括气候、土壤生产力、海洋和其他水资源、大气化学以及生态系统的改变)"。全球变化在地球的整个演化过程中没有停止过,而且时慢时快。现在,人们高度重视这个问题,是因为强烈的人为干扰因素参与到自然生态的演变之中,使得这个问题更为复杂。气候变化对全球生态环境的影响最广泛、最深刻,产生的影响效应有利有弊。

自地球诞生以来的整个进化过程中,全球气候经历了不同时间尺度的变化,通常分为 1 万年以上即地质时期的变化、近几千年来历史时期的变化和 19 世纪末至今 100 多年的变化。气候变化一般包括气温、降水和海平面变化 3 个方面的内容。研究表明：过去 100 年里，全球平均气温上升了 0.2～0.5℃，全球海平面上升了 10～25cm；全球陆地降雨量增加了 1％。如果对目前的温室气体排放不采取有效控制措施，预计到 2050 年，全球气温将升高 1～3℃；全球海平面将上升 15～100cm；降雨强度可能会进一步增加。从数据的绝对值看，上述变化的结果似乎并不惊人，然而这是全球的平均水平。而气温、降水和海平面及其变化速率在全球的分布是不均匀的，这会导致某些地区短时间内发生急剧的气候变化，如高温、飓风和暴雨等极端天气的频率增多等。极地温度的升高将导致冰川融化，加速海平面的上升，这对沿海地区的威胁是相当严重的。

近 100 年来，全球气温变化的总趋势是普遍变暖。但有两个值得注意的特点，一是从 19 世纪到 20 世纪 90 年代，全球气温的变暖并不是持续的，从 20 世纪 40 年代到 70 年代气温约下降 0.05℃；二是全球气温变化有明显的地域性差异，就每个国家或地区而言，增暖幅度也不同，不少地区的气温变化很小，甚至有些地区的气温反而呈下降趋势。

对引起全球气候变化原因的分析，主要有"温室效应"、植被变化、大气气溶胶作用等。

1. 温室效应

目前，普遍的看法认为"温室效应"（green-house effect）是造成全球气候暖化的主要原因。所谓温室效应，是指存在于大气中的某些痕量化学物质和存在于对流层中的臭氧具有吸收太阳能在近地表的长波辐射从而使大气增温的作用，具有这种作用的气体被称为"温室气体"（green-house gases）。实际上，在人类存在之前，温室效应和温室气体就已存在，如大气中的 CO_2 气体和水蒸气等，就具有让太阳辐射透过地球表面，而对地球表面散发的长波辐射又有强烈吸收的作用，减少地表向外层空间的能量净排放，这就是"自然温室效应"，其作用是维持地球与大气层之间的热平衡。而人类社会对化石燃料的利用，对森林砍伐以及工业发展等，破坏了地球上的"自然温室效应"所形成的热平衡，由此而引起的气候变暖称为"人为温室效应"。温室气体主要包括二氧化碳、甲烷、氧化亚氮、氯氟烷烃、六氟化硫和臭氧等，它们对全球变暖的贡献不同。

植被破坏也是引起温室效应的原因之一。植物最基本的代谢功能就是吸收 CO_2、释放氧，植被减少必然引起二氧化碳吸收量的下降，从而间接引起大气中 CO_2 浓度的升高。据估计，目前因全球森林植被破坏引起的 CO_2 浓度上升约占 CO_2 增加总量的 24％。

2. 水气

水气在大气中的含量很低，但对大气的影响很大。其变化会通过许多途径影响全球气温。水与汽之间的转化需要释放或吸收大量热能。因此，空气中水分含量的多少和变化必然对气温产生影响。目前，全球许多地区由于降水减少，气候长期干旱导致土地沙漠化，造成了植被的减少、生态系统调控能力降低，其最终结果是促使气温升高；降水的减少会影响空气湿度和土壤水分，使地表温度变化剧烈，对气温的调控能力降低；全球降水多少和空气湿度高低，会对河流和水库蓄水、植物生长及低层云量产生影响，最终也要对气温变化产生影响；水气的输送和水分循环会引起太阳能在大气中重新分布，进而对大气环流以及气候变化造成很大影响。

3. 植被变化

植被对全球气候变化的影响除与二氧化碳的吸放有关之外,还与下列因素有关:森林、草原等生态系统具有极强的活力和调节功能,这个系统的减弱必然会对全球气候变化产生影响;植被对太阳能具有吸收、反射的作用,植被的减少将改变到达低气层及地表层大气的太阳能分配,从而对气候产生影响;地球上的植被尤其是分布于热带和亚热带的雨林对全球气流循环有调节作用;植被对土壤、大气及地下水的平衡分布起着重要调节作用。

4. 大气气溶胶

大气气溶胶是通过对阳光的散射作用而对全球气候变化产生影响的,它能造成天空浑浊和能见度降低,进而影响对流层能量平衡,使低层大气和地表温度下降。此外,火山爆发、地球自转速率变化、大气污染和冰山退缩等都会对气候变化产生不同程度的影响。

全球气候变暖既对人类带来某些有利的影响,同样也带来许多不利的后果。例如,全球性气温升高将带来气候变迁,原来适宜人类居住的地方,可能会因气候条件的恶化变得不适宜人类居住;同时,原来不适宜人类居住的地方,可能会因气候条件的改善变得适宜人类居住;全球性增温还可能会使一部分地区的农牧业产量增加,也可能使另一部分地区的农牧业产量下降。全球气候变化导致的影响主要有如下几个方面:

(1)影响人体的健康。气候变化会导致极端(如炎热)天气频率的增加,使患有心血管和呼吸道疾病的病人死亡率增高,尤其是老人和儿童;传染病(疟疾、脑膜炎等)的频率会因病原体(病菌、蚊子)易于繁殖和更广泛的传播而增加。

(2)影响水资源的时空分布。温度升高会导致水的蒸发和降雨量变化,从而可能加剧全球旱涝灾害的频率和程度。

(3)改变原有的植被类型和物种结构。区域性的森林等植被中,原有物种的变迁可能会因来不及适应气候变化的速率而消亡;全球一些特殊的生态系统(如常绿植被、极地生态系统等)及候鸟、冷水鱼类等会因气候变暖而面临生存困境;温度升高还会增加病虫害等自然灾害的发生。

(4)导致海平面的升高。全球性的气候暖化会造成海平面上升,这对经济相对发达的沿海地区将产生重大影响。据估计,在美国,海平面上升 50cm 的经济损失为 300 亿～400 亿美元;同时,海平面的上升必将使海滩的面积相应减少。

(5)对农业生产的影响。由于气候变化,某些地区的农业生产可能会因为温度上升,农作物产量增加而受益,但全球范围农作物的产量和品种的地理分布将发生变化,农业生产可能必须相应改变以往的土地使用方式及耕作方式。

(二)臭氧层破坏

臭氧分子是平流层大气的重要组成部分,所以臭氧层在平流层的垂直分布对平流层的温度结构和大气运动起着决定性的作用,发挥着调节气候的重要功能。南极上空的臭氧层是在20 亿年的漫长岁月中形成的,可是仅在一个世纪里就被破坏了 60%。氟利昂作为氯氟烃物质中的一类,是一种化学性质非常稳定,且极难被分解、不可燃、无毒的物质,被广泛应用于现代生活的各个领域。清洁溶剂、制冷剂、保温材料、喷雾剂、发泡剂等中都使用了氟利昂。氟利昂在使用中被排放到大气后,其稳定性决定了它将长时间滞留于此达数十至100年。由于氟利昂不能在对流层中自然消除,只能缓慢地从对流层流向平流层,在那里被强烈的紫外线照射后分解。分解后产生的原子氯将会破坏臭氧层。

来自太阳的紫外辐射根据波长分为三个区:波长为315~400nm的紫外光称为UV-A区,该区的紫外线不能被臭氧有效吸收,但是也不造成地表生物圈的损害;波长为280~315nm的紫外光称为UV-B区,该波段的紫外辐射对人类和地球其他生命造成危害最严重;波长为200~280nm的紫外光称为UV-C区,该区紫外线波长短、能量高,并能被平流层大气完全吸收。

臭氧层的破坏,会使其吸收紫外辐射的能力大大减弱,导致到达地球表面UV-B区强度明显增加,给人类健康和生态环境带来严重的危害。紫外辐射增加可能导致的后果有以下几方面。

1. 对人体健康的影响

阳光紫外线UV-B的增加对人类健康有严重的危害作用。潜在的危害包括引发和加剧眼部疾病、皮肤癌和传染性疾病。对有些危害如皮肤癌已有定量的评价,但其他影响如传染病等目前仍存在很大的不确定性。

实验证明,紫外线会损伤角膜和眼晶体,如引起白内障、眼球晶体变形等。据分析,平流层臭氧减少1%,全球白内障的发病率将增加0.6%~0.8%,全世界由白内障而引起失明的人数将增加10000~15000人。

紫外线UV-B段的增加能明显地诱发人类常患的三种皮肤疾病。这三种皮肤疾病中,巴塞尔皮肤瘤和鳞状皮肤瘤是非恶性的;另外的一种恶性黑瘤是非常危险的皮肤病。科学研究也揭示了UV-B段紫外线与恶性黑瘤发病率的内在联系,这种危害对浅肤色的人群,特别是儿童尤其严重。

动物实验发现紫外线照射会减少人体对皮肤癌、传染病及其他抗原体的免疫反应,进而导致人体对重复的外界刺激丧失免疫反应。人体研究结果也表明暴露于UV-B中会抑制免疫反应,人体中这些对传染性疾病的免疫反应的重要性目前还不十分清楚。但在世界上一些传染病对人体健康影响较大的地区以及免疫功能不完善的人群中,增加的UV-B辐射对免疫反应的抑制影响相当大。

已有研究表明,长期暴露于强紫外线的辐射下会导致细胞内的DNA改变,人体免疫系统的机能减退,人体抵抗疾病的能力下降。这将使许多发展中国家本来就不好的健康状况更加恶化,大量疾病的发病率和严重程度都会增加,尤其是麻疹、水痘、疱疹等病毒性疾病,疟疾等通过皮肤传染的寄生虫病,肺结核和麻风病等细菌感染以及真菌感染等疾病。

2. 对陆生植物的影响

目前,臭氧层损耗对植物危害的机制尚不如其对人体健康影响的清楚,但在已经研究过的植物品种中,超过50%的植物受到来自UV-B辐射的影响,比如豆类、瓜类等作物,另外某些作物如土豆、番茄、甜菜等的质量将会下降。

植物的生理和进化过程都受到UV-B辐射的影响,甚至与当前阳光中UV-B辐射的量有关。植物也具有一些缓解和修补这些影响的机制,在一定程度上可适应 UV-B 辐射的变化。当植物长期接受 UV-B 辐射时,可能会造成植物形态的改变,植物各部位生物质的分配的改变,各发育阶段的时间及二级新陈代谢等的改变。对森林和草地,可能会改变物种的组成,进而影响不同生态系统的生物多样性分布。

3. 对水生生态系统的影响

世界上 30% 以上的动物蛋白质来自海洋,满足人类的各种需求。在许多国家,尤其是发展中国家,这一百分比往往还要高。

海洋浮游植物并非均匀分布在世界各大洋中,通常高纬度地区的密度较大,热带和亚热带地区的密度要低 10～100 倍。除可获取的营养物、温度、盐度和光外,在热带和亚热带地区普遍存在的阳光 UV-B 的含量过高的现象也在浮游植物的分布中起着重要作用。

研究人员已经测定了南极地区 UV-B 辐射及其穿透水体的量的增加,有足够证据证实天然浮游植物群落与臭氧的变化直接相关。对臭氧洞范围内和臭氧洞以外地区的浮游植物生产力进行比较的结果表明,浮游植物生产力下降与臭氧减少造成的 UV-B 辐射增加直接相关。一项研究表明,冰川边缘地区的生产力下降了 6%～12%。由于浮游生物是水生生态系统食物链的基础,浮游生物种类和数量的减少会影响鱼类和贝类生物的产量。另一项科学研究的结果表明,如果平流层臭氧减少 25%,浮游生物的初级生产力将下降 10%,这将导致水面附近的生物减少 35%。

此外,研究发现 UV-B 辐射对鱼、虾、蟹、两栖动物和其他动物的早期发育阶段都有危害作用,最严重的影响是导致其繁殖力下降和幼体发育不全。即使在现有的水平下,UV-B 已是限制因子。因而,当其照射量略有增加就会导致消费者生物的显著减少。

尽管已有确凿的证据证明 UV-B 辐射的增加对水生生态系统是有害的,但目前还只能对其潜在危害进行粗略的估计。

4. 对生物化学循环的影响

阳光紫外线的增加会影响陆地和水体的生物地球化学循环,从而改变地球一大气系统中一些重要物质在地球各圈层中的循环。例如,温室气体和对化学反应具有重要作用的其他微量气体的排放和去除过程,包括二氧化碳(CO_2)、一氧化碳(CO)、氧硫化碳(COS)及臭氧(O_3)等。这些潜在的变化将对生物圈和大气圈之间的相互作用产生影响。

对陆生生态系统,紫外线增加会改变植物的生成和分解,进而改变大气中重要气体的吸收和释放。例如,在强烈 UV-B 照射下,地表落叶层的降解过程被加速。植物的初级生产力随着 UV-B 辐射的增加而减少,但对不同物种和某些作物的不同栽培品种来说影响程度是不一样的。

UV-B 辐射对水生生态系统也有显著的作用。这些作用直接对水生生态系统中碳循环、氮循环和硫循环产生影响。UV-B 对水生生态系统中碳循环的影响主要体现于 UV-B 对初级生产力的抑制。几个地区的研究结果表明,现有 UV-B 辐射的减少可使初级生产力增加。南极臭氧洞的发生导致全球 UV-B 辐射增加后,水生生态系统的初级生产力受到损害。除对初级生产力的影响外,UV-B 还会抑制海洋表层浮游细菌的生长,从而对海洋生物地球化学循环产生重要的潜在影响。UV-B 促进水中的溶解有机质（DOM）的降解，同时形成溶解无机碳（DIC）、CO 以及可进一步矿化或被水中微生物利用的简单有机质等。UV-B 增加对水中的氮循环也有影响，它们不仅抑制硝化细菌的作用，而且可直接光降解像硝酸盐这样的简单无机物种。UV-B 对海洋中硫循环的影响可能会改变 CO_2 和二甲基硫（DMS）的海—气释放，这两种气体可分别在平流层和对流层中被降解为硫酸盐气溶胶。

5. 对材料的影响

UV-B 的增加会加速建筑、喷涂、包装及电线电缆等所用材料的降解作用，尤其是高分子材料的降解和老化变质，特别是在高温和阳光充足的热带地区，这种破坏作用更为严重。由这一破坏作用造成的损失估计全球每年达到数十亿美元。

UV-B 无论是对人工聚合物，还是天然聚合物以及其他材料都会产生不良影响，加速它们的光降解，从而限制了它们的使用寿命。研究结果已证实 UV-B 辐射对材料的变色和机械完整性的损失有直接的影响。

在聚合物的组成中增加现有光稳定剂的用量可能缓解上述影响，但需要满足下面三个条件：①在阳光的照射光谱发生了变化，即 UV-B 辐射增加后，该光稳定剂仍然有效；②该光稳定剂自身不会随着 UV-B 辐射的增加被分解掉；③经济可行。目前，利用光稳定性更好的塑料或其他材料替代现有材料是一个正在研究中的问题。然而，这些方法无疑将增加产品的成本。而对于许多正处在用塑料替代传统材料阶段的发展中国家来说，解决这一问题更为重要和迫切。

6. 对对流层大气组成及空气质量的影响

平流层臭氧的变化对对流层的影响是一个十分复杂的科学问题。一般认为平流层臭氧减少的一个直接结果是使到达低层大气的 UV-B 增加。由于 UV-B 的高能量，这一变化将导致对流层的大气化学更加活跃。

首先，在污染地区（如工业区和人口稠密的城市），UV-B 的增加会促进对流层臭氧和其他相关的氧化剂如过氧化氢（H_2O_2）等的生成，使得一些城市地区的臭氧超标率大大增加。而与这些氧化剂的直接接触会对人体健康、陆生植物和室外材料等产生各种不良影响。在那些较偏远的地区，氮氧化物（NO_x）的浓度较低，臭氧的增加较少，甚至还可能出现臭氧减少的情况。但不论是污染较严重的地区还是清洁地区，H_2O_2 和羟基自由基等氧化剂的浓度都会增加。其中 H_2O_2 浓度的变化可能会对酸沉降的地理分布产生影响，使城市的污染向郊区蔓延，清洁地区的面积越来越少。

其次，对流层中一些控制着大气化学反应活性的重要微量气体的光解速率将提高，其直接的结果是导致大气中重要自由基浓度的增加。羟基自由基浓度的增加意味着整个大气氧化能力的增强。由于羟基自由基浓度的增加会使甲烷和 CFCs 替代物浓度成比例下降，从而对这些温室气体的气候效应产生影响。

此外，对流层反应活性的增加还会导致颗粒物生成的变化。例如，云的凝结核，由来自人为源和天然源的硫（如氧硫化碳和二甲基硫）的氧化和凝聚形成。

三、生物多样性锐减

生物多样性(biological diversity 或 biodiversity)是地球最显著的特征之一。它是地球上的生命经过几十亿年进化、发展的结果。生物多样性是指地球上所有生物——动物、植物和微生物及其所构成的综合体,通常包括遗传多样性、物种多样性、生态系统多样性和景观多样性四个层次。野生种灭绝、局部范围灭绝、亚种灭绝和生态灭绝是生物多样性丧失的几种常见形式。

生境破坏、资源过度开发、环境质量恶化和物种的入侵,是造成物种灭绝的"灾害四重奏",而人类活动对生境的破坏包括自然生境的退化、消失和生境破碎化现象(fragmentation),是当前生物多样性大规模丧失的主要原因。

由于人类活动的干扰,直接或间接地使很多物种濒临灭绝的边缘。引起物种灭绝或濒危最重要的人为干扰有以下五个方面。

(1)栖息地的破坏。即生境丧失、退化与破碎。近百年来,森林面积大幅度减少,湿地被开发或退化,使许多物种失去了生存所需的生态环境。

(2)滥杀滥捕。许多野生动物种群数量的锐减甚至灭绝,不是由于生境的破坏,而是因为具有"皮可穿、毛可用、肉可食、器官可入药"的价值而遭灭顶之灾的,如大象、犀牛、藏羚羊等;人们为了食用山禽野味,也捕杀了大量的野生动物。

(3)盲目引种。盲目引种也是造成物种多样性减少甚至灭绝的重要原因。例如,15 世纪欧洲人相继进入毛里求斯,随之引入了猴子和猪,这使当地 8 种爬行动物、19 种鸟类先后灭绝。有的学者估计,盲目引种对濒危、稀有脊椎动物的威胁程度达到 19%,而对岛屿物种则更是致命的。

(4)环境污染。人类向自然界排放的各种有毒物质对环境造成的污染,使生态系统中生物的食物链和生存基础被破坏,污染对物种的影响是缓慢的、积累的,但作用又是极其深刻的,有人形象地把某些环境污染的作用比喻为"致生物于死地的软刀子"。

(5)气候变化。由于全球性的气候变化,特别是气温的升高和降水的减少,许多生活在温湿生境中的动植物不得已而迁移。例如,由于气候的变暖,欧洲地区 34 种蝴蝶的 2/3 在 20 世纪内向北迁移了 245km;但像某些蜗牛、甲虫等动物就只能忍受灭绝之灾。

生物多样性是人类社会和经济发展的支撑和资源。生物多样性的减少,可导致生态系统为人类社会提供的生物生产价值和各种服务价值的大幅度降低。前者如木材、毛皮、水果、药用植物等,后者是生物多样性锐减引起的最重要的影响,如植物的光合作用、保持水土、调节气候等非消费性的服务价值,包括动物的作用,如昆虫类为作物传授花粉、传播种子等。更为重要的是,生物多样性的减少会使物种资源库枯竭,未来的新品种培育和科学研究的价值将随之受影响。生物多样性是生态系统中生物链的基础,生物链最大的价值在于形成了相互联系的"生态网络"以维护人类的生存。毫无疑问,如果地球上只剩下人类自己,人类也绝不可能持久地生存下去。

四、资源短缺的危机加剧

人口的继续增长,必将增加对矿产、燃料、原料以及各种可更新资源的消耗,加快某些稀有和短缺资源的枯竭。资源短缺将成为制约未来世界经济和社会发展的重要因素。在人类所需要的各种资源中,最基本和最重要的是以下几类资源。

(一)水资源

世界水资源研究所认为,21 世纪全世界将有 26 个国家的 2.32 亿人口面临缺水威胁,另有 4 亿人口所生活地区的用水速度将超过水资源更新的速度,1/5 的世界人口可能饮用不到符合卫生标准的淡水。而且,水资源的危机不仅表现在数量匮乏上,还表现在水质的恶化方面,即"水质性缺水"。由于环境污染,可饮用水和地下水的质量一直在恶化。全世界陆地淡水资源分布是很不均匀的,北非和中东很多国家降雨量少,蒸发量大,径流量小,淡水人均占有量很少,而冰岛、厄瓜多尔和印度尼西亚等国,若以每公顷土地的径流量作比较,人均水量是缺水国家的 1000 倍以上。

造成水资源短缺的原因主要有以下几点:人口迅速增长导致了水资源消费量的猛增;人口城市化急剧发展和地区水资源的分布不合理;温室效应加剧了水资源供应的恶化;森林锐减加速了水资源危机的形成;水资源污染状况严重。

如果说 20 世纪是石油的世纪,那么,21 世纪则将是水的世纪,水资源缺乏已是 21 世纪面临的最严重的资源问题,它将制约全球经济的发展。因此,有必要认识和解决水资源问题的重要性和迫切性。目前各国采取的解决水资源危机的主要对策有:提高水的利用效率,合理利用地下水资源,大力推广节水技术和装置,以减少水消耗和污水的压力;采取跨流域的调水措施,以改变水资源地理分布不均的状况;不断开发净水新技术和海水淡化技术;充分收集和利用天然降水,改变传统的农业灌溉模式;提高人类爱水、节水意识,节约生活用水。

(二)土地资源

土地作为资源,主要表现在面积和质量两种属性上。仅就总量而言,全球无冰雪覆盖的陆地面积为 $13.3 \times 10^7 \text{km}^2$,目前世界人均占有量为 2.5hm^2。从绝对值上看,这个数字是不小的。但还必须考虑土地质量这个属性,因为陆地总面积的 20% 是位于极地和高寒区,有 20% 属于干旱区,20% 为陡坡地,15% 是岩石裸露,缺少土壤和植被,这些共占陆地面积的 70%。其余 30% 较适宜于人类居住,即可作为耕地、住宅、工矿、交通等用地。按此计算,全世界人均占地仅为 0.75hm^2;其中耕地仅占适宜人类居住地的 $60\% \sim 70\%$,人均耕地 $0.45 \sim 0.53 \text{hm}^2$,人均粮田仅 0.12hm^2。

土地退化(soil degradation)是指由于环境因素或人为因素干扰,致使土地生态系统的结构和功能失调,表现为土地生物生产能力逐渐下降的过程。目前,土地退化的形式主要有土壤侵蚀、土地沙化、土壤次生盐碱化、土壤污染以及土壤肥力退化等。

1. 土壤侵蚀（soil erosion）

土壤侵蚀是指在风或水的作用下，土壤物质被破坏、带走的作用过程。以风为动力使土粒飞散，造成的土壤侵蚀叫风蚀。在地表缺乏植被覆盖、土质松软干燥的情况下，$4\sim5m/s$ 的风就会造成风沙。由于水的作用把土壤冲刷到别处的现象叫作水蚀，即通常所说的水土流失。土壤侵蚀使土壤肥力和保水性下降，从而降低土壤的生物生产力及其保持生产力的能力；还会使江河、湖泊的泥沙淤积，河床抬高，湖泊变浅、面积缩小，影响交通运输和经济发展；并可能造成大范围洪涝灾害和沙尘暴，给社会造成重大经济损失，并恶化生态环境。减少土壤侵蚀的根本办法是修梯田，筑拦沙坝，种草种树，增加植被覆盖。此外，以适当的角度来耕种梯田，顺着等高线而不是顺着斜坡挖水渠，这种等高耕作的方法可以减少水土流失。同时，在裸露的土地上种植作物有助于减少土壤侵蚀。如果用豆科植物作覆盖植物，可以固定氮，增加土壤氮含量。免耕农业种植系统是通过挖下窄裂沟而不是对土壤操作，减少对土壤的干扰，从而减少了侵蚀。

2. 土地沙化（soil desertification）

土地沙化是指因气候变化和人类活动所导致的天然沙漠扩张和砂质土壤上植被破坏、砂土裸露的过程。当土壤中的水分不足以使大量植物生长，即使有植物生长也十分稀疏，不能给土壤提供足够水分。土地是否会发生沙化，决定的因素在于土壤中含有多少水分可供植物吸收、利用，并通过植物叶面而蒸发。任何破坏土壤水分的因素都会最终导致土壤沙化。土地沙化的大面积蔓延就是荒漠化，是最严重的全球环境问题之一。目前地球上有20%的陆地正在受到荒漠化威胁。造成土地沙化的主要原因有气候变化、农垦开荒、过度放牧、滥挖滥伐及水资源的不合理利用。土地沙化对经济建设和生态环境危害极大。首先，土壤沙化使大面积土壤失去农、牧生产能力，使有限的土壤资源面临更为严重的挑战。其次，使大气环境恶化。由于土壤大面积沙化，使风挟带大量沙尘在近地面大气中运移，极易形成沙尘暴，甚至黑风暴。土壤沙化主要防治途径有：营造防沙林带；控制农垦；合理开发水资源；完善法制，严格控制破坏草地；实施生态工程；建立生态复合经营模式。

3. 土壤次生盐碱化（soil salinization）

土壤次生盐碱化是指分布在干旱、半干旱地区的土壤，因灌溉不合理，导致地下水位上升，引起可溶性盐类在土壤表层或土壤中逐渐积累的过程。其形成必须具备两个条件：①气候干旱、排水不畅和地下水位过高，是引起土壤积盐的重要原因，一般是地下水埋深（埋藏深度）比地下水临界深度浅，则将发生盐化；②地下水矿化度高。其积盐过程同土壤盐碱化。在华北地区经常大水漫灌农田会导致土壤次生盐碱化。防治的关键在于控制地下水位，故应健全灌排系统，采取合理灌溉等农业技术措施，防止地下水位抬升和土壤返盐。

当土壤中含有害物质过多，超过土壤的自净能力时，就会引起土壤的组成、结构和功能发生变化，微生物活动受到抑制，有害物质或其分解产物在土壤中逐渐积累，通过"土壤—植物—人体"，或通过"土壤—水—人体"间接被人体吸收，达到危害人体健康的程度，就是土壤污染。土壤污染物有四类：①化学污染物，包括无机污染物和有机污染物。前者如汞、镉、铅、砷等重金属,过量的氮、磷植物营养元素以及氧化物和硫化物等;后者如各种化学农药、石油及其裂解产物,以及其他各类有机合成产物等。②物理污染物,指来自工厂、矿山的固体废物,如尾矿、废石、粉煤灰和工业垃圾等。③生物污染物,指带有各种病菌的城市垃圾和由卫生设施(包括医院)排出的废水、废物以及厩肥等。④放射性污染物,主要存在于核原料开采和大气层核爆炸地区,以锶和铯等在土壤中生存期长的放射性元素为主。土壤污染防治的措施主要有:科学地进行污水灌溉;合理使用农药,重视开发高效、低毒、低残留农药;合理施用化肥,增施有机肥;施用化学改良剂,采取生物改良措施等。

4. 土壤肥力退化(soil fertility degradation)

主要是指土壤养分贫瘠化,为了维持绿色植物生产,土地就必须年复一年地消耗它有限的物质贮库,特别是作物所需的那些必要的营养元素,一旦土壤中营养元素被耗竭,土壤就不能满足作物生长。

人类活动引起的土地退化类型及程度如图 9-1 所示。

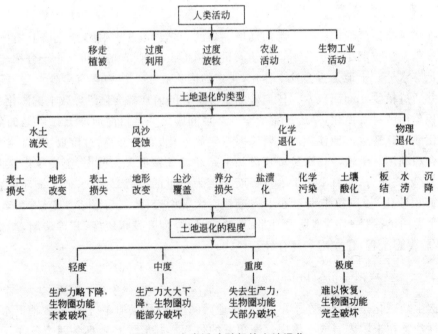

图 9-1　人类活动引起的土地退化

(三)森林资源

森林是极其重要的资源,它不仅持续不断地为社会提供木材等多种原材料,而且还保存了世界上绝大多数物种基因资源和碳储量,是生物多样性保护的核心和全球变化的重要调节器。森林在保持水土、防治沙漠化、防治污染及恢复退化与受污染土地方面有着不可低估的作用。

森林锐减导致气候变化异常,自然灾害频繁发生;生物多样性减少,物种基因受损;土壤侵蚀加剧,土地荒漠化进程加快等。巴西东北部的一些地区就因为毁掉了大片的森林而变成了巴西最干旱、最贫穷的地方；在秘鲁，由于森林不断被破坏，1925—1980 年间爆发 4300 次较大泥石流、193 次滑坡，直接死亡人数 4.6 万人；1997 年夏，印度尼西亚多个岛屿上的热带雨林相继发生森林大火，浓烟笼罩了整个东南亚，究其原因，除气候干燥外，大量采伐人员在雨林中大规模伐木是引起大火的主要原因。

目前，经济增长是各国首选的政策目标，发展中国家更是如此，经济增长给社会带来一定的繁荣，但是产生了资源与经济发展"空壳化"问题，如何处理经济增长与环境保护，尤其森林可持续经营与经济可持续发展，成为社会关注的热点。因此，许多国家的政府都在探索制定更加切合实际的林业政策，从而与可持续发展思想更加一致。政策重点从重视木材及少数林产品转向更为广阔的社会、经济、生态目标，表现在规划森林培育和生物多样性、改变"树木和森林的归属及其用途"的观念方面。

在制定现有森林保护和合理开发利用的政策同时，大力发展人工林业是世界各国面对天然林和次生林日益减少所采取的共同的、长期的林业发展战略，成为解决 21 世纪木材需求的根本措施，以此来解决环境和木材供需之间的矛盾。

(四)能源

能源可从不同角度分类为一次能源和二次能源、常规能源和新能源、可再生能源和不可再生能源等。21 世纪能源问题将有如下特点：①在一段时期内能源消耗主要还是不可再生能源。全世界目前已探明的剩余可开采能源储量很有限：石油尚可开采 40 年，煤炭可开采 200 年，天然气可开采 40 年。所以，积极寻找替代能源是新世纪必须高度重视的问题。②消耗水平的差异仍将继续存在，但使用总量将继续增加。发达国家对能源的消耗量还要继续增大，其中，占世界人口 5% 而消耗世界能源 25% 的美国，消耗强度也还要持续增长。随着人口增长和经济的发展，发展中国家的能耗需求和消耗强度也将有大幅度提升。

(五)矿产资源

矿产资源具有不可再生性、可耗竭性、区域分布不平衡性、动态性等特点。20 世纪 70 年代末，美国矿务局曾对一些矿产资源的寿命进行了预测，得出的结论是，14 种主要矿产资源的可开采时间为 20～300 年不等。这个预测可能不十分科学和准确，但可供开采的矿产资源总量确实是有限的。随着人类需求的不断增长，某些不可再生资源的耗竭是不可避免的。在 21 世纪内，矿物资源短缺的问题可能会凸现出来。

从理论上讲，可再生资源是不会枯竭的。但实际上，若不能积极保护和科学利用也会变成有限的。例如，对鱼类过度滥捕，就会使鱼类种群繁衍速度变缓，质量下降甚至绝种。不可再生资源虽说是有限的，但其本身却具有可被再利用的潜在价值，使其转变为无限的现实价值。因此，要用发展的观点来认识资源问题，既要看到有限性，又要看到它的潜在性和无限性。为此，在解决资源问题上，要切实搞好两个根本性转变：一要力求做到资源的合理配置；二要使经济增长方式从粗放型转变为集约型，使有限的资源实现充分利用和综合利用。另外，更要加速科学技术的进步，从各方面提高勘探、开发、冶炼、合成等技术能力，以获得新的资源或替代品，不断开辟新的资源空间和具有战略意义的开放领域如海洋等。

五、海洋污染

海洋环境所面临的最重大的问题是海洋污染。目前局部海域的石油污染、赤潮、海面漂浮垃圾等现象非常严重,并有扩展到全球海洋的趋势,其中较引人注目的是海洋石油污染,其来自:陆地上的各种内燃机和车辆;港口、码头石油和石油产品的泄漏;海上石油勘探、开采;海上石油运输。

海洋石油污染给海洋带来一系列有害影响。

(1)对环境的污染。据实测,每滴石油在水面上能够形成 $0.25m^2$ 的油膜,每吨石油可能覆盖 $5 \times 10^6 m^2$ 的水面。油膜使大气与水面隔绝,减少进入海水的氧的数量,从而降低海洋的自净能力,影响海面对电磁辐射的吸收、传递和反射;两极地区海域冰面上的油膜,能增加对太阳能的吸收而加速冰层的融化,使海平面上升,并影响全球气候;海面及海水中的石油烃能溶解部分卤代烃等污染物,降低界面间的物质迁移转化率;破坏海滨风景区和海滨浴场。

(2)对生物的危害。①油膜使透入海水的太阳辐射减弱,使海洋藻类光合作用急剧降低,其结果一方面使海洋产氧量减少,另一方面藻类生长阻滞也影响其他海洋生物的生长与繁殖,对整个海洋生态系统产生影响;②污染海兽的皮毛和海鸟的羽毛,溶解其中的油脂,使它们丧失保温、游泳或飞行的能力;③海面浮油浓集了分散于海水中的氯烃,如 DDT、狄氏剂、毒杀芬等农药和聚氯联苯等,浮油可从海水中把这些毒物浓集到表层,对浮游生物、甲壳类动物和晚上浮上海面的鱼苗产生有害影响,或直接触杀,或影响其生理、繁殖与行为;④使受污染海域个别生物种的丰度和分布发生变化,从而改变生物群落的种类组成;⑤高浓度石油会降低微型藻类的固氮能力,阻碍其生长甚至导致其死亡;⑥沉降于潮间带和浅海海底的石油,使一些动物幼虫、海藻孢子失去适宜的固着基质或降低固着能力;⑦海面浮油使食物链被包括致癌物质在内的毒物污染,据分析,污染海域鱼、虾及海参体内苯并芘(致癌物)浓度明显增高。

由氮、磷等营养物聚集在浅海或半封闭的海域中,可促使浮游生物过量繁殖,发生赤潮现象。赤潮的危害主要表现在:赤潮生物可分泌黏液,黏附在鱼类等海洋动物的鱼鳃上,妨碍其呼吸,导致鱼类窒息死亡;赤潮生物可分泌毒素,使生物中毒或通过食物链引起人类中毒;赤潮生物死亡后,其残骸被需氧微生物分解,消耗水中溶解氧,造成缺氧环境,厌氧气体的形成,引起鱼、虾、贝类死亡;赤潮生物吸收阳光,遮盖海面,使水下生物得不到阳光而影响其生存和繁殖;引起海洋生态系统结构变化,造成食物链局部中断,破坏海洋的正常生产过程。海水中的重金属、石油、有毒有机物不仅危害海洋生物,还能通过食物链危害人体健康,破坏海洋旅游资源。

六、酸雨

酸雨形成包括两大过程,即排入大气中的酸性物质(SO_x、NO_x),被氧化后与雨滴作用,或在雨滴形成过程中同时被吸收与氧化,雨滴降落(冲刷)过程中把酸性物质一起冲刷下来;第二步是 SO_2 被氧化成 SO_3,然后再与水作用成为硫酸,其机理可能如下所述。

（1）被光化学氧化剂氧化。SO_2 经过波长 $290\sim400nm$ 光的作用下，发生光化学反应，形成 SO_3。

（2）大气中有充足的氧，有一定的水分和微粒，包括各种金属元素。在这样的条件下，一些还原性污染物在金属催化剂（Fe、Mn）作用下，易产生氧化作用。

（3）被空气中的固体粒子吸附和催化，形成硫酸烟雾。

（4）气、液、固相的多相反应（非均相氧化反应）。多相反应有：水滴中过渡金属的催化氧化反应；液相中强氧化剂（如 H_2O_2、O_3 等）的氧化；NO_x、SO_2 和固体颗粒特别是与煤烟中碳颗粒碰撞的表面氧化等。

酸雨的危害主要表现在以下几个方面：①对人体皮肤、肺部、咽喉呼吸道系统的刺激性危害，空气中的酸性水气及细小水滴随人呼吸进入呼吸道产生危害；②腐蚀建筑材料、金属结构、涂料等，特别是许多以大理石和石灰石为材料的历史建筑物和艺术品，耐酸性差，容易受酸雨腐蚀和变色；③引起水生生态系统结构的变化，导致水生生物群落结构趋于单一化；④导致土壤酸化，抑制土壤中有机物的分解和氮的固定，淋洗土壤中 K、Ca、P 等营养元素，使土壤贫瘠化，也使有害金属离子活性增强；⑤损害植物的新生叶芽，从而影响其生长发育，导致森林生态系统的退化；⑥导致浅层地下水水质发生改变，pH 降低，硬度增高，水质恶化。

控制酸性污染物排放是控制酸雨污染的主要途径：①对原煤进行洗选加工，减少煤炭中的含硫量；②优先开发和使用各种低硫燃料，如低硫煤和天然气；③改进燃烧技术，减少燃烧过程中二氧化硫和氮氧化物的产生量；④采用烟气脱硫装置，脱除烟气中的二氧化硫和氮氧化物；⑤改进汽车发动机技术，安装尾气净化装置，减少氮氧化物的排放。

七、持久性有机污染物

持久性有机污染物（persistent nrganic pollutants，POPs），是指具有环境持久性、生物累积性、远距离环境迁移性，并可对人体健康和生态环境产生危害影响的一类有机污染物。

POPs 具有如下四方面特性：

（1）环境持久性。指因分子结构稳定，在环境中难以自然降解，半衰期较长，一般在水体中半衰期大于 2 个月，或在土壤中半衰期大于 6 个月，或在沉积物中的半衰期大于 6 个月。

（2）生物累积性。指因其具有有机污染（通常特有脂溶性），可经环境介质进入并蓄积于生命有机体内，并可通过食物链的传递和富集，从而可在处于较高营养级的生物体或人体内累积到较高浓度。

（3）远距离环境迁移性。指因其具有半挥发性及环境持久性，可以通过大气、河流、海洋等环境介质或迁徙动物，从排放源局地远距离扩散、迁移到其他地区。一般其在大气中的半衰期大于 2 天或其蒸气压小于 1000Pa。

（4）环境和健康不利影响性。指对生态系统及人体健康可能产生的各种不利影响，包括人体健康毒性或生态毒性。鉴于 POPs 的持久性和生物累积性，环境中较低浓度的 POPs 可以经过长期的暴露接触，逐渐对人体和生物体构成健康及生命危害。

目前确认的 POPs 主要是人工制造有意生产的，可分为农业化学品（杀虫剂）和工业化学品。前者包括 DDT 等多种有机氯杀虫剂，后者包括 PCBs 等多种在电力、建材、涂料、电子、机械和纺织等众多工业领域应用的人工合成化学品,其中多种可能存在于现代社会的各种日用消费品中。这些在现代社会中通常大量生产和广泛使用的POPs类工业化学品,可以通过化学品及其应用产品的贸易而广泛传输,并可能在其生产、流通、使用和废弃的产品生命周期过程中,尤其是使用和废弃环节,释放入环境。因此,在人类社会中,各种有意生产POPs类对人体及生态环境所构成的危害风险是显而易见的。人类社会必须对上述POPs类有害化学品的开发、生产和使用行为实施严格约束,包括采取禁止、淘汰或限制措施,以消除在化学品的福利性开发和应用过程中可能造成的环境与健康的不利影响。

无意产生POPs的来源十分广泛,来自各种包含有机成分的燃烧过程以及化工生产过程。二噁英是无意产生的POPS的典型代表,其主要来源包括:①废物焚烧,包括城市生活垃圾、危险废物、污水处理、污泥废物的焚烧处理过程;②钢铁工业,主要包括铁矿石烧结和钢铁冶炼过程;③有色金属再生加工工业,主要包括铜、锌、铝等有色金属的再生加工中的热处理过程;④造纸工业,是指使用元素氯实施漂白纸浆的生产过程;⑤化学工业,如氯酚、氯醌、氯碱及其他多种有机氯化工生产过程。

POPs的持久性、累积性和远距离迁移特性,局部的POPs污染排放可能扩散到全球,并威胁到世界各地的野生动物及人体健康,这使POPs成为当今世界普遍关注的全球性环境问题。

由于POPs的半挥发性,其在温度较高的地区或时期会挥发进入大气当中,然后会随着气温的降低而冷凝沉降到地表,这使得POPs在气温较高的低纬度地区的挥发量大于沉降量,在气温较低的高纬度地区则沉降量大于挥发量。因此,低纬度地区排放的POPs会随着大气流动流向并沉降于中高纬度地区,并最终在气温很低的地区累积,这一过程被称为"全球蒸馏效应"(global distillation),这也是人们在极地地区或北半球高山地区往往监测到较高浓度POPs的原因。POPs的这种从低纬度地区的排放,并伴随中纬度地区气温的冷、暖季节变化而挥发和沉降,通过全球蒸馏效应逐渐累积到极地地区的现象,也被称为"蚱蜢跳"现象。继20世纪60年代开始普遍监测到DDT和PCBs等POPs之后,科学家们在北极生态系统内陆续监测到了全氟辛烷磺酸类化合物、多溴代二苯醚、短链氯化石蜡和硫丹等多种人工合成的POPs类化学品的污染。生活在北极地区的加拿大因纽特人及格陵兰岛居民,其体内脂肪和母乳中通常可以检测到较高浓度的POPs。

通常低浓度长期存在于环境中的POPs对生物体的毒害作用是潜在的、慢性的和多方面的。现有科学研究表明,POPs可能对野生动物和人体产生免疫机能障碍、内分泌干扰、生殖及发育不良、致癌和神经行为失常等毒害作用。研究表明,POPs可以抑制免疫系统机能,包括抑制巨噬细胞等具有自然免疫杀伤细胞的增殖及活性,导致机体因免疫力降低而容易感染传染疾病,这被认为是导致在地中海和波罗的海海域海豚、海豹等野生动物出现大量相继死亡现象的原因。目前,绝大多数POPs都被证实具有内分泌干扰作用,在自然界中不断出现的野生动物的"雌性化"、性别发育过程延缓及繁殖能力降低的现象,以及近半个世纪以来人类男性精子数量下降和女性乳腺癌发病率上升,都被认为与POPs的污染有关。POPs对生殖及发育的毒害影响,广泛见于鸟类产蛋力下降、蛋壳变薄、胚胎发育滞缓或畸形等研究报道。多种POPs被认为是可疑的致癌物质,其中,PCBs被证实可促进癌症的发生,二噁英则是公认的强致癌物质。

八、环境荷尔蒙的威胁

环境荷尔蒙是扩散于环境中、能使人和动物的生殖机能产生混乱并形成生殖障碍的一类化学物质的总称。它是被人类广泛使用并积累于环境中的合成化学物质。最具有代表性的是DDT等农药、PCB(多氯联苯)类工业化学物质、二噁英等致癌物质以及作为女性使用的雌素酮等合成荷尔蒙 DES(己烯雌酚)类医药品。当人和生物长期接触、使用这些物质或生活在有这类物质的环境中时,其内分泌系统、免疫系统、神经系统就会慢慢出现功能紊乱。

环境荷尔蒙主要存在于空气、水和食物中。

空气中的荷尔蒙有三个来源:焚烧垃圾废物;生产过程中的某些泄漏;建筑材料、家具、日用品的挥发物。最典型的是二噁英,它是二苯基-1,4-二氧六环及其衍生物的通称,也是迄今为止已知物质中毒性最强的化合物之一,有很高的致死性,其毒性是人们熟知的氰化钠的130倍、砒霜的900倍。此外,人类在生产过程中泄露的荷尔蒙物质还有合成树脂加工过程中的可塑剂,喷洒在农田、绿地、树木、果林地的某些农药等。值得注意的是,房屋装修中用到的很多材料中也含有易挥发的荷尔蒙化学物质。

水中的荷尔蒙类物质主要来自于工厂排放的工业废水、生活污水及雨水。降雨后的空气格外清新,其原因是降雨带走了空气中的污浊成分,其中就包括上面所提到的散发在空气中的二噁英等荷尔蒙类化学物质。这些带有荷尔蒙成分的微粒子被水中的藻类、微生物、浮游生物、鱼类摄入后,便在其体内蓄积,并通过食物链的渠道影响到人类。

食物中若含有荷尔蒙类物质,对人类的危害最大。如今,各种农作物的生产几乎都离不开农药和化肥,而许多农药则含有荷尔蒙类物质,它们在杀死害虫的同时,也严重地污染了农作物。虽然现在世界各国已相继禁止使用DDT等某些农药,但它们所产生的危害却不是短时间内能消除的。

有关环境荷尔蒙对人和生物影响的研究还刚刚开始,对其许多危害还不完全清楚。但某些荷尔蒙类物质被摄入动物体内会干扰动物自身激素的功能,使动物的生殖机能受到影响而出现生殖异变现象。最近出现的人类男性精子数减少、年轻女性的不孕症、生殖器官异变、乳腺癌等都与荷尔蒙分泌的异常有直接关系。当荷尔蒙影响到了性荷尔蒙以外的其他荷尔蒙,如甲状腺荷尔蒙、副肾皮质荷尔蒙时,则会造成神经系统和免疫系统的功能障碍,而这些障碍又会导致许多社会问题的发生。环境荷尔蒙对自然界中其他生物的危害也极为严重。目前,已被证实环境荷尔蒙对生物有影响,如鱼类、鸟类的大量非正常死亡(鲸的集体自杀),动物的雌雄变异、畸形,某些物种的灭绝等。

对环境荷尔蒙危害的初步研究结果使人们意识到,过去那种认为"排放到环境中的有毒物质的浓度只要低于一定值便无害"的看法和做法是错误的,至少是片面的。现在,科学家们正在积极研究解决环境荷尔蒙危害的办法,并初步采取一些行之有效的防治措施,如禁止焚烧各种垃圾废物;禁止生产和使用含环境荷尔蒙化学物质的剧毒农药,而用害虫的天敌去抑制害虫;简化居室的装修并尽可能保持室内的通风良好;室内盆栽能吸收有害气体的花草;研制无磷洗涤剂;少食用高脂肪食品;适当延长清洗蔬菜、水果的时间或增加清洗次数,以清除表面残留的农药等。

第二节 人类对环境问题的新思考及行动

21世纪,对于人类来说不是一个简单的时间延伸,更意味着进入了一个决定自身命运的重要时期。创造了高度精神文明和巨大物质财富的人类,在严峻的生态环境问题面前,正以新的视野全面地审视人与自然这个既古老又不断有新意的基本问题。值得欣慰的是,为解决许多重大的全球性环境问题和实施可持续发展,人类已在理论思考和具体实践两个层面上,做了积极努力并有了很大进步。理论层面的进步主要表现在生态道德观和发展观方面,而实践层面则是对传统生产、生活方式和模式的改进,以及加强对自然生态环境的维护等方面。

一、环境与发展问题的理性思考

(一)现代生态道德与生态伦理学

生态道德(ecological morals)是人类在20世纪中叶对日趋严峻的生态环境问题反思和觉醒的产物。面对全球性生态环境问题,许多学者提出了"人类如此对待自然界是道德的吗"?"人类社会是否需要一种新的道德,对有关人类的活动行为予以调节呢"? 这就是现代生态道德观产生与发展的社会背景。有的学者认为,当今时代是环境革命(environmental revolution)的时代,它是指人们对生态系统及人在其中的地位和作用的认识发生了根本性转变,并由此引发的一系列生产方式、价值观念和伦理规范等社会生活和文化生活的变革。所谓生态道德。是指人类所特殊拥有的,凭借社会舆论、内心信念以维护人与自然生态系统整体和谐发展为目标和善恶标准,在心理意识、情感、观念和行为习惯上调节人与自然关系的规范体系。因此了解生态伦理学的基本知识,有益于对这种变革的意义和重要性的认识,有益于科学观的树立。

1. 生态伦理学的研究内容

生态道德属于道德的规范体系,它是生态道德意识、生态道德关系和生态道德活动的统一。系统体现生态道德观的是"生态伦理学"(ecological ethics),这是一门阐述关于人与自然关系中生态道德的学科,是生态学与伦理学相互渗透而形成的交叉学科,学科的任务是应用道德手段从整体上协调人与自然的关系。

生态伦理学的研究主要有以下三方面。

(1)研究人对其他人应尽的生态道德义务和责任。"其他人"的含义包括当代人之间和代际之间的生态道德问题。这部分研究的生态学理论依据是生态环境系统的内在联系性,人类生活的生态系统是相互依存的,也就是说,局部人对环境的态度和行为方式必然对地球上其他大多数人的利益产生影响,提倡全人类的利益是当代人的历史使命。

(2)研究人类对其他生物应尽的生态道德责任和义务。这部分研究的具体内容分为三个层次:①动物伦理学问题,主张对待有感觉的动物的态度和行为具有生态道德意义,无故造成有感觉的动物不必要的痛苦是违反道德行为的。②生物伦理学问题,主张所有生物都有生命活力,它们也都以各自不同的方式保护自身的生机,生物有其生存权。人类作为道德代理人,应该把对生物的行为纳入道德考虑。③濒危物种伦理学问题,认为是人类造成了物种的加速灭绝,因此,保护濒危物种和它们的栖息地是人类应承担的责任和义务。

(3)研究人类对地球生态系统的职责和义务。这类研究主要关注两方面的问题:①研究生物个体与生物群落或生命网络之间的整体关系,揭示它们之间机能整体性的特征;②研究生态过程,揭示水、空气和土壤对人和其他生物的不可取代的价值等,探究既有益于自然动态平衡,又有益于人类生存和发展的生态机制,引导人类文化发展的方向,进而推动对地球生物圈的维护。

由以上可见,生态伦理学的确切地位应属于社会学中的哲学范畴。

2. 生态伦理的某些理论观点

作为一门独立学科,生态伦理的研究内容也在不断丰富,但从环境生态学角度,生态伦理学的下列理论观点是极其重要的。

(1)非人类中心主义的生态伦理观。这一伦理观有许多不同观点和主张,但主要可概括为生物中心主义和生态中心主义。生物中心主义的核心观点,是把价值的焦点归于生命体,包括动物、植物和微生物。代表人物是施韦兹,他认为人类应该崇尚生命,无论什么时候,人类都不应该无故杀害动物,毁灭任何生命形式。人类对其他生命形式的生存和杀害都应该经过伦理学的"滤波"。生物中心主义尊重生命的伦理观,与现代生态科学的科学结论是相同的。按着生态学的理论,自然界不存在无价值的生命,每一物种的存在都占据生态系统中的一个生态位,都值得人类加以保护和尊重。生态中心主义是 A. 莱奥波尔首先提出的。与 A. 施韦兹的观点不同,他在 1949 年正式发表的《大地伦理学》中,不是着眼于人类对待个体生物的态度和行为,也不是以生物个体(神经)感受痛苦的能力为尺度来划分是否纳入伦理考虑的范畴,而是结合生态学在 20 世纪 40 年代提出的生态系统这一新概念,提出了以自然生态系统中各环境即"大地"健康和完善为尺度的整体观,故又称为"地球整体主义"。他强调,大地并不是一项商品,而是与人共存的一个"社区"。

(2)人与自然协同进化的生态伦理观。实际上它是非人类中心主义观点的一种。人与自然协同进化包括两方面:一是反对把地球环境承载能力看成是固定不变的和只有停止经济增长才能与环境保持和谐的观点;二是相信社会可使用科学技术和生产力,按环境演化的客观规律促进环境定向发展,从而增强地球环境的承载能力,即增强社会发展的自然基础,在社会与环境进化的动态过程中寻求协调与和谐。这种定义内涵表述了人与自然相互作用中人的能动性,对人类利用科学技术按照环境演化规律促进定向发展的信心;突出了人与生物的本质区别,提倡在人与自然相互作用中求得和谐与共同发展;主张人与自然协同进化,绝不是主张让人类"回归自然"或"退回自然",而是提醒人类不要继续坚持已使自身陷入困境的"统治自然"的观念。

人与自然协同进化的伦理观,是确立在人是生物圈整体系统中一个组成部分的基础上,所以人类在与自然的相互作用中不能随心所欲,要承认和关注生物圈整体性对人类行为的选择和制约。这种制约作用是由生态系统中存在的、交织复杂的各种生态关系决定的。具体地说,是生态系统中的四种生态关系在起作用,一是生物个体之间的关系即种内关系;二是个体与种群的关系,包括与同种和不同种的种群的关系;三是不同物种间的关系,这是相互依存和相互制约的复杂关系;四是物种与生态系统整体的关系,也就是生态系统的结构关系。这四种关系的相互交织既是生态平衡和整个生物圈"协同性质"的基础,也是人类需要规范自身行为的原因所在。破坏这种稳态的生态关系,就会带来不良后果。

(二)可持续发展环境伦理观的含义和原则

可持续发展伦理观对现代人类中心主义和非人类中心主义采取了一种整合态度。一方面,它汲取了生命中心论、生态中心论等非人类中心主义关于"生物具有内在价值"的思想,承认自然不仅具有工具价值,也具有内在价值,但又不把内在价值仅归于自然自身,而提高为人与自然和谐统一的整体性质。这样,由于人类和自然是一个和谐统一的整体,那么,不仅是人类,还有自然都应该得到道德关怀。另外,可持续发展环境伦理观在人与自然和谐统一整体价值观的基础之上,承认现代人类中心主义关于人类所特有的"能动作用",承认人类在这个统一整体中占有的"道德代理人"和环境管理者的地位。这样,就避免了非人类中心主义在实践中所带来的困难,使之更具有适用性。

在共同承认自然的固有价值和人类的实践能动作用的基础上,所形成的人与自然和谐统一的整体价值观是可持续发展环境伦理观的理论基础。自然界(包括人类社会在内)是一个有机整体。自然界的组成部分,从物种层次、生态系统层次到生物圈层次都是相互联系、相互作用和相互依赖的。因此,任何生物和自然都拥有其自身的固有价值。生物和自然所拥有的固有价值应当使它们享有道德地位并获得道德关怀,成为道德顾客。可持续发展环境伦理观把道德共同体从人扩大到"人—自然"系统,把道德对象的范围从人类扩大到生物和自然。同时,由于只有人类才具有实践的能动性。具有自觉的道德意识,进行道德选择和做出道德决定,所以只有人是道德的主体。作为道德代理人的人类,应当珍惜和爱护生物和自然,承认它们在一种自然状态中持续存在的价值。因而,人类具有自觉维护生物和自然的责任。

在社会伦理中,正义的原则是首要的原则。环境正义是用正义的原则来规范受人与自然关系影响的人与人之间的伦理道德关系,所建立起来的环境伦理的道德规范系统,是可持续发展环境伦理观的重要内容。作为一种评价社会制度的道德评价标准,可持续发展的环境正义关注人类的合理需要、社会的文明和进步。其主要涵义:一是要求建立可持续发展的环境公正原则,实现人类在环境利益上的公正;二是要求确立公民的环境权。

可持续发展环境公正应当包括国际环境公正、国内环境公正和代际环境公正。

(1)国际环境公正。国际环境公正意味着各地区、各国家享有平等的自然资源的使用权利和可持续发展的权利。建立国际环境公正原则必须考虑到满足世界上贫困人口的基本需要;限制发达国家对自然资源的滥用;世界各国对保护地球负有共同的责任但又有所区别,工业发达国家应承担治理环境污染的主要责任;建立公平的国际政治经济和国际贸易关系以及全球共享资源的公平管理原则。

(2)国内环境公正。一个国家国内的环境不公正现象同样会加剧环境的恶化,造成生态危机。在建立国内环境公平原则的过程中,应该考虑的主要因素包括:消除贫困;自然资源的公平分配;个人和组织环境责任的公平承担;在环境公共政策的制定中重视环境公正和公共资源的公平共享等。

(3)代际环境公正。代际公正原则就是要保证当代人与后代人具有平等的发展机会,它集中表现为资源(社会资源、政治资源、自然资源、资金以及卫生、营养、文化、教育和科技等的人力资源)的合理储存问题。在如何建立代际环境公平储备问题上,学术界提出了诸如建立自然资本的公平储备,实现维持生态的可持续性,实行代际补偿等方法。建立代际环境公正的原则应当考虑到的因素主要有:代际公正的代内解决;当代人对后代人的道德责任;满足代际公正的条件;实现代际公正的基本要求等。

确立保护人类的环境权是可持续环境伦理观中另一个社会道德原则。所谓环境权,主要是指人类享有的在健康、舒适的环境中生存的权利。公民的环境权不是一般的生存权,它侧重于人类的持续发展和人与自然的和谐发展。确立保护人类的环境权是社会正义的需要。环境权作为一种道德理念和法律理念已经得到人们的广泛认同,并且在一些国家的宪法中确立成一项人的基本权利。

(三)可持续发展的生态伦理观

可持续发展观及其理论对于环境科学和现代生态学等学科的发展都产生了深刻的影响和巨大的推动。从伦理学角度看,可持续发展观的核心是公平与和谐。公平包括代际公平以及不同地域、不同人群之间的代内公平;和谐则是指全球范围内人与自然的和谐。可持续发展思想的提出,针对的是人与自然和谐关系遭到严重破坏的现实,因此,人与自然和谐的原则是可持续发展的根本原则。根据生态伦理学的观点,这个根本原则的实施还需要明确两点:首先,人有正当的理由介入自然环境中去,即"介入原则"。其理由是,构成世界的所有生物中,只有人具有理性,具备从根本上改变环境的能力,人能够破坏环境,也能够改善环境。其二,自然环境对人类行为具有制约力,即"制约原则"。因为,人虽具有理性,但还不足以推论出人是宇宙间的唯一目的,是其他一切自然事物的价值源泉。这两点的重要意义是概括了人和自然这个相互依存、相互作用的共同体的基本关系。这些原则就是可持续发展的生态伦理观,正确认识和掌握它们对于可持续发展的实施是重要的。当前,人类社会的现实发展中,仍有许多违反可持续发展伦理观的行为,而且又缺乏力量有效地抑制或改变这种趋势,因而使某些人对可持续发展的实践产生了怀疑,具体实践中也遇到了一定困难。但是,可持续发展的理论能否实施的问题,其实质是人类自身的理性能否最终战胜非理性的问题。从生态伦理学的角度,"人类有两个家园,一个是他的祖国,另一个就是地球"。可持续发展思想是人类社会生存发展出现危机后,世界各国人民经过认真反思提出来的,它既是人类的需要,又是理性思考的选择。所以,从长远利益看,不合理的发展方式和行为是不能持久的。

二、人类行为方式的重要转变

理性的思考必然带来行为的改变,正确的生态伦理观和发展观的提出及确立,促使人类的传统生产和生活方式发生了重要转变。这些变化包括对高消耗、高污染工业部门的治理、改造,积极发展高新技术产业和绿色产业,加强对环境质量的管理与监控,加大对自然生态系统的保护和受损生态系统恢复的力度等。

(一)工业生态学

在工业污染控制的整个历程中,人们曾在"末端治理"上投入了大量的精力和财力,但收效并不理想。现在经过理性反思,人们终于开始了以转变传统生产模式的形式彻底解决环境问题的实践。工业生态学也正是在这种需求下产生和发展起来的。

工业生态学是指依据生态学的原理,根据可持续发展和资源充分利用的原则,研究和进行工艺设计,以使工业生产系统及其与环境之间进行的物质流和能量流,实现原材料循环再利用、减少资源消耗和降低环境污染或对环境无伤害为目标的科学。工业生态学的具体研究内容主要包括四个方面:①零排放。寻求建立循环利用全部被使用的物质而无废物排放的工业生产系统,除外部输入能源外,力求建立一个闭环系统,能够回收和循环使用生产中所产生的所有物质。实际上,真正达到零排放几乎是不可能实现的。目前,零排放实现较好的是能源系统中使用的氢燃料和以电能为动力的汽车。②替代材料。积极需求对环境"友好"的新材料。③非物质化。非物质化理论认为,随着技术的进步,工业活动的增多和经济的增长不一定要伴随所需物质量的增加,资源消耗是可以减少的。如通过各种创新技术,可从矿物中更有效地提取有用物质,可以改善材料的性能,减少材料的使用量以及促进废物再利用等技术而实现非物质化。④功能经济。这是工业生态学的一个理论观点,认为一种产品是代表向消费者提供特定功能的一种手段。当人们转变常规看法,把产品看成是向最终用户提供的某种功能时,资源的使用量和废物排放量将会大大减少。例如,当人们不买汽车这种产品本身,而只买汽车运送乘客和物品的功能时(即不买产品,只买服务),汽车制造商将会想方设法延长汽车的使用寿命,并且提高废旧汽车的回收价值,从而可减少资源消耗和废物排放。

工业生态学的发展,将给人类社会的工业生产和活动带来全新面貌,人们将不必投入大量的资金用于建立昂贵而又对环境造成二次污染的填埋场和废物处理厂;工厂经营者将通过改进工艺设计来减少废物和污染而提高效益;制造商们将更加关心产品的整个生命周期;工程师们也将以诸如"分解设计""回收设计"和"环境设计"等新概念来替代以前经常用到的"加工设计"和"装配设计"等。在 21 世纪,工业生态学的发展和应用将为解决环境与发展问题而提供有效的途径。

(二)ISO 环境质量标准体系

ISO 是国际标准化组织的英文名称(International Organization for Standardization)的缩写。该组织是非政府性国际机构,其宗旨是"便于国际合作和统一技术标准",目的是在世界范围内促进标准化工作及其有关活动的开展,以利于国际间物资、信息、环境保护等方面的交流和互相服务,主要任务是制定国际标准,协调世界范围内的标准化工作,与其他国际组织合作研究有关标准化问题。

(三)自然保护

加强对自然生态环境和自然资源的保护,已成为人类的共识。在 21 世纪,对种种类型生态系统的保护仍将继续加强,另一方面,将把整个生态环境的保护、建设与经济发展紧密结合起来。自然保护区的面积还会相应扩大,以加强对珍稀和濒危物种资源的保护。自 1872 年建立了世界上第一个自然保护区至今,现在世界各国共有面积在 $1000hm^2$ 以上的各种类型自然保护区 4000 多处。自然保护区是依据法律、经政府批准确定的,具有生态学特殊价值或功能性质的各类特定保护区域(包括陆地、水域和湿地等)的总称。保护对象主要是著名的、典型的生态系统及其所含生命系统所构成的特殊生态功能。联合国教科文组织已把自然保护区占国土总面积的百分比,作为衡量一个国家自然保护事业及科学文化发展水平的重要标志。

水产资源保护的任务将会加重。这不只是因为世界人口增长造成的食物压力,而且也是保护水生生物资源的需要,尤其要保证有经济价值动植物的亲代、幼体、卵子、孢子等进行繁殖的需要。饮用水资源地保护的任务也十分紧迫,要确保提供安全卫生的饮用水,以保障人民的身体健康。森林资源的保护既要严格控制对其采伐,又应注意气候变化带来的一系列影响,如火灾、病虫害的增加,生物物种分布的变化,外来物种的引进等。

由于土地资源的紧张,加强水土保持,防止水土流失,保护和合理利用水土资源,是发展农业生产的根本措施,也将是 21 世纪生态环境保护的重要任务。生态景观保护的意义更重要,它的保护需要制订区域景观整体保护规划和多功能的动态保护对策。文物保护将成为 21 世纪环境保护的一个热点,它是进行民族优秀文化传统教育和爱国主义教育的需要,是加强科学研究的需要;同时,它又是各国发展旅游产业的条件保证。

进入 21 世纪后,我国的环境保护事业采取了许多新的举措,有了积极进步。主要表现在全面落实《中国 21 世纪议程》中的承诺,在保持经济快速发展中,积极保护和建设生态环境,实施可持续发展战略:主要措施是:①将自然保护纳入社会经济发展计划,包括进行了详细的自然资源状况普查;健全经济、社会发展和环境保护综合评价指标体系;合理确定自然资源保护和改善环境质量在国民经济计划中的投资比例等。②规范有关自然保护的法律和法规,加大执法力度。加强部门间的协调,摈弃只顾部门生产和企业经济效益而忽视对整体自然生态和环境质量保护的现象。③运用经济杠杆如信贷、税收等手段的调控作用,促进自然资源的综合利用,鼓励综合开发利用及合理增殖自然资源和区域社会、经济与环境的发展协调。④政府重视。各级政府和部门都把自然保护工作列入重要议事日程,作为实现经济建设、社会健康发展的内容和保证条件,认真规划和落实。

(四)积极推进绿色文明

绿色文明是内涵非常丰富的概念,其实质是提倡一种人与自然和谐的生产、生活和文化的社会形态,包括绿色工业、绿色农业、绿色消费等。绿色文明的生态学含义,是指人类在开发利用自然,进行生产和生活消费的过程中,从维护社会、经济、自然系统的整体利益出发,尊重自然、保护自然,注重生态环境建设和生态环境质量的提高,使现代经济社会发展建立在生态系统良性循环的基础之上,以有效地解决人类经济社会活动的需求同自然生态环境系统供给之间的矛盾,实现人与自然的协同进化和社会、经济、环境三者的协调发展。所以,许多学者认为,21 世纪,绿色道路是人类的唯一选择。

1. 绿色技术

绿色技术主要是指企业选择的工艺和开发的新品种,在生产和消费过程中对资源能充分利用并对生态环境不构成损害的技术和产品。绿色技术是当今国际社会各类工业生产发展的一种趋势。近年来,绿色技术迅速发展,在防治污染、回收资源、节约能源三大方面形成一个庞大的市场,包括产品开发、信息服务和工程承包等。据不完全统计,在 20 世纪末,绿色技术与产品的全球市场销售已接近 6000 亿美元。在这一市场角逐中,发达国家占绝对优势,如美国的脱硫、脱氨技术,日本的粉尘、垃圾处理技术,德国的污染处理技术等,均在世界上处于领先地位。目前,以占领世界绿色产品市场为目的、争夺绿色技术制高点为中心的国际竞争已经开始。无污染的"绿色汽车"、低毒而对环境友好的"绿色化工"以及提供健康和安全食物的"绿色农业"等技术都蓬勃发展。为了在竞争中获得优势,美、日和欧洲一些国家在绿色产业中应用生物技术、计算机技术和新材料,使其变成一个高科技行业。绿色技术中的"绿色设计"格外引人注目,它是指设计出的产品可以拆卸、分解,零部件可以翻新和重复利用的一种设计思维。这既保护了环境,也避免或减少了资源的浪费。这一新的设计理念正激发起世界上许多制造商们的热情,卡特彼勒拖拉机、施乐公司的复印机、伊士曼柯达公司的照相机、美国的个人计算机、日本的激光打印机、德国和加拿大的电话机等,都在采用这种"绿色设计"。

2. 绿色产品

绿色通常包括生命、节能、环保三个方面的内容。绿色产品是指生产过程及其本身节能、节水、低污染、低毒、可再生、可回收的一类产品,它也是绿色科技应用的最终体现。绿色产品能直接促进人们消费观念和生产方式的转变,其主要特点是以市场调节方式来实现环境保护。公众以购买绿色产品为时尚,促进企业以生产绿色产品作为获取经济利益的途径。绿色产品又称环境意识产品,就是符合环境标准的产品,即无公害、无污染和有助于环境保护的产品。不仅产品本身的质量要符合环境、卫生和健康标准,其生产、使用和处置过程也要符合环境标准,既不会造成污染,也不会破坏环境。人们对于颜色的感受具有高度的一致性;绿色象征着生命、健康、舒适和活力,代表着充满生机的大自然。绿色产品需要国家权威机构来审查、认证,并且颁发特别设计的环境标志,所以绿色产品又称作环境标志产品。

中国绿色产品可以分为八大基本类别,具体如下。

(1)可回收利用型。如经过翻新的轮胎、回收的玻璃容器、再生纸、可复用的运输周转箱(袋)、用再生塑料和废橡胶生产的产品、用再生玻璃生产的建筑材料、可复用的磁带盒和可再装的磁带盘、以再生石膏制成的建筑材料。

(2)低毒低害物质。如非石棉闸衬、低污染油漆和涂料、粉末涂料、锌空气电池、不含农药的室内驱虫剂、不含汞、镉和锂的电池、低污染灭火剂。

(3)低排放型。如低排放雾化油燃烧炉、低排放燃气焚烧炉、低污染节能型燃气凝汽式锅炉、低排放少废印刷机。

(4)低噪声型。如低噪声割草机、低噪声摩托车、低噪声建筑机械、低噪声混合粉碎机、低噪声低烟尘城市汽车。

(5)节水型。如节水型冲洗槽、节水型水流控制器、节水型清洗机。

(6)节能型。如燃气多段锅炉和循环水锅炉、太阳能产品及机械表、高隔热多型窗玻璃。

(7)可生物降解型。如以土壤营养物和调节剂制成的混合肥料,易生物降解的润滑油、润滑膏。

(8)其他。

3. 绿色标识

绿色标识也称环境标志、生态标志,它不同于普通商品的商标,而是用来标明产品的生产、使用及处置过程中,全部符合环保要求,即对环境无害或危害最少的产品。绿色标识的使用已趋于国际化,并呈现区域一体化的发展趋势。绿色标识的实行和使用,对推进全球的环境保护有着重要的意义,它能培养消费者的环境意识,增加消费者关注环境问题和产品的环境影响。由于绿色标识的实行,使"绿色消费"越来越受到消费者的欢迎,甚至愿以高价购买有绿色标识的商品而抵制普通商品,致使绿色标识成为产品竞争的重要条件。因此,面对消费者绿色意识日益增强,许多有远识的企业家开展了"以产品对环境的影响"为中心的营销策略,使"绿色营销"应运而生,所谓"绿色营销",就是通过树立企业的绿色形象,刺激顾客对其商品的购买欲望,达到产品销售目的的各种营销手段和方式。

4. 绿色包装

"绿色包装"是要求企业在产品设计及包装的使用和处理方面,既要降低商品包装费用,又应降低包装废弃物对环境的污染程度。目前,国际商界流行一种被称为"绿色包装"的纸包装,这种纸袋的成分易于被土壤微生物分解,能重新进入自然循环。有的专家还从仿生学角度,研究分析天然"包装"的巧妙性,企望能从诸如橘子的"缓冲式"包装、豆荚的"颗粒"包装、鸡蛋的气室防震功能和薄壳建筑式构造、贝壳中珍珠的养护与收藏等自然包装中,探索"绿色包装"的新路子。法国商场的食品货架上,已看不到塑料、玻璃等难以回收的包装材料,而绝大多数的奶制品、果汁和液体食品都采用无菌纸盒包装,无需冷藏就可保鲜 6 个月。而这些包装材料回收后又可加工成"彩乐板"制作家具、装饰材料、玩具等。"绿色包装"已成为世界液体食品包装的主流。

5. 绿色消费

人类与自然的关系,从根本上讲,就是人类消费行为、消费方式与对自然的开发、利用、破坏的关系。绿色消费正是基于对人类行为反思的基础上提出的,其内涵是鼓励人们的消费心理和销售行为向崇尚自然、追求健康方向转变。它主张和提倡人们再不要以大量消耗资源、能源来求得生活上的过于奢侈,而应正视人类发展面临的环境危机,在求得舒适的基础上,节约资源和能源,从而在世界范围内兴起了"绿色消费"的热潮,"绿色消费"已成为一种时代文明的新时尚。"绿色消费"是一种以简朴、方便和健康为目标的生活方式。

6. 绿色文化

绿色文化所含范畴相当广泛,这里突出强调的是"绿色管理"和"绿色教育"。所谓"绿色管理",就是把环境保护的思想观念融于企业的经营管理和生产营销活动之中。具体地说,就是把环保作为企业重要决策要素来确定企业的环境对策和环境保护措施。例如,世界上最大的化学工业公司杜邦公司,就是首先推行"绿色管理"的企业,该公司任命了专职的环保经理,从1990 年开始,在全球化工行业率先回收氟利昂,并计划在 30 年内不断减少排放废弃物,成为真正的"绿色企业"。"绿色教育"是当今世界各国开展的各种形式的生态教育和环境教育的总称,主要是生态意识、生态道德和生态环境保护知识和技能的教育,这是"绿色文化"的基础。

现在许多国家都把"环境知识"教育列入职工培训的重要内容。

7. 绿色建筑

中国对绿色建筑的定义是："为人们提供健康、舒适、安全的居住、工作和活动的空间,同时在建筑全生命周期中(物料生产、建筑规划、设计、施工、运营维护及拆除、回用过程)实现高效率地利用资源(节能、节地、节水、节材),最低限度地影响环境的建筑物。"由此可见,绿色建筑是追求自然、建筑和人三者之间和谐统一,并且符合可持续发展要求的建筑。其核心内容是从建筑材料的开采运输、项目选址、规划、设计、施工、运营到建筑拆除后垃圾的自然降解或回收再利用这一全过程中,尽量减少能源、资源消耗,减少对环境的破坏;尽可能采用有利于提高居住品质的新技术、新材料。要有合理的选址与规划,尽量保护原有的生态系统,减少对周边环境的影响,并且充分考虑自然通风、日照、交通等因素;要实现资源的高效循环利用,尽量使用再生资源,尽可能采用太阳能、风能、地热、生物能等自然能源;尽量减少废水、废气、固体废弃物的排放,采用生态技术实现废物的无害化和资源化处理;控制室内空气中各种化学污染物质的含量,保证室内通风、日照条件良好。

8. 绿色壁垒和绿色保护

随着人们"绿色"意识的不断提高,许多国家加强了对进口商品的限制,产品质量是否符合环保要求成为了重要的控制标准,这就是所称的"绿色壁垒",实质上就是国家间贸易保护的一种新形式和手段。许多国家的商品因此而不能进入国际市场或需要附加"绿色关税","绿色关税"又称"环境进口附加税"。这是 21 世纪国际间贸易必须高度重视的问题,它将给许多发展中国家的贸易带来困难。"绿包壁垒"对食品农药残留量、放射性残留和重金属含量的要求尤其严格。从保护环境和人体健康的意义上讲,"绿色壁垒"的积极意义是促进世界各国加强生态环境建设和保护的重要措施。所谓"绿色保护",就是通过各种法律手段,促使各行各业加强对生态环境进行保护,使之达到食物天然化、环境绿色化和空气、水源纯净化的绿色要求。目前国际上已签订了 150 多个多边环保协定,其中有将近 20 个含有贸易条款,旨在通过贸易手段达到执行环保法规的目的。近年来,人们对纺织品的环保要求也越来越严格,尤其对丝绸染料的化学成分有明确的规定和严格的检测手段,欧盟还提出要禁止进口含有所列举的 51 种化学物质的棉布。德国联邦健康委员会制订了保护消费者健康的"一揽子"计划,其中包括禁止一些可能致癌的偶氮染料纺织品进入德国市场。进口产品也波及了机电产品,要求越来越多的机电产品不能在生产和使用过程中对环境构成污染。这在很大程度上促进了 ISO 环境管理体系的推广,现在,全世界已有 200 多个国家和地区积极采用 ISO14000。

绿色文明是以人与自然和谐统一为基础的文明。这个文明的核心是绿色价值观,生态伦理就是绿色价值观的核心内容之一。生态伦理观的实质,就是要超越狭隘的人类中心主义,把道德关怀的范围从人扩展到人之外的其他自然存在物,倡导人们用心灵去贴近大自然,热爱大自然,与自然融为一体,重新确认人类生活的价值根基。绿色文明兴起的意义,就是使人类重新评估了近代以来人类社会的发展模式、政治理念与经济结构,使人类文明实现了根本性的"范式"转型。指出了绿色生活方式是绿色文明最坚实的根基,只有选择绿色生活方式,人类社会才能真正走出目前的困境。

第三节　未来人类社会的发展观与可持续发展战略

生态平衡的严重破坏和环境污染的不断加剧,已引起世界上越来越多的有识之士的关注。"人类将走向何处?""地球的明天如何?"这些曾被认为是文人骚客高谈阔论、失意落魄者聊以自慰的问题,如今已成为人们广泛议论的话题。值得庆幸的是,人类在招致自然界的无情惩罚中也已警醒,做出了医治自己"诺亚方舟"的累累创伤,从生态危机中摆脱出来,以免于自我毁灭的明智抉择;并且已付诸于行动,通过各方面的努力,着手恢复生态平衡,根治环境污染,重建人和自然的和谐关系,使地球朝着有利于人类的方向发展。

一、几种对立的未来观

对于人类的未来,由于人们各自占有的材料不同,思路和研究方法各异,历来都是众说纷纭,莫衷一是。而在当代的西方,则形成了以。罗马俱乐部"为代表的所谓"悲观派",同以美国的"赫德森"研究所为代表的"乐观派"的对立和论争。两者针锋相对,见解迥异,虽然都不乏偏颇之处,但对于我们开阔思路,解放思想,统筹人与自然的和谐发展却大有裨益。

(一)"悲观派"的警告

所谓"悲观学派",它是当代西方未来学研究的一个著名派别。其代表机构是 1968 年 4 月成立的学术团体——"罗马俱乐部"。该学派认为,"人类将被技术文明的成就推向自我毁灭,世界正站在毁灭的门口"。随着世界高度工业化而出现的各种弊病是无法克服的,"人类当前和未来已经面临着不可挽回的困境",人类的未来是悲观的。西方一些环境学家甚至还通过电子计算机预测,如不采取有效措施防止、减少环境污染,到 2100 年,地球上就不会有可供呼吸的新鲜空气,没有能喝的水、能吃的食物,人类的末日就要来临。

《增长的极限》集中反映了"悲观学派"的主要观点。它是"罗马俱乐部"成立后,在美国丹尼斯·L·米都斯博士指导下,由美国、联邦德国、土耳其、挪威、印度等国的 17 位科学家,耗时 21 个月,运用美国教授杰伊·W·福雷斯特设计的世界模型,对当代人口、自然资源、农业生产、工业生产、环境污染等因素的发展进行分析研究所提出的第一个研究报告,是"悲观学派"的代表作。报告认为,人口是按指数增长着的,它要求粮食和其他生活用品也必须按指数增长。但地球上的可耕地和其他矿物资源是有限的,社会物质财富的增长同资源不足处于尖锐的对立之中;同时,随着人口增长和工业化的加快,它所造成环境污染的种类、范围和绝对量也呈指数增长,而地球的自净能力也是有限的,这就使环境恶化和生态平衡失调成为不可避免的。长此以往,地球的承载能力迟早要达到极限,全球性灾难将在某一天会突然降临。为了防止这种世界性悲剧的发生,该报告提出了"全球均衡状态"概念,即所谓"零度增长"。主张停止地球人口数量的增长,限制工业生产,大幅度地减少地球资源消费量,以维持地球上的平衡。这就是"罗马俱乐部"关于人类当前和未来困境问题的主要见解。

显而易见，这种悲观的论调既不符合人类历史的发展规律，也不符合当今世界的客观实际。他们只注意了限制增长的自然因素，却完全避开了恰恰是在特定历史时期限制增长的主要因素——社会因素，即生产关系、社会制度以及精神因素等；他们低估了现代科学技术在社会发展中的作用，甚至还攻击我们马克思主义者头脑发热，认为科学技术在创造新社会中有首要作用，这就使他们的结论不能不带有明显的局限性和片面性。他们所强调的关于地球承载能力、自然资源、粮食等的绝对有限性；关于全球性大灾难和世界末日的悲观主义论调；无条件地一概抹杀阶级斗争的作用；以及单纯以技术本身的发展和未来趋势论证人与自然的相互关系，无视人的主观能动性等等，都是与马克思主义历史观大相径庭、背道而驰的，因而是我们所绝对不能接受的。

但是，在西方世界尚自我陶醉于高增长、高消费的"黄金时代"时，他们就已敏锐地觉察到并清醒地提出了人口、工业化资金、粮食、不可再生的资源以及环境污染（生态平衡）等"全球性问题"。这一基于目前生物圈恶化状况所提出的惊世骇俗的警告，如同给西方盛行的无限增长热服了一副"清凉剂"，并将引起全人类对自然报复的重视和警惕，这无疑是有益的。现在，《增长的极限》一书已经成为"一个里程碑，世界的注意力已经在认真考虑这个报告提出的基本论点了"。

（二）"乐观派"的启示

与"悲观学派"相对立的是"乐观学派"。它是未来学研究中的另一重要的学派。其代表机构是由美国物理学家赫尔曼·卡恩（1948年他是美国著名的思想库——"兰德公司"的高级研究员，军事战略家）仿效"兰德公司"于1961年创办的"赫德森"研究所。该学派认为，"人类正进入一个黄金时代"。到21世纪，地球上到处是机器人，由它们去完成那些危险的、费力气的任务；人们生活得会更舒服，只要按一下电钮，就可得到你所想要的东西；灰尘将以静电方式被过滤和清除，衣服用超声波来洗；通过控制遗传和改善土壤等方法，可使粮食的供应状况大大改善等等。总之，该派认为，未来世界将是"歌曲、音乐的世界"，"万能的"科学技术将在地球上，以至"无边的天空"中创造出一个"伊甸乐园"。

针对《增长的极限》所提出的观点，赫尔曼·卡恩于1976年写了《第二个2000年》，对悲观学派进行了强有力地批判。他认为，更好的科学技术会使能源枯竭和污染问题得到补偿；世界经济还将得到发展，而不是零的增长。在这以后，未来学家朱利安·林肯-西蒙教授又于1981年出版了《没有极限的增长》一书，这一"乐观学派"的代表作，更进一步地展现了该派的思路和见解。西蒙认为，在一定历史时期内，由于受自然、社会、技术诸因素的限制，可供人类利用的资源是有限的。但是，科学技术的进步却是无限的。依靠科学技术，人们一定能够而且正在发现新材料、新能源，可供人类开发利用的自然资源是不可穷尽的。至于人口问题，西蒙认为，所谓的"指数增长"不过是数字假说的产物。事实上在以往一个很长的历史时期中，世界人口就曾发生过停滞甚至减少的现象。况且，众多的人口与强大的经济相结合，必将产生出众多的知识创造者，从而使人类拥有防止、控制威胁生活和环境的强大武器。

"乐观学派"只是从"单纯的科学技术观点"上考虑问题，无视社会制度对科学技术的制约作用，显然是错误的、不足取的。然而，他们注重科学技术的进步作用，认为依靠科学技术，可供人类利用的资源将扩大，自然资源不可穷尽；生态环境的恶化只不过是工业化过程中的暂时现象;以及对所谓"全球均衡～零度增长"的有力批判和对未来的乐观态度等等,却都是有益的,对我们有一定的启发作用。

(三)马克思主义的科学乐观主义

马克思主义者是科学的乐观主义者。按照辩证唯物主义的观点,人类既然能够发展生产,也就一定能够控制和消除在发展生产中出现的生态破坏和环境污染。科学技术的进步是无限的,可供人类开发、利用的自然资源也是无限的。只要我们制定和实施正确的开发战略,大力发展科学技术,注意协调人与自然之间的关系,了解、保护大自然,把经济效益和环境效益有机地统一起来,就能免遭自然界的新的报复和惩罚,和大自然和睦相处,实现造福于人类的目的。

我们认为,现代生物圈状况的恶化虽然发生在人口迅速增加、生产日益发展以及科学技术快速进步的背景下,但绝不能把它归罪于科学技术的进步和工业生产的发展。造成生物圈状况恶化的直接原因,除了由于人们盲目地、掠夺性地对待自然以外,就是由于工、农业生产工艺过程的陈旧和不完善。生态危机现象,是在人类时代的整个历史时期内,自发地发展起来的生产工艺过程的不可避免的后果。而现代生产的蓬勃发展则是建立在旧工艺的基础上,旧工艺是现代生态危机的直接原因。这是科学技术发展不充分的表现。而随着科学技术的进步,必将建立起协调社会和自然之间关系的物质技术基础,为消除环境污染提供现实的可能性。

同时,我们正视人类利用自然资源(可更新的或不可更新的)的可能性趋于缩减的现实。地球上各种不可更新的自然资源的储量是有限的,并随着人类的利用在不断减少;能进一步利用的可更新自然资源——清洁水、空气中的氧以及森林和海洋中的鱼也同样正在减少。但这绝不意味着满足社会需要的可能性也相应地在缩减。因为满足人的需要的可能性不仅决定于自然资源的存在和数量,而且还跟一定的生产方式相联系。随着生产方式的进步,满足人的需要的可能性也将不断地增长。我们既要看到自然资源储藏量减少的一面,也要看到科学技术的发展将提高自然资源的利用率,并不断开发出新的资源(能源、材料等),从而不断地满足人们日益增长的物质和文化的需要。"自然资源"这个概念,不仅包括自然的、技术的因素,而且包括历史的因素,它是自然、技术和历史因素的统一体。当我们对自然资源利用的可能性和需要同时出现的时候,自然环境因素就会成为资源。比如,现在的布匹有一半是从合成材料生产的,铀矿已成为我们获得能量的源泉,等等。而这些在几十年前还是不可思议的。毋庸置疑,这种过程还将继续发展下去。在全部自然资源中,唯一可能使人类陷入窘境的是地球上居民数量增长的空间限制。但是,只要人类能够做到自觉地规划自己的发展,拟定人类正常生活所必需的足够的空间"规范",规定最适宜的数量限度,就可以避免因人口过量增长而带来的地球表面上的居住空间危机。

总之,人在自然界面前不是无能为力的,人类的未来是充满生机、无限光明的。数百万年的人类史,数千年的科学技术史,都以无可辩驳的事实证明了人是能够和自然和睦相处、互利互惠的。悲观的观点、无所作为的观点是毫无根据的、不足取的。理应对消除环境污染、保持人与自然之间的动态平衡和协调发展,抱积极、乐观的态度。

二、可持续发展战略——未来人类社会的正确发展道路

(一)可持续发展的基本思想和原则

可持续发展是一个综合概念,是人类社会的一种全新的发展观和发展模式,所以它涉及经济、社会、科技、文化和自然环境等诸多领域。它是以"人与自然和谐发展"为理论基石,以"一定环境条件具有相应承载力"和"资源可以永续利用"为两大理论支柱的社会发展观。具体地说,可持续发展的主要观点有:①可持续发展的系统观。即当代人类赖以生存的地球及局部区域,是由自然·社会·经济·文化等多种因素组成的复合系统,各种因素之间相互联系、相互制约。②可持续发展的效益观。也就是说,一个可持续发展的资源管理系统,所追求的效益应是系统的整体效益,是经济、社会和生态效益的高度统一。③可持续发展的人口观。主张实现社会的可持续发展,必须把人口保持在合理的增长水平上,特别是注意提高教育、文化水平,在控制人口数量的同时提高人口质量。④可持续发展的资源观。提出要高度重视保护和加强人类生存与发展所依靠的资源,尤其要重视非再生资源利用率和循环利用率,并能采取措施积极促进其再生能力。⑤可持续发展的经济观。即主张摈弃经济发展过程中使用的高投入、高消耗、高污染的传统生产模式,建立起发展经济与保持生态支持力的可持续发展模式。⑥可持续发展的技术观。即力图积极发展和推广有利于社会可持续发展的绿色科技,使现有的生产技术得到改造和完善,逐步转向有利于节约资源、保护环境和优质高效的生产模式,保证人类在地球上的长久生存。建立起调控社会生产、生活和生态功能,信息反馈灵敏、决策水平高的管理体制及绿色消费观,促进人与自然的协调发展。⑦可持续发展的全球观。即"新的全球伙伴关系"。建立起国家经济政策合作的新秩序。

上述观点集中体现了可持续发展的三个基本思想。首先,可持续发展鼓励经济增长,通过经济增长提高当代人的生活水平和社会财富。但可持续发展更追求经济增长的质量和方式,提倡依靠科技来提高经济增长的效益和质量。二是可持续发展的标志是资源的永续利用和良好的生态环境。强调经济发展是有限制条件的,没有限制就没有可持续发展,经济和社会发展不能超越资源和环境的承载能力。三是可持续发展的目标是谋求社会的全面进步。可持续发展观认为世界各国的发展阶段和发展目标可以不同,但发展的本质应当包括改善人类生活质量,提高人类健康水平,创造良好的社会环境。可持续发展的这些思想可概括为:"发展经济是基础,自然生态保护是条件,社会进步是目的"。这些思想又体现了以下三个基本原则:

(1)公平性原则。公平是指机会选择的平等性。可持续发展强调:人类需求和欲望的满足是发展的主要目标,因而应努力消除人类需求方面存在的诸多不公平性因素。可持续发展所追求的公平性原则包含以下两个方面的含义:

①追求同代人之间的横向公平性,要求满足全球全体人民的基本需求,并给予全体人民平等性的机会以满足他们实现较好生活的愿望。贫富悬殊、两极分化的世界难以实现真正的"可持续发展",所以要给世界各国以公平的发展权。

②代际间的公平,即各代人之间的纵向公平性。要认识到人类赖以生存与发展的自然资源是有限的,本代人不能因为自己的需求和发展而损害人类世世代代需求的自然资源和自然

环境,要给后代人利用自然资源以满足其需求的权利。

(2)可持续性原则。可持续性是指生态系统受到某种干扰时能保持其生产力的能力。资源的永续利用和生态系统的持续利用是人类可持续发展的首要条件,这就要求人类的社会经济发展不应损害支持地球生命的自然系统,不能超越资源与环境的承载能力。

社会对环境资源的消耗包括两个方面:耗用资源及排放污染物。为保持发展的可持续性,对可再生资源的使用强度应限制在其最大持续收获量之内;对不可再生资源的使用速度不应超过寻求作为替代品的资源的速度;对环境排放的废物量不应超出环境的自净能力。

(3)共同性原则。不同国家、地区由于地域、文化等方面的差异及现阶段发展水平的制约,执行可持续发展的政策与实施步骤并不统一,但实现可持续发展这个总目标及应遵循的公平性及持续性两个原则是相同的,最终目的都是为了促进人类之间及人类与自然之间的和谐发展。

因此,共同性原则有两个方面的含义:一是发展目标的共同性,这个目标就是保持地球生态系统的安全,并以最合理的利用方式为整个人类谋福利;二是行动的共同性,因为生态环境方面的许多问题实际上是没有国界的,必须开展全球合作,而全球经济发展不平衡也是全世界的事。

(二)实施可持续发展战略的对策与行动

可持续发展战略已被世界各国所认同,为推动这一战略的实施,许多国家都结合本国的国情,采取了积极的措施和行动。

(1)加强国际合作,共同解决全球性环境问题。生态环境恶化和污染由区域性扩展为全球性的发展趋势,使世界各国都认识到,本国的生态安全与其他国家的生态安全是高度一致的。世界性环境问题的解决,如水污染、大气污染等均不受国界的限制,仅靠一个国家的力量已不足以保护地球生物多样性和全球生态系统的整体性。因此,致力于全球可持续发展,需要加强各国之间的合作,建立新的全球合作关系,包括国家之间直接合作,建立国际组织和订立国际公约、协定等,这方面的努力现在已发挥了积极作用并收到了明显效果。在联合国的积极努力下,成功地使绝大多数成员国批准并签署了《气候变化框架公约》《维也纳保护臭氧层公约》等国际公约。

(2)强化环境管理,建立经济发展与环境保护相协调的综合决策机制。实施"可持续发展"的重要条件之一,就是把对环境和资源的保护纳入国家的发展计划和政策中。因此,各国都加强了环境管理和资源利用的全面规划,以防止对资源的不合理或过度开发,防止生态环境质量的继续恶化;积极开展了可持续发展战略、政策、规划的制定,如我国就是世界上最早制定本国21世纪议程的国家。许多国家已初步建立了经济发展与环境保护的综合决策机制,协调经济发展与保护环境间的矛盾;许多国家还相当成功地运用市场价格机制,实现对资源的合理配置和对环境的有效管理。建立了资源核算、计价和有偿使用的制度,把生产过程的环境代价纳入生产成本。市场机制又激发了技术进步,提高了资源的使用效率,减少了不必要的浪费。世界各国还通过环境关税、废除或给予补贴等经济手段进行宏观调控,以促进对生态环境的保护。

(3)大力推进科技进步。科技进步是经济发展的动力,也是解决经济与环境协调发展的重要途径。进入21世纪后,世界各国都充分认识到这一点的重要性,大力推进科技进步,投入了更多的人力和财力,研究和开发无污染或少污染、节水、节能的新技术、新工艺,提高资源利用率;高新技术蓬勃发展,绿色产业方兴未艾。由于科学技术的迅速进步,在解决环境问题和实施可持续发展战略的进程中,出现了明显的四个转向,即环境治理从重视"末端"转向"全过程"的清洁生产;环境保护从单纯的污染防治转向重视资源、生态系统的保护;环境管理从单一部门转向多部门的配合;环境战略从片面地重视环境保护转向经济、社会、生态的全面可持续发展。这四个转向虽因各国经济发展水平不同而存在程度上的差异,但行动上的积极努力却是令人鼓舞的。

(4)完善法律和法规体系、保障可持续发展战略的实施。法律、法规的建设和完善,是实施可持续发展战略的重要保障条件。环境法规作为调节人与自然关系的手段,通过对行为主体的规范,预防或控制环境污染或生态破坏的发生,同时也是对以资源持续利用和良好生态环境为基础的可持续发展的具体化和制度化。依靠法律、法规和政策加强生态环境保护与建设,是实施可持续发展战略的重要手段。对此各国立法机构和政府都非常重视,如瑞典的《自然资源法》《水法》《环境保护法》《自然保护法》等环境保护法律就十分完善,详细地规定了资源、生态、环境的权属以及每个公民和社会组织的权力、义务。我国也非常重视环境立法工作,现制定并实施的环境法有 5 部、资源管理法 8 部,20 多项资源管理行政法规和近 300 项环境标准,初步形成了环境资源保护法律体系。

(5)重视环境教育,提高生态意识。实施可持续发展战略,不断提高人们的生态意识是最根本的。因此,提高全民族可持续发展的意识,培养实施可持续发展所需要的专业人才,是实现可持续发展战略目标的基本条件。正是基于这种认识,世界各国都高度重视对国民的环境教育。我国在加强环境保护和实施可持续发展战略的进程中,已初步建立了从中央到地方的环境宣传教育网络。全国有 23 个省级、100 多个地市级设有环境教育和宣传的专门机构。

(6)积极发展环保产业。实施可持续发展战略,执行严格的环境标准,推动了全球环保产业的形成与发展。环保产业是解决环境污染、改善生态环境、保护自然资源,提高人类生存环境质量的产业、产品和服务业的总称。主要包括用于环境保护的设备制造、自然保护技术、环境工程建设、环境保护服务等方面的各种行业。在国际上,无论是发达国家还是发展中国家,环保产业都被视为经济的新增长点或振兴经济的重点支柱产业。目前,发达国家在世界环境贸易中仍处于领先地位,世界环保产业的中心也在发达国家。但可喜的是,随着发展中国家对可持续发展和环境保护的进一步重视,环保产业逐步成为产业结构的重点之一。

人类经过反思后,在思想观念、生产活动和生活方式等方面的重要转变对于实施可持续发展战略是极其重要的。经济全球化和生态环境问题的整体性,使世界各国之间相互依存的关系更加紧密。这种相互依存,一方面有利于各国利益的互补与联系,促成了国际合作;另外,也引发了国际间的对抗和冲突,这种冲突在可持续发展领域也有明显反映。例如,温室气体排放问题、能源、工业生产、人民福利水准等甚至涉及国家的外交和主权。因此,实现全球可持续发展的目标仍然存在着错综复杂的利益之争,具体表现在发达国家与发展中国家的利益冲突、发达国家内部的矛盾冲突、发展中国家内部的矛盾冲突三个方面。但正如前面已指出的,可持续发展战略代表的是全人类的根本利益,符合宇宙中地球系统运动和变化的自然规律。所以,可持续发展战略的实施,是未来人类社会唯一的正确选择,是未来人类社会的光明所在。

三、全球变化研究与对策

(一)全球变化研究发展趋势

1. 全球变化科学的发展战略

在高科技的技术支撑下,全球变化科学将可能产生一次新的飞跃,主要有三个相互紧密联系的方面。把地球作为一个整体系统来研究,即把大气圈、水圈、地圈、生物圈作为一个整体,由它们之间的相互作用和其中物理、化学和生物过程之间相互作用及其与人类活动的相互作用构成的复合系统,并突出人作为主要驱动力,加强地球环境对人类活动的影响及社会经济对全球变化的适应性研究。

多学科交叉研究的深度和广度会加强,提出 IGBP、WCRP、IHDP 之间要加强合作,描述物理、化学和生物过程的涡台模式要发展,核心计划之间要组织交叉合作。全球问题与区域问题的结合更加明确,全球环境变化的问题应主要通过区域研究来解决,区域性研究必须体现全球性问题;更加重视全球变化的区域响应的研究;提出集成研究的新方法。全球变化研究要考虑如何与生存空间的可持续发展紧密地结合起来,为可持续发展提供科学背景和依据。

2. 21 世纪全球变化的研究展望

21 世纪全球变化该研究哪些方面的问题呢？中国科学院院士李家洋等认为:今后我国全球变化与人类活动相互作用研究的重点应放在那些具有显著区域特色和国际影响力的重大科学问题上。孙枢等也认为:21 世纪要继续加强全球变化的研究,重点在加强全球变化核心问题的研究;全球变化的集成研究,全球变化与中国的研究,我国全球变化研究中的薄弱环节——深海大洋研究。叶笃正等认为:21 世纪全球变化研究战略一方面是通过空间技术、遥测技术的发展为全球变化研究提供更多的信息数据,另外,要发展包括大气、海洋、陆地和生物圈,合理地描写物理、化学和生物过程及它们之间相互作用的地球系统的数学模型,建立起客观和定量地研究地球环境变化机理和预测的工具。尽管各有看法,但总体上 21 世纪全球变化的研究大致可划分为两个方面:对地球系统的深入理解性研究,全球变化与人类社会相互作用的应用性研究。前者强调综合地球系统的各个过程,应用最新的观测手段,从全球的尺度来理解整个地球系统的运行规律,是趋向于综合的宏观研究。而后者则是将整体的地球系统变化具体至一定的区域上,来研究对该区域尺度人类的影响及人类的适应,是趋向于应用的微观研究。总之,宏观与微观并存,区域分析与地球系统数字模型化同步,将是 21 世纪全球变化科学研究的特点。

(二)全球变化的对策

人类对全球变化影响的感知和态度是采取应变措施的基础。由于在如何看待全球变化影响的问题上的观点不同,因此所采取的相应对策也不相同。对全球变化的态度持第一种观点的人对全球变化影响所采取的对策是适应,其基本原则是趋利避害。适应的方式是多种多样的,包括主动或被动的顺应,也包括积极的抗御。主动顺应比被动顺应能更多地减少损失或获得收益。为适应新的环境而主动地变更生产方式,拓展新的生存空间,采用新技术,开发新资源等都属于主动顺应方式。面对环境变化的影响而消极地承受,属于被动顺应的范畴。

主动适应有两个基本前提。一是要能预知全球变化的状况并对可能造成的影响进行评估;二是合理的适应预案及有效的经济技术保障。尽管有成功的事例,但这两个前提在通常情况下都是很难满足的。在现有技术条件下,尚难对未来的全球变化作出准确的预报,而全球变化影响的评估模式尚处在发展阶段,有时模拟的误差可能远超出实际变化的幅度。一方面,人类对全球变化的感知更多的是从全球变化所造成的生产效益获得的,通常是在全球变化已发生后才认识到其变化及其影响,因此落后于全球变化。另外,人类对全球变化采取适应性措施也需要一定的时间,在从一种生产模式调整到另一种模式过程中需要解决一系列问题,如农业生产模式的调整需要进行种子培育、技术培训、设备更新等,对一个大的地区来说,这一过程往往需要十年以上的时间,且需要大量的经济投入。

采取的全球变化对策是要防止全球变化的发生,或者要让它们减缓下来,至少对于人类活动引起的全球变化要做到如此。预防全球变化的手段涉及技术、经济、政策等各个方面,以控制温室效应为例,可能采取的手段包括全面废止氟利昂使用、控制森林破坏、提高能源利用率、更新能源结构使用洁净能源、通过政策和经济措施强制性地限制消费等。

全球变化是不可避免的,人类必须在全球变化的基础之上建立对策,采取一切可能的措施把全球变化控制在一定的限度之内,同时在可接受的变化幅度内采取一切可能的措施趋利避害。尽管并不真正知道这些限度在哪里,也没有足够的时间去找到它们,但人类不能够消极地等待在找到这些限度之后再采取行动,也不能毫无根据地采取不切实际的措施。因此,不论可知的还是不可知的观点都有其合理的成分,同时也存在许多问题,全球变化的对策应是各种措施的结合。

第十章　维护生态的坚强卫士——牧草的栽培技术

第一节　牧草栽培利用对生态保护的意义

　　栽培牧草可以固土保水，防止水土流失。防止水土流失的方法很多，如植树造林、围筑梯田、筑坝蓄水、行等高线种植等，以上方法对保持水土、防止冲刷都具有一定的效果。但见效迅速、作用显著、成本最低的方法应该是栽培牧草。其一，牧草的种植较为简易，种后2～3年即可见效；其二，牧草茎叶丛密可以掩护地面，由于地面密生茎叶，可缓和流速，减少流量，因而减轻水土的冲失。根和地下茎或匍匐茎等蔓延土壤表层，可以固结土粒，防止冲刷；其三，种草的土地，由于有机物的增加和团粒结构的形成，保水力增加，下雨时流失的水分较渗入土中的水分少。

　　栽培牧草可以改良土壤结构，提高土壤肥力。据测定种植2～3年的豆科、禾本科混播草场，每公顷土壤中增加的有机质含量相当于施用了20～30t的厩肥，而且这些有机质能均匀地、深入地分布在土壤中，其肥效高于施用厩肥。如种植3年豆科牧草紫花苜蓿的土壤，每公顷有根系9t左右，其中约47%的根系分布在0～30cm的耕作层中，使耕作层的有机质提高0.1%～0.3%。除提高土壤肥力外，土壤中有机质含量的增加还有助于形成团粒结构，而团粒结构是土壤肥沃的重要条件。具有团粒结构的土壤能在植物生长过程中不断提供最高、最适量的水分和养料，保证施肥、选种、灌溉、耕作等农业技术发挥最大的效率。

　　种植优良牧草除直接改变土壤的理化性状外，对后茬作物的影响更明显。有报道，肥沃的土壤栽培紫花苜蓿，后茬作物可增产30%～50%，贫瘠的土壤则可增产2～3倍。因此牧草改良土壤、培肥地力的生态功能，将有助于奠定农业可持续发展的基础。

第二节　典型牧草栽培品种介绍

一、豆科牧草

（一）红豆草

红豆草别名"驴食豆""驴食草"。其花色粉红艳丽，饲用价值可与紫花苜蓿媲美，故有"牧草皇后"之美称。在我国新疆天山和阿尔泰山北麓都有野生种分布。目前,国内栽培的全是引进种,主要是普通红豆草和高加索红豆草。前者原产法国,后者原产前苏联。欧洲、非洲和亚洲都有大面积的栽培。红豆草是 1640 年左右从法国引进英国的,法国从 16 世纪前就已栽培。红豆草的原产地是东地中海地区和西南亚,曾以其医疗特性而闻名,也常供有病的或体弱的牲畜作牧草用。红豆草可用于青饲、青贮、晒制青干草、加工草粉、配合饲料和多种草产品。各类家畜都喜食。与紫花苜蓿相比,其突出的特点是作为反刍家畜饲料、放牧时不发生膨胀病。

1. 植物学特征

红豆草系多年生草本。高 30～120cm,主根粗长,侧根发达,主要分布在 50cm 的土层内,最深可达 1m。茎直立,多分枝,粗壮,中空,具纵条棱,疏生短柔毛。叶为奇数羽状复叶,具小叶 13～27 片,呈长圆形、长椭圆形或披针形,长 10～25mm,宽 3～10mm,先端钝圆或尖,基部楔形,全缘,上面无毛,下面被长柔毛;托叶尖三角形,膜质,褐色。总状花序腋生。花冠蝶形,粉红色至深红色。荚果半圆形,果皮粗糙,有明显网纹,内含种子 1 粒。种子肾形,光滑、暗褐色。

2. 生物学特性

适应生长在森林、森林草原地,比较喜欢含碳酸盐的土壤和阴坡地。喜温暖、干旱的气候条件,抗旱性比紫花苜蓿强,抗寒能力则稍逊于紫花苜蓿。病虫害少,抗病力强。

(1)生长特性。在适宜的条件下,播种 3～4d 后即可发芽,6～7d 出土,子叶出土后 5～10d 长出第一片真叶。在甘肃河西走廊栽培,生长快,开花早,播种当年即可结籽。在甘肃黄羊镇 4 月初播种,7 月上旬开花,8 月中旬种子成熟。第二年一般在 3 月中旬返青,较紫花苜蓿约早 1 周,比红三叶约早 2 周。在内蒙古呼和浩特市的自然条件下,4 月末播种,当年也能开花、结籽,但种子不甚饱满,第二年 4 月中旬返青,5 月下旬现蕾,6 月上旬开花,7 月上旬种子成熟,由返青至成熟约 90d,是豆科牧草中较为早熟的品种。南京地区秋季播种,第二年 4 月初开始迅速生长,4 月中旬现蕾,5 月初开花,6 月上中旬种子成熟。在贵阳市 10 月中旬播种,下旬出苗,翌年 4 月中旬开花,5 月底种子成熟。在济南地区秋季播种,第二年 4 月初返青并迅速生长,5 月中旬开花,6 月中旬种子成熟;春季播种 5 月底开花,6 月底种子成熟。

(2)异花授粉。自交结实率低,即使在人为条件下控制自花授粉,其后代的生活力也显著减退。成熟的花粉粒,在 5h 内有授粉能力,雌蕊授粉能力可保持 2d。在大田生产条件下,授粉率的高低,取决于传粉昆虫的多寡,如开花期遇上高温、多雨也会影响授粉。在自然条件下,红豆草结实率一般为 30% 左右,故提高红豆草的结实率,是种子生产的重要问题。种子丧失发芽能力较快,一般贮存 5 年以上的种子就不宜作播种使用。

(3)根系强大。据测定,生长一年的根系分布在 2cm 的耕作层内,留在土壤中的鲜根每公顷为 12.5t;生长二年的根量倍增,每公顷可产鲜根 40.5t,为第一年的 3 倍多,如果加上底层中的残留根量,总重超过了地上部分。因此,种植红豆草的土壤含有丰富的有机质,是粮食作物和经济作物的良好前作,在干旱地区的轮作倒茬和耕作制度中具有重要作用。

3. 饲用价值

红豆草蛋白质含量高，富含各种氨基酸，饲用价值高。适口性比紫花苜蓿和三叶草好，牛、羊、猪、兔均喜食，且食后不易得膨胀病。红豆草的耐牧性和再生性不如白三叶和紫花苜蓿。开花早，花期长达 2～3 个月，是优良的蜜源植物。

红豆草作饲用，可青饲、青贮、放牧、晒制青干草、加工草粉、配合饲料和多种草产品。青草和干草的适口性均好，各类畜禽都喜食，尤为兔所贪食。与其他豆科牧草不同的是，它在各个生育阶段均含很高的浓缩单宁，可沉淀在瘤胃中形成大量持久性泡沫的可溶性蛋白质，使反刍家畜在青饲、放牧利用时不发生膨胀病。红豆草的产量因地区和生长年限不同而不同。在水肥条件差的干旱地区，2～3 龄平均亩产干草 250～500kg；在水热条件较好的地区，每亩产鲜草 1400kg，在沟坡地每亩产鲜草 950kg；在水肥热条件都好的灌区，播种当年亩产鲜草即达 1500kg，2 龄亩产 2500kg，2～4 龄最高可达 3500kg。红豆草一般利用年限为 5～7 年，从第五年开始，产量逐年下降、渐趋衰退，在条件较好时，可利用 8～10 年，生活 15～20 年。种子产量一般为 40～100kg。红豆草与紫花苜蓿比，春季萌生早，秋季再生草枯黄晚，青草利用时期长。饲用中，用途广泛，营养丰富全面，蛋白质、矿物质、维生素含量高，收籽后的秸秆，鲜绿柔软，仍是家畜良好的饲草。调制青干草时，容易晒干、叶片不易脱落。1kg 草粉，含饲料单位 0.75 个，含可消化蛋白质 160～180g，胡萝卜素 180 毫克。

（二）合萌

合萌又叫田皂角、水松柏、水槐子、水通草。原产于美国，现分布于我国华北、华东、中南、西南等地区。

1. 植物学特征

合萌是合萌属一年生或短期多年生灌木状草本植物，直立、多分枝。茎高 70～200cm，直径为 0.2～2cm，茎、枝被线毛。主根深，陌 15～40cm，侧根较少。羽状复叶长 2～15cm，宽 0.5～2.5cm；叶柄长 0.2～0.3cm；小叶 2 排，各 10～33 对，长 4～16mm，宽 1～3mm，受外界或光线干扰时，小叶自行闭合。花序腋生，小花簇生于各生长枝上；花长 6～10mm，呈浅黄色，花冠上具数条深色线。荚果长 2～3cm，宽 3mm，具种子 5～8 粒；种子肾形，呈深褐色或黑色，种子坚硬，种皮光滑；成熟后种荚易逐节脱落成单荚果。9 月下旬或 10 月上旬开花，开花后约 3 周种子成熟。

2. 生物学特性

合萌适于在年降水量 1000mm 以上、海拔 500 米以下的热带、亚热带地区生长，在桂北的永福、荔浦、平乐生长良好。中等耐旱，在坡度 10°～25°的旱地或草地上生长良好；在较干旱的桂西的田阳仍能生长旺盛。耐涝，水淹 3cm 45d 仍存活。合萌根深达 30～50cm，多数集中在 5～15cm 的表土。大部分根瘤集中于 10cm 以内的表土层的根须中。结瘤力强，开花前正常发育的植株根瘤达 300 多个，固氮力强，每年可固氮 112kg/亩，一般情况下，每克根瘤产乙烯

21.6 微克/小时。分枝多,一般情况下每株分枝 30 条左右,多的达 50 条。植株冠幅 0.5～1.6m²,株重达 800g,茎叶比为 64:2.36。喜光。种子干粒重为 3.5g,带壳种子千粒重为 5.26g。种子能自然更新。可多年利用。

3.饲用价值

(1)青饲。合萌可刈割青饲,是兔、鹅、鱼等中小型动物的优等饲料。合萌是兔的优质饲料,适口性优,比银合欢、绿叶山蚂蝗、黄大豆、柱花草、葛藤、非洲狗尾草、宽叶雀稗、象草、杂交狼尾草的适口性好。草食性鱼类也喜食合萌。

(2)调制青干草。如生长旺盛季节草料太多,就要刈割后晒制干草,制作时注意不要损失叶片,因其容易脱落,贮藏时还需注意防潮。

(3)放牧利用。合萌可建成良好的放牧地,有效的放牧管理能获得高的效益。植株在草高 45 米始牧,每公顷载畜量为 5～12 个牛单位。放牧不足会引起虫害及杂草或其他混播牧草竞争,而放牧过度会降低种子产量。刈割利用留茬 40cm 左右,并具 20% 的叶片和小嫩枝时停牧,再生能力最强,秋季种子产量最高。放牧地应从 9 月中旬(即初花期)至 10 月下旬停牧,11 月再牧。反之,利用不足、老草过厚也影响翌年种子发芽,影响生长。利用合理,合萌草地能多年利用。

(4)中草药开发利用。合萌全草入药,能清热利湿、祛风明目、通乳、消肿、解毒,用于治疗风热感冒、黄疸、痢疾、胃炎、腹胀、淋病、痈肿、皮炎、湿疹。

(5)作绿肥。为优良的绿肥植物。在南方可套种在稻田作为当季水稻追肥或下季作物的基肥。播前将荚壳去掉,根瘤和叶瘤均有固氮能力,植株含氮丰富,生长 32d 其干物质中氮含量为 3.29%,五氧化二磷含量为 0.66%,氧化钾含量为 0.69%。

(三)银合欢

又叫萨尔瓦多银合欢。原产中美洲墨西哥、危地马拉等地。主要分布于南北纬 30°地区,菲律宾、印度尼西亚、斯里兰卡、泰国、澳大利亚栽培较多。台湾早有引种。1961 年中国华南热作研究院从中美洲引进萨尔瓦多银合欢,它较我国普通银合欢优越,在国外被广泛利用,是热带地区优良饲料、绿肥和燃料。目前我国广西、广东、福建、海南、台湾、云南、浙江、湖北均有栽培,引种范围从北纬 16°51′(西沙群岛)到北纬 30°18′(湖北武昌)。

银合欢变种较多,有 100 种以上。主要分为三个类型:即夏威夷型、萨尔瓦多型和秘鲁型。

(1)夏威夷型(普通银合欢)。在我国及太平洋地区是分布最广的一种。植株矮小、早熟、生长势较差,种子产量高,叶产量较低,嫩枝中"含羞草碱"平均为 3.75%。

(2)萨尔瓦多型(新银合欢)。分布在中美洲的萨尔瓦多一带。植株高大,生长势较强,中熟,种子产量较低,嫩枝叶"含羞草碱"含量低,为 1.87%。

(3)秘鲁型。分布于中美洲、秘鲁等地。植株高大,生长势最强,晚熟,叶产量较高,结籽少,嫩枝叶"含羞草碱"平均为 2.77%。

1.植物学特征

萨尔瓦多型(新银合欢)为银合欢属 *Leucaena Benth.*(Leucaena)常绿灌木或小乔木。植株高大，一般高 3～5m，粗约 10cm，多分枝，树皮灰白色。主根发达，一年根深 1～2m。偶数羽状复叶，有羽片 5～7 对，每羽片有小叶 10～17 对；小叶长椭圆形，长 1.5cm，宽 0.4cm。头状花序，白色，每花序有小花百余朵，密集生在花托上成球形，通常每花序仅有几个到几十个形成荚果；荚果扁平，带状，长 10～24.5cm，内含种子 15～25 粒。种子扁平，坚实光滑，褐色。千粒重 35.7g。

细胞染色体：2n＝104。

2. 生物生态学特性

萨尔瓦多型（新银合欢）喜温暖湿润气候条件。生长最适温度 25～30℃，12℃生长缓慢，低于 10℃，高于 35℃停止生长，0℃叶片掉落，−3～4℃植株上部枯死，5～6℃地上部分枯死。次春仍有部分植株抽芽生长。阳性树种，稍耐荫。对日照要求不严。在华南等地均可开花结实。两广、海南生长最好。湖北武昌冬季枯萎，但也可收少量种子，质量差。

根系发达。一年生植株根系达 1～2m，5 年生可达 5m 以上。耐旱能力强，根系深能吸收土层深处水分，在年降水 1000～3000mm 地区生长好，也能在 600mm 地区生长。能耐南方旱季条件。不耐水渍，长期积水生长不良。对土壤要求不严。最适合中性、微碱性土壤（pH 6.0～7.7），喜石灰性土壤，最适宜生长在土层深厚、肥沃、排水良好、富含石灰的微酸至微碱性沙壤土上。岩石缝隙也能生长，但干旱、贫瘠生长不良。表土 pH 5.5 以下时，则根不能生长。在酸性土壤上种植易早花早实早衰。耐盐能力中等，土壤含盐 0.22％～0.36％时仍能正常生长。锰过高（550mg/kg 以上）生长受阻。

在海南，处理好的种子播后 2～3d 即发芽，5～7d 出苗，苗期地上生长慢，根系生长快，当三个真叶出现后形成根瘤。春播，10～12 月开花，次春 1～3 月种子成熟。成年植株每年开 2次花，第一次 3～4 月开花，5～6 月成熟；第二次 8～9 月开花，11～12 月成熟。荚果成熟自行开裂，落地成苗。

速生，再生能力强。刈割后萌芽抽枝多，茎叶产量高。海南每公顷产鲜茎叶 45～60t。

成年树砍伐后，萌发再生力强。三年生树砍后，当年萌芽抽枝 15～25 条。

3. 饲用价值

其嫩枝叶、豆荚是热带饲料作物中含粗蛋白质最高的一种，誉为蛋白质库。其嫩枝、叶量大，四季可采食。适口性较好，牛、羊、兔均喜食。草粉可喂猪、禽，可青刈，也可与禾本科牧草混播成放牧地。

营养丰富，含粗蛋白质高，粗纤维低，粗脂肪、无氮浸出物均丰富。其茎叶干物质中含粗蛋白质 24.4％，粗脂肪 4.4％，粗纤维 20.3％，无氮浸出物 44.6％，粗灰分 6.3％。其氨基酸含量与苜蓿相近，胡萝卜素含量比苜蓿多 1 倍多。

银合欢与禾本科牧草的混播草地放牧效果极好，但单喂银合欢效果不佳。其干草粉可喂牛、猪和禽类。在猪日粮中添加 5％～10％的干草粉，增重效果很好；超过日粮 20％，对猪生长不利。在日粮中添加 5％～10％的草粉喂家禽，效果理想。提高蛋黄色度和孵化率。青刈银合欢也可制成青贮料，与优良禾草 1∶1 混合青贮可提高质量。

其嫩枝、叶、种子、荚果都有含羞草素，长期大量单一饲喂会中毒致病甚至死亡。在反刍家畜瘤胃中产生的代谢产物 3-羟基-4(1 氢)吡啶酮(DHP),对反刍家畜有毒。为提高其饲用价值,须进行脱毒处理。方法有干热法、清水浸泡法、水煮法、发酵法。以发酵法最为适用,效果也好。经发酵,含羞草毒降低 50% 左右,而营养损失不大。在牛、羊瘤胃中接人一种微生物(革兰氏阴性短杆菌)后,可消除中毒现象,全喂该草也不会中毒。将接过种和未接种的共同放牧接触,可使未接种的自动接种,达到全群脱毒效果。农科院畜牧所通过调查发现,广西北海市润洲岛的牛和山羊瘤胃中含有脱毒细菌,用其接种或将两地牛羊一起饲养,即可获得脱毒能力,这是利用银合欢的最有效的办法。

(四)豌豆

豌豆又叫荷兰豆、小寒豆。豆科,豌豆属。原产于地中海沿岸,在我国各地均有栽培。嫩梢、嫩荚、鲜豆粒及干豆粒均可食用,籽粒含蛋白质 20%～34%、营养丰富,品质佳,可鲜食或制罐头,茎、叶可作饲料或绿肥。

1. 生物学特性及生长习性

(1)形态特征。为豆科一年或二年生植物。茎矮性或蔓性。矮性高仅 30cm 左右,蔓性种株高 1～2m,茎圆而中空,易折断。出苗时子叶不出土。羽状复叶,小叶 4～6 枚,先端有卷须,能攀缠他物。花单生或对生于腋处。色白(白花豌豆)或紫(紫花豌豆),自花授粉。荚果扁而长,有硬荚和软荚之分。种子有圆粒(光滑)或皱粒两种粒型,颜色有黄、白、紫、黄绿、灰褐色等。千粒重 150～800g。

(2)生长习性。喜冷冻湿润气候,耐寒,不耐热,幼苗能耐 5℃低温,生长期适温 12～16℃,结荚期适温 15～20℃,超过 25℃受精率低、结荚少、产量低。

豌豆是长日照植物。多数品种的生育期在北方表现比南方短。南方品种北移提早开花结荚,在北方春播缩短了在南方越冬的幼苗期,故在北方,豌豆的生育期,早熟种 65～75d,中熟种 75～100d,晚熟种 100～185d。

豌豆对土壤要求虽不严,在排水良好的沙壤土或新垦地均可栽植,但以疏松含有机质较高的中性(pH 为 6.0～7.0)土壤为宜,有利出苗和根瘤菌的发育,土壤酸度低于 pH 5.5 时易发生病害和降低结荚率,应加施石灰改良。豌豆根系深,稍耐旱而不耐湿,播种或幼苗排水不良易烂根,花期干旱授精不良,容易形成空荚或秕荚。

2. 品种分类

豌豆按用途和荚的软硬,可分为粮用豌豆、菜用豌豆和软荚豌豆三个变种。依种子的形状可分为光粒种和皱粒种,依植株的高矮可分为蔓性种、半蔓性种和矮性种。目前作为菜用的品种有硬荚种和软荚种。硬荚种的内果皮有一层似羊皮纸状的透明革质膜,必须撕除后才可食用,故以食青豆粒或制罐头。软荚种内果皮无革质膜、柔嫩可食。

(1)小青荚(阿拉斯加)。国外引人,硬荚种,半蔓性,花白色,种子小,绿色,每荚种子 4～7 粒,圆形,嫩种子供食。种皮皱缩,品质好,为制罐头和冷冻优良品种,上海、南京、杭州等地栽培。

(2)杭州白花。硬荚种,植株半蔓性,耐寒性强,花白色,每荚含种子 4～6 粒,嫩豆粒品质佳,种子圆而光滑,淡黄色,以嫩豆粒供食。

(3)莲阳双花。软荚种,蔓性,花白色,荚长 6～7cm,宽 1.3cm,种子圆形,黄白色,嫩荚供食、品质佳。一般 9—11 月播种,11 月下旬至翌年 2 月采收。

(4)大荚豌豆(大荚荷兰豆)。软荚种,蔓长 2m 左右,分枝 3～5 个。花紫色单生,荚特大,长 12～14cm,宽 3cm,浅绿色,荚稍弯凹凸不平,每 500g 嫩荚约 40 个。种皮皱缩,呈褐色,嫩荚供食,柔嫩味甜,纤维少,广东一带栽培。

(5)成都冬豌豆。硬荚种,本种耐热亦能耐寒,花白色,荚长 7cm,宽 1.5cm。每荚种子 4～6 粒,圆形光滑,嫩粒绿色,味美,品质佳,以嫩豆粒供食为主。成都 7—9 月播种,9—12 月采收。留种必须进行翻秋播种,即寒露后(10 月)采收成熟种子,立即播种,翌年立夏采收种子,晒干贮藏。

(6)1341 豌豆。早熟,硬荚种,生长期 85d 左右,株高 30～35cm,结荚整齐,双花多,单株结荚 5～6 个。每荚种子 5～6 粒,亩产干种粒 150～200kg。

(7)豌豆尖。品种为无须豌豆。花白或浅紫色,嫩荚长 5～7cm,每荚种子 4～7 粒,白绿色,圆形,南方各省把嫩梢作为汤食和炒食,为主要鲜菜之一。如上海称"豌豆苗"、广州称"龙须菜"、四川称"豌豆尖"。

(五)大翼豆

又叫紫菜豆。大翼豆原为野生植物。1962 年由澳大利亚 E. M. Hutton 博士培育成栽培品种色拉特罗(Siratro)。是一种营养价值高、抗旱、耐轻霜、生物学固氮性能好、丰产性能好、与禾本科牧草混播竞争能力强的热带、亚热带地区的优良豆科牧草。从美国的德克萨斯州南部至墨西哥、哥伦比亚、秘鲁和阿根廷,中美洲、南美洲西部及其他地区均有分布。1974—1984 年我国从澳大利亚先后引进广东、广西试种,现主要分布于福建、广东、广西、河南和江西等地。

1. 植物学特征

大翼豆为蝶形花亚科菜豆属多年生草本植物。根系发达,入土深。茎匍匐状蔓生,缠绕其他植物生长,长达 3～4 米,节上均具有凸生芽原基,可长出不定根。三出复叶,小叶卵圆形或菱形,两侧小叶有浅裂,长 3～8cm,宽 2～5cm;叶面呈绿色,有疏毛,背面有银灰色细茸毛。花轴腋生,长 10～30cm,每个花轴能产花 3～12 朵;花呈深紫色,龙骨瓣呈粉红色。二枚翼瓣特大,故名大翼豆。线形种荚顶端弯曲,荚果长圆筒形,长约 8cm,每荚有种子 12～13 粒。种子椭圆形,褐色或杂斑点黑色,成熟时易爆裂。种子千粒重为 12～15g。染色体数为 2n＝22。

2. 生物学特征

在年降水量 800～1600mm 的热带和南亚热带地区生长最好,在少于 500mm 或大于 3000mm 的地区则生长不良。耐酸性强,对土壤要求不高,在 pH 为 4.6～8.0 的各种类型土壤上均能生长,但以肥沃土壤最宜生长。耐旱性良好,耐盐碱性能差。不耐寒,但能耐轻霜。茎叶受霜冻后凋萎,但翌年春季仍可从茎基部长出新枝,正常生长,气温降至 −9℃ 时,仍有 60％～83％ 的植株存活。在南宁 −3℃ 的气温下叶片枯黄,嫩枝受冻害,但老茎蔓不死。耐践踏,适宜与禾本科牧草混播放牧利用。也可单播。60～70d 龄的大翼豆植株开花能力,最快的

57d 龄开花。大翼豆在长日照条件下可以获得高产鲜草,但超过 16h 的日照不能开花结籽。喜欢强光照,但与高秆牧草混生也能生长良好。昼夜气温 25～30℃时营养良好、生长茂盛,昼夜温差达 10～12℃时籽粒饱满,千粒重增加 10%。盛夏性能良好。R. HuRon 和 J. Jones 发现土温在 24℃以上时,大翼豆可以获得高产。

3. 饲用价值

(1)青饲。刈割后待茎叶稍微萎蔫可直接投喂牛、羊、兔等草食畜类。

刈割适期为初花期至盛花期,植株长至 80～100cm 可首次刈割,此后长到 70～80cm 可再次刈割。留茬高度为 20～30cm,年刈割 2～3 次。秋季开花后至种子成熟前停止利用,让部分种子落地来年发芽。

(2)放牧。用大翼豆与禾本科牧草混播的草地放牧利用时不宜重牧。当大翼豆被采食 50%时,即须休牧,以促进大翼豆旺盛生长,提高产量,防止草场退化。

(3)晒制青干草或加工草粉。在现蕾初、中期刈割,就地摊晒 1～2d,使其晒成半干,再搂成草垄,进一步风干,至含水量降至 14%～17%时,制成草捆,运回贮藏。若生产的青干草较多则可制作草粉或草饼。

(4)饲喂量。青饲占鲜草日粮的 20%～50%,干草占日粮的 10%～35%,草粉占日粮的 5%～25%。

(六)紫花苜蓿

1. 植物学特性

紫花苜蓿是豆科多年生草本植物,一般寿命 5～10 年,高者可达 25 年,根系发达,侧根繁多,主根入土深,第一年根长可达 2m 以上。9 年以后可达 6～10m 左右,干旱的黄土地区可达 20m 以上。主根上部肥厚粗大的部分为根颈,根颈位于土层 10cm 处。根颈上部密生幼芽,由幼芽长出新茎,每株苜蓿的茎数为 5～35 之间或更多。在主根和侧根上着生较发达的根瘤,多分布在 0～30cm 的土层内,可固定空气中的氮素,增加土壤氮素营养。茎直立或斜上,生长良好者多为半匍匐状,粗 3～5mm,光滑或略具有毛棱,略呈方形,具有节间,光滑无毛或微带茸毛,中空或实,高 60～120cm。色深绿,亦有带棕红或棕紫色的,分枝很多,皆自叶腋生出。叶为羽状三出复叶,中间一片较大,小叶椭圆形,基部较窄,先端较阔,有小锯齿,中下部全缘。总状花序,自叶腋抽出,蝶形花冠。每簇有小花 10～40 朵,呈紫色或淡紫色。荚果为螺旋形,一般 1～4 回。幼嫩时为淡绿色,成熟后为黑褐色,不开裂。种子肾脏形,色淡黄,表面有光泽,陈旧种子呈深褐色,光泽减退。千粒重 2g 左右,每千克种子约 30 万～50 万粒。

2. 生物学特性

紫花苜蓿的适应性较广,喜温暖、半干燥、半湿润的气候条件。生长最适宜温度为 22～25℃,昼夜温差大生长最为有利。种子在 5～6d 即可发芽,发芽的最适温度为 30℃,当温度达到 37℃时则停止发芽,从春季萌发到种子成熟的活动积温为 1936.7℃时,苜蓿生长活跃,种子可成熟。幼根可耐零下 5～6℃低温。一年后植株可耐零下 20～25℃的严寒。主根入土深的品种,抗寒能力也强。紫花苜蓿不耐热,35～40℃酷热条件下,生长受到抑制,持续高温会造成苜蓿死亡。

紫花苜蓿适宜于降水量600～800mm的地区生长,在地下水位高、排水不良的沟道不宜栽种,因其在长期积水的地方种植易发生根腐病。根据紫花苜蓿对水分的要求,适宜在阴坡的荒山、荒坡、荒沟、沟壑、川台地、原地栽培,不宜在干燥的阳坡或山顶种植,退耕地、退牧地及经济林下皆可种植。紫花苜蓿根系发达,主根入土深,属抗旱植物。但紫花苜蓿生长迅速,需水量颇高,干旱地区需灌溉才能高产。在夏季遇连阴多雨的天气,苜蓿易倒伏,种子成熟很少,且病虫害猖獗,种子成熟需110d。

紫花苜蓿对土壤的要求不严,从质地上看,由粗沙土到轻黏土均可生长;从酸碱性上看,适于中性至碱性土壤,最适宜的土壤pH值为7.0～9.0,酸碱性过强的土壤都会影响紫花苜蓿对磷营养的吸收,紫花苜蓿的耐盐力较强。在盐土上种植两年紫花苜蓿,能使土壤可溶性盐分含下降70%。在土层深厚、排水良好、富含碳酸钙的石灰性土壤为最好。

(七)多花木兰

又叫马黄消。原产于我国热带、亚热带地区,如海南、广东、台湾、福建和云南等地,在四川、湖南、甘肃等地也均能成功栽培。

1. 植物学特征

多花木兰是木兰科木兰属多年生速生型灌木、半灌木,竞争性和适应性强。多花木兰喜温暖而湿润的气候,南温带及亚热带中低海拔地区,夏季高温,雨量充足,多有栽培。在冬季温度低,但无持久的霜冻情况下,可保持青绿。多花木兰喜湿,耐旱,抗逆性强,但不耐水,低洼地不适宜种植。在pH为4.5～7.0的红壤、黄壤和紫红壤上最适宜生长。

常野生于山坡、丘陵的草地、灌丛、水边和路旁,我国于1980年开始进行人工驯化栽培。奇数羽状复叶,倒卵形,长1.5～4cm。总状花序腋生,长约3cm,每个花轴着生小花20～70朵;蝶形花冠,呈淡红色,长约5mm。荚果条形,呈棕褐色;种子呈矩圆形,淡褐色,千粒重为7.7g。

2. 生物学特性

多花木兰再生能力强,枝叶多而密,覆盖度大,具有分枝多,生长快、生物量大等特点。根系发达,固土力强,抗旱能力强,耐贫瘠土地,因此寿命长。当年播种苗,到越冬前株高可达1.6米,3～5年株龄的植株则可高达4m。5月中旬,可食嫩枝叶的产量1250kg/亩,8月下旬达2000～2500kg/亩。

茎干和根颈着生大量休眠芽,冬季和早春离地面10～20cm的主茎部位刈割后,3月下旬至4月上旬即从茎干和根颈上发出大量嫩枝芽。平均每株新发嫩芽6.9个,平均高40.9cm。嫩枝生长快,平均生长1.1～1.2cm/d。在花蕾期前枝叶比小,叶占53.6%,枝占46%。生育期为176～215d,播种当年7～8月开花,11月种子成熟,可收获种子60～75kg/公顷。

在现蕾开花后,嫩枝芽生长速度减慢,茎叶比逐渐增大。冬季豆荚累累,种子粗蛋白质含量为29.53%。适口性好,牛、羊、兔喜食其嫩叶、花及果实,尤以羊最爱啃食成熟的豆荚。嫩枝叶粗蛋白质含量占干物质的 21%，为胡枝子的 1.54 倍，与紫云英盛花期的含量相当。因此也是鸡、猪等爱吃的青饲料。

3. 饲用价值

（1）刈割利用。当年种植的多花木兰株高达 100cm 以上时，即可刈割利用。由于其生长速度快，一般可多次刈割利用。

（2）繁殖利用。冬季和早春，离地面 10～20cm 的主茎部位刈割后，多花木兰的茎干和根颈着生大量的休眠芽，翌年 3 月下旬至 4 月上旬即从根颈和茎杆发出大量嫩芽，每次刈割后适当追肥。

（3）景观利用。多花木兰花序大，小花多，颜色淡红，花期长，也是很好的蜜源植物和庭院绿化植物，和其他绿源植物搭配使用，是景观园林中经常运用的常绿植物。

（4）生态利用。多花木兰是优良的豆科牧草，其根瘤菌能固定空气中游离的氮，具有改良土壤、增加土壤肥力的作用。多花木兰根系发达、生长速度快、枝叶茂密、覆盖度大、寿命长，能有效截留水滴，发达的根系能固土保水，防止土壤冲刷流失，有较强的水土保持功能。

（八）巫溪红三叶

1. 植物学特征

红三叶是豆科三叶草属多年生草本植物，平均寿命 4～6 年。主根入土较深，侧根发达，多集中在 30cm 土层里，有根瘤。茎粗壮，具纵棱，直立或平卧上升，茎高 30～90cm，疏生柔毛或无毛。掌状三出复叶，叶互生，有长柄；小叶卵状椭圆形或倒卵形，叶柄短，叶长为宽的 2 倍，边缘有茸毛及不明显细齿，叶表面中央有白色或灰色"V"字形斑纹。托叶阔大，膜质，有紫色脉纹，先端尖锐。密集头状花序，常有 125 朵小花密集，直径 2～2.5cm，包于顶生的托叶内，花序梗无或很短，呈暗红或紫色；花长 1.2～1.8cm，几无花梗；花萼钟形，萼齿丝状，被长柔毛；花冠紫红或淡红色，旗瓣匙形，明显长于翼瓣和龙骨瓣，子房椭圆形，花柱丝状，细长，胚珠 1～2。果荚为卵形，每荚含一粒种子，种子为橄榄球形或肾形，呈褐黄色至紫色，种子小，长 2～3mm。花期 5—9 月。

2. 生物学特性

红三叶为异花授粉植物，多为虫媒花，以大黄蜂为主要媒介。红三叶属长日照牧草，光照 14h 以上才能开花结实，而在短日照情况下，植株行营养生长，分枝多。常见红三叶花多而种子少，这是因为没有完全授粉之故。每天约开 2～3 层，延续时间可达 1～1.5 个月。

红三叶喜温暖湿润气候，夏不过热，冬不过寒的地区最为适宜，怕炎热干旱。生长最适宜温度为 15～25℃，幼苗可耐—4℃低温，夏季温度高于 38℃时，根和茎生长减弱，当气温达到 40～45℃时，则植株黄化死亡。成株在冬季—8℃低温时不死亡，严霜后仍能生长。但耐寒力不如苜蓿。从播种出苗到种子成熟需 5℃以上积温 2500℃。

红三叶的出苗与典型豆科牧草的生长模式相同，先长出 2 片子叶，之后是一片单叶，然后初生茎上长出最多 4～5 片三出复叶，并在初生叶片的叶腋里长出节间能伸长的新茎枝。

红三叶主根入土较深,故常能比某些牧草耐热耐旱,在炎热夏天许多牧草休眠,而红三叶仍生长苗壮、繁茂、高产。在年降雨量 700mm 以上,或有灌溉条件和排水良好的肥沃土壤地区生长茂盛,持续时间长,产量高。耐阴耐湿性强,在春夏不断降雨、年降雨量高达 2000mm 的高山地区,生长良好。但耐汛浸淹不超过 10～15d。抗旱和耐寒性中等,常受病害的危害。

肥沃、排水良好、富含钙而持水量大的土壤最适于红三叶。它喜欢壤土、粉沙壤土、黏重质土,不喜欢轻质沙土和砾质土;喜中性与微酸性,pH 在 6～7 之间的土壤,pH 4.7 为最低限度,9.6 为最高限度,pH 过高或过低、地下水位过高的地区不适应生长。对红壤及盐碱土瓜不良。春、夏、秋和初冬生长旺盛,右提供大量优质饲草,隆冬和晚冬生长不好。

(九)草木樨

草木樨,俗名叫野苜蓿,为豆科草本直立型一年生和二年生植物。全属有 20～25 种。中国主要有白花草木樨、黄花草木樨、香草木樨、细齿草木樨、印度草木樨、伏尔加草木樨 6 种。产于我国东北、华南、西南各地。生于山坡、河岸、路旁、沙质草地及林缘。欧洲地中海东岸、中东、中亚、东亚均有分布。花期比其他种早半个多月,耐碱性土壤,为常见的牧草。

1. 植物学特征

二年生草本,高 40～100cm。茎直立,粗壮,多分枝,具纵棱,微被柔毛。羽状三出复叶;托叶镰状线形,长 3～5mm,中央有 1 条脉纹,全缘或基部有 1 尖齿;叶柄细长;小叶倒卵形、阔卵形、倒披针形至线形,长 15～25mm,宽 5～15mm,先端钝圆或截形,基部阔楔形,边缘具不整齐疏浅齿,上面无毛,粗糙,下面散生短柔毛,侧脉 8～12 对,平行直达齿尖,两面均不隆起,顶生小叶稍大,具较长的小叶柄,侧小叶的小叶柄短。

总状花序长 6～15cm,腋生,具花 30～70 朵,初时稠密,花开后渐疏松,花序轴在花期中显著伸展;苞片刺毛状,长约 1mm;花长 3.5～7mm;花梗与苞片等长或稍长;萼钟形,长约 2mm,脉纹 5 条,甚清晰,萼齿三角状披针形,稍不等长,比萼筒短;花冠黄色,旗瓣倒卵形,与翼瓣近等长,龙骨瓣稍短或三者均近等长;雄蕊筒在花后常宿存包于果外;子房卵状披针形,胚珠 4～8 粒,花柱长于子房。

荚果卵形,长 3～5mm,宽约 2mm,先端具宿存花柱,表面具凹凸不平的横向细网纹,棕黑色;有种子 1～2 粒。种子卵形,长 2.5mm,黄褐色,平滑。花期 5—9 月,果期 6—10 月。

2. 生物学特性

草木樨喜欢生长于温暖而湿润的沙地、山坡、草原、滩涂及农区的田埂、路旁和弃耕地上。一年生的草木樨,当年即可开花结实,完成其生命周期,但二年生的,当年仅能处于营养期,翌年才能开花结实,完成其生命周期。就二年生来说,其返青期在温带地区,一般为 4 月中旬至 5 月中旬,在亚热带地区,一般为 3 月底至 4 月初返青。返青时的日均温一般为 5～10℃。开花期,在温带地区,一般为 6 月初至 7 月初,亚热带地区,一般为 5 月中旬至 7 月底;结实期,在温带,一般是 7 月中旬至 8 月底,生育期为 98～118d;亚热带,一般为 8 月初至 9 月中旬,生育期长达 183～230d。草木樨为直根系草本植物,其颈部芽点不多,分枝能力有限,而大量的芽点分布于茎枝叶腋,所以放牧或刈割,留茬不宜太低,如果要增加利用次数,只有适当增加留茬高度,一般留茬以 15cm 左右为好,每年可刈割 2～3 次。草木樨主要靠种子繁殖。在野生条件下,其产草量较高,自然繁殖能力是比较强的,其细小的种子(或荚果),主要靠自播和风力传播,其 50%左右的种子硬实,主要通过将种子寄存于土壤中越冬,腐烂种皮后,翌年萌芽出土。如果进行人工播种,播种前必须采取措施擦破种皮,以提高其发芽率和出苗效果,或模拟其天然情况下克服硬实的方式,采取冬季播种,以使翌年春季出苗整齐一致。草木樨的生态幅度很广,从寒温带到南亚热带,从海滨贫瘠的沙滩,到海拔 3700m 的高寒草原,都有分布。它适应的降水范围为 300～1700mm;对土壤的要求不严,从沙土到黏性土,从碱性土到酸性土,都能很好地适应,所适应的 pH 为 4.5～9;在冬季绝对最低温－40℃和夏季最高温 41℃的情况下,都能顺利地越冬、越夏,因此,它的耐寒、耐旱、耐高温、耐酸碱和耐土壤贫瘠的性能都是很强的。从野生情况来看,它比白花草木樨,黄香草木樨,细齿草木樨和印度草木樨的适应性都强。

3. 饲用价值

鲜草含水分 80%左右,氮 0.48%～0.66%,磷酸 0.13%～0.17%,氧化钾 0.44%～0.77%。生长第一年的风干草,含水分 7.37%,粗蛋白 17.51%,粗脂肪 3.17%,粗纤维 30.35%,无氮浸出物 34.55%,灰分 7.05%,饲用时可制成干草粉或青贮、打浆。但牲畜开始时不喜进食,需逐渐适应。

草木樨开花前,茎叶幼嫩柔软,马、牛、羊、兔均喜食。切碎打浆喂猪效果也很好。它既可青饲,青贮,又可晒制干草,制成草粉。只是开花后,植株渐变粗老,且含有 0.5%～1.5%的"香豆素",带苦味,适口性降低,但经过加工调制成干草或青贮,可使香豆素气味减少,各种家畜一经习惯还是喜食的。从草木樨所含的营养成分看,它含的粗蛋白质、粗脂肪、粗纤维和无氮浸出物等均比白花草木樨、黄香草木樨和印度草木樨的营养成分含量都高。尤其籽实的粗蛋白质含量竟高达 31.2%。可见草木樨不仅是一种良好的饲草,而且也是一种良好的蛋白质饲料。从草木樨的营养成分看,无论在饲料中,或是干物质中,含的总能、消化能、代谢能和可消化蛋白,在豆科牧草中也都是比较高的。草木樨含有多种矿质营养元素和微量元素,对于增加牲畜的营养和土壤肥力,都是非常重要的。草木樨还含有挥发油,它含的香豆素(0.5%～1.5%)比白花草木樨和黄香草木樨含量低,比细齿草木樨含量高。这说明,它的适口性优于前两种,而较后者为差。草木樨在天然草地,一般以伴生种的地位出现于多类草本群落,一般株高为50～120cm,在黑龙江发现有高达 250cm 的。这说明,它在优越的水热条件下,如果人工予以栽培驯化,是能够生产出较高产量的鲜草和籽实的。尤其是它分布广,适应性强,营养价值较高,而含的香豆素又比较低,因此,它是一种很好的种质资源。草木樨除具有很高的饲用价值外,还是一种蜜源植物,流蜜期约 20d,泌蜜温度 25～30℃。其泌蜜量大,产量稳定,一般0.3hm² 可放蜂一群,一群蜂产蜜 20～40kg;人工种植并有灌溉条件的草木樨,一个花期可取蜜 7 次。草木樨的蜜、粉丰富,蜂群采完后,群势能增长 30%～50%。作为水土保持植物也很好;尤其他的根系发达,根瘤多,且根、茎、叶等富含氮、磷、钾、钙和多种微量元素,作为草粮轮作、间种品种或压制绿肥以培肥土壤,是非常有前途的。

(十)紫云英

紫云英又名红花草、米布袋、翘摇。原产于中国,日本也有分布,是园林中常用的地被苗木。

1. 植物学特征

紫云英属豆科黄芪属一年生或越年生草本植物,多分枝,匍匐,高 10～30cm,被白色疏柔毛。奇数羽状复叶,具 7～13 片小叶,长 5～15cm;叶柄较叶轴短;托叶离生,卵形,长 3～6mm,先端尖,基部互相合生,具缘毛;小叶倒卵形或椭圆形,长 10～15mm,宽 4～10mm,先端钝圆或微凹,基部宽楔形,上面近无毛,下面散生白色柔毛,具短柄。总状花序生 5～10 花,呈伞形;总花梗腋生,较叶长;苞片三角状卵形,长约 0.5mm;花梗短;花萼钟状,长约 4mm,被白色柔毛,萼齿披针形,长约为萼筒的 1/2;花冠紫红色或橙黄色,旗瓣倒卵形,长 10～11mm;子房无毛或疏被白色短柔毛,具短柄。荚果线状长圆形,稍弯曲,长 12～20mm,宽约 4mm,具短喙,黑色,具隆起的网纹;种子肾形,栗褐色,长约 3mm。花期 2—6 月,果期 3—7 月。

2. 生物学特征

紫云英喜温暖湿润气候,生长适宜温度为 15～20℃。幼苗期低于 8℃生长缓慢;开春以后,日平均气温达到 6～8℃时,生长速度明显加快。开花结荚的最适温度为 13～20℃。紫云英在湿润且排水良好的土壤中生长良好,怕旱又怕渍,生长最适宜的土壤含水量为 20%～25%,土壤以质地偏轻的壤土为主。

紫云英种子萌发的适宜温度为 15～25℃,发芽时需要吸收较多水分和大量的氧气。幼苗时期根系的生长比地上部快,越冬期间,根系和地上部生长较缓慢,开春后地上部生长加速,但根系的生长仍较平稳,到现蕾期后,地上部生长速度陡然加快,在约半个月的时间内干重可增加约 1.3 倍,因此到初花期地上部的干物质重量就大大超过根系。在盛花期,根系和地上部的干物质之比为 1∶(4～6)。紫云英的根瘤菌属紫云英根瘤菌族,它不是土壤常住微生物区系,在未种植过紫云英的地区一般需要接种根瘤菌。根瘤菌的活性在返青期很弱,返青后急剧上升,初花期达到高峰,以后迅速下降。

紫云英苗期株高增长缓慢,开春后随温度上升生长速度逐渐加快,在现蕾期以后迅速增加,始花到盛花期的生长速度最快,从现蕾到盛花期的株高增加的长度约占终花期的 2/3。紫云英的开花期一般为 30～40d,主茎和基部第一对大分枝的花先开,以后按分枝出现的先后,依序开放。主茎及分枝均是由下向上各花序依此逐个开放。紫云英的自然杂交率很高,一般为 60%以上。果荚从开花至变黑,一般需 20～30d。

3. 饲用价值

紫云英作饲料,多用以喂猪,为优等饲料。牛、羊、马、兔等喜食,鸡及鹅少量采食。紫云英茎、叶柔嫩多汁,叶量丰富,富含营养物质,是上等的优质牧草。可青饲,也可调制干草、干草粉或青贮料。紫云英一般亩产鲜草 1500～2500kg,高的达 3500～4000kg 或更多。紫云英维生素含量较高,每 100g 鲜草中含胡萝卜素 6250IU,维生素 C 1386mg。可以看出紫云英的营养价值很高。在我国南方利用稻田种紫云英已有悠久的历史,利用上部 2/3 作饲料喂猪,下部 1/3 作绿肥,既养猪又肥田。根据原华东农业科学研究所试验,用紫云英干草粉喂猪后,从猪粪中可以回收的成分:氮(N)为 75.6%,磷(P_2O_5)为 86.2%,钾(K_2O)为 77.8%。种紫云英可为土壤提供较多的有机质和氮素,在我国南方农田生态系统中维持农田氮循环有着重要的意义。

二、禾本科牧草

(一)黑麦草

多年生黑麦草为禾本科、黑麦草属植物,约 10 种,包括欧亚大陆温带地区的饲草和草场禾草及一些有毒杂草,广泛分布在克什米尔地区、巴基斯坦、欧洲、亚洲暖温带、非洲北部。是重要的栽培牧草和绿肥作物。本属约有 10 种,我国有 7 种。其中多年生黑麦草和多花黑麦草是具有经济价值的栽培牧草。现新西兰、澳大利亚、美国和英国广泛栽培用作牛羊的饲草。

从统计数据来看,全球有 20 多个品种,经济价值最高、栽培最广泛的有两种:即多年生黑麦草和多花黑麦草。

1. 植物学特性

多年生,具细弱根状茎。秆丛生,高 30～90cm,具 3～4 节,质软,基部节上生根。叶舌长约 2mm;叶片线形,长 5～20cm,宽 3～6mm,柔软,具微毛,有时具叶耳。穗形穗状花序直立或稍弯,长 10～20cm,宽 5～8mm;小穗轴节间长约 1mm,平滑无毛;颖披针形,为其小穗长的 1/3,具 5 脉,边缘狭膜质;外稃长圆形,草质,长 5～9mm,具 5 脉,平滑,基盘明显,顶端无芒,或上部小穗具短芒,第一外稃长约 7mm;内稃与外稃等长,两脊生短纤毛。颖果长约为宽的 3 倍。花果期 5—7 月。

2. 生物学特性

生于草甸草场、路旁,湿地常见。黑麦草须根发达,但入土不深,丛生,分蘖很多,种子千粒重 2g 左右,黑麦草喜温暖湿润土壤,适宜土壤 pH 为 6～7。该草在昼夜温度为 12～27℃时再生能力强,光照强,日照短,温度较低对分蘖有利,遮阳对黑麦草生长不利。黑麦草耐湿,但在排水不良或地下水位过高时不利于黑麦草生长,可在短时间内提供较多青饲料,是春、秋季畜禽的良好牧草资源。

3. 饲用价值

多年生黑麦草生长快、分蘖多、能耐牧,是优质的放牧用牧草,也是禾本科牧草中可消化物质产量最高的牧草之一。据测定,其营养成分分别为:黑麦草粗蛋白 4.93％,粗脂肪 1.06％,无氮浸出物 4.57％,钙 0.075％,磷 0.07％。其中粗蛋白、粗脂肪比本地杂草含量高出 3 倍。在春、秋季生长繁茂,草质柔嫩多汁,适口性好,是牛、羊、兔、猪、鸡、鹅、鱼的好饲料。供草期为10 月至翌年 5 月,夏天不能生长。

(二)鸭茅

鸭茅(orchardgrass)是世界著名的优良牧草之一,在欧洲一些国家如英国、德国、芬兰、瑞典等国的栽培牧草中占有重要地位。在新西兰,鸭茅仅次于多年生黑麦草,居第二位普遍栽培的牧草。鸭茅优质、高产、耐阴、适应性广,为多种畜禽所喜食。在良好的条件下,一般生长6～8年,多者可达15年。鸭茅经常种植在背阴的地方,如果园等,它的广为人知的名称"果园草"即由此而来。它的花序形态似鸡脚,因此它也被称作"鸡脚草"。这个名字主要在不列颠群岛使用。

1. 植物学特征

鸭茅系禾本科鸭茅属多年生冷季型草本植物,疏丛型。

根系发达,须根系,密布于10～30cm的土层内,深的可达1m以上。

疏丛型,秆直立,茎基部扁平,光滑,高1～1.3m,栽培的可达150cm以上。

幼叶在芽中成折叠状,横切面成"V"形。基叶众多,叶片长而软,叶面及边缘粗糙。无叶耳;叶舌明显,膜质,长4～8mm,顶端撕裂状。叶鞘封闭,压扁成龙骨状。叶色蓝绿以至浓绿色。叶片长20～30(45)cm,宽7～10(12)mm。叶的特征随环境条件和品种不同而变化。

圆锥花序,长8～20(30)cm。小穗着生在穗轴的一侧,密集成球状,簇生于穗轴顶端,形似鸡足,故名鸡脚草。每小穗含3～5朵花,异花授粉。颖披针形,先端渐尖,长4～5(6.5)mm,具1～3脉;第一外稃与小穗等长,顶端具长约1mm的短芒。

颖果长卵形,黄褐色。种子较小,千粒重1.0g左右。

体细胞染色体:2n＝14,28。二倍体和四倍体均能正常减数分裂。

2. 生态特性

(1)生长发育特性。鸭茅喜温凉湿润气候,最适生长温度为10～31℃。昼夜温度变化大对生长有影响,昼温22℃,夜温12℃最宜生长。鸭茅耐寒性中等,早春晚秋生长良好。单株生长观测,对温度要求与黑麦草相似。根的适宜生长温度比地上部分所需温度为低。耐热性差,高于28℃生长显著受阻,尚能耐旱,也能在排水较差的土壤上生长。鸭茅能耐阴,生长在光线缺乏的地方,在入射光线33％被阻断长达3年的情况下,对产量和存活无致命的影响,而白三叶在同样的情况下仅两年即行死亡。增强光照强度和增加光照持续期,均可增加产量、分蘖和养分的积累。

虽然能在各种土壤皆能生长,而以湿润肥沃的黏土或黏壤土为最适宜,在较瘠薄和干燥土壤也能生长,但在沙土则不甚相宜。需水,但不耐水淹。能耐旱,其耐寒性强于猫尾草。略能耐酸,不耐盐碱。对氮肥反应敏感。

碳水化合物贮存在叶片的较下部分,分蘖的基部和根部,但植株靠近地表的基部含量最高。虽然葡萄糖、果糖、蔗糖和淀粉都有贮存,但所贮存的碳水化合物成分最多的是果聚糖。

温度和光照长度对鸭茅开花具有重要作用。当秋季天气转凉而且日长变短时自然诱导开花。日长超过12.5h则很少开花。经3周短光周期的同时或以后,必须经低温5℃以下温度,也是开花所需要的。在田间条件下,花序在春季形成发育,这时天气变得温暖,光照时间也增长,增施氮肥可增加草地花枝的数量。光照强度在800Lx以上,对开花没有什么影响。

(2)繁育特性。在春季能较早开始生长,发育快,花期在5月底或6月初,依日长、温度和品种而异。鸭茅通过产生种子进行有性繁殖,也可以通过产生分蘖进行无性繁殖。分蘖几乎连续出现,在一个单独的株丛内,不同分蘖可能处于许多不同的发育阶段。在田间条件下,新分蘖的产生赋予鸭茅多年生特征。

在良好的条件下,鸭茅是长寿命的多年生牧草,一般可生存 6~8 年,多者可达 15 年,以第二、三年产草量最高。在几种主要多年生禾本科牧草中,鸭茅苗期生长最慢。南京、武昌、雅安 9 月下旬秋播者,越冬时植株小而分蘖少,叶尖部分常受冻凋枯。翌年 4 月中旬迅速生长并开始抽穗,抽穗前叶多而长,草丛展开,形成厚软草层。5 月上、中旬盛花,6 月中旬结实成熟。3 月下旬春播者,生长很慢,7 月上旬个别抽穗,一般不能开花结实。鸭茅在广西越夏难,在山西中南部地区可以越冬。

鸭茅再生能力强,放牧或割草以后,恢复很迅速。早期收割,其再生新枝的 65.8% 是从残茬长出,34% 从分蘖节及茎基部节上的腋芽长出。其干草和第一茬青草产量较无芒雀麦或猫尾草稍低,但在盛夏时,高于上述两种草,其再生草产量占总产量的 33%~66%。

3. 对生境条件的反应

(1)温度。鸭茅生长的最适日间温度是在 21℃ 左右。不过不同的夜间温度有不同的最适日温。对各种日/夜温度组合研究发现 22℃/12℃ 对于地上部生长来说是最理想的。可是也应记住,饲草产量受很多环境因素的作用,而最适温度可能依植物的年龄、光照强度、土壤肥力和湿度而改变。

温度高于 28℃ 时,生长和分蘖大大减缓。在此温度下,叶子的核酸含量也大大降低,这种情况在低于抑制生长的温度时也会发生。在高温高湿的地区,越夏困难。据调查,鸭茅在四川盆地越夏难,在关中地区可以越冬,因此它是冷凉地区很有希望的多年生禾草。

鸭茅比猫尾草或草地早熟禾更耐热,但不如无芒雀麦或苇状羊茅。鸭茅在凉爽的温度中生长快,尤其以早春为佳。虽然它在晚秋也能适当生长,但不如苇状羊茅。

鸭茅的抗寒性及越冬性一般,对低温反应敏感,6℃ 时生长缓慢,冬季无雪覆盖的寒冷地区不易安全越冬。猫尾草和无芒雀麦比起鸭茅更能在更北以及较高海拔地区生长。

(2)光照。鸭茅是耐阴植物,在很多光照不足的地方能够生长。不像其他 C3 植物,比如小麦、燕麦,鸭茅的光合作用效率在光照强度为完全光照的 30% 时,与较高的光照强度下一样;在 3 年内 33% 的入射光被拦截情况下,对产量和持久性无有害影响。相比之下,拉丁诺白三叶植被在这样荫蔽情况下,两年就死亡。所以,宜与高光效牧草或作物间、混、套作,以充分利用光照,增加单位面积产量。在果树、林下或高秆作物下种植,也能获得较好的效果。在国外多与多年生黑麦草(*Lolium perenne*)、草地狐茅(*Festuca pratense*)、猫尾草、白三叶(*Trifolium repens*)、紫苜蓿(*Medi-cago sativa*)、胡枝子属(*Lespedeza* sp.)等混播,以提高鸭茅的生产效益。鸭茅也能耐受较高光照强度,它在光照充足地区与遮阴的地方生长得一样好。在叶面积指数为 3~8 时,虽然 32000Lx 的光照强度足以使离体叶片达到光饱和,但是对于非离体叶片则需要 48000Lx 的光照强度才能达到饱和。一般认为叶面积指数为 5 比较合适。如果水分及肥力适合生长,刈割或放牧 2 周后,这个指数即可达到。

在适宜的水肥条件下,植株生长 15d 后即可发育成能截取 95% 光照的叶冠。在叶子全展后 15~20d 内,可维持高效的光合作用。此后,光合作用效率迅速下降,这与叶绿素含量的减少紧密联系。

把光照强度增加到叶片的光饱和点时,可望提高产量、增加分蘖和碳水化合物的积累。生长期的延长从而增加光合作用的时间,也会提高产量和碳水化合物的储备。分蘖受光照强度和光周期的共同作用,但品种间存在很大差别。

(3)水分。鸭茅要比猫尾草以及草地早熟禾更耐旱,但无芒雀麦比鸭茅耐旱。鸭茅的耐旱性可能和它发达的根系有关。鸭茅不如藕草那样耐渍水或潮湿的土壤,不过,鸭茅能在中度排水不良的土壤上较好地存活和生长。

(4)土壤。与猫尾草或无芒雀麦相比,鸭茅对土壤的要求不太严格。鸭茅能在土层浅且较瘠薄的土壤上存活,并获得中等产量,但它对施肥反应良好,特别是对氮肥敏感,在养分充足时竞争力很强。氮肥能增加分蘖和小穗。虽然这还依赖于其他环境条件而且可能随不同植株而变化。只有在氮肥和钾肥受限制时,苇状羊茅和草地早熟禾才能成功地与鸭茅竞争。在养分充足时,鸭茅在它所适应的地区会成为优势种。它可能会大大减少混播草地中豆科牧草的成分,即使一些地面无植物覆盖也能防止杂草的危害。在宾夕法尼亚州用鸭茅-苜蓿混播草地进行放牧研究,鸭茅在建植第二年,5月的产量达整个草场产量的50%,两年后的5月;鸭茅的产量占80%。鸭茅的竞争力依光照、养分和水分而定。

4. 饲用价值

叶量大,叶占60%,茎占40%;茎叶柔嫩,适口性好,各种家畜都喜食。据美国资料报道,在单播鸭茅地上放牧,每头牛每天增重0.49kg;而在与白三叶混播的草地上,每天增重0.58kg,在一个生长季节,每公顷可获肉640.5kg。用鸭茅放牧肥育羔羊,每天每头平均增重0.17kg,每公顷可获羊肉525kg。

生长年限较长,管理得当,经久不衰。春季生长早,夏季不休眠,适于放牧或刈割。和白三叶草、苜蓿混播,草场质量提高,由于豆科牧草提供了氮素,草场可以多年生长。为了促进豆科牧草生长,可以对鸭茅进行重牧,控制生长。

营养丰富。但随成熟度而下降,消化能也降低,因此,以营养期放牧效果最好,调制干草则在抽穗期,这样可以收获较多的干物质。

钙、磷、钾、镁的含量也随其成熟度而下降;铜的含量在整个生长期变化不大。第一次收割的牧草,铜、钾、铁较多;再生草的钙、磷、镁较多。

抽穗期维生素含量最高。其胡萝卜素的含量为30mg/kg、维生素E 248mg/kg、铁100mg/kg、锰136mg/kg、铜7.0mg/kg、锌21mg/kg、赖氨酸1.4%。

产量较高,播种当年(春播)可生产鲜草15t/hm²,第二年即可达45t/hm²以上。每年刈割2～3次,在条件较好的土壤上,可以产鲜草75t/hm²以上。

(三)苇状羊茅

苇状羊茅原产于欧洲和非洲,主要分布于乌克兰、伏尔加河流域、北高加索、西伯利亚,北非突尼斯区域,东非中亚细亚及马达加斯加山区。我国的新疆、贵州及东北中部湿润地区也有野生种分布。我国的河南、山东、湖北、陕西、内蒙古、江西、甘肃、江苏、青海等地引种成功,在上述引种区域表现出较强的适应性。

1. 植物学特征

苇状羊茅是禾本科羊茅属多年生草本植物,株高 70～180cm。疏丛型,须根系较发达,茎秆直立,植株粗壮,松散多枝。叶片扁平,边缘粗糙,叶上部面较粗糙,下部面则光滑,呈长条状,叶量较多,叶呈深绿色,叶片长约 40cm,宽约 1cm,多为基生叶。圆锥花序直立或垂下;小穗带花 4～5 朵,呈绿色并略带紫色;花药大约长 4mm,子房顶端无毛。开花期为每年 7—9 月,果实为颖果,颖片呈披针形,先端渐尖;种子带芒,千粒重约为 2.5g。

2. 生物学特性

苇状羊茅具有广泛的气候适应性,具备抗寒、抗旱、抗燕麦锈病、耐湿、耐热、耐贫瘠等优良特点,在土壤湿润地方生长状况良好,并具备耐酸、耐盐、耐碱等优良特点,在 pH 为 4.7～9.5 的土壤中均可生长。可在肥沃、潮湿、疏松、黏重、微酸性土壤中生长,生长竞争力强,在豆科、禾本科牧草混播草地能长期保持稳定的比例;苇状羊茅草地耐放牧,且再生性好。在冬季 15℃条件下可安全越冬,夏季在 38℃ 高温下可正常越夏。苇状羊茅最适宜在年降水量为 450～1000mm、气温为 15～20℃、海拔 1500 米以下的地区生长,为目前低山丘陵地带引种材料中适应性最好的禾本科牧草。

3. 利用技术

(1)青饲。自拔节期开始刈割,刈割高度为 25～30cm,刈割可持续至霜冻前,1 年可刈割 5～6 次。苇状羊茅耐刈割性较强,可为牲畜提供可靠的青饲料来源。青饲是苇状羊茅一种重要的利用方式。

(2)放牧。可以节省苇状羊茅作为饲料的劳动力成本,但为了其高效再生性,轮牧是更佳的利用方式。

(3)调制青干草。青干草的调制需要将抽穗期的苇状羊茅通过自然干燥或高温干燥的方式降低水分含量,当含水量低于 13％时可以通过堆垛或装袋的方式进行贮藏。优质的青干草呈青绿色,且具有芳香的味道,易消化。

(4)青贮。青贮是一种常见的利用方式,操作更为严格,将风干至含水量为 65％～75％的原料切成 3～4cm 长的段后填装压实。为了避免霉变导致发酵失败,密封条件需严格控制。在发酵菌剂的作用下,发酵 40d 左右即可用于饲喂。

(四)墨西哥玉米

原产于中美洲的墨西哥和加勒比群岛以及阿根廷。中美洲各国、美国、日本南部和印度等地均有栽培。我国于 1979 年从日本引入,广东、广西、福建、浙江、江西、湖南、四川等省(区)都适宜栽培。

1. 植物学特性

为禾本科黍属一年生草本植物。丛生,茎粗,直立,高 1.5～2.5m,最高可达 5m,叶长 70～90cm,宽 8cm。分蘖性强,每丛有 30～60 个分枝,高达 90 多个分枝,茎秆粗壮,枝叶繁茂,质地松脆,具有甜味。雄小穗为顶生圆锥花序,雌小穗为穗状花序,簇生于叶鞘内,成熟时逐节脱落,每节有颖果1粒。种子褐色或灰褐色,千粒重77g。

2. 生物学特性

喜温暖湿润气候,耐热不耐寒,在18～35℃时生长迅速,遇霜逐渐凋萎,喜大肥大水,对土壤要求不严,耐酸性土壤,亦稍耐盐碱,在沿海新开辟成熟的中低产田上生长良好。稍耐水渍。生长期约210d。

墨西哥玉米为禾本科大刍草属一年生草本植物,具有适应性强、栽培技术简易、高营养、高产量等特点,适宜各类畜禽及鱼类食用。

3. 饲用价值

据测定,墨西哥玉米草风干物中含干物质86％,热能14.46MJ/kg,粗蛋白13.8％,粗脂肪2％,粗纤维30％,无氮浸出物72％,其营养价值高于普通食用玉米。该饲草茎叶柔嫩,清香可口,营养全面,畜禽及鱼类喜食。可将鲜茎叶切碎或打浆饲喂畜禽及鱼类,如用不完,可将鲜草青贮或晒干粉碎供冬季备用。

墨西哥玉米在适宜的密度和水肥条件下栽培,年刈割7～8次,亩产青茎叶10000～30000kg,其粗蛋白含量为13.68％、粗纤维含量为22.73％、赖氨酸含量为0.42％,达到高赖氨酸玉米粒含赖氨酸水平,因而它的消化率较高,投料22kg即可养成1kg鲜鱼,用其喂奶牛群,日均产奶量也比喂普通青饲玉米提高4.5％。

墨西哥玉米具有较强的分蘖力,每丛有30～50个分枝,多者有60多个分枝,茎秆粗壮、枝叶繁茂、质地松脆,具有甜味,是牛、羊、兔、鱼、猪的好饲料。

墨西哥玉米草茎叶味甜、脆嫩多汁,适口性极好,鲜草含粗蛋白19.3％,另含有多种畜禽所需的微量元素,牛、羊、猪、兔、鹅等均喜采食,同时也是草食性鱼类的首选牧草,且消化转化率高,每亩鲜草可饲喂羊40～60只、鹅500只等,经济效益极为可观。

(五)扁穗牛鞭草

扁穗牛鞭草为禾本科牛鞭草属多年生草本植物,秆高60～150cm,基部横卧地面,着土后节处易生根,有分枝。叶片顶端渐尖,基部圆,无毛,边缘粗糙,叶片长3～13cm,宽3～8mm;叶鞘压扁,无毛,鞘口有疏毛。总状花序压扁,长5～10cm,直立,深绿色;穗轴坚韧,不易断落,其节间近等长于无柄小穗;无柄小穗长4～5mm。颖果,蜡黄色。细胞染色体:2n=54。

扁穗牛鞭草喜温暖湿润气候,在亚热带冬季也能保持青绿。冬季生长缓慢,只有最大生长量的1/10。夏季生长快,7月份日生长量可达3.6cm。扁穗牛鞭草扦插后出苗快,出苗15d即分蘖。第1次分蘖40d后可达47.8cm。第2次分蘖在出苗后30d左右开始,第3次分蘖约在出苗后50～60d,第4次分蘖则在77d后发生。全生育期中,第2次分蘖数量最大,约占总分蘖数的48.6％。扁穗牛鞭草再生性好,每年刈割4～6次。每次刈割后50d即可生长到100cm以上。刈割促进分蘖,第1次刈割后分蘖数增加153.1～174.5倍。扁穗牛鞭草喜炎热,耐低温。极端最高温度达39.8℃生长良好,－3℃枝叶仍能保持青绿。在海拔2132.4m的高山地带,能在有雪覆盖下越冬。该草适宜在年平均气温在16.5℃地区生长,气温低影响产量。扁穗牛鞭草耐水淹。扁穗牛鞭草对土壤要求不严格,以 pH 为 6 生长最好,但在 pH 为 4 ~8 时也能存活。扁穗牛鞭草根系分泌酚类化合物,抑制豆科牧草的生长,与三叶草、山蚂蝗混播时,豆科牧草均生长不良。

(六)皇竹草

皇竹草别名皇草、皇竹草(四川)、巨象草,是禾本科狼尾草属多年生牧草品种,是由象草和非洲狼尾草杂交选育而成。我国最早于 1982 年从哥伦比亚引种到海南岛试种成功,先后在广东、广西、江西、湖南、四川引种推广获得成功。

皇竹草根系发达,植株高大,直立丛生的草本多年生植物。须根由地下茎节长出,扩展范围宽,根长可达 3 m 以上,根须的毛根较多,保水固土能力强。大多数须根在春季时老死,同时生出新的须根。老死的须根在土壤里转变成有机质,以改善土质的肥力。株高可达 4.5m,茎粗约 3.5cm,生长有 20~30 个节,节间长 9~15cm,每节着生一个腋芽并由叶片包裹。叶互生,长 60~120cm,宽 3.5~4cm。密集圆锥花序,长 20~30cm,但温带地区栽培多不抽穗,仅表现为营养生长,因此一般只能利用腋芽进行无性繁殖。

皇竹草属热带禾本科牧草,生物学特性与象草类似。其对光照强度的反应值、光合作用的生化途径、光合速率等与温带禾本科牧草有所不同。热带禾本科牧草光合反应的光照强度为 5000~60000Lx,而温带禾本科牧草光合反应的光照强度只有 15000~25000Lx。因此皇竹草要在气温达 12~15℃时才开始生长,25~35℃为适宜生长温度,气温低于 10℃时生长受到抑制,低于 5℃时停止生长,低于 0℃时可能冻死,需采取保护措施。

皇竹草光合作用的最初产物为 4-碳酸-羟基丁二酸和天门冬氨酸等四碳双羧酸产物,即光合作用生化途径为 C4 途径,属典型的四碳植物;而温带禾本科牧草光合作用的最初产物为 3-碳酸-磷酸甘油醛,即光合生化途径为 C3 途径,为三碳植物。四碳植物与三碳植物相比,在相同光照条件下 CO_2 补偿点较低,对吸收 CO_2 的调节更为敏感,因而四碳植物具有较高的光合速率。据测定,热带禾本科牧草光合速率 50~70mg/dm^2·h,温带禾本科牧草光合速率为 30 ~50mg/dm^2·h。由此推算,在高光照强度和适宜的温度条件下,皇竹草每天光合作用生产的干物质一般应是温带禾本科牧草的 1.5~2.5 倍。因此皇竹草的产量可达 18 万~22 万千克/hm^2,高的可达 30kg/hm^2 以上。

皇竹草光合与蒸腾之比较低,因此除了喜高温之外,还需要湿润气候匹配,一般要求年降雨量达到 1000mm 以上,或者土层深厚的河滩地为好。皇竹草能耐受短期的干旱,但不能耐受水淹或涝积。

(七)矮象草

矮象草原产于美国,1987 年引进我国广西壮族自治区畜牧研究所,1992 年通过审定登记为国家草品种,产权归属于广西壮族自治区畜牧研究所。现广泛分布于热带地区。

1. 植物学特征

矮象草是禾本科狼尾草属象草种的一个栽培品种,多年生,秆直立,横截面呈圆形,直径为

1～2cm,高度为1～1.5m。节密,节间距短,通常长为1～2cm,成熟的节间具黑粉。节径大于节间距,略呈葫芦状。叶鞘包茎,长为15～20cm,幼嫩光滑无毛。基部叶鞘老时松散。叶片呈披针形,长为50～100cm,宽为3～4.5cm,深绿色,叶脉细小,白色,宽为0.2～0.4cm;叶质厚,直立;叶边缘微粗糙,幼嫩时全株光滑无毛,老时基部叶面和边缘近叶鞘处生疏毛;叶舌截平,膜质,长为2mm。穗状圆锥花序,白色,长为15～20cm,直径为1.5～3cm;每穗由许多小穗组成,小穗长约1cm,成熟时小穗易脱落;刚毛状小枝较短,主轴密生柔毛。11月上旬至中旬抽穗,种子呈黑色,结实率低,且发芽率、成活率也很低,故多采用营养繁殖。染色体数为2n＝28。

2. 生物学特性

矮象草为丛生型,节密,生长1年的植株节可达49个,比华南象草多10％～25％,比杂交狼尾草多40％～60％,因此叶量大,一般可占总量的85％以上。分蘖多,在贫瘠土壤上可分蘖60株,在水肥较好的土地上可达150株。据观测,第一年春季种植,第二年株分蘖最多达210株,冠幅达0.6m²;全年每株生产鲜草19.3kg。适应性较广,在我国海拔1000m以下、年极端低温－5℃以上、年降水量700mm以上的热带、亚热带地区均可种植。较耐寒,在桂南一带地上部分能越冬;在桂北重霜时部分叶片枯萎,但地下部分能安全越冬。在龙胜、全州,1991年冬至1992年春气温为－5℃、地面积雪为5cm左右情况下仍能安全越冬,并在1992年春季返青后生长良好;在桂西北的乐业,1991年在地面积雪厚度达10cm的条件下可越冬;在湖南(长沙)、江西和浙江,只要稍加管理(种茎窖藏,种苑覆盖干草)即能越冬。据国外报道,在气温－22℃、地温－2℃的气温条件下,越冬成活率达75％。

矮象草耐旱。在南宁,1991年春夏季1—5月降水量为162.3mm,仅为年均降水量的42％,尤其4—5月(降水量为76mm)仅为年均降水量的37％,而从2—5月逐月平均气温比常年均气温高1～3℃,且高温少雨,在这种多年不遇的干旱情况下其生长仍未受大的影响。桂西的田阳是广西最干旱的县,年降水量为832mm,年均气温为21.2℃,最干旱时年降水量仅为700mm,但在这样的气候条件下矮象草也能良好生长。

对种植矮象草后的土壤中多种菌数的研究结果表明,种植矮象草的土壤中生长的总菌数量较多,达51282个,其中固氮菌达1241个;而种植华南象草的土壤中生长的总菌数量要少得多,仅为10544个,其中固氮菌也少,仅1003个。

矮象草在春季气温达14℃时开始生长,25～30℃时生长迅速。在广西南宁,从2月中旬至12月均能生长,以4～9月生长最旺,11月后因气温下降、降水量减少,长势减弱,但如灌水肥仍可保持生长势头到第二年。

矮象草种植后7～10d出苗,出苗约7d后有一段生长缓慢期。此时植株开始长根,由种茎中吸取营养物质转向从土壤中吸取,若喷施叶面肥可加快生长速度。此期后10d左右快速生长,植株开始分蘖,分蘖期后约15d进入拔节,拔节期维持时间较长。11月上中旬为开花期。

3. 利用技术

(1)饲喂奶牛的效果。试验用牛为黑白花奶牛。试验组饲喂矮象草,对照组饲喂华南象草,两组补饲的精饲料完全相同,试验期为50d。试验期内试验组平均每头目采食48kg,比对照组少17.5%;平均每头日产奶10.4kg,比对照组高18.7%;每产1kg牛奶试验组消耗矮象草4.69kg,比对照组低30.4%。

(2)饲喂草鱼的效果。投放平均尾重为225g的草鱼,饲喂矮象草后平均每尾日增重7.74g,比饲喂华南象草高26%;生长增重率达87.45%,比饲喂华南象草高29.8%;饲料系数为18.94%,比饲喂华南象草低24.7%;饲料效率为5.28%,比饲喂华南象草高29.7%。饲喂矮象草的鱼塘,产草食性鱼为200kg/亩以上,同时产出杂食性鱼200kg/亩以上,鱼塘盈利额为1000元/亩以上。

(3)饲喂鹅的效果。用矮象草饲喂鹅不但采食量大,而且采食很充分,利用率高。尽管矮象草在冬季的营养成分含量降低,仅为春、夏季的50%~70%,但在该试验中饲喂矮象草的鹅日增重最高,达4.1g/只,比饲喂矮象草+银合欢的鹅高86%,比饲喂构树叶的鹅高38.4%。矮象草组每增重1kg耗草6.42kg、耗精饲料4kg,分别比饲喂矮象草+银合欢的鹅降低7%。

矮象草也适宜放牧肉鹅。放牧鹅不仅生长良好,而且健康,降低了成本,提高了效益。同时通过放牧,鹅采食到优质幼嫩的矮象草,可获得较好的增重,每增重1kg,采食矮象草5.87kg,补饲矮象草1.59kg,耗精饲料0.81kg。

(4)饲喂猪的效果。试验用猪为杜洛克纯种母猪,试验组每天饲喂矮象草1.5kg/头,对照组不喂,试验组每天精饲料饲喂量比对照组减少0.2kg/头。试验从母猪配上种时开始,直到小猪断奶为止,结果母猪体况正常,试验组小猪断奶窝重比对照组高3.6%。

(5)饲喂兔的效果。兔对矮象草的适口性优,对华南象草、杂交狼尾草的适口性均为中等。通过用矮象草进行饲喂试验,每只兔每天平均增重为17g。矮象草叶量大,茎秆少,叶片光滑无毛或少毛,营养价值高,极适宜作兔的饲草。

(6)对岩溶地区生态恢复的作用。矮象草的根系发达,植株不是很高,不容易倒伏,对石漠化的岩溶地区治理和生态恢复,发挥独特的作用。据中日科技合作项目"中国西南部石山地区生态恢复与生物生产效率综合开发研究"表明,矮象草生长速度快,种植当年可迅速覆盖地面,大大减少了水分蒸发,缓解了水土流失,保护生态环境。同时还可获得很高的生物产量,作为饲料喂养家畜。

(八)宽叶雀稗

宽叶雀稗原产于巴西南部、巴拉圭和阿根廷北部的热带、亚热带地区,1974年引进我国广西、广东等地试种,表现良好。适合我国热带、亚热带地区种植。常用于荒山、荒滩改造和土壤改良以及固土护坡、水土保持、果园套种。1989年通过审定登记为国家草品种,产权归属于广西壮族自治区畜牧研究所。

1. 植物学特征

宽叶雀稗是禾本科雀稗属多年生草本植物,丛生,具匍匐茎,秆高90cm左右,少数可高达200cm,冠幅100cm左右。茎秆无毛,有时有分枝,有2~6个节,具短柔毛。叶鞘包茎,叶舌长2mm,膜质,呈小齿状,被1圈长柔毛。叶片呈线状披针形,长10~43cm,宽1~3cm,基部钝圆,质软,多数无毛。圆锥花序,由4~9个互生的总状花序组成,下部的总状花序长8~10cm,

上部的总状花序长 3～5cm；总状花序轴纤细，宽 0.5～0.7mm；小穗柄成对，第一柄长约 1.5mm，第二柄长约 0.5mm；小穗孪生交互排列于穗轴一侧的轴面上，小穗长 2.3～2.5mm，长椭球形，先端钝，一面平坦或稍凹，另一面显著凸起，呈浅绿色；第一颖缺，第二颖与小穗等长，具 3 脉；内稃与外稃相似。成熟的种子呈褐色，长卵形，长约 2mm。

2. 生物学特性

宽叶雀稗抗逆性强，适应性广，可在各类土壤中生长。喜高温、耐瘠、耐酸，尤其抗旱、抗病虫害，对麦角病有免疫力，与杂草竞争力强，耐牧，火烧后恢复快。分蘖力强，单株可分蘖 15～20 株，覆盖地面快。出苗后约 3 个月抽穗，开花后约 1 个月种子成熟，70％的种子达到成熟时即可收种。种子千粒重为 1.35g，自繁能力强，产籽量高，每亩产种子 15～25kg。试验表明，−2～0℃的低温霜冻时上部叶片稍黄；−3℃时叶片枯死，但根部仍可安全越冬。

3. 利用技术

（1）刈割。株高长到 50cm 可首次利用，每年可刈割 2～4 次。刈割时留茬高度为 5cm。

（2）利用。

①青饲。宽叶雀稗刈割后晾晒至稍微萎蔫即可直接饲喂家畜，也可与其他牧草混合饲喂。冬季经常有大霜冻的地区应在初霜前 2～3 周刈割。

②放牧。宽叶雀稗草地以放牧利用为主。夏季 3～4 周利用 1 次，秋冬季节轮牧周期应在 1—1.5 月以上。冬季放牧观察，在连续霜冻 12d，最低气温−3℃的情况下，其再生草仅叶尖枯死，其他部分仍然青绿，没有放牧利用的地上部分枯死。

③晒制干草。在抽穗初期刈割，就地摊晒 2～3d 晒成半干，搂成草垄，进一步风干，待含水量降至 18％左右时制成每捆 20kg 的草捆，于清晨回潮时运回贮藏。

④刈割打粉。在现蕾期选择晴天进行刈割，晒干后用草粉机制成草粉饲喂畜禽。

（九）苏丹草

苏丹草原产于非洲北部的苏丹。1905 年开始作为栽培种。现在欧洲、北美洲及亚洲大陆均有栽培。我国早有引种栽培。在南北方表现均好。

1. 植物学特征

为一年生高大草本植物，热带地区亦有多年生品种。须根发达粗壮，入土深达 2m 多。茎高 1.5～2m(3.5m)，直径 5～30mm，直立。多分蘖，一般 3～5 个，多至 30 个，甚至近百个。叶多，每茎着生 5～15 片叶，叶长 40～60(110)cm，宽条形，表面光滑，边缘稍粗糙，主脉明显，上面白色，背面绿色；除最上一节外，叶鞘与节间等长；无叶耳；叶舌膜质。圆锥花序，多散穗状，长 15～60cm，穗分支环生；小穗长圆形或圆形，由 2～3 朵花组成。颖果斜卵形，外表有红色、黄色、黑色。千粒重 10～15g。

该草除直立型，尚有披散型和矮生型，矮生型高 1～1.5m 左右，秆细叶多，萌枝多，叶茎比大，营养价值更高，适于密植。

细胞染色体：2n＝20。

2. 生物生态学特性

喜温暖湿润气候。要求雨水充沛,生长茂盛。

种子发芽最适温度为 20~30℃,最低 8~10℃,幼苗 3~4℃受冻。土壤温度 10℃发芽,7~8d 可出苗。5~6 周后,第五片叶子时,开始分蘖。分蘖后,生长加快,在夏季高温高湿的环境条件下,一昼夜可生长 5~10cm。

进入分蘖后,有些类型可在整个生育期内不断形成分蘖。营养条件好时,可形成分蘖 100 个以上。该草出苗 30d 后拔节,45d 抽穗,抽穗期延续 2~3 周。抽穗受环境条件影响,炎热、干燥的天气抽穗快;凉爽、湿润时则慢。抽穗后 3~4d 开花,花后 30~40d 种子成熟。生育期 100~200d 左右。苏丹草为异花授粉植物,也是短日照植物。

苗期根系生长迅速。地上部分高 20cm 时,根系入土达 50cm;抽穗期,根系入土可达 2.5m,

根量的 1/3 分布在 0~50cm 土层内。再生性强。第一次刈割后,再生草仍可利用 2~3 次。若水肥充足,再生草可利用 3 次。再生草产量相当于第一次刈割草产量的 1~2 倍。再生草由分蘖节、基部茎节及未被破坏生长点的枝条形成,其中分蘖节形成的再生枝条占主要地位,约占全部枝条的 80%。刈割留茬高度为 7~8cm,有利再生。

该草对土壤要求不严格。因根系强大,可充分吸收土壤中的水分和养分,所以抗旱能力强,高产性能强。能在弱酸和轻度盐渍土(含 NaCl 0.2%~0.3%)上生长。但过于湿润、排水不良或过酸过碱的土壤上生长不良。喜肥沃壤土、砂壤土。

根据苏丹草的不同利用价值,近年来,安徽、内蒙、新疆、宁夏等地,已培育出适宜各地生长的栽培品种,扩大了栽培面积。

3. 饲用价值

营养丰富,含蛋白质和灰分较多,而粗纤维少。其营养价值不在其他禾本科牧草之下。不同刈割期,其营养成分有别。以抽穗期的品质最佳,其粗蛋白质比开花期高 80%,粗纤维则低 50%。因此,收获期对牧草品质具有重要意义。苏丹草是马、牛、羊、鱼等草食家畜的优质青饲料。适口性好,家畜喜食。

该草作为青饲利用具有重大意义。特别对乳牛,对维持其高额产量有决定作用。直立型种宜调制干草,品质好,是各种牲畜的优良饲草。矮型、披散型,宜作放牧利用。也可用来调制青贮饲料。苏丹草也是养鱼的优良饲草,湖北有"万斤草,千斤鱼"的经验。条件适宜,苏丹草产量极高,每公顷产鲜草 75~150t。苏丹草可以进行分期播种,以延长青饲料利用时间。麦类作物收获后,可复种,至初霜期收割,高度可达 120cm 以上,产量可观。喂鱼可在高 40~50cm 刈割。水肥条件好,可利用多次。

幼苗含有氰氢酸,在饲喂时应予注意。青贮、制干草使氢氰酸含量下降,和豆科牧草混播也能减少毒性的危险。

(十)非洲狗尾草

1. 植物学特性

非洲狗尾草属禾本科狗尾草属多年生草本植物。株高 1.5~2m,根系发达,茎秆直立,茎秆基部的横截面呈扁圆形。丛生,分蘖多,一株分蘖可达 30~50 株以上。叶片狭长,宽 0.8~1.5cm,呈蓝绿色,叶质柔软,光滑无毛。圆锥花序,紧密,呈圆柱状,穗长 10~25cm。种子小,千粒重约为 0.88g。

2. 生物学特性

非洲狗尾草喜温暖湿润气候,春季返青早,夏季生长旺盛。适应性广,抗逆性强,能在不同海拔高度的山地、丘陵或平坡生长;耐高温,耐旱,稍耐水渍,耐酸性强,能在 pH 为 4.3 的土壤中长势良好;耐牧,耐刈割,生长速度快,能在 40℃ 以上的高温越夏,也能在温度低至 -1℃ 时安全越冬,在热带及南亚热带的许多地区可以保持青绿越冬。还能耐渍和经受短时间洪水浸泡。抗病力强,对禾本科牧草易感染的锈病、黑穗病、赤霉病等病虫害具有较强抗性,不易被感染。

3. 利用技术

(1)青饲。非洲狗尾草再生能力强,耐刈割性强,多用于刈割后青饲喂牛、羊、兔、鹅等草食动物。最佳的刈割期为抽穗初期,此时的干物质中粗蛋白质含量最高,粗纤维含量低,刈割产量也较高。1 年可刈割 4~5 次,刈割后切成长 2~3cm 的小段直接投喂。

(2)放牧。非洲狗尾草较适用于人工草地改良及放牧利用。当株高达 50~80cm 时,可开始放牧利用,此时的非洲狗尾草消化率可达 60% 以上,粗蛋白质含量高于 10%,草地利用效率达到最好。放牧性的非洲狗尾草草场最好实行划区轮牧,每次放牧利用率应控制在 60%~70%,牧后留茬高度为 6~10cm,再次放牧须在 3~4 周后,待草长高至 50~80cm,以防止过度放牧而造成草场退化,降低产草量。一般放牧持续到 11 月下旬。

(3)调制青干草。在非洲狗尾草的生长旺季,抽穗初期刈割,就地摊晒 2~3d 晒成半干,搂成草垄,进一步风干,待含水量降至 18% 左右时制成一定重量的草捆进行贮藏使用。

(4)青贮。非洲狗尾草用于青贮时多在开花期刈割,此时牧草的产量最高,营养物质最丰富。刈割后将非洲狗尾草晾晒 1d 或半天,使其含水量达到 70% 左右。切成长 2~3cm 的段,单独或与其他豆科牧草混合后放入青贮袋(窖)内,添加乳酸菌等发酵菌剂,并填装压实。为了避免霉变导致发酵失败,应确保密封严实,在厌氧条件下发酵 40~60d 即可用于饲喂。非洲狗尾草通过青贮后质地变松软、气味芳香,提高了适口性,牲畜普遍可以食用。

(十一)香根草

又叫岩兰草。分布于非洲、印度、印度尼西亚、斯里兰卡、斐济、巴西等热带、亚热带地区。我国是 1988 年由世界银行农业处处长格里姆肖先生从印度引进,1989 年试种成功,在水土保持中迅速推广。此前,我国海南、福建为生产香精油有少量种植。

1. 植物学特性

香根草属(*Vetiveria*)多年生草本。茎直立,丛生,中空。草丛高 0.5～1.5m,株丛紧密。根系发达,海绵状须根呈网状,不具根状茎和葡匐茎,根幅窄,须根径直向下生长,根长可达3m。叶剑形,较硬,狭长,长约 75cm,宽在 8mm 以内,光滑,边缘有锯齿状凸起。圆锥花序,呈穗状,花序两侧对称扁平;花单性,雌雄同株,3 枚雄蕊,2 枚柱头,但不能传粉,也不能结实。

2. 生物学特性

适应性广泛,抗性强。喜热不耐寒。抗旱喜水湿,不怕渍涝。耐贫瘠。耐火烧。抗鼠害、病虫害。

香根草在降雨 200～600mm 范围,海拔 2600m 以下均可生长。其根系发达,入土深,抗旱性强,在其分布区 60d 不下雨仍能成活。该草原生热带,可在亚热带地区良好生长。在纬度22°附近河、湖、沼泽水边大量生长,不怕湿涝、水淹,大水淹几周仍能成活。它不耐严寒,仅能忍受 −8℃ 低温。可在我国江南地区大面积应用。其根中含有芳香油,令有害动物反感而逃遁。其叶丛中也不藏匿害虫,香根草基本无病虫害。本草不怕火烧,火烧不影响成活。香根草耐瘠,是撂荒地上的先锋植物。适应酸性红壤,也适应沙土。

生长快,再生力、萌蘖力强。据福建观测:1989 年 3 月 13 日栽种,到 6 月 6 日平均株高87.6cm,平均每丛分蘖 8.7 株。到 9 月 2 日,平均根长 53cm,须根 136 条,呈圆锥状向下扎。江西 3 月试种,4～6 月雨季生长快,株高达 0.8～1.55m,每丛分蘖 2.6～23.4 株。8 月中旬株高 1～1.4m,高者达 1.85m,最多分蘖 32.9 株。到 9 月中旬,高一般为 1.2～1.5m,最高2.35m,分蘖最多 61.8 株。可见其分蘖力之强。每次刈割后,一个月左右,株高达到 1.2m 以上,平均每天生长 4.5cm,不割的只生长 1.2～1.5cm,但刈割的株丛分蘖少。

3. 饲用价值及其他用途

其嫩茎叶因硬实而对家畜适口性较一般,但牛羊喜食,可作青饲料。用本草建水保绿篱时,其茎叶较高部分可剪掉作饲料用。

其主要作用是保持水土。因其不结籽实,只能采用营养繁殖法。先在苗圃育苗,然后将秧苗运到现场插种,建水保植物篱。香根草可作坡地等高植物篱坎,可作稻田地埂草篱巩固灌溉系统,可作坡地果园等高草篱,可作崎岖山区坡地造林护树根草篱,可作山区石坎水平梯田护坎草篱,可作治理侵蚀沟草篱,作保护河堤、水渠的草篱,作侵蚀沟在水库入口处多行截沟草篱等等。香根草草篱不影响它旁边的果树、树木、水稻及其他作物的产量。它怕遮光,可刈割喂畜或作他用,是优良水保专用植物。

其根中香精油,主要成分为岩兰草醇,通过根蒸馏获得黄褐色粘性液体,是一种贵重香料,多作调和香精,用途很广。

其高大株从茎叶也可用在建筑上。

（十二）笆茅

又叫斑茅、大密、芒草、片莽、大水茅、大笆茅等。

1. 植物学特性

甘蔗属（*Saccarum* L.）多年生草本。秆粗壮直立，高 3～6m，茎空，粗 2cm。叶片扁平，条状披针形，长 60～150cm，宽 2～2.5cm。大型圆锥花序，稠密，长 20～100cm；穗轴逐节断落，节间具长丝状纤毛；小穗对生于各节，一有柄，一无柄，无柄小穗披针形，有柄小穗柄长 3mm，均结实。花果期 5—10 月。

细胞染色体：$2n=204060$。

2. 生物学特性

为喜温中生植物。适应性较强，且耐旱耐涝。多生于湿润土壤，最适于土质湿润肥沃疏松的溪流边、河滩沙地、山谷等地，微酸（pH 5.5～6.0）、微碱土壤均能生长。主产南方苏、皖、浙、华南地区，川、滇南部干热河谷也有。

3. 饲用及经济价值

植株茂密，速生高产，嫩时是水牛的好饲料。营养价值较高。每年可刈割两次，每公顷产干草 6～7.5t。若秋季割下茎叶，放火烧掉残茬，次年新发幼叶适口性大为提高，并促进再生。

笆茅属粗质性高秆禾本科牧草，根系发达，茎叶密集，是保持水土、固沟护坡的能手，可拦泥淤地，蓄土保肥，固定地埂，稳定河床，保护川地。且有很高经济价值，用途很广，茎秆可作建筑材料、燃料。茎叶可作人造棉、造纸原料。

（十三）猫尾草

又叫梯牧草。原产欧亚大陆的温带，原苏联广泛种植，是重要的牧草之一。美国 1711 年开始种植，现在，美国东北部和西北部仍以猫尾草为主要牧草。欧洲各国也有种植。猫尾草主要分布在北纬 40°～50°寒冷、湿润地区，在北纬 36°以南地区生长不好。我国新疆有野生种，三北地区均有栽培，生长良好。

1. 植物学特性

猫尾草属亦称梯牧草属 *Phleum* L.（timothy）多年生草本。须根发达稠密，入土深 50～90cm，具根茎。疏丛型。茎直立，高 80～110cm，茎基部最下一节膨大呈球状。叶片扁平，长 10～30cm，宽 0.3～0.8cm。穗紧密，圆锥花序呈圆筒状，长 5～15cm。颖果圆形。种子极小，颖易脱落，千粒重 0.36g，每千克种子约 272 万粒。

细胞染色体：$2n=42$。

2. 生物学特性

中短寿命多年生半冬型冷季禾本科牧草，一般生活 5～6 年，第三、四年为高产期。根系浅。耐刈割。喜寒冷、潮湿,在低温高寒地区生长好。地温 3~4℃ 时,种子开始发芽,昼夜温度在 25℃/15℃ 生长最好,30℃/20℃ 生长受抑制,秋季低于 5℃,停止生长,不喜夏季干旱、过热。不抗旱,要求降雨量在 700~800mm,夏季温度不超过 30℃,较耐水淹。对土壤要求不严格,粘土、壤土生长最好,沙土上也可生长;耐酸性土壤,最适宜的土壤 pH 为 4.5~5.5,石灰过多生长不良,华北地区可以越冬,在灌溉土地上生长茂盛。

和苜蓿、红三叶、百脉根组成混播草地,由于豆科牧草提供氮素,可以不施氮肥,产量比无芒雀麦、鸭茅的混播草地产量要高。

猫尾草播种当年极少抽穗,在甘肃 3 月下旬返青,6 月下旬抽穗,8 月上旬种子成熟。异花授粉。开花期 10~15d,一天内中午开花最多。

3. 饲用价值

草质较好,开花盛期叶占 29.2%,茎占 59.2%,花占 10.6%。因其再生性不强,又不耐践踏,故不适于放牧,放牧仅限于再生草。适于刈割调制干草,刈割草以花期到乳熟期为好,过晚叶片干枯脱落,影响产量和质量。一般每年刈割两次,每公顷产鲜草 37.560t。管理好的猫尾草场,不施肥每公顷产于草 4.6t,每公顷施氮肥 90.75kg,收干草 10.821t。猫尾草为役畜、大畜马、骡、牛的好饲料,不适于养羊,羊不太喜食。

(十四)大米草

原产英国南部海岸。现丹麦、法国、荷兰、联邦德国、爱尔兰、澳大利亚、美国也有分布。我国栽培的大米草为 1963 年自英国引入。从辽宁锦西县至广西海滩,五六十个沿海县均有栽培。

1. 植物学特性

本草为大米草属($S. Schreber$)多年生草本。株高 20~50(150)cm,丛幅 1~3m。具根状茎;有长根和须根,长根不多,不分枝,入土深可达 1m 多;须根向四周延伸,多分布 30~40cm 深土层。茎秆坚韧,叶腋有芽,基部腋芽可长出新蘖和地下茎;地下茎横向伸长,然后弯曲向上生长而长成新株。叶互生,狭披针形,长 20~30cm,宽 0.7~1.5cm,被蜡质,光滑,两面均有盐腺。总状花序,直立或斜上;穗轴顶端延伸成刺芒状;花序长 10~35cm;小穗含 1 朵小花。颖果,长约 1cm,种子成熟后易落,且结实率低,种子失水即死亡,故主要用无性繁殖。种子千粒重 8.57g,1kg 约 12 万粒。

细胞染色体:2n=122120124。

2. 生物学特性

该草为 C4 植物。阳性、湿生、极耐盐耐淹,不耐干旱,不耐蔽荫,耐淤积,耐高温,较耐寒,不耐酸。

本草在潮水经常淹不到的高潮地带,不能扎根成活;在海潮淹没太久的低潮地带,阳光不足也无法生存;最适宜在海水经常淹到的海滩中潮带栽植。其地下茎、地上茎均能随泥沙淤积而向上生长。一旦形成密集草丛,可抵抗较大风浪的冲击。它要求 pH>7 对温度适应幅度广,气温高达 40～42℃ 仍能分蘖生长,在辽宁锦西县冬季气温最低达 −25℃ 仍能安全越冬;该草在气温 5℃ 以上开始光合作用,12℃ 以上生长迅速。花期特长,5—11 月都可开花。在青岛,清明返青,6 月中下旬抽穗开花,至 9 月;10—11 月种子成熟,11 月底 12 月初老茎枯黄。大米草对倒春寒不适应。当白天气温升高达十几度,而夜间降至零下十几度时易冻死。大米草极耐盐,适宜生长在海水正常盐度 3.5%,土壤含盐量 2.0% 的中潮带。每日海水淹没 6h 生长正常。

其发达的根系有很强的吸磷能力。根系生物量大,多于地上部分 3～11 倍;在嫌气条件下,根系不易腐坏;根区固氮菌多,为光滩 4000 倍。大米草对基质适应幅度广。既可生于海水、盐土,也可生长于淡水、淡土;既可生长在软硬泥滩上,也可生长于沙滩上。大米草能抗污染,能忍耐石油污染,并能吸收放射性元素铯、锶、镉、锌及重金属汞等。

萌蘖能力特强。在潮间头一年可增加几十倍到一百多倍,在育苗缸中一年可增加数百倍。且耐割耐牧,再生性强。

3. 饲用价值

大米草营养价值高,适口性好,嫩叶、地下茎有甜味,草粉清香,最宜喂骡、马、牛、羊、猪、兔、鹅,鱼也喜食。可放牧,也可刈割青饲、晒制干草、青贮或粉浆发酵。

其粗蛋白含量在旺盛生长抽穗前最高达 13%,盛花期降至 9% 左右。大米草对反刍动物消化率也较高,确是优良牧草。

该草产量中等。每公顷产鲜草 22.5～30t,高者达 37.5t。叶量大,茎叶比为 1:2.1～3.5。由于其中含赖氨酸较少,宜混饲。饲喂鲜草前应浸泡一夜,凉后再用,否则应多饮水。

它不仅是优良的抗风、促淤、消浪、保滩、护岸植物,还能增加土壤有机质,改良土壤结构,又是改良盐土,作绿肥、燃料、造纸等多用途植物。

三、其他科牧草

(一)串叶松香草

串叶草又名串叶松香草,属菊科多年生宿根草本植物,原产北美,由朝鲜引进我国。因其茎从两叶中间贯串而出,故得此名。花黄色似菊,国外又有菊花草之称。串叶草是多年生宿根性草本植物,生长期长,寿命可达 12～15 年,喜湿润而又耐干旱,喜温暖而又怕炎热,耐寒、耐瘠、耐刈割,生长快,再生力强,其中抗寒能力尤为突出,可耐 −38℃ 以上低温。

通过多年来中国各地引种栽培,证明它的确是一种高产、优质、适应性强、适口性好的各类畜禽都爱吃的好饲料。

1. 植物学特性

根肥大、粗壮。播种当年只形成肥大的根茎和几条营养根,分布较浅。春播根茎较大,秋播根茎较小。第二年起,生长速度加快,形成强大根系。茎直立,四棱,呈方形。茎幼嫩时质脆多汁,有稀疏白毛,逐渐长大变为光滑无毛,高一般为 2～3m,最高可达 3.5m。当年生莲座状叶片，一般长 50～60cm，宽 25～30cm，在适宜的肥水条件下，叶长可达 90cm。第二年开始抽茎开花，叶色浓绿，叶序十字排列。头状花序，有长梗，每株有头状花序 300～500 个。种子为瘦果，心脏形，扁平，边缘有薄翅，长 1.3～1.5cm，宽 0.8～0.9cm，褐色。

2. 生物学特性

串叶草能耐 -38℃ 的严寒，能抗 40℃ 的高温，中国南北均可种植。它也比较耐旱(三年生植株根深可达 2m)；在地下水位高，水分充足的土地也可生长，能耐 10～15d 浸泡。串叶草耐阴性很强，可在林下种植。每亩产鲜草可高达 20000kg 以上，含蛋白质 760kg，分别相当于 900kg 黄豆，4300kg 小麦，2900kg 大米所含的蛋白质。一年可割 3～5 次，割后再生，每亩鲜草可分别养 5 头牛、20 头猪、200 只羊、500 只兔、2000 只鸡、2 万条鱼等，可替代口粮 30%～80%，并比喂其他普通草同期增重 20% 以上。每亩还可收草种 20kg。

3. 饲用价值

串叶松香草鲜草产量和粗蛋白质含量高，适应性强，栽培当年亩产 1000～3000kg，翌年与第三年亩产高者可达 1 万～1.5 万 kg。据分析测定，含水量为 85.85%，营养成分(占干物质%)：粗蛋白 26.78%，粗脂肪 3.51%，粗纤维 26.27%，粗灰分 12.87%，无氮浸出物 30.57%。每千克鲜草可消化能 418 大卡，可消化蛋白质 33.2g。鲜草可喂牛、羊、兔，经青贮可饲养猪、禽；干草粉可制作配合饲料。各地的饲养试验表明，串叶松香草因有特异的松香味，各种家畜、家禽、鱼类，经过较短时期饲喂习惯后，适口性良好，饲喂的增重效果理想。因之各地都竞相开展试验，进行引种栽培和饲喂畜、禽、兔。但需要指出的是，串叶松香草的毒性问题应引起重视。串叶松香草的根、茎中的苷类物质含量较多，苷类大多具有苦味；根和花中生物碱含量较多。生物碱对神经系统有明显的生理作用，大剂量能引起抑制作用。叶中含有鞣质，花中含有黄酮类。据国外文献，串叶松香草中含有松香草素、二萜和多糖；含有 8 种皂苷，称为松香苷，属三萜类化合物。说明串叶松香草喂量多会引起猪积累性毒物中毒。

(二)抱茎苦荬菜

抱茎苦荬菜分布于中国东北、华北、华东和华南等省(区)；朝鲜、俄罗斯(远东地区)也有。抱茎苦荬菜是中生性阔叶杂类草，适应性较强，为广布性植物。

1. 植物学特征

苦荬菜为多年生草本，株高 30～80cm，无毛。茎直立，上部有分枝。基生叶多数，长 3.5～8cm，宽 1～2cm，顶端锐尖或圆钝，基部下延成柄，边缘具锯齿或不整齐的羽状深裂，茎生叶较小，卵状椭圆形或卵状披针形，长 2.5～6cm，宽 0.7～1.5cm，先端锐尖，基部常成耳形或戟状抱茎，全缘或羽状分裂，头状花序密集成伞房状，有细梗；总苞长 5～6mm，圆筒状，总苞片有 2 层，外层通常 5 片，卵形，极小；内层 8 片，披针形，长约 5mm，背部各具中脉 1 条。头状花序只含舌状花，黄色，长 7～8mm，先端截形，具 5 齿。瘦果纺锤形，黑色，长约 3mm。花果期 6—7 月。

2. 生物学特征

抱茎苦荬菜是中生性阔叶杂类草,适应性较强,为广布性植物。常见于荒野、路边、田间地头。果期4—7月。

3. 营养价值

抱茎苦荬菜在花果期含有较高的粗蛋白质和较低量的粗纤维,每100g全草中含维生素C 7018mg,具有较高的饲用价值和药用价值。

(三)冷蒿

又叫小白蒿、串地蒿、兔毛蒿、刚蒿、寒地蒿。分布中国三北等地区。蒙古、土耳其、伊朗、俄罗斯、美洲也有。

1. 植物学特性

菊科蒿属 Artemisia L.(Wormwood),小半灌木。根系发达,主根可深入100cm土层中,侧根和不定根多,主要在30cm土层中。茎丛生,高30～70cm,全体被娟毛,呈灰白色。茎下部叶与营养枝叶长圆形,二至三回羽状全裂,小裂片条状披针形;中部叶长圆形、倒卵状长圆形,一至二回羽状全裂;上部叶和苞叶羽状全裂或3～5裂。头状花序,半球形,直径2～3mm,多数在茎上排成总状花序或复总状花序,下垂,花黄色,边花雌花,内部为两性花,管状。瘦果,长圆形,长约1mm。千粒重0.1g。

细胞染色体:2n=18。

2. 生物学特性

属温带旱生小半灌木。性耐干旱和寒冷,耐贫瘠。适生于≥10℃积温2000～3000℃,年降水150～400mm的气候范围内。对土壤要求不严。在高平原、丘陵及山地顶部、沙地、撂荒地的沙质、砾质土壤上均能正常生长发育。但不能进入低湿盐渍化土壤。在干草原、山地草原常与针茅、赖草等组成群落,并占优势地位。在山顶和山脊常与百里香组成群落,偶见纯群落。

返青早,生长快。在内蒙古3月中旬至4月开始生长,8月中旬开花;9月初结实,10月初成熟。枝条在适宜条件下能长出不定根,植株受践踏后,枝条脱离母株,能发育成新个体。

3. 饲用价值

冷蒿是草原、荒漠草原放牧场上优良饲用小半灌木。开花期鲜草干物质中含粗蛋白质12.2%,粗脂肪6.8%,粗纤维42.4%,无氮浸出物31.6%,粗灰分7%,其中钙1.38%,磷0.67%。营养价值高,适口性好,且柔软多汁。在霜冻后或冬季其营养枝保存良好,对家畜,尤其是产羔母羊冬季放牧更有价值。马、牛、骆驼终年喜食,采食后具有驱虫之效。牧民对其评价极高,其多少成为牧民选择草场的条件之一。只有夏季适口性降低至中等,家畜主要采食其生殖枝。干草也为家畜所喜食。

早春地上部分全部可食,生长初期与分枝期粗蛋白质最高,但量小。5—6月枝叶长大,家畜喜食。7月具花序枝条迅速生长,此时具有较浓气味,可食性又下降,家畜仅采集铺地茎叶和花序枝条上部。9月以后结实,气味减少,家畜又喜食。该草品质优良,适口性极高。但种子甚小,收种困难,应掌握好收种时间,搞好种子精选,作为补播和固沙之用。现已引入栽培。

(四)籽粒苋

籽粒苋为苋科苋属一年生草本植物。原产于热带的中美洲和南美洲,现已广泛传播于其他热带、温带和亚热带地区。我国东自东海之滨,西至新疆塔城,北自哈尔滨,南抵长江流域,除少数地区如内蒙古的锡林郭勒盟、青海的海西自治州种子不能成熟外,其他地区均可种植,并且长势良好。籽粒苋适口性好,营养价值高,鲜草中粗蛋白含量可达2%～4%,因此有人把籽粒苋称为"蛋白草"。

1. 植物学特征

为苋科苋属一年生草本植物。平均株高2.9m,最高3.5m;茎粗壮,直径3～5cm,分枝性强,单株有效分枝30个以上;叶宽大而繁茂,叶长15～30cm,最宽处14cm,绿色或紫红色;种子细小,圆形,淡黄色、棕黄色或紫黑色,千粒重0.54g;生育期110～140d。

2. 生物学特征

籽粒苋为短日照植物,喜温暖湿润气候,生育期要求有足够的光照。对土壤要求不高,但消耗肥力多,不耐阴,不耐旱。籽粒苋分枝再生能力强,适于多次刈割,刈割后由腋芽发出新生枝条,迅速生长并再次开花结果。它是喜温作物,生长期4个多月,但在温带、寒温带气候条件下也能良好生长。对土壤要求不严,最适宜于半干旱、半湿润地区,但在酸性土壤、重盐碱土壤、贫瘠的风沙土壤及通气不良的黏质土壤上也可生长。抗旱性强,据测定,其需水量相当于小麦的41.8%～46.8%,相当于玉米的51.4%～61.7%,因而是西北黄土高原、半干旱半湿润地区沙地上的理想旱作饲料作物资源。在耐盐碱性试验中,种子在NaCl溶液0.3%～0.5%的浓度下能正常发芽,在土壤含盐量0.1%～0.23%的盐荒地,pH 8.5～9.3的草甸碱化土壤上均生长良好,所以也是滨海平原及内陆次生盐渍化地区优良的饲料作物。

3. 饲用价值

籽粒苋是一种粮、饲、菜和观赏兼用、营养丰富的高产作物。具有柔嫩多汁清香可口,适口性好,营养丰富,是畜禽的优质饲料,鲜喂、青贮或调制优质草粒均宜。干品中含粗蛋白质14.4%,粗脂肪0.76%,粗纤维18.7%,无氮浸出物33.8%,粗灰分20%。从蛋白质营养角度看,种1亩籽粒苋相当于5亩青刈玉米。每年可刈割3～4次,亩产青饲料1万～2万kg,亩产种子250～350kg。

第三节　适生牧草种植分区

一、国外牧草种植区划

牧草的适应性在很大程度上决定于气候条件。从牧草生存和生长的观点来看,最重要的气候指标是温度和雨量及其季节分布。对于牧草的适应性,极端温度比平均温度具有更大的决定作用。虽然当地的局部气候条件是每个生产者首先关心的问题,但是如果视野再开阔一些,就比较容易评估该地区牧草—家畜生产的潜力。在美国,根据对气候环境的适应,牧草被划分为"暖季型"和"冷季型"。暖季型牧草大都起源于世界的热带,例如非洲和南美洲。冷季型牧草则起源于温带地区,目前栽培的冷季型牧草大多数起源于欧洲、地中海地区及东亚地区。在中国,通常用"热带牧草"和"温带牧草"来划分这两类不同起源的牧草,它们分别对应于"暖季型牧草"和"冷季型牧草"。根据温度的变化和牧草适应性的不同,美国南方被分为四个不同的区域(温度带),分别用 A、B、C、D 四个英文字母来代表。从南向北,或者从低纬度到高纬度,无霜期缩短,且霜冻的发生时间秋季提前,春季延迟。根据土壤、天然植被及农业生产,可将美国南方划分为不同的土地利用区:即密西西比河三角洲区、南大西洋及墨西哥湾斜坡、大西洋及墨西哥湾低地、东部及中部农林区、西南高草草原区及中部饲用谷类及畜牧区。在描述各种牧草的适应和利用时,将参考这些分区。在不同分区中,土壤往往能够修蚀气候的影响,因为不同的土壤在保水保肥能力、自然生产力以及病虫害的潜伏性方面差异很大。这些土壤特点主要影响到特定禾本科与豆科牧草的适应性和生产力。一般来说,美国整个南方大多数地区的土壤多为酸性,且养分含量较低。酸性底土层可引起铝或锰的毒害作用,在山麓地带、海岸平原、平原林地等分区比较突出,使某些牧草的适应性受到限制。分布于阿拉巴马—密西西比黑土带、田纳西州中部的纳什维尔盆地、草地早熟禾带以及南方西部的某些碳酸钙或石灰岩土壤,其 pH 接近中性,有利于性喜石灰土的豆科牧草生长。对所有土壤进行测试,以便确定石灰和肥料用量。通过对不同牧草的适应性进行区划,在美国、加拿大、澳大利亚、新西兰等草地畜牧业发达国家已在土壤测试与施肥、牧草引种选育、草地建设与管理、牧草生理、牧草品质、草产品的加工与利用、家畜的营养需要等方面开展了大量的研究工作,取得了一系列实用性强的科研成果。

二、我国牧草种植区划

我国地域辽阔,气候类型多样,各地区适宜生长的牧草在种类上有很大差异。根据《中国多年生栽培草种区划》的研究成果,将我国的农业生产区分为三类,即东南部季风型农业气候大区、西北干旱型农业气候大区和青藏高寒型农业气候大区。东南部季风区水、热、光条件较好,对植物生长较有利,是我国的主要产粮区。本区牧草种植主要是农区种草养畜和种植绿肥,整体上种植牧草发展草地畜牧业的程度较低。西北干旱区少雨干旱,农业中以草地畜牧业占主导,牧草在这一区的种植最广泛,种植的历史也最悠久。青藏高原是一个独立的生态地理单元,该地区热量条件差,总体而言种植业与牧业均不发达,但部分积温较高的地区,草地畜牧业较发达,这些地区适于种植抗寒和耐高海拔生长的牧草。

在农业气候分区的基础上,根据气候条件,又将我国三大农业大区进一步划分为 9 个栽培区和 40 个亚区。这 9 个区域在地理位置、气候特点上都有较大差异,适宜种植的牧草种及其品种也不尽相同。

(一)东北牧草种植区

本区位于我国东部的温带半湿润与半干旱区,四周山环水绕,中部平原千里,并形成辽河平原、松嫩平原和三江平原。本区纬度偏高,热量资源较少,热量和气温的分布是由南向北递减,年平均最低气温$-4.9℃$,最高气温 $10.2℃$。年降雨量分布趋势与全国相似,即从东南向西北递减。最高的地区可达 $1000\sim1400mm$,较低的地区只有 $300\sim400mm$。雨季多分布在6—9 月,降水量占全年的 70% 左右。

本区是东北羊草、苜蓿、沙打旺和胡枝子的主要栽培区。同时也分布有针茅、芨芨草、线叶菊、草地早熟禾、紫羊茅、猫尾草等抗寒性较强的牧草。除大力发展抗寒的多年生牧草外,该区可种植的一年生牧草或饲料作物有多花黑麦草、饲用玉米、籽粒苋、饲用甜菜等。

(二)内蒙古高原牧草种植区

本区以内蒙古高原中温带半干旱草原及干旱的草原荒漠为主体,自然条件具有明显的过渡性特征。降水量由东到西逐渐降低,在张家口、呼和浩特一带,年降水量仍可达 $400mm$,过阴山山脉,年降水量降至 $150mm$,到阿拉善荒漠区,年降水量降至 $50mm$。本区年积温($\geqslant0℃$)可达 $3800℃$ 以上,热量充足,但水分极缺。

本区东部(沿包头以东)适于种植秋眠级低的紫花苜蓿、羊草、无芒雀麦、沙打旺、赖草、新麦草、老芒麦、披碱草、草木樨等,在西部草原荒漠区,适于种植沙生冰草、扁穗冰草、沙打旺以及黄芪、沙生针茅、锦鸡儿等抗旱沙生植物。

(三)黄淮海平原牧草种植区

本区热量较充足,年平均积温可达($\geqslant0℃$)$5500℃$,最冷月平均气温 $0℃$。本区种植业、畜牧养殖业均较发达,但仍以粮食作物种植为主,是我国重要的粮产基地。

适于本区种植的牧草种类极多,但主要以种植高产优质牧草为主,如紫花苜蓿、多年生黑麦草、无芒雀麦、猫尾草、鸭茅、串叶松香草、杂交酸模、红三叶、白三叶、一年生黑麦草、菊苣、籽粒苋等。在本区的河北、山东、山西一带紫花苜蓿和多年生黑麦草的种植面积最大,其他如鸭茅、无芒雀麦、串叶松香草、红三叶也有较大面积的分布。

(四)黄土高原牧草种植区

黄土高原是典型的大陆季风型气候,降雨量偏少,大部分地区属于干旱、半干旱和半湿润气候带。黄土高原冬季干燥寒冷,夏季温暖多暴雨,雨热同季,年平均降水 150～750mm。总体来说,本区自然条件较差,大部分地区农业仍属于雨养型农业,地区之间差异性较大。适宜种植的牧草品种有苜蓿、沙打旺、小冠花、无芒雀麦、红豆草、苇状羊茅、鸡脚草、白花草木樨、冰草、羊草、老芒麦、草木樨状黄芪等。

(五)长江中下游平原牧草种植区

本区水热条件充足,年积温可达 5000～7000℃(≥10℃),降水量在北部地区如南阳、合肥可达 1000～1200mm,在南部地区如南昌、长沙达 1600～1800mm。本区的降雨主要分布在春季和夏末秋初,而 7～8 月是著名的伏旱季节,这与我国北方雨季主要集中在 7～8 月有明显的不同。主要种植的牧草品种有白三叶、黑麦草、苇状羊茅、雀稗等,适宜种植的牧草品种还有红三叶、多年生黑麦草、鸡脚草、无芒雀麦、一年生黑麦草、聚合草、杂交狼尾草、象草、苏丹草、苦荬菜等。

(六)西南地区牧草种植区

本区包括四川盆地、川西川北高原、秦巴山地和湘鄂西山地及整个云贵高原。四川盆地适宜种植的牧草有苏丹草、杂交高粱、狼尾草、一年生黑麦草的抗热品种、黑麦、苣菊、白三叶、红三叶等抗热性较好的牧草,在冬闲田里还可种植鸭茅、一年生黑麦草、紫花苕子、紫云英、三叶草等较耐寒的高产牧草。川西川北高原及秦巴、湘鄂西部山地可种植多年生黑麦草、鸭茅、猫尾草、白三叶、红三叶、苇状羊茅、猫尾草、苏丹草、杂交高粱、苣菊、一年生黑麦草等。云贵高原低海拔区适宜种植狼尾草、象草、柱花草、百喜草、画眉草等,在高山区可种植多年生黑麦草、苇状羊茅、猫尾草、三叶草等冷季型草。

(七)华南地区气候及牧草种植

适于本区种植的多为暖季型牧草,如象草、狼尾草、柱花草、大翼豆、百喜草、狗牙根等。在海拔 1500m 以上的山地可种植三叶草、鸭茅、黑麦草等冷季型牧草。

(八)甘肃、新疆及周边地区气候及牧草种植

本区种植最多的为紫花苜蓿,其余如无芒雀麦、鸭茅、老芒麦、披碱草、红豆草、草木樨等牧草也有较广的分布。在戈壁及极度干旱区可种植冰草、木地肤、驼绒黎、沙生锦鸡儿等抗旱极强的牧草。

(九)青藏高原地区气候及牧草种植

本区中北及西北地带海拔高,气候干冷,热量资源不足(≥10℃的积温仅为 500℃左右),适宜种植的牧草品种主要有老芒麦、垂穗披碱草、中华羊茅、苜蓿、红豆草、无芒雀麦、白三叶、冷地早熟禾,沙打旺、聚合草、草木樨等。

第四节　牧草主要栽培技术

一、整地技术

(一)选地

建设高产优质的牧草生产田,要选择土壤肥力较好、水利设施完善的一二类耕地,以排水良好,有机质丰富,平整、具有良好团粒结构的中性壤土最适宜。在种植上最好大面积连片,便于各种机械作业。如要种植苜蓿,适宜的土壤 pH 为 7~9,pH 在 6.5~7.5 产量最高,pH 8.5以上的强碱土壤需施硫磺或石膏等,然后灌水淋洗。苜蓿在土壤含盐量 0.1%~0.3%范围内能正常生长,含盐量 0.3%以上的重盐土壤需进行水洗排盐;过于黏重土壤应予掺沙。低凹雨后易积水的地块不能种植苜蓿,或应有排水系统,苜蓿泡水 48h 将会窒息死亡。

(二)土壤改良

宁夏中北部地区,普遍存在土壤盐渍化和碱化现象。对盐碱化较重,不适宜种植高产优质牧草的地块,需要实施必要的改良。主要措施包括三方面:一是水利措施,利用明沟排水或竖直排水降低水位减少碱的上升,结合冬灌的大水灌溉洗刷土层盐碱。二是农业生物措施,包括熟化表层,使用有机肥,加强土层的有机质含量,改善土壤表层结构;适当的种植及合理耕作,熟化土壤抑盐改土。三是化学改良措施,针对碱化土壤(一般 pH>8.6)主要采用化学改良剂,常用的化学改良剂有脱硫石膏、磷石膏、亚硫酸钙、硫酸亚铁、硫磺等,脱硫石膏用量一般一次为 2000~3000kg/亩,石膏的用量一般一次为 300~400kg/亩,充分磨细,可结合土壤耕翻时与农家肥混合使用。

(三)整地

1. 整地要求

多数牧草的种子细小,发芽顶土能力弱,生长缓慢,因此,播种前要精细整地,保证播后能出全苗,出好苗。如苜蓿种子的千粒重 2g 左右,多年生,一次种植一般利用 5~6 年,所以播前要深翻、耙耱、压实,便于控制播深和出苗。根据不同地块情况,种植时分别采用以下整地不同方式。①深翻:对生地或要种植豆科等深根系牧草的地块要进行深耕,最好深耕 30~40cm,充分疏松土层,便于根系入土生长。②旋耕:利用旋耕机拐形刀自上而下的旋转敲击,可有效地疏松土壤,使土块细碎,旋耕深度在 20~30cm 范围内。③浅耕灭茬:浅耕灭茬是作物收获后犁地前的一项作业,浅耕灭茬的时间愈早愈好,最好与作物收获同期进行。浅耕灭茬的工具可用去壁犁、圆盘灭茬器或圆盘耙进行。灭茬深度应根据各地土壤气候条件和田间杂草的种类而定，以 5~10cm 为宜，可以达到防止蒸发和消灭杂草的目的。

2. 要平整好土地

要求地面平整，不能坑坑洼洼高低不平，以影响机械收割打捆作业和种植户收入（土地不平在收割打捆时将会出现茬口过高捡拾不净等）。过去进行土地平整，一直采用常规方法，利用平地机和铲运机等机械进行作业，这只能达到粗平。现为了提高土地的平整精度，提高灌溉效率，可利用激光平地仪高精度平整土地，自动控制刮土铲的高度。

3. 施肥（基肥）

苜蓿根系发达，且扎根很深，因此，在种植前结合整地，每亩深施农家肥 1~2m³，过磷酸钙 50~100kg 或 30kg 铵做底肥和 20kg 尿素。

4. 起垄打埂

对于没有喷灌设施的水浇地，根据割草机的割草幅度，结合整地起垄打埂，便于今后的田间浇水，目前使用割草机幅度为 2.5m。

二、施肥技术

苜蓿草是一种比较喜肥的牧草，在瘠薄土地上虽然能够生长，但是产量低，因此在瘠薄地上种植苜蓿时施些厩肥和磷肥，对提高草产量有显著作用。合理施肥是苜蓿高产、稳产和优质的关键，施肥能够加快苜蓿的再生，从而有可能增加刈割次数。生产 1t 苜蓿干草约吸收氮素（N）12.5kg，磷素（P_2O_5）8kg，钾素（K_2O）12.5kg。苜蓿收获带走的氮素大约有 2/3 从空气中固定，有 1/3 从土壤中吸收，磷钾等元素都是从土壤中吸收，如果长期生产，不施肥，土壤矿质养分会逐渐减少，难以维持土壤肥力，势必会影响苜蓿产量。因此，种植苜蓿必须要施肥。

（一）常用的肥料

1. 氮、磷、钾—大量元素

苜蓿对土壤养分利用能力很强，苜蓿从土壤中吸收营养物质与小麦相比，氮、磷均多 1 倍，钾多 2 倍，氮、磷、钾是苜蓿生长发育不可缺少的营养物质。氮是苜蓿阻止的重要结构元素，也是苜蓿新陈代谢所必需的营养元素。磷也参与苜蓿组织构成和生化活动，施磷可以增加叶片和茎枝数目，促进根系发育，并且有助于提高土壤肥力。苜蓿对钾的需要量很大，缺钾时，苜蓿小叶叶缘首先出现白斑，吸收的氮在体内以可溶性非蛋白氮的形式积累，氨基酸不能迅速合成蛋白质，因而使蛋白质含量降低。苜蓿与禾草混播的草地，钾不足时，苜蓿的竞争能力下降，草地常被禾草全部侵占。

2. 钙、镁、硫—中量元素

苜蓿对钙的吸收通常比禾本科草多,植株含钙量为 $1.3\%\sim1.6\%$,在偏酸性土壤上施石灰能有效地提高土壤 pH,同时增加钙的含量,适应苜蓿的种植特点。镁是叶绿素分子的组成元素,是植物光合作用所不可缺少的。植物体内镁的分布不均,幼嫩组织和器官比老组织含量高,缺镁时,苜蓿就会退绿,影响生长,老组织中的镁向新的幼嫩组织转运。种子成熟时,叶绿素中的镁也会转移到种子中。

硫是苜蓿原生质等稳定结构物质的组成成分,几乎所有的苜蓿蛋白质中都有含硫的氨基酸。同时,苜蓿根瘤菌固氮过程中也需要硫。硫的供给状况影响苜蓿蛋白质量。硫不足时,蛋白质合成受阻,苜蓿上部叶片轻微变黄,阻碍细胞分裂和生长,叶片细长,分枝减少,株丛稀疏,成熟推迟。

3. 铁、锰、锌、铜、硼、钼—微量元素

锌可以提高苜蓿种子的千粒重,有明显的增产作用。钼和硼是影响苜蓿种子形成的重要微量元素,据实验结果,采用根外追肥,四年内种子平均增产 $42.4\%\sim76.1\%$。硼对苜蓿种子生产具有重要意义,硼能影响叶绿素的形成,加强种子的代谢,对子房的形成、花的发育和花的数量都有重要作用。苜蓿缺硼时,子房形成数量少,形成的子房和花发育不正常或脱落。硼作为根外追肥,施用量为 $3.75\sim4.5kg/hm^2$。

生产常用肥料种类繁多,性质各异,主要分为有机肥和化肥两大类。有机肥主要指农家肥,包括人粪尿、厩肥、堆肥、沤肥、饼肥、草木灰、石灰等。农家肥是一种完全肥料,不仅含氮磷钾三要素,还含有钙镁硫和微量元素,能够较全面地满足作物营养的需要。有条件的地区种植苜蓿前可亩施农家肥 2000kg,注意人粪尿和畜禽粪便一定要发酵腐熟后施用。现在苜蓿生产用的更多的是化肥:①氮肥如尿素、碳铵、硝酸铵、硫酸铵、氯化铵等;②磷肥如过磷酸钙(普钙)、重过磷酸钙、脱氟磷肥、钙镁磷肥等;③钾肥如硫酸钾、氯化钾等;④微量元素肥料指含有铁、锰、铜、锌、硼、钼等微量营养元素的话费,如硫酸锌、硫酸铜、硫酸锰、硼砂、钼酸铵等;⑤复合肥料是多营养元素肥料,通常指含有氮磷钾三元素中的两种或三种元素的肥料,如磷酸铵、硝酸磷肥、硝酸钾、磷酸二氢钾、氮磷钾三元复合肥料、专用复混肥料及复合叶面肥等。

(二)各类肥料的施用

1. 氮肥

苜蓿是豆科作物,根部有大量的根瘤菌,能固定空气中的游离氮素,因此在一般情况下不施氮肥,只是在苜蓿幼苗期,根瘤菌尚未形成前,施少量氮肥,或者只施磷钾肥作为底肥,以促进幼苗的生长发育。对于土壤耕作层有机质大于 1.5%,全氮大于 0.1% 的地块,亩施氮(N)肥 $1\sim3kg$,其他地块亩施氮(N)肥 $2\sim4kg$。

2. 磷肥

施用磷肥对苜蓿的增产作用比较明显。施磷肥可以增加叶片和茎数,促进根系发育,

并且有助于提高土壤肥力。对于土壤耕层有效磷(P)大于 15mg/kg 地块,亩施磷(P_2O_5)肥 6~7kg。

3. 钾肥

苜蓿对钾的需要量很大,缺钾时造成苜蓿的蛋白质含量降低,品质下降,同时降低苜蓿的竞争力,致使禾本科杂草蔓延。对于土壤耕层有效钾(K)大于 110mg/kg 地块,亩施钾(K_2O)肥 7~9kg,其他地块亩施钾(K_2O)肥 8~10kg。

(三)追肥

追肥就是在苜蓿生长期内,根据植株发育需要,追施各种肥料,主要是速效化肥,一般在分枝期、拔节期、现蕾期或每次刈割之后。为了补充由于收获带走的养分损失,应在苜蓿春季返青和最后一茬收货后结合灌溉适时追施磷、钾肥、硫肥及硼、钼等微肥,以保证养分持续供应。追肥有行间开沟条施、撒施和叶面喷施等方式。一般条播苜蓿田三种方法都可使用,撒播苜蓿田不宜条施。

苜蓿具有根瘤,可以固定住其中的氮素,用适当根瘤菌剂接过种的苜蓿固定氮素量更大。因此,一般很少给单播的苜蓿追施氮肥。很多实验表明,多施氮肥会抑制根瘤菌固氮作用,造成减产。但据近年来国内外研究报道,一些高产苜蓿增施一定氮肥,产量增加明显。这是因为高产苜蓿的根瘤菌固氮不能完全满足旺盛生产的需要,尤其是在与禾本科牧草混播时,氮肥需要量会更大。苜蓿制种中,对于土壤肥力要求不高,苗期根瘤菌尚未形成,或在孕蕾期根瘤老化固氮能力下降时,需追施氮肥,一般每亩地施 3kg 左右。

当苜蓿叶形变小,颜色暗绿,叶片变厚时,表明植株体内磷素缺乏,需追施磷肥。施用数量主要取决于土壤中有效磷含量和苜蓿产量的高低。有效磷含量低,目标产量高,就要多施,同时由于磷肥肥效慢,利用效率低,只有 10%~20%,因此,施磷肥的量要稍大些,常在春季或秋季施用,一般过磷酸钙每亩 20~30kg,钙镁磷肥每亩 15kg,花期茎叶喷施每亩 1kg 左右。

钾是苜蓿所需的第二大营养元素。当植株病虫害增多,光合作用减弱,茎细小柔弱易倒状,都可能是由钾肥不足造成的。追施钾肥可抑制此类情况发生。砂质土壤中的钾元素易被雨水淋溶到深层,更有必要追施钾肥。钾肥的施用与磷肥不同,其诀窍是要在土壤表面每年施用。生产中常用的钾肥类有硫酸钾,每亩施肥量约为 8~10kg,根外施肥浓度 0.5%~1%,氯化钾每亩施肥 8~10kg;草木灰是植物燃烧后的残灰,含有多种灰分元素,以钾为主,在酸生土壤上施用,效果更好,每亩用量 50~100kg。

总之,紫花苜蓿的追肥应综合考虑其需肥特性、土壤的肥力、基肥施用量、产量水平、机具设备、肥料来源、其他田间操作措施、水分条件、人力资源等因素,制定年度追肥计划,并根据田间实际情况,适时适量追肥。

(四)施肥量

苜蓿地施肥最好在播前测定土壤肥力状况,作为确定施肥量的依据。一般来说,每亩苜蓿每年自土壤中吸取的养分约为 13.3kg 的氮、16.6kg 的钾、4.43kg 的磷。当每亩收获 1500kg 干草时,苜蓿约要摄取氮(纯氮)25.0～30.0kg、磷(五氧化二磷)3.0～4.0kg、钾(氧化钾)20.0～25.0kg、钙(硫酸钙实物量)20.0～26.0kg、镁(硫酸镁实物量)4.5kg、硫(硫磺实物量)3.5kg。

1. 有机肥

有机质含量是土壤肥力的最重要指标之一,必须通过施用有机肥把土壤有机质含量维持在较高水平上。苜蓿具有固氮能力,只有在土壤中存在其所专有的细菌并有一定的数量时,苜蓿的根瘤才能形成,它们之间的关系是一种完全的共生关系,并赋予土壤以肥力,土壤肥力对于发挥苜蓿固氮作用非常重要。施有机肥 3t/亩,约可使土壤有机质含量提高 0.2%,有机肥应在秋季或在刈割后立即施下,建议每年的有机肥用量为 1000～2000kg/亩。土壤有机质含量丰缺指标和推荐有机肥施用量参见表 10-1。

表 10-1　土壤有机质丰缺参考指标和推荐有机肥施用量

项目	有机质含量(mg/kg)	有机肥施用量(t/亩)
缺乏	<10.0	3～5
中等	10.0～2.0	2～3
丰富	>2.0	0～2

2. 氮肥

苜蓿根瘤固氮功能强大,一般不需要施用氮肥,尤其接种根瘤菌比施氮肥对保证苜蓿氮素的需要更为经济。但是对于苜蓿生长发育和保证产量氮肥仍然非常重要,单播苜蓿刈割后给草层施少量氮对再生也有利。一般来说,对于有机质含量低的土壤,土壤氮素过于缺乏时,在播种之前基施少量氮肥有助于根瘤菌形成前的苜蓿幼苗生长,播种时作为种肥施用亦可。土壤氮含量丰缺指标和紫花苜蓿氮肥推荐施肥量参见表 10-2。

表 10-2　土壤氮含量丰缺参考指标和推荐施氮量

项目	碱解氮(mg/kg)	施氮(kg/亩)
缺乏	<25	25～30
中等	25～45	20～25
丰富	>45	15～20

3. 磷肥

苜蓿的含磷量虽然只有 0.2%～0.4%,但它在苜蓿的生命活动中起着很重要的作用,因而苜蓿对磷的需要量不大,但苜蓿施用磷肥,尤其在缺磷土壤上施磷能使干物质产量提高,特别是盐碱地应重施磷肥。磷肥为迟效肥料,在播种前、播种期间和播种后均可施用,即施磷可以在播种时同种子一起浅施,也可以深施,追施磷肥效果更好,见表10-3。

表 10-3　土壤磷含量丰缺参考指标和推荐施磷量

项目	速效磷(mg/kg)	施磷(P_2O_5,kg/亩)
缺乏	<15	20~25
中等	15~30	15~20
丰富	>30	10~15

4.钾肥

对于苜蓿的产量和质量来说,钾是关键性的肥料元素,苜蓿对钾的需要量较其他元素多,为了获得高产优质的苜蓿干草,必须特别注意施用钾肥。钾能延长苜蓿株丛的寿命,使株丛茂密旺盛。苜蓿在播前、播后皆可施用钾肥,作为种肥施入时施量不能高,否则就会危害幼苗。钾肥应分期施用,至少每年应施1次,一般每年2次为宜,在砂质土壤上每年应施2次以上,对于已定植的苜蓿,一次性施用钾肥量为37kg/亩。当土壤分析资料证明土壤含钾量高时,就不一定每年追施钾肥,见表10-4。

表 10-4　土壤钾含量丰缺参考指标和推荐施钾量

项目	速效钾(mg/kg)	施氮(K_2O,kg/亩)
缺乏	<100	20~25
中等	100~150	15~20
丰富	>200	10~15

5.其他肥料

硫是蛋白质的重要组成部分,苜蓿的需硫量也比禾本科牧草多,苜蓿缺硫会出现缺苗、株体低矮和发育不良,通常在轻质砂壤上容易出现缺硫。

硼肥可使苜蓿产量明显提高,并能使饲草品质得到改进,苜蓿的硼肥用量大约是每亩3kg,与氮、磷、钾一起施入土壤,或者与颗粒化的过磷酸钙一起施入土壤,也可采用根外追肥的方式施入。

钼在苜蓿体内的分布是不均衡的,通常将钼酸铵等钼肥与磷肥或混合肥料一同施用,每亩叶面喷施30~50g钼即可。

锌的充足量为21~70mg/kg,低于15mg/kg即会发生缺锌,常用锌肥为硫酸锌,作基肥施用,施后翻耕,每亩1~2kg,采用喷施是浓度0.5%。

（五）施肥方式

1. 基施

苜蓿基施方式为撒施肥料后旋耕,将肥料翻入耕层土壤(见整地)。厩肥和磷肥最好结合整地施入,若能分期施,则在每次割草后施入,对促进再生、增加产草量效果更大。

2. 种肥

播种苜蓿时施少量的氮肥(如二铵 5～10kg/亩)做种肥,与种子一起播种,目的是保证苜蓿幼苗能迅速的生长。磷肥可在播种前和播种时施用,条施于种子下面效果最好,尽量一次施足磷肥,施用量一般为 50～100kg/亩。

3. 追施

生长期间主要追施氮、磷肥,施用时间一般是在分枝、现蕾以及每次刈割后进行。重黏土上一般不施钾,而在砂质或壤土上应适当追施钾肥,可以 1 次施入,也可以分期施入。为了提高苜蓿的抗寒能力,应在秋季追施磷肥。苜蓿生产中追施根据施用的集中程度可分为撒施、条施、穴施、喷施。

(1)撒施。是将肥料均匀撒布于土壤中。撒施可以深施,也可表施(浅施)。深施就是在撒后用犁把肥料翻入土壤下层,表施则在施后只用耙耙过即可。撒施适用于密植的作物和施肥量较大的情况。撒施的优点是简单,土壤各部位都有养分被苜蓿吸收;缺点是肥料用量大、利用率不高,因为肥料不能全部被利用,同时肥育了杂草,水溶性磷肥与土壤过多接触,容易被固定而降低肥效。

(2)条施与穴施。将肥料施在播种沟和播种穴里就叫条施和穴施。肥料可施在种子的底下,也可施在种子的一侧或两侧。下列情况适合条施或穴施:肥料用量少;作物间距较大,如苜蓿种子田;容易被土壤固定的肥料,如磷肥;作物根系发育较差,而土壤肥力较低。这种施肥方法的优点是:肥料近根,容易被吸收利用,因而肥料利用率较高;肥料与土壤接触面小,营养元素被固定的程度低,有效时间比撒施长。

(3)喷施。即根外施肥,植物除了根部能吸收养分外,叶子和绿色枝条也能吸收养分。把含有养分的溶液喷到苜蓿的地上部分(主要是茎叶)叫作根外放肥。根外施肥的优点在于直接供给苜蓿有效养分。叶片对养分的吸收及转化比根快,能及时补充苜蓿对养分的需要;根外施肥适宜机械化,经济有效。根外施肥要注意下列问题:叶片湿润时间要尽量长;溶液要充分粘附在叶片上;营养液的浓度和酸碱度要适当;溶液要喷在叶背上。这种施肥方法主要是施磷肥及微量元素如硼和锌。追叶面肥不但能增加苜蓿产草量和种子产量,而且还能提高干草的品质。

三、灌溉

(一)耗水量与灌溉定额

苜蓿主根很发达,主根入土深度可达 2～4m 甚至 10m,能够利用浅层或深层的土壤水分,因此,具有抗旱能力。但苜蓿是需水较多的植物,每形成 1t 干草需水 700～800t。苜蓿虽然喜水,但最忌积水,水淹 24h 会造成植株死亡。地下水位过高,对苜蓿的生长也是不利的,一般情况下,水位应在 1m 以下。土壤含水量过高影响苜蓿产量和品质。

苜蓿茎叶繁茂,蒸腾面积大,需水量要比一般作物多。①苜蓿在宁夏干旱地区的全生育期需水量大约是 600m³,一次灌水量为 80m³,苜蓿的灌水量为土壤饱和持水量的 50%～60% 时,苜蓿生长最为适宜。②苜蓿不同品种之间其需水量差异很大,应根据当地具体情况选择适宜的苜蓿品种。③当水分供应充足时,苜蓿的叶色呈现淡绿,如果叶色变深说明缺水情况开始出现,这时就应灌溉,否则就有可能减产和降低干草品质。

(二)灌溉时间

苜蓿既耐旱,又喜水,虽然有较强的抗旱能力,但在灌溉条件下,可以显著增加收割次数,提高产量和品质,且灌水时间对苜蓿的影响很大。①在苜蓿全部返青之前,浇一次返青水。春灌可提高产草量,若加上冬灌更有利于苜蓿生长,但在地势低洼区冬灌药温度的急剧变化,防止积水导致苜蓿死亡,连续水淹 1～2d 即可大量死亡,因而要求排水一定要好。②各个生育期的适宜需水量为,从子叶出土到茎秆形成要求田间持水量达 80%,从茎秆形成到初花期为 70%～80%,从开花到种子成熟为 50% 左右,越冬期间为 40%。③苜蓿从孕蕾到开花这段时间里需要大量的水分,是苜蓿灌溉的重要时期,从孕蕾到开花前这段时间,可浇水一次。④一般在刈割后应立即灌溉,这在盐碱土壤上尤为重要,刈割后立即灌溉的苜蓿干物质产量比刈割后 10d 或 25d 灌水的都高,因为在刈割之后土壤水分蒸发量突然增加,盐分随即带到土壤上层,对苜蓿生长发育危害很大,配合施肥进行灌溉则更好。刈割后灌水应在割后 5～7d,再生芽出生后浇水,灌水多少要以充分浸润土壤为度。⑤如果有灌溉条件,灌冬水很必要,有利于苜蓿安全越冬。

(三)灌溉方法

一般灌溉选择喷灌、畦灌和地下渗灌。

喷灌的优点是灌水均匀,节水、节地、省工、省力,受地形限制小,侵蚀作用弱,利于调节田间小气候,可降低叶温;缺点是受气象因素影响明显,投资大,对灌溉水质量和管理人员素质要求较高。喷灌系统分固定式、半同定式和移动式三类,可根据地形和资金条件等进行选择。

畦灌的优点是投资小;缺点是较为费工和占地较多。畦长不宜超过 100m,畦宽通常为播种及收割机械幅宽的 1～3 整数倍,坡度以 0.1%～2% 为宜。

地下渗灌的优点是节水、节地、省工、省力,保土、保肥,土壤结构好,不形成板结层,地表干燥,利于田间作业;缺点是投资大;盐碱地区会促进盐碱化进程。

(四)灌水强度

灌水强度(即单位时间灌水量)取决于土壤入渗速率,黏土、壤土、沙壤土、壤沙土和沙土的允许灌水强度依次为 8mm/h、10mm/h、12mm/h、15mm/h 和 20mm/h。超过允许灌水强度则将出现地表径流或积水。

四、播种

(一)种子播前处理

为了保证播种质量,播前应根据种子的不同情况,采用去杂、精选、浸种、消毒、摩擦、接种根瘤菌等技术进行种子处理。

(1)选种。目的是清除杂质、不饱满的种子及杂草种子,以获得籽粒饱满、纯净度高的种子常用的方法有泥水、盐水和硫酸铵溶液选种法等,其中以硫酸铵溶液选种较为方便可行。

(2)晒种。将种子摊开放在阳光下暴晒 2～4d,每天翻动 3～4 次,可以促进种子的后熟,打破禾本科牧草种子的休眠,提高发芽率。

(3)浸种。有些种子存在休眠现象,有些则因湿度不适合不能发芽。为了促使种子迅速整齐地萌发和促进萌发前种子的代谢过程,加速种皮软化,可用温水浸种,使种子充分吸收水分,可加快种子萌发。豆科牧草种子 5kg,加温水 7.5～10kg,浸泡 12～16h,其间换水 1～2 次;禾本科牧草每千克种子加水 5～7.5kg,浸种 1～2d,其间换水 1～2 次或 3～4 次。浸种后放在阴凉处晾种,待表皮风干即可播种。如土壤干旱,则不宜浸种。

(4)去壳与去芒。带有荚壳的种子和有芒的禾本科种子,都需要去壳或去芒,以利于播种。可用石碾碾压或用碾米机去壳。老芒麦、披碱草等有芒的禾本科牧草种子,容易堵塞播种机的排种管,可用去芒机或镇压器碾轧去芒。

(5)种子消毒。用农药拌种,预防通过种子传播的病害。

(6)豆科牧草硬实种子的处理。豆科牧草硬实种子、种皮有角质层,水分不易渗入,种子不能发芽,必须打破硬实,才能发芽。可在种子内拌上粗沙,然后用石碾碾压,或用碾米机、脱粒机、专用硬实擦伤机等擦伤种皮;也可用浓度 95% 以上的浓硫酸湿润种皮 20～30min,然后冲洗干净并晾干,或用 80℃ 的温水浸种 2～3min,都可打破硬实。在大面积播种时,可取出播种量的 2/3 进行处理,留出 1/3 不处理,然后将两者混合播种,以增强对不良环境的应变能力。

(7)接种根瘤菌。在从未种植过同类豆科牧草或相隔 4～5 年后又重新种植的地块上播种豆科牧草,都应接种根瘤菌,以促进幼苗早期形成根瘤。接种的方法,可用工厂生产的专用根瘤菌剂拌种,也可以采集同类豆科牧草的根瘤,风干后压碎拌种,每亩用根瘤菌 10g,已接种的种子应尽量在当天播完,避免日晒。

(8)种子施肥。用肥料拌种或浸种称为种子施肥,种子施肥可用无机肥,也可用有机肥,但以微量元素处理效果最好。

(二)播种的时间

牧草播种时期分为春播、夏播和秋播。具体确定何时播种,主要根据温度、水分、牧草的生物学特性、田间杂草危害程度和利用目的等因素而定。当土壤温度上升到种子发芽所需要的最低温度,墒情好,杂草少,病虫害为害轻的时期播种较适宜。干旱地区主要考虑土壤墒情,寒冷地区重点考虑牧草的越冬性。

(三)种子播种量的确定

主要依据牧草种子的千粒重(种子大小)、萌芽率、播种季节、场地状况、管理水平等因素确定播种量。如:干旱地区由于水分不足,如果牧草播种量大,必然影响到水分的供给问题,水分供给不足也会导致所有牧草生长变慢或者枯死。

(四)播种的方法

牧草播种主要有条播、撒播、带肥播种和犁沟播种等方法。

(1)条播指每隔一定距离将种子播种成行,并随播随覆土的播种方法。湿润地区或有灌溉条件的地区,行距一般15cm左右;在干旱条件下,通常采用30cm的行距。收种用草地行距一般45~100cm。

(2)撒播是把种子均匀撒在土壤表面,然后轻耙覆土。寒冷地区可在冬季把种子撒在地面不覆土,借助结冻和融化的自然作用把种子埋入土中。

(3)带肥播种是在播种时,把肥料施于种子下面,施肥深度一般在播种深度以下4~6cm处,主要是施磷肥。

(4)犁沟播种可在干旱和半干旱地区、地表干土层较厚的情况下采用。方法是使用机械、畜力或人力开沟,将种子撒在犁沟的湿润土层上,犁沟不耙平,待当年牧草收割或生长季结束后耙平。高寒地区也可用这种方法播种,以提高牧草的越冬率。

(五)混播

牧草混播是指几种品种的牧草混合播种。即要用豆科牧草与禾本科牧草混播;牧草种类要多,一般以4~6种组成,混播牧草中,既要有一二年生的牧草,也要有多年生的牧草,以便尽快建成草地。播种量应比单种时增加50%~60%。例如两种牧草混播时,应各占原单播量的70%~80%;三种牧草混播时,一种为原播种量的70%~80%,另两种为原播种量的35%~40%,三种共为原单播种量的150%~160%。如果四种牧草混播,则两种为豆科牧草,另两种为禾本科牧草,各占35%~40%,四种牧草合计共为原播种量的140%~160%。

豆科牧草与禾本科牧草的混播比例:如为短期草地,则豆科牧草应占65%~75%,禾本科牧草占25%~35%;如为多年生草地,则其比例为(20~25)∶(75~80);如为永久草地,则其比例为10∶90,禾本科牧草中根茎性牧草应占50%~75%为宜。

牧草混种需要注意以下几个问题：

(1)混种模式。牧草混种一般应包括豆科牧草、禾本科牧草各一种以上。

(2)混播目的。首先应考虑饲喂什么动物，在利用方式上，用作刈割草地的，应选用短期生长的、直立的上繁草为主；用作放牧草地的，以寿命长的下繁草为主，避免因践踏而失去生产能力。

(3)利用年限。在大田轮作中，牧草的利用年限为2～3年，应该混播等量的、发育迅速的疏丛性禾本科牧草和丛生性豆科牧草。在饲料轮作中，种草年限一般为3～4年或更长，除混种多年生牧草外，应加入发育速度快的一二年生牧草，抑制杂草生长并争取在最初的几年内即有较高的产量。豆科牧草的寿命一般较短，早期发育快，3～5年后即从混种草地中迅速衰退或减少，因此豆科牧草在混种牧草中所占比重一般随种草年限的增加而递减。

(4)混种牧草的种类。混种牧草比单种牧草产量高，但并非种类越多越好，一般以4～6种为好。

(5)混种牧草生长习性。按照各种牧草的生长发育特点和要求进行组合，才能达到预期的效果。

五、苜蓿杂草防除技术

杂草是苜蓿苗期和生长期内对苜蓿生长和产量形成影响最严重的生物灾害之一，不及时进行防除会严重影响幼苗成长，进而影响草产量和品质。紧紧抓住播前、播后、苗期、返青期或每茬刈割后等主要生长阶段，采用农业措施和化学除草等不同技术和方法进行田间杂草防除，减少危害，提高产量和质量。由于杂草与苜蓿竞争阳光、水分和养分等，苜蓿的生活力被大大降低，生长发育甚至停滞，造成苜蓿存活率降低。苜蓿最容易受到杂草危害的时期主要在幼苗期和夏季收割后。在苗期由于苜蓿幼苗地上部生长缓慢，而杂草的生长速度较快，因此会大量消耗苜蓿生长所需的水分和养分，造成苜蓿生长受阻。在夏季收割后，由于水热同步，杂草生长迅速，同苜蓿争夺养分，影响刈割后苜蓿的滋生，进而影响苜蓿的产量和质量。对苜蓿有危害的杂草多达65个种，其中以双子叶杂草危害最为严重，主要有苘麻、苍耳、灰绿碱蓬、翅碱蓬、刺儿菜、猪毛菜、扁蓄、野西瓜苗、东亚市藜、小藜、马齿苋、反枝苋、荠菜、铁苋菜、打碗花、苣荬菜；单子叶杂草主要有狗尾草、稗草、虎尾草、芦苇、牛筋草、播娘蒿和马唐等。因此要实现苜蓿的高产，必须做好杂草的防治工作，具体防治措施如下。

(1)制定合理的栽培措施。苜蓿播种前采用深耕能有效防止间荆、芦苇、田旋花等杂草的危害，通过翻耕还能提早诱发杂草种子的萌发，通过晾晒等措施能抑制杂草的出苗。此外还要做到适时刈割，一般在杂草种子未成熟前进行刈割能减少来年杂草的危害，能有效阻止一年生杂草和以种子繁殖为主的多年生杂草的危害。

(2)用除草剂进行土壤处理。该方法主要针对一年生杂草，一般在苜蓿播种后出苗前采用，可选用5%普施特水剂、48%地乐胺乳油或34.5%豆舒乳油，对水后进行茎叶喷雾。做土壤处理时不可随意增大药剂用量，否则对苜蓿出苗率和前期生长有影响，但采用土壤处理能够有效减少苗期杂草的危害，有助于苜蓿的正常生长。

(3)苗后除草。苗后除草一定要选准施药时机，在苜蓿3片3出复叶展开后，杂草3～5叶期,可选用 5％普施特水剂、5％豆草特水剂或 25％苯达松水剂＋6.9％威霸水乳剂进行防治,适用时药剂喷洒一定要均匀,否则除草效果不理想甚至会造成药害。

(4)苜蓿杂草的危害。不仅影响苜蓿的产量,而且也影响苜蓿饲草的质量,一般要求苜蓿草种杂草的含量不能超过 8％,过高则影响饲草的商业价值。因此,在苜蓿种植时,应该了解当地杂草的种类和发生规律,尽可能减少苜蓿苗期杂草的危害,做到提早预防,及时防除,以最大限度地提高苜蓿的产量。

(一)苜蓿田间杂草防除方法

1. 农业措施防除杂草

(1)结合选种、选地和整地预防杂草。选种选择适合当地种植的苜蓿品种,播前精选种子,去除杂草种子。

选地选择杂草少的地块,如果是杂草繁多的生茬地,最好先种玉米、荞麦等作物 1～2 年,经除草净地后再种植苜蓿。

播前深翻整地。深翻即可将表层土壤中的大部分杂草籽深埋,使之不能发芽出土,又可去除多年生杂草的地下根茎,减轻多年生杂草的危害。预先深翻、整地还可让地表杂草种子提前发芽。

(2)机械或人工除草。苜蓿返青期或每茬刈割后采用机械翻耕 10cm,即可松土保墒又可灭除田间杂草。苜蓿生长期可随时进行人工除草。

(3)合理施肥减少苗期杂草。用腐熟后的农家肥作基肥,可以防止过腹草籽的成活,减少苗期杂草危害。当年种植苜蓿在没有明显缺氮的情况下,一般不适用氮肥,可有效防控苗期和分枝期杂草,减少危害。

(4)调整播种期。

①夏秋季适期晚播。7 月中下旬播种,使一同发芽的杂草在幼苗或幼株时期即被冻死,不能开花结实,减少翌年杂草危害。

②顶凌播种。苜蓿出苗早,地温 6～10℃就可发芽出苗。而早春仅有野燕麦和蓼等少数早春型杂草可以发芽出土,大部分晚春型杂草发芽时,苜蓿已长高,可以有效抑制杂草生长,减轻杂草危害。

③苜蓿条播,便于人工除草。

2. 化学药剂防除杂草

(1)播前封闭。此种方法适用于播种前杂草严重,或是新开垦的生茬地。在苜蓿播种前和杂草萌发前选用 48％氟乐灵乳油每亩 100～200mL,对水 30～40L 喷洒,喷药后立即混土 3～5cm,镇压效果更好。杂草萌发后,用 41％草甘膦水剂每亩 200～400mL 喷洒。

(2)一年生杂单防除。除禾本科草外,田间还混生有阔叶杂草时,可选用 5％普施特水剂每亩 80～120mL 茎叶喷雾,还可选用 10.8％高效盖草能乳油每亩 20～30mL,加 25％苯达松水剂(有轻微药害)每亩 150～200mL,茎叶喷雾。

普施特是一种广谱性苜蓿田除草剂,可兼治一年生禾本科杂草和阔叶杂草。该除草剂使用也很方便,既可用于播前土壤处理和播后苗前土壤处理,也可以在苜蓿出苗早期进行茎叶喷雾。但是该药的残效期较长,使用时必须注意:一是一年内只能用一次,最好在傍晚时喷药,避免在 10 点至 15 点或叶面有水珠时施用。二是均匀喷雾,避免重喷、漏喷和高空喷雾,风大时不要喷药。三是气候干旱、杂草密度大、草龄偏高、难防治杂草多或禾本科杂草占有优势时,要采用上限用药量。

(3)多年生杂草防除。在苜蓿播种前 6d,或杂草幼苗期至生长旺盛期,可选用 41% 草甘膦水剂每亩 300～500mL;或选用 74.7% 农民乐水溶性粒剂每亩 150～200mL,茎叶喷雾。也可用 10.8% 高效盖草能乳油每亩 30～40mL 或 5% 精禾草克乳油每亩 80～110mL,茎叶喷雾。

(4)菟丝子化学药剂防除。在播种前、播后苗前选用 48% 地乐胺乳油每亩 200～300mL,进行土壤喷雾处理;或选用 50% 乙草胺乳油每亩 100～150mL,均匀地喷于土表。在菟丝子转株危害时,可用活孢子含量每毫升 3000 万个的"鲁保一号",每亩用量 2.5mL,加水 20～30L,在傍晚或阴天喷洒。选用 48% 地乐胺乳油每亩 170～200mL,为增加药效可加入 0.5% 的无酶洗衣粉作为展着剂,在气温 18℃ 以上时进行茎叶喷雾。

应用化学药剂防除杂草,用药量应根据天气、土壤和小气候而定。一般干旱时、温度较低时或土壤有机质含量较高时,除草剂用量应取上限,反之取下限。

(二)影响苜蓿杂草防除的因素

苜蓿田除草影响因素很多,要根据不同的土壤、墒情、气温、苜蓿大小选用不同的配方,才能达到较好的除草效果。影响因素有以下情况。

(1)苗的叶期。苜蓿整个生长期都可用药,三片复叶期是最佳施药时期。

(2)草的叶期。杂草 3 叶期前效果最好,对禾本科、阔叶草都有很好的效果。5 叶期如墒情好,效果也很好。大于 5 叶期,能抑制其生长。但对苍耳、反枝苋、野荞麦依然能够杀死。3 叶期以上建议提高药量。

(3)草密度。如草密度不大,可使用正常剂量,如草密度很大,建议加大药量。

(4)土壤墒情。一般除草剂使用要求墒情好,土壤相对湿度 70%～90%,空气湿度 60%～70% 时为好。

(5)风力。喷药应选择无风的天气,风力大于 3 级时易造成药液飘移,致使喷药不均。

(6)喷药时间。最好在 10 点以前,16 点以后,夜间无露水时喷药最好。

(7)气温。苜蓿除草剂一般在 10%～30% 才能正常发挥药效,低于 10℃ 除草效果差,高于 30℃ 作物易产生药害。

(8)下雨。用药后 12h 下雨,对药效的影响不大,一般不用补喷。

(三)应用于豆科牧草田的几种化学除草剂

人们种植牧草的目的是为了获得所需的饲草。杂草同牧草争夺水肥、土地和空间,甚至会诱发病虫害,造成牧草产量和质量的降低,并使生产投入增加,因此杂草是制约牧草高产的因素之一。化学药剂除草具有见效快、效果显著、成本低等优点,近年来已成为防治杂草的一个重要手段,现着重从药剂特点、使用方法等方面介绍豆科牧草常用田中的几种除草剂。

1. 氟乐灵

由于氟乐灵具有易挥发、易光解,水溶性极小,不易在土层中移动、持效期长等特点,因此氟乐灵常用于苗前土壤处理,它主要通过杂草的胚芽鞘与胚轴吸收而起作用,对已出土杂草无效,但对禾本科和部分小粒种子的阔叶杂草也有效。

氟乐灵主要用于防除稗草、马唐、牛筋草、石茅高粱、千金子、大画眉草、早熟禾、雀麦、硬草、棒头草、苋、藜、马齿苋、繁缕、蓼、扁蓄、蒺藜等一年生禾本科和部分阔叶杂草。在苜蓿等豆科牧草出苗前或收割后,用48%氟乐灵乳油 $1.5 \sim 30 L/hm^2$,进行苗前土壤处理,施药后立即拌土,以免药剂挥发影响除草效果。可与燕麦畏、利谷隆、灭草丹混用,由于氟乐灵易挥发、光解,因此施药后必须立即混土。

2. 灭草丹

灭草丹为内吸选择性土壤处理剂,杂草种子萌发出土过程中,通过幼芽及根吸收并传导。杂草多数在出土前即死亡。少数受害轻的杂草虽能出土,但幼叶卷曲变形,茎肿大,不能正常生长。灭草丹挥发性强,施药后应及时混土,易被土壤吸收及微生物分解,半衰期较短,持效期 $1 \sim 3$ 个月。灭草丹适用于苜蓿等豆科牧草田防除野燕麦、稗草、马唐、狗尾草、香附子、油莎草、牛筋草等禾本科杂草,及猪毛菜、马齿苋、藜、田旋花、苘麻等一年生禾本科杂草、阔叶杂草和莎草。

在苜蓿等豆科牧草播种前,用88.5%灭草丹乳油 $2.25 \sim 3.0 L/hm^2$,对水 $600 kg$ 进行土壤处理,施药后立即混土,混土深度在 $5 cm$ 左右,混土后即可播种。可与氟乐灵等混用。灭草丹施药后一定要混土,否则药效得不到保证。

3. 异丙甲草胺

异丙甲草胺是选择性芽前土壤处理除草剂,主要通过杂草幼芽基部和芽吸收,对一年生禾本科杂草的效果优于阔叶杂草,适用于苜蓿等豆科牧草田防除稗草、马唐、金狗尾草、绿狗尾草。对荠菜、马齿苋、苋、蓼、藜等阔叶杂草也有一定的防除效果。

异丙甲草胺于牧草播种后至出苗前用72%乳油按 $1.5 \sim 2.25 L/hm^2$,对水 $500 \sim 550 kg$,均匀喷雾于土表。如果土壤表层干旱,最好喷药后进行浅混土,以保证药效。异丙甲草胺对萌发而未出土的杂草有效,对已出土的杂草无效。异丙甲草胺对禾本科杂草效果好,对阔叶杂草效果差,如需兼除阔叶杂草,可与其他除草剂混用,以扩大杀草谱。

4. 苜豆壮

苜豆壮是中国农业大学草业工程研究中心研发的高效、低毒、广谱、长效、内吸性苜蓿田系列专用除草剂之一。该除草剂在苜蓿苗后早期、收割后、返青后等各个时期都可施用,可防除苜蓿田大多数单、双子叶杂草。一般1年使用1次,成本可控制在 10 元/亩以内,是目前除草效果较好、产投比较佳的产品。

苜豆壮是内吸性除草剂,易光解杀草谱较广,对大多数杂草有效,其中对苜蓿田危害严重的反枝苋、马齿苋、藜、田旋花、繁缕、荠菜、苘麻、曼陀罗、苍耳等双子叶杂草及稗草、马唐、狗尾草、野高粱单子叶杂草有很好防治效果。

苗后早期或收割后使用,用药量大时(>120mL/亩)苜蓿植株可能会发生矮化现象,但很快会恢复,不影响产量。

草龄过高(营养生长盛期)时施用可有效抑制杂草生长发育,对苜蓿的影响则相对较小,从而达到控制杂草的目的。

南方地区用量较低,北方地区用量较高。

(1)用水量。30~40L/亩,干旱时取上限,可采用背负式喷雾器或拖拉机带动的喷雾器施药。切勿采用飞机高空喷药或超低容量喷雾。

(2)推荐最佳施用期。苗后早期。

单子叶杂草长到2.5~4.5真叶期间,双子叶杂草长到1.5~3.5真叶期间,或植株小于5cm时使用。

处理时,应控制在推荐的时期内喷药,宜早不宜晚,苗后用药偏晚时用高剂量。

苜豆壮是国内最先开发出来用于苜蓿田中专用除草剂,可以防除苜蓿田中多种杂草,具有广阔的应用前景。

第五节　牧草主要病虫害防治

草地因病害、虫害会造成大面积减产,牧草品质下降,严重影响着草地畜牧业的正常生产。我们种植的优良牧草,建立人工草地常常要遇到病、虫害的侵袭和破坏,现就常见的牧草病、虫害种类及其方法予以介绍,以便及时防止病害、虫害的泛滥。

一、牧草的主要病害及防治

病害不仅使牧草产量降低,严重者可造成完全失收;有些感染病害的饲草和籽粒还能引起家畜种毒,甚至死亡。

(一)豆科牧草主要病害及防治

1. 苜蓿锈病

苜蓿锈病广泛分布于世界各紫花苜蓿种植区。国内吉林、河北、内蒙古、山西、甘肃、新疆、江苏、山东、贵州、四川等省区均有发生。紫花苜蓿发生锈病后,光合作用下降,呼吸强度上升,上下表皮多处破裂,水分蒸发强度显著上升,干热时容易萎蔫。锈病使紫花苜蓿叶片退绿、皱缩并提前落叶。严重者可使干草减产60%,种子减产50%。据报道,染有苜蓿锈病的植株含有毒素,影响适口性并使家畜中毒。

苜蓿锈病为害叶片、叶柄、茎及荚果。叶片两面,主要在叶片下面出现小的近圆形疱状病斑。初灰绿色,后表皮破裂呈粉状。颜色因不同阶段而有差别,夏孢子堆为肉桂色,冬孢子堆为暗褐色,有时孢子堆周围具淡色晕环,甚至呈现白色枯斑状,枯斑上有锈病孢子堆。病原为担子菌亚门,单孢锈菌属中的条纹单孢锈菌。条纹单孢锈菌为转主寄生菌,它既可以借休眠菌丝在紫花苜蓿地下部越冬或转主寄生于大戟属植物的地下部分越冬,又可以冬孢子在感病的紫花苜蓿残体上越冬。

选用抗病品种是锈病防治的经济有效措施,冬季进行田间焚烧,消灭病株残体,以减少越冬菌源;铲除紫花苜蓿地附近的大戟属植物;科学地利用和管理草地是控制锈病的基础,如适当增施磷、钙肥,提高植株抗病性;病害发生后,及时刈割或放牧,减少下茬草的菌源;避免连续多年在同一块地内采种等。也可用代森锰锌($0.2kg/hm^2$),15％粉锈宁 1000 倍液喷雾,都可防治锈病。

2. 三叶草菌核病

菌核病是三叶草的世界性病害,也是一种毁灭性病害。往往使红三叶草植株死亡 50％～80％,对白三叶草亦能危害严重。此病在春季三叶草萌发时容易发生。病株生长缓慢,叶片卷曲,色淡并带淡紫色,常很快死去。根颈颜色变为褐色,水渍状。在潮湿条件下,出现白色絮状菌丝体。在根部和根颈形成不同形状和大小的菌核,最初为软的淡白色,最后变成硬的黑色。病株有时死亡,有时越冬后不萌发造成缺苗。低温、潮湿是病菌发生的有利条件。

防治方法:用 15％盐水选种或用 50℃温水浸种 10min;合理轮作,深翻中耕;施用多种肥料,酸性土壤施用石灰;喷 200 倍的波尔多液;用五氯硝基苯或多菌灵药剂防治。

3. 三叶草根腐病

主要有白绢根腐病和赤壳根腐病,主要感染红三叶草,前者也感染白三叶草,局部地段可大片枯死。

白绢根腐病主要由半知菌亚门、小菌核菌属齐整小菌核菌(*Selerolium rolfsii Sacc*)致病。菌丝白色,发病初期,主根和大侧根基部出现污褐色、水渍状湿斑,继而出现黑色坏死根块。后期茎基及整个根系纵裂,露出木质部组织,病部表面长出白色绢状菌丝层,后菌丝变为褐色,表面散生菌核。

白绢根腐病以菌核及菌索在表土或病残组织中越冬,翌年春季开始侵染,5～6 月份最严重。

赤壳根腐病:主要由 *Mectria ipomoeae Hals* 致病。初期,病斑在表土根颈处呈水渍状湿腐,继而扩展到髓部,呈黑色坏死,病株死亡,根颈表层龟裂。表现出赤褐色至紫褐色枯腐,长出红色球状颗粒(子囊壳)。侵染期 4～10 月份,7～8 月份最严重,8～9 月份形成有性阶段。

防治方法:选育和使用抗病品种;清除田间带病残株和消灭病源;合理放牧与刈割利用,当病害刚刚出现时,立即放牧(或刈割)可有效地控制病害的扩散;合理密植不施过多的氮肥,施适量的钾肥,可增强牧草自身的抗病能力,也可减轻三叶草根腐病的危害。

4. 三叶草白粉病

病原菌是半知菌亚门粉孢子霉菌属(*Oidium erysiphoides* Fr.)和拟粉孢霉菌属(*Oldipsis scalia*),以红三叶草受侵害最为严重,白三叶草抗性较强,杂三叶草偶有发生,还侵染草木樨和沙打旺（*Astragalus adsurgenns*）等。白粉病是专性寄生菌,它在寄主叶片产生大量霉层,降低光合作用,引起代谢紊乱,病株瘦小,降低产量,最严重时可成片死亡。

主要症状:初期病斑为白色絮丝状斑点,继而迅速扩大为大斑,覆盖叶的大部或全部,叶片受害后,披上一层石灰状的白色粉末;气候潮湿时,叶片变黑霉烂;干燥时,中下部叶片失绿变黄,叶边缘焦枯乃至完全脱落。

发生规律:病原菌以分生孢子和菌丝体在病株上越冬。以分生孢子进行初侵染、复侵染至完成侵染过程,初侵染期为 3～4 月,发病高峰期为 6～7 月。在排水不良、湿度过大、缺镁、缺钾的土壤,红三叶草极易感染,气温低于 5℃,或高于 28℃,病害停止发展,但潜伏期长,并未消亡。在温度、湿度适合条件下,分生孢子在 24h 内即可完成从萌发到侵染的过程。白粉病传播途径主要是气流传播。

防治措施:主要选用抗病品种。刈牧兼用型草地,可以不用化学防治,只要有计划地轮牧和刈割,都可以防治病害发展。可以用高脂膜 200 倍液加 50％多菌灵或甲基托布津 600～800 倍液组成复配混合液,每公顷 500L 药液量喷雾;25％粉锈宁、20％敌锈钠或 25％二唑醇、58％瑞毒霉等可湿性粉剂 1000 倍液,按每公顷 500L 药量喷雾,效果良好,如能与 200 倍高脂膜复配施用,防效倍佳。

5. 三叶草双霉病

该病是三叶草的一种世界性病害。植株发病后,叶片背面、茎上生有浅灰色至淡紫色粉霜,叶片上有轮廓不清的浅黄色斑点。病株茎歪曲、枯萎,直至死亡,牧草种子产量下降。主要危害三叶草的叶、枝和嫩茎。早春的温暖湿润气候有利于该病的发生。

防治方法:选育和使用抗病品种;头茬草应尽早刈割使用;春季尽早铲除发病的新株;合理排灌,防止田间过湿;增施磷、钾肥。

6. 炭疽病

红三叶草、杂三叶草、绛三叶草、地三叶草等三叶草属植物,以及苜蓿、白花草木樨、百脉根、羽扇豆、野豌豆等都可侵染。

侵染根颈及主根上部,很快使全株死亡。病根剖面有深色斑点,叶部病斑初为小斑点,黑色或褐色,很快扩展,往往占据整个小叶,不规则形,多带棱角;茎部病斑长形,凹陷呈溃疡状,中部色浅为灰白色或浅褐色,边缘深褐色,病斑中部可以出现许多小黑点,有时肉眼可以看见小黑点上有许多褐黑色刚棘。

防治方法:用 15％盐水选种或用 50℃温水浸种 10min;合理轮作,深翻中耕;施用多种肥料,酸性土壤施用石灰;喷 200 倍的波尔多液;用五氯硝基苯或多菌灵药剂防治。

(二)禾本科牧草主要病害及防治

1. 叶锈病

禾本科牧草很多属的优良牧草易感此病,患叶锈病的牧草光合效率降低,呼吸和蒸腾强度明显提高,从而造成牧草产量和品质严重下降。病原菌为隐匿柄锈菌。

防治措施:除选取用抗病品种外,尽量以多种禾本科草混播,不同寄主可互相阻隔,锈病的寄主专化性决定了它无法使混播草地上不同牧草普遍发病,可以减轻病害损失。合理排灌,避免草地高湿,从而抑制锈病的侵入和萌发;同时,发病时灌水,可减少由于叶表皮破裂,蒸腾加强而造成的损害。不偏施氮肥,适当增施磷、钾肥。化学防治可用敌锈钠 200 倍液加 0.1%～0.2% 洗衣粉;敌锈酸 200 倍液,加入 0.1%～0.2% 洗衣粉;代森锌 65% 的可湿性粉剂 300～500 倍液或灭菌丹 50% 可湿性粉剂 300 倍液喷雾。

2. 黑穗病

黑穗病主要危害各种禾本科牧草的叶片、茎秆、花序和根茎,在种子萌发期如果有较长期低温,容易在牧草开花之前发生此病。植株生病后,在病穗上病菌侵染子房,以后变成黑粉,茎上也生有黑色带状条纹。牲畜吃了带病的干草后危害健康。

防治方法:选取用抗病品种;恒温浸种,种子在 44～46℃ 水中浸泡 3h,晾干后播种;用 1% 种子重的硫磺粉拌种;及时拔出病株烧毁。

3. 赤霉病

该病是多雨潮湿和温暖地区的一种常见病。赤霉菌发育适温为 24～28℃,最高为 32℃,最低为 8℃;最适相对湿度为 80%～100%。春季气温上升早又潮湿,夏季阴雨连绵、闷热潮湿有利于本病发生。赤霉病在降低牧草产量的同时,还可使人畜中毒,症状是发热、昏晕、腹胀、腹泻、呕吐,食欲减退。

赤霉病引起苗腐、根腐、穗腐、秆腐等症状。病斑水渍状,病部出现粉红色或橘黄色霉层,后期出现紫黑色小粒。本病可侵染小麦、大麦、燕麦、玉米、高粱、黑麦草、狗尾草、狼尾草、鸡脚草等多种禾本科作物及牧草,还可侵染苜蓿、紫云英等豆科牧草。

防治方法:用 1% 石灰水浸种;清除病株残体;防止草地积水或过湿;不偏施氮肥,增施磷、钾肥,防止牧草倒伏。药物防治:多菌灵 50% 可湿性粉 1000～1500 倍液喷雾;托布津 50% 可湿性生粉 1000～1500 倍液喷雾;二硝散 50% 可湿性粉 200 倍液(兼治秆锈病)喷雾;灭菌丹 40% 可湿性粉 200 倍液喷雾。

4. 苗枯病(猝倒病)

黑麦草发病普遍,出现在发芽至 4 叶期。种子感病,冷湿气候、潮湿或浸水地易发生,常见的有黑根、软腐、立枯、萎蔫四种。

防治方法:用粉锈宁或羟锈宁、疫霜灵、百菌清、瑞毒霉等按种子重量的 0.4% 拌药播种。

5. 褐斑病

三叶草、黑麦草常见病。

在叶子两面形成褐色或赤褐色病斑,温度高时,叶片呈黑褐色,导致根系腐烂,使大苗枯死。生长后期病株地上部分渐失水枯黄;茎及叶鞘上,病斑黄褐、深褐至污褐色,导致叶及整个植株黄弱。

防治方法:选择抗病品种种植;4 月下旬至 5 月上旬、中旬危害盛期,用粉锈宁、羟锈宁、多菌灵、甲基托布津或高脂膜复配施用。

二、牧草的主要虫害及防治

(一)粘虫(*Mythimna separata*)

属鳞翅目夜蛾科,又名行军虫、五线虫或剃枝虫,是一种暴食性害虫,主要危害禾本科植物,如黑麦草、早熟禾、结缕草、高羊茅等。粘虫不仅对牧用草地,而且对绿化草坪造成毁灭性危害。

粘虫的低龄幼虫常将草叶啃食成条状白纹或小孔,3龄后可将叶片咬成缺刻,5~6龄食量猛增,进入暴食期,可将叶片及嫩茎吃光,此时可整天暴露取食,频繁转株为害,啃食叶片的声音清晰可闻,吃完一处,幼虫群体即转移异地为害。粘虫大发生,对条件要求比较严格,一般由以下因素引起。适宜的气候:雨水多的年份较易大发生,4~6月是雨季,降水多,雨量大,空气湿度高,气温18~28℃,温暖湿润的气候对粘虫的发生十分有利。粘虫成虫产卵适宜温度为15~30℃,相对湿度要求90%左右。适宜的产卵场所:粘虫成虫喜在禾本科植物的枯叶上产卵,由于连片草地或草坪常因各种原因,利用与修剪不及时,造成下部叶片枯黄,形成粘虫产卵的良好场所。充裕的食料来源:粘虫成虫的卵巢发育,需要大量糖类等碳水化合物。禾本科草(如黑麦草)因草质柔嫩,含糖量高,是粘虫幼虫的良好饵料,幼虫取食这类草后,发育极快,化蛹羽化后的成虫,发育更好,产卵量激增,达1700粒以上。此外,4~6月是黑麦草等禾本科草的生长旺期,能为大发生的幼虫提供方便充裕的食源。

防治方法:①用糖醋酒液诱杀成虫:配制方法是取糖3份,酒1份,醋4份,水2份,调匀后加一份2.5%敌百虫粉剂。诱剂放入盆内,每公顷面积放2~3盆,盆高出牧草30~35cm,诱剂液深3.0~3.5cm。白天将盆盖好,傍晚开盖,每天早上取出死蛾,5~7d换诱剂一次,连续16~20d。②诱蛾采卵:从产卵初期开始,直到盛卵期末止,在田间插设小草把,每公顷面积插150把,3~5d更换一次,把带有卵块的草把收集起来烧毁。③药剂防治:可用2.5%敌百虫或5%马拉硫磷喷粉,每公顷喷22.5~30.0kg;或用50%锌硫磷乳油5000~7000倍液、90%敌百虫1000~1500倍液喷雾。

(二)蝗虫

别名蚂蚱。是直翅目蝗科的害虫,我国有600多种,其中不少是危害牧草的害虫,体粗状,头略缩入前胸内。触角短,一般丝状,前胸背板发达,盖住中胸,三对足跗节均为三节,多数种类有两对发达的翅,后翅常有鲜艳颜色。雄虫能以后足腿节摩擦前翅而发音。产卵器粗短,凿形,听器在腹部第一节两侧。

蝗虫是典型的植食性昆虫,多数种类一年发生一代,蝗虫种类多,分布广、食性杂。为害草地的重要蝗虫约有十几种,主要有亚洲飞蝗、意大利蝗、大垫尖翅蝗、小翅雏蝗、朱腿痂蝗、西伯利亚蝗等。

药剂防治蝗虫,每亩可用50%马拉松乳油30~45g、5%稻丰散乳油20~30g、80%敌敌畏十二线油（1∶1）30～40g、6.7％～10％敌敌畏＋13％～20％马拉松乳油30～45g进行超低容量喷雾，灭杀蝗虫。

（三）蝼蛄类

常见的有华北蝼蛄、非洲蝼蛄和普通蝼蛄。其中非洲蝼蛄是世界性害虫，我国各地均有分布，而以南方受害较重。

蝼蛄的成虫和若虫均在土中咬食刚播下的种子，特别是刚发芽的种子，也咬食幼根和嫩茎，咬断茎秆，使幼苗萎蔫而死亡。蝼蛄在表土层往来窜行，形成很多隧道，造成幼苗和土壤分离而干枯死亡。

防治方法：仅改变蝼蛄的适生环境；消除杂草，减少产卵场所；结合秋耕进行冬灌，消灭越冬幼虫；铲除田埂3cm左右一层表土，可起到灭蛹效果；种植苕子、紫云英可诱集卵块。利用其趋光性、趋化性、趋粪性进行诱杀。药剂防治：用2.5％敌百虫粉，每公顷22.5kg，加细土337.5kg混匀撒在地面，防治效果在90％以上；用2.5％敌百虫粉喷粉，每公顷30.0～37.5kg，隔一周再喷一次；用90％敌百虫800～1000倍液喷雾；用90％敌百虫1000g加水5～10kg，拌铡碎的鲜草或鲜菜100kg，制成诱饵，傍晚撒在地里诱杀。

（四）金龟子类

金龟子的种类很多，常见的有黑绒鳃金龟、鲜黄鳃金龟、小黄鳃金龟、大粟鳃金龟及斜矛丽金龟等。在0～10cm土层中每平方米金龟子幼虫蛴螬多达130～105只。金龟子成虫、幼虫都能危害牧草，而以幼虫为甚。危害的植物有苜蓿、草木樨、三叶草、沙打旺、豌豆及多种禾本科牧草和作物。幼虫栖息在土壤中，咬断幼苗的根、茎，使幼苗枯死；食取萌发的种子，造成缺苗。

防治方法：秋翻整地，减少幼虫越冬量；增施肥料，促进根系发育、壮苗，增强抗虫能力；施用碳酸氢铵、腐殖酸铵、氨水等，对幼虫有一定抑制作用。用75％锌硫乳油拌种可防治幼虫；用90％敌百虫800倍液、80％敌敌畏乳剂1000～2000倍液喷雾防治成虫。

（五）蚜虫类

较普遍而危害重的有麦长管蚜、麦二叉蚜、禾缢管蚜。这些蚜虫是全球性种类，其中禾缢管蚜主要发生在南方各省区。蚜虫危害麦类及其他禾本科作物和牧草，吸食叶片、茎秆和嫩穗的汁液，影响植物的发育，严重时致使生长停滞，最后枯死。同时还能传播多种病毒病害。

防治方法：冬灌能杀死大量蚜虫；增施基肥，清除杂草，均能减轻危害损失。药剂防治可用50％灭蚜松1000倍液喷雾；烟草石灰水（1∶1∶50）喷雾。

参考文献

[1]顾卫兵.环境生态学[M].2版.北京:中国环境科学出版社,2014.

[2]杨保华,刘辉,赵美微.环境生态学[M].武汉:武汉大学出版社,2015.

[3]余顺慧.环境生态学[M].成都:西南交通大学出版社,2014.

[4]李洪远.环境生态学[M].2版.北京:化学工业出版社,2011.

[5]李洪远.环境生态学[M].北京:化学工业出版社,2012.

[6]曲向荣.环境生态学[M].北京:清华大学出版社,2012.

[7]曲向荣.环境保护与可持续发展[M].2版.北京:清华大学出版社,2014.

[8]李元.环境生态学导论[M].北京:科学出版社,2009.

[9]李元.环境生态学导论[M].北京:科学出版社,2016.

[10]程胜高,罗泽娇,曾克峰.环境生态学[M].北京:化学工业出版社,2003.

[11]丁圣彦.现代生态学[M].北京:科学出版社,2014.

[12]李振基,陈小麟,郑海雷.生态学[M].4版.北京:科学出版社,2014.

[13]李克国.环境经济学[M].3版.北京:中国环境出版社,2014.

[14]傅国华.生态经济学[M].2版.北京:经济科学出版社,2014.

[15]孙龙,国庆喜.生态学基础[M].北京:中国建材工业出版社,2013.

[16]田京城,缪娟,孟月丽.环境保护与可持续发展[M].2版.北京:化学工业出版社,2013.

[17]周凤霞.生态学[M].2版.北京:化学工业出版社,2013.

[18]周凤霞.环境生态学基础[M].北京:科学出版社,2011.

[19]章丽萍.环境保护概论[M].北京:煤炭工业出版社,2013.

[20]李永峰,唐利,刘鸣达.环境生态学[M].北京:中国林业出版社,2012.

[21]史永纯.环境生态学基础[M].北京:中国劳动社会保障出版社,2010.

[22]毕润成.生态学[M].北京:科学出版社,2012.

[23]张合平,刘云国.环境生态学[M].北京:中国林业出版社,2001.

[24]盛连喜.环境生态学导论[M].2版.北京:高等教育出版社,2009.

[25]周国强,张青.环境保护与可持续发展概论[M].2版.北京:中国环境出版社,2010.

[26]张润杰.生态学基础[M].北京:科学出版社,2015.

[27]庞素艳,于彩莲,解磊.环境保护与可持续发展[M].北京:科学出版社,2015.

[28]袁霄梅,张俊,张华.环境保护概论[M].北京:化学工业出版社,2014.

[29]程发良,孙成访.环境保护与可持续发展[M].3版.北京:清华大学出版社,2014.

[30]魏振枢.环境保护概论[M].3版.北京:化学工业出版社,2015.

［31］王治国,张超,孙保平.水土保持区划原理与方法［M］.北京:科学出版社,2017.

［32］王伟,辛利娟,李俊生.陆域生态系统类自然保护区成效评估技术与案例研究［M］.北京:中国环境出版社,2018.

［33］方淑荣.环境科学概论［M］.北京:清华大学出版社,2011.

［34］吴舜泽.环境保护2020:以提高环境质量为核心的战略转型［M］.北京:中国环境出版社,2017.

［35］马光.环境与可持续发展导论［M］.3版.北京:科学出版社,2014.

［36］徐祥民.人天关系和谐与环境保护法的完善［M］.北京:法律出版社,2017.

［37］周景阳.城镇化发展的可持续性评价研究［M］.北京:经济科学出版社,2018.

［38］杨京平.环境与可持续发展科学导论［M］.北京:中国环境出版社,2014.

［39］杨永杰.环境保护与清洁生产［M］.3版.北京:化学工业出版社,2017.

［40］蔡艳芝,潘季,(日)西川润.中国西部开发与可持续发展——开发与环境保护兼顾［M］.西安:西安交通大学出版社,2016.

［41］应启肇.环境・生态与可持续发展［M］.杭州:浙江大学出版社,2008.

［42］约翰・蒂尔曼・莱尔.环境再生设计:为了可持续发展［M］.上海:同济大学出版社,2017.

［43］曾向阳,闫靓,陈克安.环境信息系统［M］.2版.北京:科学出版社,2017.

［44］张清东,谭江月.环境可持续发展概论［M］.北京:化学工业出版社,2013.

［45］刘树华.环境生态学［M］.北京:北京大学出版社,2009.

［46］张文艺,赵兴青,毛林强等.环境保护概论［M］.北京:清华大学出版社,2017.

［47］鲁敏,孙友敏,李东和.环境生态学［M］.北京:化学工业出版社,2012.

［48］中国-东盟环境保护合作中心.中国-东盟环境合作:绿色发展与城市可持续转型［M］.北京:中国环境出版社,2017.

［49］赵晓光,石辉.环境生态学［M］.北京:机械工业出版社,2007.

［50］曹凑贵,展茗.生态学概论［M］.3版.北京:高等教育出版社,2015.

［51］陈万权.绿色生态可持续发展与植物保护［M］.北京:中国农业科学技术出版社,2017.

［52］周全法,程洁红,龚林林.电子废物资源综合利用技术［M］.北京:化学工业出版社,2018.

［53］李爱华,王虹玉,侯春平等.环境资源保护法［M］.北京:清华大学出版社,2017.

［54］牛翠娟,娄安如等.基础生态学［M］.3版.北京:高等教育出版社,2015.

［55］周国强,张青.环境保护与可持续发展概论［M］.北京:中国环境出版社,2017.

［56］唐文浩,唐树梅.环境生态学［M］.北京:中国林业出版社,2006.

［57］罗宾・康迪斯・克雷格等;张天光译.国际可持续发展百科全书:生态系统管理与可持续发展［M］.上海:上海交通大学出版社,2017.

［58］卢升高.环境生态学［M］.2版.杭州:浙江大学出版社,2010.

［59］庞素艳.环境保护与可持续发展［M］.北京:科学出版社,2017.

［60］哈尔・塔贝克.环境伦理与可持续发展——给环境专业人士的案例集锦［M］.北京:机械工业出版社,2017.

[61]高凌岩.普通生态学[M].北京:中国环境出版社,2016.

[62]沈满洪.生态经济学[M].2版.北京:中国环境出版社,2016.

[63]邓小华.环境生态学[M].北京:中国农业出版社,2006.

[64]任建兰.区域可持续发展导论[M].北京:科学出版社,2017.

[65]钱易,唐孝炎.环境保护与可持续发展[M].2版.北京:高等教育出版社,2010.

[66]石龙宇.城市可持续发展能力辨识方法及案例研究[M].北京:中国环境出版社,2018.

[67]胡荣桂.环境生态学[M].武汉:华中科技大学工业出版社,2010.

[68]《生态保护红线与生物多样性保护论文集》编委会.生态保护红线与生物多样性保护论文集[M].北京:中国环境出版社,2017.

[69]陈泽宏.环境影响评价基础技术[M].北京:中国环境出版社,2017.

[70]丹尼,E.瓦齐等;殷杉,王志民,高岩等译.国际可持续发展百科全书:自然资源和可持续发展[M].上海:上海交通大学出版社,2017.

[71]莫祥银,俞琛捷.环境科学概论[M].北京:化学工业出版社,2017.

[72]宋马林,张宁.中国环境经济发展研究报告2017:水资源可持续利用[M].北京:科学出版社,2017.

[72]赖志强.优质牧草栽培与利用[M].南宁:广西科学技术出版社,2017.

[73]苏加楷,张文淑.牧草良种引种指导[M].北京:金盾出版社,2007.

[74]杨富裕,李宇飞,董文.优质牧草丰产新技术[M].北京:中国农业科学技术出版社,2016.

[75]贾玉山,玉柱.牧草饲料加工与贮藏学[M].北京:科学出版社,2019.

[76]曲善民,蔺吉祥,王彦宏.北方常见牧草种子、种苗特征及萌发特性研究[M].北京:中国农业科学技术出版社,2017.

[77]贾春林,王者勇.牧草种植与利用技术问答[M].北京:中国农业科学技术出版社,2019.

[78]董宽虎.山西牧草种质资源[M].北京:中国农业科学技术出版社,2010.

[79]王明利.中国牧草产业经济2016[M].北京:中国农业科学技术出版社,2018.

[80]韩建国,毛培胜.牧草种子学[M].2版.北京:中国农业科学技术出版社,2012.

[81]田福平,胡宇,陈子萱.甘肃主要栽培牧草与天然草地植物图谱[M].北京:中国农业科学技术出版社,2019.

[82]李黎,郭孝,王彦华.黄河滩区优质牧草生产与利用技术[M].北京:中国农业科学技术出版社,2014.

[83]张健.重庆市主推牧草栽培利用技术[M].北京:中国农业科学技术出版社,2010.

[84]孟伟庆,李洪远,鞠美庭.创新型城市与生态城市的比较分析[J].环境保护与循环经济,2008,(10).